KB123149

혼자가 아니야

JAMAIS SEUL

혼자가 아니야

JAMAIS SEUL

식물, 동물을 넘어 문명까지 만들어내는 미생물의 모든 것

마르크 앙드레 슬로스 지음 | 양영란 옮김 | 석영재 감수

갈라파고스

이 책을

세상에 색을 입히는 알리시아에게,

나에게 세상을 선물해주신 부모님께,

그리고 세상을 이해하고 싶어 하는

모든 이들에게 바칩니다.

추천의 말

미생물은 눈에 보이지 않아 거의 인식하지는 못하지만 우리는 항상 미생물과 더불어 살고 있으며, 엄격하게 말하면 미생물 없이는 삶을 영위할 수 없다고 해도 과언이 아니다. 우리가 매일 먹고 마시는 다양한 음식물이나 음료 등 어느 하나 미생물의 활동 없이 얻을 수 있는 것을 찾기가 힘들다. 인간뿐만 아니라 지구에 존재하는 모든 동식물은 미생물로부터 왔고, 생존을 위해 미생물의 도움을 반드시 필요로 한다. 최근 마이크로바이옴이라는 용어가 우리 귀에 점점 익숙해지면서 이러한 사실이 이제는 꽤 많은 공감을 얻어가고 있는 것 같다. 우리 인간도 무게로 따지면 약 97퍼센트 정도 사람이지만, 세포수로 따지면 각자 10퍼센트만 사람이고 나머지 90퍼센트는 미생물이며, 유전자로 따지면 1퍼센트만 사람이고 99퍼센트는 미생물이다. 식물도 미생물 없이는 질소와 같이 필요한 영양소를 공급받기 힘들기 때문에 혼자서는 절대 살아남을 수가 없다. 또한 미생물도 다른 미생물의 도움을 절실히 필요로 한다. 따라서 지구상에 존재하는 모든 생명체는 혼자서는 생명을 영위하기가 힘들다. 이 책은 이러한 정보들을 포함하고 있을 뿐만 아니라 미생물학 연구자들에게조차도 잘 알려지지 않은 미생물들의 매우 특이한 활동들을 소개하고 있다. 나는 원래 책을 매일 조금씩 그리고 매우 천천히 읽는 편인데, 이 책은 각 장마다 서로 다른 주제의 내용을 소개하면서도 제각기 아주 흥미진진한 내용을 담고 있어서, 책을 잠시라도 내려놓기 싫을 정도로 재미있게 읽었다.

지구의 나이는 약 46억 년으로 추정되고, 지구상에 처음 출현한 생명체는 지금의 세균과 비슷한 원핵생물로 생각되고 있다. 2017년 과학잡지인 ≪네이처Nature≫ 지는 지구 최초의 생명체가 약 43억 년 전에 탄생했을 것으로 짐작하였는데, 이는 곧 지구에 수증기가 식어서 해양이 형성된 후 얼마 지나지 않아 생명체가 나타났다는 것을 의미한다. 하지만 현재까지 발견된 가장 오래된 지구생명체의 직접적인 증거는 약 35억 년 전에 만들어진 호주 서해안의 규암에 들어있는 미생물 화석이다. 이때의 지구 대기는 산소가 없는 상태였는데 대기 중에 산소가 생긴 시기는 철 성분이 산화되어 만들어지는 붉은 암석층이 처음으로 나타나는 약 27억 년 전으로 추정된다. 산소는 광합성 세균인 남세균이 광합성을 통해 물로부터 만들었으며, 이 때문에 호흡과정에 산소를 사용할 수 있는 수많은 다른 생명체가 탄생할 수 있었다. 언제인지는 정확하게 확인할 수는 없지만, 아주 오래전에 원핵생물은 세균bacteria과 고균(예전에는 고세균archaebacteria이라고 하였으나 세균과는 너무 달라 현재는 고균archaea이라고 함)으로 나누어졌다. 어느 순간 일부 고균에 핵막이 만들어지고 그 세포 속으로 세균이 들어가 공생을 하면서 미토콘드리아로 바뀌게 되었다고 추정된다. 약 20억 년 전에 이렇게 탄생한 공생세포가 모든 진핵생물의 조상이라고 받아들여지고 있다. 미생물은 약 40억 년 전에 나타난 이래 현재까지도 지구의 토양과 물, 대기환경, 동식물의 안과 밖을 불문하고, 깊이와 높이, 산소의 유무, 온도와 압력, 화학적 환경에 아랑곳하지 않고 도처에 분포하고 있으며, 인간을 포함하는 다세포 진핵생물(동물과 식물)이 살아가는데 반드시 필요한 동반자로 남아 있다. 지구상의 모든 생태계를 가장 성공적으로 장악하고 있으며, 다른 생물들이 모두 멸종을 하는 극한 상황에서도 지구에 가장 마지막까지 남을 존재는 아마도 미생물일 것이다.

인류의 역사를 돌이켜보더라도, 인류가 출현하고 수렵채취 시대를 거쳐 농경문화를 이루기 시작한 지금으로부터 약 1만 년 전에 이미 효모를 이용해 곡류와 과일을 발효시켜 빵과 와인을 만든 흔적이 고고학적 발견과 기록을 통해 확인되고 있다. 곡류와 과일의 표면에는 이미 이 식물들이 탄생한 시기부터 존재했던 자연 효모가 있었으며, 이들의 능력은 미생물이 일찌감치 인류의 문화 형성에 기여해 왔다는 증거이다. 역사가 기록된 이후를 보면, 민주정치로 고전문화의 중심지를 이루었던 아테네의 갑작스런 패망, 유럽 르네상스의 시작, 남아메리카의 찬란했던 여러 문명의 멸망, 독립전쟁에서 미국과 프랑스 연합군이 승리, 나폴레옹의 러시아 정벌 실패, 미국 워싱턴 DC에 벚꽃 축제가 시작된 계기, 플레밍의 항생제 발견, 2000년 만에 이스라엘의 재건 등 수 많은 역사적인 큰 변화가 미생물과 직접적으로 관련이 있다.

내가 살아오면서 가장 아쉬웠던 점 중의 하나가 독서의 중요성을 너무 늦게 깨달았다는 점이다. 이미 대학을 졸업하고 난 뒤에야 책을 통한 정보의 획득이 삶에 얼마나 큰 도움이 되는지, 그리고 책을 읽으면서 그 상황을 머릿속으로 그려 보는 즐거움이 얼마나 큰 활력소가 되는지를 알게 되었다. 그래서 나이가 들수록 학생들이 읽고 싶어 하는 책을 써보고 싶다는 생각이 점점 들기 시작했다. 몇 년 전부터는 같은 전공을 하는 여러 교수님들과 대학원생들을 대상으로 하는 강연회에서 앞으로 할 일 중에서 "세상을 바꾼 미생물"이라는 내용으로 학생들이 재미있게 읽을 수 있는 책을 쓰고 싶다는 이야기를 공식적으로 천명한 적도 있다. 학생들에게 미생물이 지구의 변화에 어떤 기여를 해 왔는지, 그리고 인류의 역사를 어떻게 바꾸어 왔는지를 소개하고 역사적으로 큰 변화가 있을 때마다 어떤 미생물들이 작용했을지를 역사적 사실에 근거해서 스스로 추론해보게 하는 책을 써야겠다는 생각을 했지만, 지금까지 시작조차 못하고 있다. 대신 약 1년 전부터 적어도 학생들이 원하면 읽고 싶은 책들을 언제라도 읽을 수 있도록 하기 위해 학과에 e-book library를 설치해놓고 학생들이 원하는 책을 구매하고 있다. 이 책은 동물, 식물, 미생물을 망라하여 생명체의 영악함 등 교과서에서는 찾아보기 힘든 아주 신비하고 흥미로운 생명현상을 소개하고 있기 때문에 재미와 정보 두 가지를 동시에 충족시킬 수 있는 책인 것 같다. 그래서 우리 학과의 e-book library에 이런 책들을 꼭 구비 해 놓고 싶다. 우리 학생들이 이 책을 읽고 새로운 질문거리를 많이 찾을 수 있기를 바란다.

석영재(서울대 생명과학부 교수)

들어가는 말

식물과 동물, 그리고 문명까지 만들어내는 미생물의 세계 속으로

이 장에서 당신은 밤낚시를 가게 될 것이고, 지의류가 조현병 증세를 보일 것이며, 과학사에서 중요하게 여겨지는 두 개의 후발 콘셉트가 혜성처럼 출현할 것이다. 또한 우울하기 그지없는 미생물에 대한 평판이 부당한 것으로 판명날 것이다. 그리고 앞으로 이 책에 등장할 내용들이 어떻게 연결되는지도 상세하게 설명할 예정이다.

동행이 있는 밤낚시

우리의 여정은 태평양의 섬에서, 그것도 밤 시간을 이용해서 시작된다. 휘영청 밝은 달빛이 바닷가를 비추고, 맑은 물결은 그 빛을 통과시켜준다. 덕분에 우리는 물 밑바닥을 어림으로 짐작할 수 있다.

하와이짧은꼬리오징어Euprymna scolopes 한 마리가 달빛을 길잡이 삼아 먹이를 사냥 중이다. 어둠이 적절하게 깔려 있는 덕에 오징어는 요행히 자신을 노리는 포식자의 눈은 피할 수 있으나……. 녀석이 자기 먹잇감을 알아보려면 어느 정도는 빛이 있어야 한다. 하지만 그러자니 사냥에 문제가 발생한다. 녀석이 있는 곳보다 더 깊은 물속에서 위쪽을 바라보면, 즉 녀석이 잡아먹으려는 먹잇감이나 녀석을 잡아먹으려는 포식자들이 더 깊은 곳에 있을 경우, 일렁이는 그림자 때문에 녀석의 움직임이 금세 상대에게 들통날 염려가 있기 때문이다. 그런데 밤이 되면 이 오징어 몸의 아래쪽, 즉 복부 부근에서 약하게 빛이 난다. 그래서 그림자로 인한 불이익을 상쇄할 수 있다! 반면 낮에는 오징어가 움직임을 삼가고 숨어 지낸다. 이때 복부는 광채라고는 없이 흐릿하기만 하다. 이러한 현상이 나타나는 이유는 사실 오징어의 몸속에 발광 박테리아들Aliivibrio fischeri이 깃들어 살고 있기 때문이다. 이들은 오징어의 몸속에 분포되어 있는 작은 샘들에 집락集落*을 만들고 오징어로부터 자양분을 얻는다. 이 박테리아들은 밤이 되면 자기들의 세포

---

* 세균이나 곰팡이 따위의 미생물이 증식하여 생긴 집단을 가리키는 용어로, 콜로니라고도 한다. 특정한 환경에 미생물 집단이 형성되는 것을 콜로니화라 한다.

에너지 일부를 빛으로 바꾼다. 이때 이 발광 박테리아들이 집단으로 뭉쳐 있을 때에만 빛을 발한다. 밀도가 높아야만 빛이 만들어지기 때문에 개별적으로 빛나봐야 아무런 쓸모가 없다. 밤이 되면 대다수의 발광 박테리아들이 오징어 몸속의 샘에서 빛을 만든다. 그런데 새벽이 오면 오징어는 이 박테리아의 95퍼센트를 몸 밖으로 쫓아낸다. 공연히 먹여 살려야 할 입을 늘리지 않으려는 속셈이다. 몸 밖으로 쫓겨나지 않은 박테리아들은 숫자상 열세에 놓여 밀도가 충분히 높지 않으므로 더 이상 빛을 발하지 않는다. 그러나 낮 동안 이 박테리아들은 서서히 증식을 계속해 저녁이 되면 다시금 밀도가 높아져 빛을 생산할 수 있게 된다. 빛이 있으라Fiat lux. 빛의 생산은 다음날 아침까지 계속된다.

이 책에서 묘사하는 현상은 이런 식으로 시작된다. 밤낚시를 하는 동안 오징어는 혼자가 아니다. 녀석은 박테리아들의 도움을 받으며 이들로부터 보호받기도 한다. 오징어에게 빛을 가져다주는 건 박테리아들이다. 절대 혼자가 아닌 오징어는 미생물들과의 동행을 보여주는 첫 번째 사례라 할 수 있다. 앞으로 보게 되겠지만, 미생물들의 동행은 생명체를 가공한다. 하지만 지금은 일단 발광 박테리아들에게 돌아가자. 녀석들은 오징어하고만 동행하는 게 아니다.

깊고 어두운 바닷속에 사는 수많은 물고기들이 알리비브리오Aliivibrio와 포토박테리움속Photobacterium에 속하는 박테리아가 만들어내는 빛의 도움을 받는다. 이 물고기들은 몸 안에 있는 주머니 속에 박테리아들을 살게 한다. 이 주머니는 마음대로 넣었다 뺐다 할 수 있으며, 때로는 빛을 반사하는 층이 있는데, 종류에 따라 그 기능이 다르다. 앞에서 본 오징어처럼, 어떤 물고기들은 깊은 물속에 있는 포식자들의 눈에 띄지 않는 소극적인 방식으로 자신을 보호한다. 그런가 하면 반짝거리는 그 빛으로 먹이를 유인하기도 한다! 빛을 자기들의 먹이 사냥을 위한 등대로 활용하는 것이다. 이보다 더 화끈하고 광적인 녀석들은 이 반짝이는 빛 주머니로 짝짓기 상대를 끌어들이기도 한다. 빛을 투과시키지 않는 막을 통해 은폐 주파수를 발신하거나 몸 밖으로 주머니를 내보낼 수 있는 특성 등은 각 종에게 고유한 파트너를 인식하게 하는 역할을 한다. 이들이 보내는 빛 신호는 심해 동물들이 어둠 속에서 잃어버린 반쪽을 찾는 길잡이가 되어준다는 말이다. 그게 다가 아니다. 일부 물고기들은 포식자의 추격을 받게 되면 돌연 박테리아를 몸 밖으로 내보내 몸 주위에 마치 후광 같은 빛 무리를 만든다. 그럼으로써 상대의 주의를 산만하게 하거나 눈이 부셔 앞을 보지 못하도록 한다. 이 빛 무리는 점액 때문에 끈적끈적한 점성을 가지고 있어서 때로는 적을 오래도록 묶어둘 수도 있다. 그러면 그 적의 포식자들이 몰려들게 된다. '적의 적은 나의 동맹'을 보여주는 예라 할 수 있지 않을까. 해양 동물, 특히 심해 동물의 진화는 발광 박테리아와 더불어 진행되어 왔다. 발광 박테리아가 그들에게 서식처를 제공하는 존재들에게 빛을 만드는 역량을 선물했기 때문이다. 어떤 의미에서는 오늘날의 우리가 스마트폰의 '손전등' 앱 기능을 사용하는 것과 비교할 수 있다.

수많은 동물들이 이들 발광 박테리아와 동행하며 그들 덕분에 빛을 발하게 되었다는 사실은 그저 지엽적인 일화에 불과할까? 너무 많은 이야기들이 그저 겉에서만 맴돌다가 그치는 경향이 있다. 박테리아 편에서 보기에도 동물(물고기) 편에서 보기에도, 합작해서 빛을 만들어내는 일은 진화 과정 중에 자주 나타났다. 사실 이러한 유형의 결합은 미생물 세계가 그보다 더 큰 생명체에 의해 도구화되는, 그다지 특별할 것도 없는 사례 가운데 하나에 해당한다.

이 책은 동물은 물론 식물까지도 어떻게 그 안에 깃들어 사는 미생물들에 의해 은밀하게 구조화되는지, 어떻게 미생물들로 하여금 다양하면서 사활이 걸린 중요한 기능들을 수행하도록 돕는지, 그러니까 결국 제일 큰 생명체라 할지라도 결코 혼자가 아니며 어떻게 유용한 미생물들로 가득 차 있는지를 그려낸다.

지의의 분류하기 힘든 천성

먼저 과학의 역사를 조금 살펴본 다음 이 책의 개념적인 배경을 역사 속에 위치시켜 보자. 역사적으로 볼 때 이 책의 배경은 비교적 후기, 그러니까 19세기에 들어서서 지의류地衣類*와 더불어 슬슬 무대에 등장한다.

나무껍질, 말뚝, 노출된 암석, 지붕 등 모든 적대적인 환경에서도, 심지어 대단히 메마른 바닥에서도 지의류는 자라난다. 색상은 주로 녹색에서 그보다 엷은 빛깔이거나 오렌지 빛 계열 등이다. 껍질, 덩굴, 또는 위로 뻗거나 아래로 쳐지는 작은 나무 등, 지의류의 형태는 그것이 완전히 독립적인 생물임을 암시하며, 이름 또한 지의류라는 한 단어로 되어 있다. 고대부터 지의류는 애매한 자리를 차지하고 있었다. 색이 녹색이니 식물인 것 같기는 한데, 그걸 조류藻類**에 넣어야 할지, 이끼류로 분류해야 할지 혹은 식물로 쳐주어야 할지 확실하지 않았기 때문이다. 다른 한편으로, 지의류는 송로버섯과 삿갓버섯 무리의 버섯들과 동일한 방식으로 포자를 형성하는 것으로 보아 다르게 분류해야 할 가능성도 있었다. 정말이지 성가신 문제였다. 지의류도 분명 어딘가로 분류해 넣을 자리가 있어야 하지 않겠는가 말이다!

* 균류와 조류가 복합체가 되어 생활하는 식물군.

** 물속에서 생활하는 단순한 형태의 식물.

스위스의 식물학자 시몬 슈벤데너Simon Schwendener(1829-1919)는 가히 혁명적이라고 할 수 있는 답을 제안했다. 그는 다른 학자들처럼 현미경으로 지의류의 이중적인 구조를 관찰했다. 지의류는 균류菌類*의 식물섬유를 상기시키는 투명하고 가는 섬유(이를 팡이실 또는 균사라고 부른다)와 동그랗고 녹색을 띤 작은 세포들이 혼합된 모습을 하고 있다. 이 작은 세포들은 당시 번식에 관여하는 것으로 간주되었다. 이 때문에 전에는 이를 그리스어에서 종자를 뜻하는 gonos에서 파생된 이름인 고니디아(녹과체綠顆體)라고 불렀다. 그런데 슈벤데너는 1867년에 열린 한 학회에서 다른 해석을 제안했다. 지의류는 사실상 광합성이 가능한 조류(녹색 세포)와 그 세포들을 지의라는 하나의 형태로 엉키게 해주는 균류가 결합한 것일 수 있다는 추측을 제시한 것이다. 그의 발표 내용은 "강연자가 생각하는 지의의 개념에 따르면, 지의는 독립적인 생명체로 보아서는 안 되며, 조류와 결합한 균류로 간주해야 한다"는 것으로 요약된다. 당시 사람들이 빈정거리는 투로 "슈벤데너리즘"이라고 불렀던 이 내용은 처음에는 비판의 대상이 되었다가 차츰 조롱의 대상으로 변해갔다. 이렇게 된 데에는 19세기가 낳은 최고의 지의 전문가들 가운데 하나인 핀란드 출신 빌헬름 닐란데르Wilhelm Nylander(1822-1899)의 역할이 컸다. 닐란데르는 3,000종이 넘는 지의를 상세하게 묘사하면서 단 한 차례도 그토록 '해괴망측한' 이론 따위는 생각조차 하지 않았으니까!

그렇긴 하나 다른 이들이 곧 슈벤데너의 아이디어를 이어받았다. 그의 계승자들 가운데 러시아 출신 식물학자 안드레이 파민친Andreï Famintsyne(1835-1918)은 그의 실험실에서 최초로 지의에서 조류를 분리

* 엽록소를 가지지 않아 다른 유기물에 기생하여 생활하고 포자로 번식하는 생물로, 세균류 · 점균류 · 버섯류 · 곰팡이류가 포함된다.

하여 따로 배양하는 데 성공했다. 그의 뒤를 이어 20세기 초에는, 지금까지도 프랑스에 서식하는 식물들을 확인하는 데 이용되는 저서들을 여러 권 써서 잘 알려진 프랑스 출신의 또 다른 식물학자 가스통 보니에Gaston Bonnier(1853-1922)가 지의를 재합성하는 데 성공했다. 그는 균류와 조류를 가지고 지의를 형성했는데, 처음에는 두 가지를 분리 배양한 뒤 나중에 이 둘을 함께 섞어 배양했다. 오늘날 지의류lichen라는 이름은 사실상 균류의 이름이며, 조류는 비록 대부분의 경우 거의 또는 전혀 알려지지 않았을지라도 다른 이름을 지니고 있다. 우리가 과거로부터 지의를 하나의 이름으로만 (그 하나의 이름이 균류의 이름에 지나지 않는다는 사실을 잘 알고 있음에도) 생각하는 습관을 물려받았기 때문이다. 지의의 본성을 둘러싼 이와 같은 역사적 논란은 오늘날 슈벤데너의 승리로 결론이 났다. 우리의 고정관념과는 달리 그러한 논란이 있었다는 사실은 다음과 같은 점들을 알려준다. 미생물들은 함께 힘을 모아 육안으로도 식별할 수 있는 하나의 구조를 실현시킬 수 있으며, 자기들이 만들어낸 고유한 형태 속에서 함께 기거한다는 것이다. 즉 그들은 혼자가 아니라는 사실을 확인시켜준다.

지의류의 예에서 보듯이, 이 책은 우리가 "자율적인" 생명체라고 보는 것들의 이면에 미생물들이 얼마나 빈번하게 숨어 있는지 묘사한다.

넓은 의미에서의 공생 : 함께 살기

지의류를 둘러싼 논란을 통해서 '뚜렷하게 구별되는 종들의 함께 살기'라는 개념이 부상했다. 이 개념을 제일 먼저 이론화한 사람은 독일 출신 생물학자 알베르트 프랑크Albert Frank(1839-1900)였다. 그는 1877년에 발표한 한 논문에서 조류와 균류가 지의류로 결합하는 현상을 지칭하기 위해 Symbiotismus라는 용어를 제안했다. 1879년, 이 용어는 하인리히 안톤 데 바리Heinrich Anton de Bary(1831-1888) 덕분에 날개를 달게 되면서 공생을 뜻하는 symbiosis, 즉 현재와 같은 형태로 자리잡게 되었다(그런데 안톤 데 바리는 묘하게도 같은 나라 출신 학자인 프랑크의 이름은 인용하지 않는다. 우연으로 치부하기에는 두 단어의 생김새가 너무나도 비슷한데 말이다!). 데 바리는 위대한 미생물학자지만 프랑스에서는 부당하게도 거의 알려지지 않았다. 분명 제2차 세계대전이 끝날 때까지 줄곧 이어져 온 프랑스와 독일 사이의 해묵은 증오심 탓에 두 나라 모두 이웃 나라의 가치를 무시하거나 애써 부인해왔기 때문일 것이다. 아무튼 그는 앞서 이룬 여러 발견들로 높은 명성을 누렸다. 가령 감자의 노균병露菌病*이 균류로 인한 질병임을 밝혀낸 사람도 바로 데 바리였다. 1878년 독일 박물학자들이 모이는 학회(스트라스부르에서 개최되었다. 당시 스트라스부르는 독일 땅이었고, 데 바리는 여기서 학생들을 가르쳤다)에서 그는 "공생이라는 현상Le Phénomène de la symbiose"을 주제로 강연을 했다. 1879년 독일어로, 곧 이어 프랑스어로《국제 과학 저널Revue internationale des sciences》에 게재된 이 강연에서 그는 지의류를 비롯하여 다양한 사례들을 소개하고 있다. 그 논문에서 데 바리는 공생은 "각기 다른 이름을 가진 [따라서 종류가 다른] 생물들이 함께 사는 것"이라고 정의하는데, 이 정의는 그리스어에서 '함께'를 뜻하는 sun과 '생명'을 뜻하는 bios가 합해져서 만들어진 단어의 어원에 정확하게 부합한다고 할 수 있다. 이 '함께 살기'에 참여하는 파트너 각각은 공생생물symbiont이라고 불렸다.

이러한 정의는 각기 다른 종 사이의 지속적인 공존, 다시 말해서 공생생

* 곰팡이가 기생하여 생기는 병. 잎에 노랗거나 갈색인 반점이 생기면서 말라 죽는다.

물들이 살아 있는 동안 전부 혹은 일부 기간에 이 관계가 지속되는 것을 뜻하며, 이때 공생생물들 사이에서 일어나는 교류의 성격은 고려되지 않는다. 데 바리와 슈벤데너는 둘 다 십중팔구 지의류의 경우 균류가 조류에 기생하는 형태일 것으로 추측했다. 데 바리는 "가장 잘 알려졌으며 가장 완벽한 공생의 사례는 전적인 기생, 다시 말해서 하나의 동물 또는 식물이 다른 종에 속하는 생명체에서 태어나고 성장하며 죽는 상태"라고 설명했다. 그의 정의(이 책에서는 그의 정의를 따르지 않을 것이다)대로라면, 공생은 상대에 대한 효과가 긍정적이거나 부정적이거나 상관없이, 그저 공존하기만 하는 상태를 뜻한다.

이 책은 생명체들이 얼마나 자주 공생 관계 속에서 살아가는지 묘사한다.

상리공생 : 좋은 관계로 함께 살기

하지만 공존에는, 특히 지의류의 공존에는 기생이라는 양상만 있는 것이 아니다! 브르타뉴의 바위투성이 해안에 가서 바닷물이 요동치는 지대에 사는 지의인 리키나 피그마이아Lichina pygmaea를 관찰해보자. 두께가 1센티미터쯤 되는 얇은 양탄자 같은 이 지의는 바위에 붙어서 격랑에 순종하며 산다. 이 지의는 시아노박테리아 그룹에 속하는 광합성 박테리아인 칼로트릭스Calothrix가 균류와 결합하여 만들어낸 것이다. 한편, 칼로트릭스는 주변에서 자유로운 독립 상태로도 서식하는데, 지름이 0.5에서 2센티미터가량 되는 짙은 빛깔의 농포를 이루며 여럿이 한데 뭉친다. 이렇게 농포 상태로 서식하는 칼로트릭스는 물결의 영향을 덜 받으면서 지의보다는 낮은 곳에 산다. 그들에게는 물결이 덜 필요하고, 밀물 땐 물에 더 많이 잠길 필요가 있기 때문이다. 뿐만 아니라 겨울에는 칼로트릭스를 볼 수 없다. 작은 휴면 세포 형태로 겨울을 나기 때문이다. 저장물질로 둘러싸여 추위와 깊은 물속에서 휘몰아치는 겨울 폭풍에 저항하면서 주변 상황이 나아지기를 기다리는 것이다. 반면 지속적으로 살아가는 지의는 늘 같은 자리를 지킨다. 균류의 보호를 받는 시아노박테리아는 적극적으로 다른 환경과 다른 계절에도 집락을 만들 수 있다. 그러니 자연히 혜택이 따라올 수밖에.

오늘날 대부분의 경우, 우리는 지의의 조류가 균류의 존재를 이용하여 이득을 취한다고 짐작한다. 균류가 조류를 보호하고, 물(물속에 살지 않고 흙속에 사는 경우에 해당)과 각종 무기질, 가스 등을 제공하기 때문이다. 하지만 이들의 관계는 상호적이어서 균류 역시 이득을 본다. 조류가 광합성을 할 때 일부를 먹이로 취하기 때문이다. 그러니 둘 사이에는 상호부조(지의류의 상호부조에 관해서는 3장에서 다시 살펴보려 한다)가 이루어지는 셈이다. 지의류에서 흔히 발견되는 녹조류 집안인 트레보욱시아Trebouxiophyceae는 생태계에서 독립적인 상태, 즉 자유로운 상태에서는 한 번도 발견된 적이 없다. 다시 말해서 이들은 지의 상태로만 존재하므로, 혜택이 존재한다는 데 의심의 여지가 없다!

그러므로 상호작용을 하는 것은 어느 정도 서로에게 이득이 된다. 1875년에 발표된 『동물계에 있어서 공생생물과 기생생물』이라는 책에서 벨기에 출신 동물학자 피에르 요셉 판베네던Pierre-Joseph Van Beneden은 여러 종의 동물들 사이에서 벌어지는 상호작용의 결과에 주목했다. 제목에서 알 수 있듯이, 그는 기생(한 종이 다른 종을 착취하는 관계)과 공생(한 종이 다른 종을 이용하는데, 여기에 대해서 무덤덤하게 여기는 관계)의 사례를 묘사했다. 그러면서 그는 이외에도 다른 공존 방식이 있음을 강조했다. "우리는 서로에게 도움을 주는 동물들을 볼 수 있다. 그러므로 동물들을 모두 기생생물 또는 공생생물로 낙인찍는 것은 그다지 바람직하지 못할 것이다. 이들을 상리공생생물이라고 부르는 것이 보다 타당하다고 믿는다." 데 바리는 넓은 의미에서의 식물계에서 사례를 찾았으며, 더구나 동물의 예에 관해서는 판베네던의 저작을 참조하라고 권유하기도 했다.

상리공생이라는 개념은 곧 성공을 거두었다. 그만큼 사례가 풍부했기 때문이다. 예를 들어 꽃의 꿀을 모으는 수분 매개 곤충들만 해도 그렇다. 이들은 이 꽃에서 저 꽃으로 옮겨 다니면서 꽃가루를 운반하고, 수정을 시켜주며, 과실을 맺을 수 있게 한다. 그렇지만 이 곤충들 역시 그 과정에서 꽃의 꿀 또는 꽃가루의 일부를 양분으로 취한다. 꽃가루 수분처럼 일부 상리공생은 일시적으로만 상호작용을 하는 파트너들도 내포한다. 그러나 지의처럼 실제로 공생적인 상리공생도 적지 않다. 때문에 상리공생과 공생은, 적어도 프랑스 저작에서는, 머지않아 밀접한 관계로 엮이게 된다. 그러다가 결국 하나로 합쳐져서 공생에 대한 제2의 정의가 대두되기에 이른다. 영어에서 심비오시스symbiosis는 흔히 모든 공존, 파트너들 간의 효과를 무시한 데 바리의 원래 정의에 가깝다. 반면 프랑스어 생비오즈symbiose는 상리공생이라는 두 번째 의미, 보다 제한적이라고 할 수 있는 의미로 쓰인다(영어에서도 점점 더 이러한 의미로 사용되고 있다). 여하튼 이 책에서 우리는 공존 상태가 상호적으로 이로운 경우, 바꿔 말하면 두 파트너가 상리공생 관계로 함께 살 경우에 한정해서 공생이라는 용어를 쓰려 한다.

이 책은 생물체가 얼마나 자주 상리공생 관계로 사는지 묘사한다.

뒤늦게 붙이는 서곡,
그리고 미생물 세계에서 본격적으로 막을 올린 작업장

위에서도 말했지만, 이 책의 서주 부분에 해당되는 공생과 상리공생은 과학의 역사에서 비교적 늦은 시기에 해당되는 19세기 말에 출현했다. 비교적 늦었다고 할 수밖에 없는 것이, 서로에게 해가 되는 상호작용은 그 한탄스러운 결과로 말미암아 벌써 오래 전부터 알려져 있었기 때문이다. 예를 들어 인간에게 질병을 일으키는 균류 또는 박테리아 같은 미생물의 존재를 함축하는 기생 관계가 있는가 하면, 두 주역이 있을 때 한쪽이 순식간에 살해당하는 포식은 말하자면 가장 극단적인 해가 되는 관계라고 할 수 있다. 도처에 경쟁이 있는 경우, 달리 말하자면 개인들이 같은 자원을 사용하면서 각자 살아남겠다고 기를 쓰는 경우에도 서로에게 해가 된다. 게다가 이처럼 해가 되는 상호작용은 찰스 다윈Charles Darwin(1809-1882)이 1859년에 발표한 저서 『종의 기원』에서 제안한 자연선택의 토대가 되기도 했다. "각각의 종은 개체수가 많더라도, 끊임없이 어느 시점에선가 그의 적 혹은 먹이 또는 종의 번식을 놓고 경쟁하는 자들의 엄청난 파멸로 고통받는다. 자연선택은 경쟁을 통해 이루어진다." 이러한 상호작용 속에서 제일 잘 견디는 자만이 살아남아 자손을 번식한다.

공생과 상리공생이라는 개념은 특히 미생물계에서는 더욱 뒤늦게 출현한 감이 있다. 19세기 동안 내내 미생물은 무엇보다도 부정적인 면에 대해서만 조명되었다. 데 바리는 1861년에 균류가 감자의 노균병 같은 질병을 야기한다는 사실을 밝혀냈다. 그런가 하면 프랑스의 데 바리라고 할 수 있는 루이 파스퇴르Louis Pasteur(1822-1895)는 부패나 질병의 매개자(그는 알코올의 발효와 그 과정에서의 사고로 식초가 만들어지는 과정에서 미생물의 작용이 있음을 입증했다)로서 미생물을 연구했다. 로베르트 코흐Robert Koch(1843-1910)는 박테리아가 탄저의 원인임을 발견했으며, 이어서 결핵 또한 박테리아가 일으킨다는 사실을 알아냈다. 이러한 연구 성과는 미생물의 세계에 대한 혐오감을 야기했다. 그 결과, 대단히 부당하게도, "미생물"이라는 용어 자체마저 거의 전적으로 부정적인 뉘앙스로 받아들여졌다. 이 책에서는 물론 그 같은 이미지를 거부한다.

말이 나온 김에 잠시 "미생물microbe"이라는 용어에 주목해보자. 군의관이었던 샤를-엠마뉘엘 세디요Charles-Emmanuel Sédillot(1804-1883)가 '작은'을 뜻하는 micro와 '생명'을 뜻하는 bios를 결합하여 아주 작은 생명체를 지칭하기 위해 1878년 처음으로 제안한 이 용어는 어디로 보나 지극히 중립적이고 묘사적이다. 그 자체로 부정적인 이미지는 전혀 없다는 말이다! 시작은 분명 그랬으나 이 용어는 아주 빠른 속도로 부정적인 의미를 함축하게 되고 말았다. 그렇다면 독자들은 내가 왜 부정적인 의미를 함축하는 이 단어를 사용하는지 궁금할 수도 있을 것이다. 더구나 미생물의 실추된 이미지를 쇄신해주겠다는 의지를 품었다면서 말이다. 아닌 게 아니라 약간 더 길고, 약간 더 기술적인, 따라서 약간 덜 부정적인 "마이크로 생명체microorganism"라는 용어를 사용할 수도 있었을 터였다. 게다가 어원도 비슷한 마이크로 생명체라는 말은 "미생물"이라는 용어보다 2년이나 앞서서 《주르날 오피시엘Journal officiel》의 기자이자 편집자인 앙리 드 파르빌Henri de Parville(1838-1909)에 의해서 창안되었다. 그렇지만 나의 관점에서 보자면, "마이크로 생명체"라는 용어를 택할 경우 문제의 본질, 즉 "미생물"이 지닌 부정적인 함축은 용어에서 기인한다기보다 생명체 자체에서 기인한다는 엄연한 사실을 외면한 채 기술적인 관점에 초점을 맞춘 언어 뒤로 숨어버리는 모양새가 되고 만다. 단어 뒤에 숨어버리기 위해서가 아니라 미생물에 대해 구태의연한 관점을 털어버리고 이를 새롭게 조명하자는 취지에서 이 책을 쓰기로 마음먹었는데 그래서야 되겠는가. 그러므로 나는 이 책에서 "미생물"이라는 용어를 계속해서 사용할 것이다. 결론에 도달할 무렵이면 독자들도 비록 명칭은 같다 해도 이전과는 다른 눈으로 미생물을 대하게 되리라는 희망을 안고서 말이다.

그러므로 미생물의 상리공생적인 역할은 19세기 말까지는 지의류 같은 몇몇 사례(이마저도 모든 연구자들이 합의한 게 아니었다)를 제외하고는, 거의 고려되지 않았다. 그렇지만 그러한 측면에서 공생을 연구해야 한다. 사실상 생명체를 구성하는 종들의 대다수는 미생물에 속한다. 종에 있어서나 생활 방식에 있어서나 실질적인 다양성은 미생물 차원에서 관찰된다. 우리의 실험실이 이와 같은 현실을 암묵적으로 말해준다. 실험실에 들어서면 제일 먼저 보이는 것이 돋보기와 현미경이니까. 세상은 우리보다 훨씬 작은 것들로 이루어졌으며, 그것들이 도처에 군림하는 까닭에 공생의 정확한 지위와 중요성을 평가하기 위해서는 미생물에게서 그것을 평가해야만 한다.

하지만 식물과 동물이 미생물과의 공생에 의존하고 있다는 생각은 매우 서서히 부상했다. 공생, 상리공생이라는 개념보다 훨씬 늦게야 그 같은 생각을 하게 된 것이다! 아무도 경청하려 하지 않았던 몇몇 선구자들의 연구 결과를 토대로 미생물에 대한 우리의 관점이 진화하기 시작한 것은 20세기 후반의 일이다. 그중에서도 특히 최근 20년 사이에 많은 변화가 있었다. 그러자 비로소 미생물의 공생생물로서의 역할이 광범위하게 그 모습을 드러내게 되었다. 우리를 둘러싸고 있는 생물들은 사실상 혼자가 아니라 미생물들과 함께 살고 있음이 밝혀진 것이다.

이 책은 얼마나 많은 생명체들이 공생을 하고 있는지, 다시 말해서 상리공생 중인지, 그리고 그 상리공생은 대부분의 경우 미생물을 포함하고 있음을 기술한다.

계속해서 책장을 넘기면…

우리는 식물과 동물에게 호의적인 미생물들이 도처에 널리 퍼져 있음을 발견하게 될 것이며, 따라서 그 식물과 동물은 결코 혼자가 아니라는 사실을 알게 될 것이다. 뒤에서 정확한 연대를 통해서 확인할 수 있듯이, 미생물과의 공생이 현대 생물학에서 뒤늦게 부상했다고는 하나, 이 현상은 오늘날 생명체에 관한 우리의 개념을 무차별적으로 공격하는 것이 사실이다. 우리는 이 책에서 "미생물"이라는 말로 여러 개의 생명체 무리를 가리킬 것이다. 태생적으로 보나 생물학적 위상, 형태로 보나 매우 다양한 이 무리들은 전부 크기가 매우 작은 탓에 육안으로는 보이지 않는다. 때문에 우리는 그들의 존재를 소홀히 하기 쉽다.

좀 더 정확하게 말해서, 미생물이란 과연 무엇인가? 우선 균류가 있다. 균류는 물론 이따금씩 육안으로도 식별 가능한 커다란 구조물 안에서 홀씨(또는 포자)를 만들기도 한다. 커다란 구조물이라면 예컨대 우리가 숲에서, 특히 가을철에 주로 딸 수 있는 버섯 같은 것들을 가리킨다. 이런 것들은 눈에 보이긴 해도 미생물임에 틀림없다! 그 같은 구조물을 쌓아올리는 균류는 처음에는 대부분의 경우 육안으로는 볼 수 없는 가느다란 섬유, 즉 지름이 100분의 1밀리미터에 불과한 균사 상태로 생존한다. 그런 다음 대부분의 종들이 눈에 보이지 않는 보다 은밀한 방식(가령 치즈 표면을 뒤덮는 곰팡이나 효모가 대표적이다. 효모는 단세포 균류다)으로 포자를 형성한다. 다음으로, 균류보다 더 크기가 작으며(지름 1,000분의 1밀리미터), 숫자적으로 훨씬 강세를 보이는 집단도 있으니 이들이 박테리아, 즉 세균류다. 박테리아는 고립된 세포로 존재하기도 하고 때로는 세포가 염주처럼 길게 결합된 형태를 보이기도 한다. 원핵생물은 크게 고균Archaea과 세균Bacteria 이렇게 두 종류로 나눌 수 있다. 이 책에서는 세균들을 그저 간단하게 박테리아라고 부를 것이다. 그 외에 진핵생물Eucaryote이라고 하는 큰 무리(이 무리에는 균류, 동물, 식물들도 포함되는데, 여기에 대해서는 9장에서 좀 더 자세하게 언급할 예정이다)에 속하는 미생물들도 있다. 이들은 박테리아 세포보다 10배, 100배 큰 단 하나의 세포로 이루어져 있다. 더러는 유기물질 혹은 다른 세포들에서 양분을 취하는데, 이들 중 동물과 비슷한 성격을 띠는 진핵생물을 원생동물이라고 한다. 원생동물은 매우 다양한 부류로 나누어볼 수 있는데, 짚신벌레, 편모충, 아메바 등이 모두 여기에 속한다. 그런가 하면 광합성을 하는 진핵생물들도 있다. 담수와 해수 양 쪽뿐 아니라 육지에서도 서식할 수 있는 단세포 조류도 있다. 특히 육지에서 서식할 수 있는 진핵생물들 가운데에는 지의류도 포함된다.*

마지막으로 우리는 이들보다도 더 작은 생명체인 바이러스도 다룰 것이다. 바이러스는 세포가 아니지만 남의 세포를 빌려서 증식한다. 가끔 바이러스를 세포가 아니라는 이유를 들어 미생물에서 제외하기도 하는데, 바이러스는 크기가 작고 다양한 공생에 기여하므로, 우리는 필요할 때마다 매번 이에 대해 언급하려 한다. 우리는 심지어 여기저기에서 아주 작은 동

* 진핵미생물에는 균류와 원생생물이 있는데, 원생생물이란 진핵생물들 중에서 동물과 식물 및 균류로 분류될 수 없는 생물들을 말한다. 여기에는 동물과 비슷한 성격을 띠지만 동물은 아닌 원생동물(protozoa), 식물과 비슷하게 광합성은 하지만 식물로 분류될 수 없는 조류(algae), 균류와 비슷하지만 균류와는 차이가 있는 점균류(slime mold) 등이 있다. 원생동물과 점균류는 모두 미생물이고, 조류 중에서 미세 조류도 미생물이라고 부르기 때문에 사실은 동물과 식물을 제외한 거의 모든 생물들을 미생물이라고 한다.

물들, 육안으로는 전혀 또는 거의 볼 수 없는 것들과의 공생도 다룰 것이다. 다름 아니라 선충이라고 불리는 작은 벌레 혹은 진드기들이다. 사실 그것들은 엄밀한 의미에서 미생물은 아니지만, 공생 관계를 형성하고 파트너와 상호작용을 한다는 점에서는 다를 바 없다. 이들의 상호작용은 처음에는 보이지도 않지만 파트너에게는 대단히 중요하다. 우리는 이 책의 집필 목적에 따라 이들을 "명예 미생물" 반열에 올려줄 작정이다.

이 책에서 우리는 식물계에서의 미생물의 조직에서 시작하여 동물계에서의 미생물의 조직으로 넘어간 다음, 인간과 미생물과의 관계를 살필 것이다. 그리고 계속해서 미생물과 공생함으로써 나타나는 보다 높은 차원의 진화론적, 생태학적, 문화적 의미까지도 다뤄볼까 한다.

1, 2, 3장은 식물의 미생물적 기반을 기술하면서 공생이 어떻게 정의되며 차츰 구축되어 가는지 살펴볼 것이다. 이어서 우리는 양분의 교류, 생태계 내에서의 공격에 맞서는 보호 장치, 생장을 위한 역할 등을 차례로 짚어본 후 그러한 것이 모여서 결국 새로운 형질이 출현하고, 그 새로운 형질이 다시금 생명체의 기능을, 나아가서는 생태계 시스템 전체를 변화시키게 되는 과정에 주목할 것이다.

4, 5, 6장에서는 동물과 미생물의 공생 관계를 들여다볼 것이다. 우선 소 같은 척추동물이 풀을 소화하는 과정을 통해서, 다음으로는 전혀 일상적이라 할 수 없는 심해 환경에서 보여주는 놀라운 공생 적응력, 그리고 마지막으로 매우 다양한 생태학적 틈새에 적응하는 곤충들의 사례를 통해서 그와 같은 현상을 확인하게 될 것이다.

인간도 예외는 아니다! 7장과 8장을 여기에 할애할 것이며, 우리의 동반자 미생물과 그의 역할을 기술하기 위해 설치류를 이용한 실험의 도움을 받을 것이다. 뒤에서 보게 될 테지만, 미생물은 정말이지 도처에 존재하면서 때로는 전혀 예상하지 못했던 역할까지 수행한다.

인간과의 관계에 대한 기술을 마치면, 9장에서는 현대 생물학의 위대한 발견에 관해 서술할 것이다. 실로 현대 생물학에서는 점점 더 많은 미생물을 식물 혹은 동물 안에 집어넣고 있다. 무슨 말인가 하면 식물이나 동물(우리 인간을 포함하여)의 세포들은 원래 그 자체가 미생물로 이루어져 있다는 것이다. 즉 미생물은 식물, 동물, 인간의 세포에서 없어서는 안 될 구성 요소가 되었다. 호흡을 위해서든 광합성을 위해서든 다를 바 없다! 미생물과의 공생은 이제 식물과 동물의 핵심에도 닿아 있다.

10장과 11장에서는 미생물과의 공생과 관련한 두 개의 생태학적, 진화론적 질문을 다룬다. 먼저, 어떤 기제가 세대를 거듭하면서도 미생물과의 공생이 끊어지지 않고 맥을 이어갈 수 있도록 보장해주는가의 문제. 다음으로는, 어느 한 편의 질병이 다른 편에게는 친구가 되는 식으로 주민들과 생태계 시스템, 심지어 일부 인간 집단을 이어주고 새롭게 빚어내는 놀라운 다리 역할에 대해 성찰해볼 것이다.

우리의 여정은 21세기 교양인의 자리로 되돌아오면서 마무리된다. 12장과 13장에서 우리는 우리의 일상을 가득 채우고 있으나 우리 자신이 너무도 모르고 있는 미생물과의 공생, 특히 식생활을 중심으로 이루어지는 공생 현상을 발견할 것이다. 뒤에서 보게 되겠지만, 그 공생은 과거로부터 물려받은 것으로, 그 덕분에 우리의 농경문화가 오늘날과 같은 모습으로 구축되었다고 할 수 있다.

각 장의 내용은 자유롭게 붙인 소제목을 통해서 가늠해볼 수 있다. 그보다 한결 명확하게 알 수 있도록 각 장의 목적은 각 장의 첫 대목이 끝나는 부분에 정리해두었다. 각 장이 끝날 때마다 "결론적으로…"라는 소제목으로 시작하는 대목에서 앞에서 다룬 중심 내용을 정리해두었다. 어떤 장에서 소개된 사례나 생명체에 흥미를 느끼지 못한 독자들이라면 그런 내용을 다 건너뛰고 이 부분만 읽고 다음 장으로 바로 넘어가도 된다. 사실 전체적으로 볼 때, 각 장은 궁극적인 최종 결론에 이르기 위해 점진적으로 진행할 수 있도록 구성되었으나, 실제로 각각의 장은 그 장만 따로 읽어도 무방할 정도로 상당히 독립적으로 기획되었다. 또한 가능하다면 학계에서만 통용되는 전문용어를 최대한 피하고자 노력했기 때문에 독자들에게 예리한 생물학적 사전 지식을 요구하지 않는다. 하지만 생물학자들이란 본래 전문용어를 피해가지 못하는 사람들인 관계로, 몇몇 단어들에 관해서는 끝부분에 정리해둔 용어 설명이 이해를 도와줄 것이다.

이 책은 우리의 육안으로 보이건 보이지 않건, 우리에게 알려져 있건 잘 알려져 있지 않건, 우리 주변에 살고 있는 생명체들 속으로 들어가는 생물의 세계로의 여정이기도 하다. 동시에 과학의 역사를 거슬러 올라가는 탐구 작업이기도 하다. 그 여정이 막바지에 가까워질수록 보이지 않는 것이 힘을 얻게 되고, 우리를 둘러싼 생명체, 일상적인 습관, 생태학적 과정들이 상당 부분 미생물에 의해서 구축되었음을 깨닫게 될 것이다. 이와 같은 서로 다른 종들 사이의 상호작용이 미생물의 기능과 마찬가지로, 그 다양성과 세심함으로 나를 매혹했듯이 독자들에게 놀라움을 안겨주게 되기를 소망한다.

나는 이 책이 무엇보다도 미생물의 세계가 지니는 무궁무진한 풍성함과 생명체 사이의 끊임없는 상호작용에 대한 놀라움의 기록으로 읽히기를 소망한다. 그러니 여러분은 이제부터 식물과 동물, 그리고 인간 문명에 이르기까지 많은 것을 구축하며, 그들을 결코 혼자 있도록 내버려두지 않는 미생물들이 들려주는 이야기에 귀를 여시라.

차례

1장

미생물 뿌리 위에 우뚝 선 거인들

— 식물을 먹여 살리는 균류

이 장은 열대 지방에 소나무를 심는 과정에서 사람들이 소나무 뿌리에 서식하는 균류를 발견했으며, 찬찬히 살핀 끝에 뿌리뿐만 아니라 식물의 다른 모든 부위에도 균류가 살고 있음을 알아냈다는 것을 이야기할 것이다. 일부 균류는 식물의 뿌리에 혼합 조직을 만들어내고, 이 조직은 식물과 균류 각각에게 영양분이 된다. 따라서 식물과 균류 모두 생명을 유지하기 위해서는 서로에게 의존할 수밖에 없다는 사실을 알게 될 것이다. 균류는 식물들을 일종의 네트워크로 연결해줄 수 있으며, 이렇게 형성된 망은 엽록소가 없는 유령 수준의 식물에게 양분을 공급한다는 사실도 소개할 것이다. 마지막으로 미생물 뿌리를 지닌 식물들이 어떻게 균류를 매개로 토양에 적응하고 이를 활용하는지도 설명할 것이다.

소나무들의 곡절 많은 유럽 식민지 정착 사연

소나무는 그 종류가 무려 100가지도 넘는데, 모두 북반구를 서식지로 삼고 있다. 역사적으로 볼 때 열대 지방의 경우, 소나무는 카리브해 북부 연안과 열대 아시아 일부 지역에서만 관찰되었다. 유럽이나 아시아에서는 모든 토양에서 씩씩하게 잘 자라지만, 그중에서도 특히 새로 개척하는 곳에서 탈 없이 성장하는 수종으로 알려져 있다. 때문에 소나무는 버려진 들판이나 황무지 같은 곳에 제일 먼저 심는 나무로 손꼽힌다. 남아메리카와 아프리카 대륙, 오스트레일리아의 식민지화가 한창이던 무렵, 유럽에서 건너간 식민주의자들은 그 땅에 소나무를 가져다 심고자 했다. 소나무는 성장 속도도 빠른 데다 곧은 줄기가 높이 자라나기 때문에 배의 돛(바람의 힘으로 가는 범선에서는 돛의 역할이 중요하다)을 만들거나 건물을 건축하는 데 이상적이기 때문이었다. 더구나 소나무 숲에 많은 송진은 부패를 늦추는 역할까지 하니 금상첨화가 아닐 수 없었다. 그런데 이를 어쩌나! 열대 지방 혹은 남반구에 소나무 씨뿌리기 작전은 예상과 달리 실패의 연속이었다. 솟아난 새싹은 비실거리고 뾰족한 잎사귀도 누렇게 변하더니 결국 시름시름 죽어가기 일쑤였다. 간혹 어쩌다 살아남았다 해도 전혀 자라날 기미를 보이지 않았다. 어째서 이 작은 소나무들은 자신들의 근본을 부정하려 드는 걸까?

19세기에 들어와 주먹구구식으로 한 가지 경험적 방식이 시도되었다. 묘판을 만들 때 약간의 유럽 흙을 섞거나 아예 유럽 땅에서 뿌리를 내리고 자라던 어린 묘목 몇 그루를 가져다 심는 식이었다. 그러자 나무가 정상적으로 성장하는 것이 아닌가. 처음에는 그 이유를 모른 채 이런 저런 방법을 시도했으나 차츰 의식적으로 토양의 미생물, 좀 더 정확하게는 소나무에게 절대 없어서는 안 될 균류를 투입하기에 이르렀다! 이러한 투입은 아프리카에서는 19세기에, 아시아에서는 1920년대에, 그리고 남아메리카와 카리브해 남부 연안 지대에서는 1950~1970년대에 이루어졌다. 토양의 균류는 소나무의 뿌리와 결합하는데, 생명 연장에 필수적인 이 결합에 관해서는 뒤에서 다시 언급할 것이다(지금 이 단계에서는 나무가 균류로부터 무엇을 얻을 수 있는지 아직 잘 알 수 없기 때문이다). 아무튼 토양에 서식하는 적절한 균류 없이는 소나무도 없다는 사실만큼은 확실했다. 이렇듯 눈에 보이지 않지만 실제로 존재하는 의존성이 백일하에 드러나기 위해서는 이국적인 장소로 무대를 옮길 필요가 있었던 셈이다. 식물들은 자신들의 뿌리에서 콜로니*를 형성하는 균류에 의존한다.

소나무 뿌리와 연결되어 있는 균류는 프랑스의 숲에서는 공통적으로 관찰되는 큰 무리에 속하는데, 가을이면 제법 큰 덩치로 지표면에서 자주 눈에 띄는 젖버섯, 청버섯, 광대버섯, 송이버섯, 그물버섯, 꾀꼬리버섯, 턱수염버섯, 뿔나팔버섯 등이 모두 이 무리에 들어 있다. 이들 중 더러는 먹을 수 있다. 이처럼 대기 중에 일시적으로 모습을 드러낸 통통한 형체는 균류가 포자를 만들어내는 생식기관이다. 포자라고 하는 작은 세포들은 말하자면 정지된 상태의 생명으로, 주변으로 퍼져나가면 다시금 생명 활동을 재가동하여 발아한다. 물론 균류 중 땅속에서 오랫동안 지속적으로 살면서 식물의 뿌리와 결합하는 부분은 흔히 균사라고 부르는 아주 가는 섬유들이다. 프랑스처럼 소나무가 서식하는 지역에서는 이러한 종류의 균류가 토양

* 여러 개체들이 모여 하나의 생물체처럼 이룬 집단. 집락과 동의어.

속에 자생하거나 혹은 인접 숲으로부터 퍼진 홀씨들을 통해서 쉽게 토양에 콜로니화한다. 덕분에 소나무는 항상 잘 자라난다. 그런데 이런 종류의 균류가 유럽인들이 소나무를 심으려 했던 열대 지역에는 자생하지 않았던 것이다. 오늘날에는 유럽의 숲에 자생하는 균류를 열대 솔밭에서도 자주 만날 수 있다! 아니, 그 이상이다. 이 지역에 도입된 이후, 이 균류들은 소나무 서식지가 확산되는 데 일조했을 뿐 아니라, 나무들이 유럽 땅에서처럼 건강한 모습으로 성장하도록 도왔다. 균류와 소나무가 점점 더 가까이에서 번식해나감에 따라 이 작은 생태계는 유감스럽게도 열대 지역과 남반구 국가에서 지나치게 공격적인 존재라고 손가락질 받는 지경에 이르렀다. 이들이 토박이 숲을 대체해버리고, 그 지역 숲에 서식하는 고유 생물들의 일부를 고사시킨다는 비난이 끊이지 않는다. 진정한 의미에서의 식물성 흑사병이라고나 할까. 이전 시대 식민지배자들의 활동이 남겨놓은 지울 수 없는 흔적…….

첫 장에서는 뿌리와 토양 미생물 사이의 상호작용을 통해서 식물이 양분을 섭취하는 과정을 다룬다. 이와 같은 결합을 어떻게 발견했는지, 결합 형태가 얼마나 다양한지, 그리고 그것이 양분을 제공하는 역할을 어떻게 담당하는지를 순차적으로 기술할 것이다. 마지막으로 이 과정에 참여하는 균류가 식물과 식물을 연결시켜주는 방식, 즉 식물들 사이에 양분 섭취와 생명 유지에 있어서 중요한 역할을 하는 일종의 네트워크를 형성하는 방식을 설명할 것이다.

송로버섯에서 균근菌根으로

식물의 뿌리와 결합하는 균류는 식물들에게 질병을 야기하는 균류가 19세기 중반에 이미 알려진 데 비해 조금 늦게 발견되었다. 뿌리에 서식하는 균류는 크게 두 그룹으로 나뉘는데, 이들은 형태에 따라 결합 방식이 약간 다르다.

첫 번째로 발견된 유형은 열대 지방에서는 국지적으로만 서식하나 온대 지역에서는 빈번하게 발견된다. 열대 지방에 심은 소나무에 부족했던 것이 바로 이 유형의 균류다. 숲 산책을 즐기는 사람들에게는 잘 알려진 균류들이 이런 결합 유형에 개입한다. 다시 말해서 우리가 숲에서 포자가 형성되는 것을 관찰할 수 있는 균류의 3분의 2가 여기에 속한다. 제일 첫 손에 꼽을 만한 주역들만 해도 수천 종에 이르며, 이들은 자낭균류Ascomycota와 담자균류Basidiomycota라는 두 개의 계통으로 나뉜다. 쉽게 말해서 송로버섯은 자낭균류, 꾀꼬리버섯처럼 층층 구조와 관을 가진 대부분의 버섯은 담자균류라고 생각하면 된다. 이 첫 번째 유형의 결합을 발견한 사람은 지의류에 관한 연구와 심비오티스무스라는 용어를 처음으로 제안한 사람으로, 앞에서 이미 소개했던 독일 생물학자 알베르트 프랑크다. 프랑크는 프러시아의 농업장관으로부터 당시까지만 해도 수수께끼로 남아 있던 송로버섯의 근원을 밝혀내달라는 요청을 받았다. 무엇보다도 프랑크는 송로버섯과 나무들, 즉 참나무와 개암나무의 관계를 이해할 필요가 있었다. 송로버섯은 참나무와 개암나무 아래에서만 발견되니 말이다. 우리가 언급하려는 것도 바로 뿌리와 맺고 있는 이처럼 밀접한 결합이다. 송로버섯은 토양의 보이지 않는 여러 동맹들 가운데 하나다. 드러나지 않지만 나무에게 있어서 없어서는 안 될 필수적인 동맹인 것이다. 프랑크는 1885년에 발표한 한 논문에서 균류에 의해 콜로니화된 뿌리를 발견한 사실과, 균류들이 밀접하게 결합된 상태로 그가 관찰한 나무들의 뿌리에 풍성하게 포진하고 있는 양태를 기술했다.

균류는 균사, 즉 아주 촘촘하게 짜인 가는 섬유들로 식물 뿌리의 끝 부분을 마치 양말을 씌우듯 덮는다. 이렇게 되면 균류가 개입하여 자주 뿌리의 형태가 변하게 되는데, 이는 균류가 식물 생장 호르몬의 일종인 옥신과 유사한 물질을 분비해서 뿌리를 촘촘하게 만들기 때문이다. 소나무에서 뿌리는 일반적으로 곧게 뻗어나가는데, 2차적으로 뿌리의 제일 끝 부분을 넘어서지 않는 범위 내에서 얼기설기 엮이게 된다. 이처럼 균류와 결합한 소나무 뿌리는 곧은 형태를 잃게 된다. 소나무의 뿌리는 규칙적으로 Y자 형태를 만들어가며(작은 하트 모양으로 이어지면서!) 엮인다. 요컨대 뿌리는 풍성하게 가지를 치면서 균류와의 접촉면을 늘려간다. 한편, 균류는 뿌리의 제일 바깥쪽에 있는 세포 속을 파고들어가 그 세포들을 서로 분열시켜가면서 세포내에 망을 형성한다.

그러므로 우리는 이 두 파트너의 세포 사이에 매우 섬세한 구조물이 형성되는 것을 관찰할 수 있다. 이 구조물은 식물의 뿌리도 아니고 그렇다고 균류이기만 한 것도 아닌, 진정한 의미에서 키메라라고 할 수 있다. 프랑크는 이러한 혼합 구조물을 지칭하기 위해 "균근mycorrhizae"이라는 용어를 제안했다. 그리스어에서 균류를 뜻하는 mukes와 뿌리를 뜻하는 rhiza를 조합한 이 용어는 이 두 가지가 혼합된 형태를 보여주는 균근의 해부학적 특성을 잘 반영하고 있다. 프랑크는 또한 또 다른 숲 전문가 테오도르 하르티히Theodor Hartig(1805-1880)가 이미 1840년에 균근을 그림으로 표현했다는 사실에 주목했다. 하지만 하르티히는 균류가 그 구조물의 일부를 형성하고 있다는 사실은 전혀 짐작하지 못했다. 지속성과 촘촘한 짜임이 놀라운 나머지 균사가 애초부터 뿌리 같은 구조였나 보다 한 것이다! 더구나 그가 전혀 이해하지 못한 채 그림으로 그린 뿌리 세포들 사이의 균사 망은 오늘날까지도 여전히 "하르티히 망"으로 불린다. 프랑크는 여기까지는 언급하지 않았는데, 수정난풀monotropa(이 식물에 대해서는 1장의 뒷부분에서 다시 언급할 예정이다)이라는 작은 식물 하나 때문에 매우 유사한 균근 결합이 주의를 끌었다. 1841년에서 1842년 무렵, 아주 가는 균사가 발견되었는데, 영국 출신 박물학자 토머스 라이랜즈Thomas Rylands(1818-1900)는 그것이 뿌리를 콜로니화한 균류의 균사라는 사실을 밝혀냈다. 그러나 그는 그 균사가 "주목할 만한 역할은 하지 않는다"고 생각했다.

프랑크는 이 균류들이 나무로부터 양분을 얻을 것으로 짐작했다. 하지만 뿌리 전체가 별다른 피해를 입지 않은 가운데 점령당한 상태이므로 그는 두 파트너가 상부상조하면서, 즉 서로 상대에게 해를 끼치지 않으면서 사는 것으로 추론했다. 프랑크는 직관적으로 상리공생적인 상태를 가정한 것이었다. 비록 그런 용어까지 사용하지는 않았지만 말이다. 열대 지방으로 간 소나무는 이러한 상부상조가 생명 유지에 필수적이라는 점을 암시한다. 이런 유형의 균근, 즉 균류가 뿌리에 집중적으로 서식하면서 세포들 사이에서만 콜로니화가 진행되는 경우를 가리켜 오늘날에는 외생균근ectomycorrhiza(그리스어에서 '위'를 뜻하는 접두사 ecto를 결합)이라고 한다. 그런데 이런 종류의 공생균근이 온대 지역 나무들에만 국한된다고 생각한다면 큰 오산이다. 이제 두 번째 유형의 균근이 그 사실을 증명해줄 것이다.

어느 지역에서든 뿌리에 득시글거리는 균류!

선견지명이 남달랐던 프랑크의 발견이 호기심거리 이상의 평가를 받지 못한 채 그가 베를린에서 사망했을 무렵, 프랑스 균류학자 피에르-오귀스탱 당제아르Pierre Augustin Dangeard(1862-1947)는 푸아티에 근처에 서식 중이던 포플러 나무들이 1896년부터 1900년 사이에 고사한 이유를 밝혀달라는 프랑스 산림청의 요청을 받았다. 프랑크가 발견한 외생균근 외에 당제아르는 뿌리의 세포 속으로 침투하는 또 다른 균류를 관찰했다. 그는 이것의 이름을 리조파구스 포풀리누스Rhizophagus populinus(단어 하나씩으로 보자면 "포플러 나무 뿌리를 먹는 자"라는 뜻)라고 명명했는데, 이것이 포플러 나무를 고사시킨 원인일 수 있다고 보았다. 그가 만일 건강한 상태의 나무 혹은 주변 나무들의 뿌리도 관찰했다면 유사한 부류의 균류들이 왕성하게 서식하고 있으면서도 아무런 해를 입히지 않았음도 발견할 수 있었을 텐데…….

당제아르는 처음으로 첫 번째 유형보다 훨씬 보편적으로 확산되어 있는 두 번째 유형의 균근에 대해 보고했다. 이 두 번째 유형은 프랑스에 서식하는 대부분의 나무들에서는 관찰되지 않는다. 그러나 프랑스는 물론 열대 지방을 포함한 다른 모든 지역에 서식하는 초본 식물들, 즉 열대 나무와 관목, 그리고 목피가 없는 식물의 대다수, 즉 대부분의 풀에서 이런 유형의 결합이 관찰된다. 그런데 이 경우, 외부에서 볼 때 균류는 거의 보이지 않는다. 직접 뿌리 안으로 침투해서 소수의 균사 세포들 사이에서 번식해나가기 때문에, 현미경에 특수한 색을 입힌 후에만 이것을 관찰할 수 있다. 이 균사들은 군데군데 부어올라 소포를 형성하며 그 안에 균류가 저장된다(그 안에는 흔히 지방질이 커다란 방울 형태로 축적되어 있다). 일부 뿌리 세포 내부로 균사들이 침투하게 되면, 침투 지점으로부터 가느다란 섬유들이 세포 안에서 망을 짜게 되고 그 망은 수지상체arbuscular*라고 부르는 섬세한 구조를 이룬다. 현미경으로 보면 과연 그런 이름이 붙을 정도로 관목과 유사한 형태를 보여준다! 수지상체는 세포벽 안쪽에서 세포를 감싸고 있는 막을 밀어내면서 커지는데, 그럼에도 세포막은 살아 있다. 균류의 침입을 받았지만 살아 있다는 말이다. 그러므로 이 수지상체는 일부 뿌리 세포의 안방을 차지하는 생물학적 조직인 셈이다.

이 유형의 균근에서 균류는 표면보다는 뿌리 세포의 내부에 위치하며, 경우에 따라서는 내부 정중앙까지 파고든다. 수지상체에 의해 콜로니화된 세포들은 파트너와의 접촉이라는 관점에서 보면 하르티히 망에 버금간다고 할 수 있다. 따라서 이 두 번째 유형을 내생균근endomycorrhizae(그리스어에서 '안'을 뜻하는 접두사 endo)이라고 부른다. 이 결합에 참여하는 균류의 정확한 정체성에 관해서는 1980년대까지 의견이 분분했다. 그에 관한 연구는 매우 복잡할 수밖에 없는데, 그것만을 따로 분리 배양하기가 불가능할 뿐 아니라, 토양의 표면에서는 그것을 절대 볼 수가 없기 때문이다. 외생균근을 만들어내는 균류와는 달리 내생균근을 만들어내는 균류는 드러나지 않게 포자를 형성하는데, 이들 포자는 토양 속에서 고립되어 있거나 작은 집단을 이룬다. 때문에 우리는 그 포자들이 어떤 방식으로 여기저기로 흩어지는지(어쩌면 곤충들에 의해서일까?) 알 수 없다. 그럼에도 포자는 도처에 산재한다. 토양을 체에 쳐보면 지름이 0.1에서 0.4밀리미터쯤 되는 큰 포자들이 붙어 있는 덩어리를 손쉽게 분리해낼 수 있다. 포자들은 그 양에 있어서도 놀랍지만 크기와 빛깔의 다양성에 있어서도 놀라운 존재다. 내생균근 결합에 참여하는 균류는 여러분이 짐작하는 대로 외생균근 결합에 참여하는 부류들과는 다르다. 이들 균류는 취균류Glomeromycota라고 하는데, 이에

---

* '나뭇가지 모양'이라는 뜻.

대해서는 알려진 정보가 별로 없다. 취균류는 내생균근과 관련한 생태계에서만 서식하며 뿌리가 없는 곳에서는 절대 살지 않는다. 취균류는 종류가 수백 종 정도 되지만 묘사하기가 어려우므로, 실제로 수백 종에 불과한지 아닌지 확신할 수 없다.

여러분들은 잘 몰랐겠지만, 독자 여러분들이 사는 동안 보아온 "뿌리"의 절대 다수는 실상 내생균근들이다! 진화와는 별개로 여러 종류의 균류와 식물들이 합심해서, 뿌리 차원에서 상호작용하는 체제를 안착시킨 것이다. 그 해부학적 형태는 (외생이건 내생이건) 파트너들 사이의 흥미로운 공존을 가능하게 만든다. 그런데 이것들이 그 파트너들에게는 어떤 영향을 미치는 걸까?

스페인 여인숙 :
잔치에 참석하려면 음식을 한 접시씩 들고 올 것

균근의 존재는 그 구조를 기술하는 많은 연구들 덕분에 1900년대부터 알려지기 시작했다. 그러나 당제아르가 가졌던 기생생물적인 비전이 말해주듯이, 20세기 초만 해도 균근이 파트너 각각에게 미치는 영향에 관해서는 거의 무지한 상태였다! 프랑스가 낳은 생물학자 모리스 콜레리Maurice Caullery(1868-1958)는 1922년에 처음 출판된 이후 1950년까지 꾸준히 판을 거듭해가며 교과서 역할을 한 그의 저서 『기생과 공생Le Parasitisme et la symbiose』에서 일반적으로 통용되던 인상을 다음과 같이 요약한다. "균근의 역할은 프랑크가 설명한 것처럼 정확하게 드러나는 건 아니다. 균류는 그저 기생하는 생물, 그러니까 거의 무해하므로 숙주가 참아주는 생물처럼 보인다." 이러한 생각은 여러 세대를 거쳐 답습되었다. 그러나…….

본인들이 활동하던 무렵에 일찌감치 주목받았던 선구자 한두 명의 소견을 예외로 친다면, 균류의 체내 침입이 식물의 생장을 돕는다는 사실은 1950년대에 들어와서야 비로소 살균 처리된 토양에서 한 실험을 통해 입증되었다. 그제서야 균근 없는 식물과 비교할 수 있게 되었기 때문이었다. 그 후 수십 년 동안 실험실에서 이루어진 수많은 실험을 통해서, 특히 제어 가능한 환경 속에서 형성된 하나의 식물과 균류의 결합을 활용하여, 이 두 파트너 사이의 교류에 관한 연구는 상당한 진척을 보였다. 예를 들어 방사성 동위원소를 이용해 두 파트너의 교류를 밝혀내보자. 가령 방사성 동위원소(탄소 14 또는 인 33) 또는 평소에 드물게 만나는 동위원소(질소 15 또는 탄소 13)를 첨가한 분자를 두 파트너들 가운데 하나에 주입한 다음, 나머지 파트너에게서 그 동위원소를 포함하고 있는 분자의 존재를 관찰하여 연구 대상 요소, 즉 탄소, 질소 혹은 인이 그리로 이동했는지 살피는 식이다.

균류는 탄소를 함유한 분자, 좀 더 정확하게 말하자면 식물의 광합성 과정에서 발생하는 당류를 받아들인다. 내생균근류, 다시 말해서 취균류는 이러한 관점에서 보자면 완전히 의존적이라고 할 수 있다. 이들은 일반적인 주변 생태계에서는 혼자만의 힘으로 탄소를 함유한 물질을 절대 채취할 수 없기 때문이다. 실험실에서는 그 균류를 뿌리에서만 배양할 수 있다. 그렇기 때문에 실험실에서는 유전자 변형을 일으킨 뿌리를 활용하여 줄기 없이, 인공적인 환경에서 뿌리들이 당류를 채취하여 이를 일부 균류에게 나누어줌으로써 증식이 가능하도록 한다. 반면, 외생균근의 경우는 탄소 함유 물질을 스스로 채취할 수 있다. 그러므로 몇몇 외생균근은 당류가 풍부한 환경에서 배양은 할 수 있으나, 이는 어디까지나 인공적인 생존에 불과하다. 사실상 외생균근은 뿌리 없이는, 양분을 빨아들이는 데 훨씬 경쟁력 있는 미생물들이 득시글거리는 토양 속에서 그다지 효율적이지 못하다. 게다가 나무 뿌리가 없으면 외생균근류는 포자를 품을 수 있는 육질 기관을 형성하지 못한다. 그렇기 때문에 송로버섯, 꾀꼬리버섯, 그물버섯 같은 균류는 숲에서만 채취 가능하며, 그 생산을 인위적으로 제어할 수 없으므로 희귀한 나머지 비싼 값에 팔린다. 따라서 식물이 없다면 외생균근류는 생존은 가능하나 번식은 불가능하다.

뿐만 아니라 외생균근류에게 요구되는 인공적인 환경이라면 각종 비타민류도 함유하고 있어야만 한다. 뿌리가 이들에게 비타민도 공급하는 것으로 여겨지기 때문이다. 내생균근류와 외생균근류의 생명을 유지하기 위해 식물이 광합성 작용을 통해 만들어낸 전체 생산품의 각각 10퍼센트, 20에서 40퍼센트가 소요된다!

그렇다면 식물이 이처럼 비용이 많이 드는 파트너 관계를 유지해야 하는 까닭이 뭐란 말인가? 균류는 식물을 위해서 토양을 탐색하고 개간하며 뿌리 주변으로 물과 식물 생장에 필요한 질소, 인을 비롯하여 칼슘, 마그네슘, 그 외 구리, 아연 등의 미량원소에 이르기까지 각종 무기질을 몰아온다. 이것이 바로 식물이 균류에게 의존하게 되는 중요한 이유이며, 이는 관찰보고(여기에 대해서는 10장에서 다시 다룰 예정이다)에서도 드러난다. 양분이 풍부한 토양에서라면 식물들이 균류 없이도 살아갈 수 있다. 우리가 일종의 '스페인 여인숙'을 만나게 되는 것도 그런 연유에서다. 스페인 여인숙에서는 각자 자신이 가진 것을 들고 와서 함께 식사를 한다. 식물은 광합성 작용을 통해서 탄소 함유 물질을 합성하는 역량을, 균류는 균사를 통해서 광범위하게 토양을 개간하는 역량을 제공하는 것이다. 외생균근의 하르티히망과 내생균근의 세포내 수지상체는 파트너들 사이에서 양분 교류가 이루어지는 멋진 공간이다. 무엇보다도, 각 파트너의 세포들은 그곳에서 긴밀하게 결합하여 접촉면을 엄청나게 늘려나간다. 게다가 두 파트너는 이러한 단계에서 단백질을 만들어낸다. 이 단백질들은 각각의 세포 내부를 둘러싼 막 속으로 침투해서 분자의 교류를 가능하게 해주는 수송 수단 구실을 한다. 하나가 양분을 정확한 위치에 가져다주면 다른 하나가 바통을 이어받는 것이다.

균근은 일종의 협력업체

그런데 뿌리를 가진 식물은 왜 균류에 의존해야 하는 걸까? 우리들 가운데 대다수는 중학교 혹은 고등학교 시절부터 식물의 뿌리는 제일 끝부분이 길게 연장되어 소위 "빨아들이는 털"이라고 불리는 세포를 지니고 있다는 사실을 알고 있다. 이 뿌리털 세포들이 가늘고 긴 형태 덕분에 토양과의 접촉면을 늘려주며, 그 이름에서도 알 수 있듯이 양분을 빨아들이는 역할을 한다고 말이다. 이처럼 상당히 잘못된 개념은 콜레리가 그의 저서에서 "뿌리에 난 털은 절대 제거되지 않고 남아 있으면서 그 기능을 수행한다"고 주장한 데에서 비롯되었다. 요즘도 여전히 지나치게 그런 감이 있지만, 생물 교육은 발아 중인 식물 관찰에 그 근거를 둔다. 이 관찰에 따르면 식물들은 균류에 의해서 콜로니화되기 전까지는 매우 적극적인 빨아들이는 털을 지니고 있다. 하지만 그건 어디까지나 잠깐 거쳐가는 일시적인 상태, 즉 이제 막 발아하기 시작한 어린 새싹과 어린뿌리 상태에 해당되는 것으로 이 상태는 금세 토양에서의 공생 상태로 대체된다! 더 심각한 사실은, 식물생물학이 오래도록 장대속(애기장대Arabidopsis thaliana, 배추 집안이라고 할 수 있다)에 속하는 식물들처럼 균근과는 무관한 종류들만 연구 대상으로 삼았다는 점이다. 이렇게 하면 배양이 간단하고 균류의 개입으로 인한 간섭 현상을 최소화할 수 있다는 장점은 있다. 그러나 이로 인해 대다수 식물이 양분을 섭취할 때 나타나는 공생과 관련한 사실이 드러나지 않았다는 단점이 있다. 요컨대 자율적이고 독립적인 식물이라는 편견은 순전히 맞춤형 사례들에 근거를 두었던 것이다. 사실 그 맞춤형 사례들이란 것이 지극히 예외적인 현상이었는데 말이다! 2010년부터 2015년 사이에 진행된 중등 교과 과정 개편 작업(나 역시 거기에 적극적으로 참여했다)에서는 광범위하게 진행되는 균류와의 공생을 소개했다. 과거에는 기껏해야 균류의 생태학이라는 이름으로 슬쩍 다루었다면, 이번에는 현재 우리가 식물에 대해 갖고 있는 핵심적인 개념으로 공생을 소개했다는 점이 큰 차이이다.

그건 그렇고, 어린 시절에 뿌리털 덕분에 양분을 섭취할 수 있다는 가능성은 한 가지 문제를 제기한다. 어릴 땐 그럴 수 있는데, 생장의 다음 단계에서는 무엇 때문에 균류의 도움을 받아야 한단 말인가? 일반적인 토양은 식물들이 활용할 수 있는 양분이 매우 적으며, 특히 많은 뿌리들이 경쟁을 벌이기 때문이다. 토양 속에 들어 있는 양분은 심하게 희석되어 있다. 그래서 비료를 주어가면서 식물의 생장을 돕는 것이다. 정상적인 토양 속에서라면, 효과적인 양분 섭취를 위해서 굉장히 넓은 면적을 탐사해야 한다. 뿐만 아니라, 인이나 일부 미량원소 같은 몇몇 양분은 거의 용해되지 않기 때문에 토양 속을 흐르는 물에서는 이를 퍼 올릴 수 없고, 정확하게 그것들이 있는 곳에서 채취해야 한다.

균류가 만들어내는 균사는 멀리 떨어진 곳에서도 대단히 세심하게, 비용도 많이 들이지 않으면서 토양 탐사 작업을 벌일 수 있다. 이 가느다란 섬유들(지름이 100분의 1밀리미터)은 뿌리보다 훨씬 가늘기 때문이다. 제일 가느다란 뿌리도 지름이 최소한 10분의 1밀리미터는 된다. 예컨대 같은 길이라면 균사가 뿌리에 비해서 총량이 100배나 적다. 이 균사들은 물에 용해되지 않는 요소들이 있는 곳을 찾아 나서는데, 때에 따라서는 뿌리에서 수십 센티미터까지 뻗어나갈 수 있다. 이렇게 균사들이 짠 촘촘한 망이 토양 속에 존재한다. 초원에서는 뿌리 1미터마다 균근류에서 만들어진 균사 10킬로미터가 연결되어 있으며, 균근과 접촉하는 균사들은 균근에게 탄소 함유 물질과 비타민을 공급해준다! 토양 1입방센티미터 당 100에서 1,000미터의 균사를 품고 있으며, 이 균사들의 표면적은 말하자면 식물과 토양 사이의 간접적인 접촉 대리인인 셈이다. 토양 면적 1평방미터 당 균사의 표면적은 약 100평방미터나 된다! 그뿐 아니라 취균류의 경우, 글로말린glomalin이라는 단백질을 매우 안정적으로 배출하는데, 이 단백질은 토양을 비옥하게 만드는 데 큰 역할을 한다. 글로말린은 토양 속에서 이질적인 물질의 결집을 돕는데, 이렇게 되면 기층 내부의 환기가 좋아지고, 뿌리가 뻗어나가기 쉬워지며, 수분과 영양이 풍부한 무기물질들의 보존도 용이해진다.

요컨대, 균류는 식물이 해야 할 일(토양과의 접촉, 그리고 그것의 구조화에 일조)을 하는데, 식물보다 훨씬 더 적게 투자하여 같은 성과를 내는 것이다! 하르티히는 균사가 뿌리의 일부분이라고 생각하는 오류를 범했다. 그러나 영양적인 관점에서 볼 때 균사가 뿌리의 연장이리라는 그의 추리는 기능면에서는 매우 통찰력이 있었다고 인정해야 한다. 균근의 또 다른 이점은 식물에게 양분이 충분할 경우, 혹은 주변 생태계가 척박하지 않아서 식물 혼자 힘으로도 충분히 양분을 섭취할 수 있는 경우, 파트너 관계가 중단되거나 최소한으로 축소될 수 있다는 점이다. 이렇게 되면 꼭 필요한 경우에만 결합이 일어나므로 소요되는 비용을 줄일 수 있다. 식물은 다른 선택지가 없을 때, 즉 양분에 접근할 수 있는 수단(이 문제에 대해서는 10장에서 다시 언급할 것이다)이 균근류일 때에만 균근류에게 양식을 제공할 테니 말이다.

자, 이렇게 보면 하청 관계가 지니는 장점들이 집대성되어 있다는 느낌을 떨쳐버릴 수 없다. 오늘날 기업에서 일하는 근로자들이라면 누구나 그 서글픈 기제를 모르지 않을 것이다. 비용이 덜 들고 상황에 따라 유연하게 대처할 수 있으며, 필요가 없어지면 언제라도 해약하면 그만이고……

외생균근의 경우 그 이상이다. 식물들 가운데 더러는 외생균근이 없었다면 감히 넘볼 수 없는 두 가지 유형의 양분에 접근할 수 있다. 토양 속에 함유되어 있지만 용해되지 않는 무기물질과 유기질이 바로 그 양분이다. 식물은 혼자 힘으로는 용해 가능한 무기질 이온에만 접근할 수 있기 때문이다. 먼저 균사들은 토양의 암석 조각 같은 곳에 난 아주 작은 균열 속으로 스며들어 결정들을 불안정하게 만든다. 이를 위해서 균사들은 국지적으로 유기산*들을 비축해놓는다. 산성이 광물질의 분해를 돕는 반면, 유기산염(구연산염 또는 수산염)은 배출된 이온들을 포획하여 이들의 재결정화를 막는다. 이러한 기제를 통해서 정상적으로는 용해되지 않으며 식물의 능력만으로는 차지할 수 없는 무기질 양분, 예를 들어 칼슘을 함유한 결정체(장석長石) 또는 인을 함유한 결정체(인회석燐灰石) 등을 용해시킬 수 있다. 또 다른 외생균근들은 토양 속의 죽은 유기물질들을 활용하여 효소를 만들고 이 효소는 유기질을 공략한다. 이는 일부 외생균근이 어째서 낙엽 속에서 발견되는지 그 이유를 설명해준다. 낙엽 속에서 균류가 부지런히 위에서 설명한 활동을 벌이기 때문이다. 이 같은 공략으로 작은 분자들이 방출되는데, 이 분자들은 에너지 차원에서는 균류에게 양분을 공급하지 않으나, 이 분자들 가운데 일부가 질소와 인을 함유하고 있고, 크기가 작기 때문에 소화 흡수가 가능하다. 그러므로 이것들을 채취함으로써 균류는 탄소를 함유한 물질들의 대부분을 식물에게 의존하는 가운데, 질소와 인이라는 양분까

* 산성을 띠는 유기화합물의 총칭.

지 보충한다. 그리고 그 대가로 식물에게 토양의 유기물질에 간접적으로 접근할 수 있도록 도와주는 것이다!

그러므로 균근은 두 파트너의 보완 역량이 잘 맞아떨어지도록 조율한다고 할 수 있는데, 실제 거래를 놓고 볼 때 그 방식은 지의류의 공생을 떠올리게 한다. 식물은 일종의 역전된 지의류, 즉 균류가 땅속에 포진하고 있어서 눈에 띄지 않는 경우에 해당된다고 생각할 수 있다! 지의류와 균근의 예에서 보듯이, 대지라는 생태계에서는 흔히 광합성을 하는 생물들이 균류에 의존한다. 균류의 한 부분(토양 균사의 총체에 연결된 부분)과 식물의 뿌리(지상으로 솟아난 부분과 연결되는 부위) 사이에서 조화롭게 형성된 균근은 이 두 파트너 사이에 양분의 교환이 일어나는 장소가 된다. 그러므로 우리는 균근을 문자 그대로 두 파트너의 양분 공급을 보장하는 혼합 기관으로 간주할 수 있다.

네트워크로 연결된 식물

하나의 균류와 결합한 하나의 식물이라는 이미지는 실험실에서 완전히 통제 가능한 조건에서 인공적으로 배양된 공생 커플을 관찰함으로써 균근의 기능을 이해하게 해준 지난한 연구 과정이 있었음을 함축한다. 그런데 최근 이보다 훨씬 실제 생태계 환경에 유사한 접근이 이루어져 우리의 인식 체계에 복잡함을 더하고 있다. 분자생물학 연구 방법 덕분에 현 시점에서는 뿌리에 서식하는 균류의 종류를 이들의 DNA 분석을 통해서 확인할 수 있게 되었기 때문이다. 오늘날에는 이들의 유전자와 데이터 은행에 보관 중인 참고 유전자들을 쉽게 비교할 수 있다. 일반적으로 균근의 형태만으로는 정확하게 어떤 균류가 개입했는지 확인하기 힘들었는데 말이다. 여기서 더 나아가, 또 다른 방법들을 이용하면 주어진 균류 가운데에서 각각의 개체까지도 확인이 가능하다. 이는 DNA의 배합이 개체마다 다르다는 사실에 입각한 확인 방식으로, 경찰의 과학 수사에서 자주 사용되는 방법이기도 하다.

미국의 한 솔밭에서 토양 속에 들어 있는 외생균근을 수집하여 소나무 균근류인 알버섯속Rhizopogon의 분포를 연구해보자. 이 균류의 유전자 유형화 작업 결과에 따르면, 이 균류에 속하는 한 개체는 평균적으로 지름 1에서 10미터 정도의 면적을 점유하고 있으며, 균사를 만들어 이 면적에 해당되는 토양에 콜로니화한다. 각 개체는 평균적으로 이웃한 소나무 10여 그루(개체에 따라서는 20그루가 넘기도 한다)의 뿌리에 외생균근을 형성한다. 이 결과는 잠재적으로 같은 식물에 서식하는 다른 균류에 대해서도 일반화할 수 있을 것으로 여겨진다. 나무의 한 개체를 놓고 볼 때, 뿌리의 어느 부분이냐에 따라 많게는 수백 가지의 균류와 결합하기도 한다! 각각의 균류들은 균사가 만들어지는 리듬에 따라 같은 종류에 속하는 여러 개체의 식물과 공생 관계를 맺을 수 있다. 이를 테면, 균류가 이 식물 개체들을 하나의 네트워크로 이어준다고 할 수 있다. 어쩌면 그 이상일 수도 있고.

실제로 균근류는 몇몇 외생균근(소나무를 유난히 좋아하는 맛좋은 송이버섯류, 또는 말목껄껄이그물버섯류Leccinum처럼 참나무, 자작나무, 포플러 나무 등 특별히 좋아하는 나무와만 결합하는 균근류)을 제외하면, 특정할 수 있는 경우가 매우 드물다. 균근 결합의 원칙은 말하자면 일반화 지향적 원칙이라고 할 수 있다. 하나의 균류가 여러 종의 식물들을 콜로니화할 수 있으며 그 역도 성립하기 때문이다. 참나무에만 서식하는 것으로 알려진 검은 송로버섯은 사실 개암나무와 너도밤나무, 심지어 소나무까지 좋아한다. 석회질의 토양이면 송로버섯이 생장하기에 충분하기 때문이다. 한번은 동료들과 함께 코르시카섬의 파고 숲에서 다수의 외생균근류를 찾아냈는데, 이들의 숙주가 되는 수종이라고는 소귀나무와 털가시나무 두 가지 뿐이었다. 식물 뿌리에서 동정同定*된, 즉 그 종류가 확인된 균류(500종 이상)가 어찌나 다양한지, 그에 비하면 지표면에 존재하는 식물 종은 너무도 단조로워서 믿기지가 않는다. 게다가 표본으로 채집된 뿌리들의 70퍼센트에서 이 두 수종에 공통적으로 외생균근을 형성하고 있는 균류들이 확인된다! 이렇듯 이웃한 식물들은 비록 종이 다르다 할지라도, 일부 공생 균근을 공유한다.

그러므로 균근 형태의 공생을 일종의 네트워크로 이해해야 한다. 균류들은 이웃한 식물들까지 콜로니화하는데, 이때 같은 종인지 다른 종인지는 문제되지 않는다. 한편, 식물들은 그들대로 여러 균류에 의해서 콜로니화되는데, 이때도 역시 균류의 종이 같은지 다른지는 중요하지 않다. 이렇게 되면 이 균류들은 자기들끼리 간접적으로 연결되는 셈이다. 우리는 외생균근의 사례를 살펴보았지만, 취균류에 의해서 형성되는 내생균근도 사정은 다르지 않다. 이렇듯 토양은 네트워크 천지다.

균근 네트워크는 일종의 양분 자판기

이러한 네트워크는 그저 소개의 편의를 위해 고안해낸 인위적인 비유가 아니다. 몇몇 종은 균근 네트워크에 적응해서 식물들 간의 거래가 이루어질 때 자기들만의 역할을 입증하기도 한다. 이와 관련해 숲에 서식하는 엽록소 없는 일부 식물들이 일찌감치 주목을 받았다. 가령 위에서 이미 언급한

* identification. 생물의 여러 형질을 조사하여 그것이 어느 분류군에 속하는지 결정하는 일

바 있는 수정난풀속*Hypopitys monotropa*에 속하는 식물들이나 새둥지란*Neottia nidus-avis* 같은 난초는 1840년대부터 관심을 끌었다. 새둥지란은 이름에서 알 수 있듯이 굵은 뿌리들이 새의 둥지처럼 얽힌 모습을 하고 있다. 이러한 식물들은 기생식물과 비슷한데, 엽록소가 없는 기생식물들도 뿌리를 이웃한 식물들에게 걸어 이들의 수액을 슬쩍 우회시켜 양분을 취한다. 광합성을 할 수 없으니 엽록소가 없는 식물들이 달리 어디에서 양분을 얻을 수 있겠는가?

우리는 19세기 이후 이들 뿌리들이 균류에 의해 매우 밀도 높게 콜로니화되어 있으며, 균류가 식물들이 양분을 얻는 원천이 되어준다는 사실을 알고 있었다. 그래도 그때는 이들의 정확한 정체와 양분의 내용까지는 미처 알지 못했다. 나는 DNA 분석을 통해 균류의 정체성을 확인하는 방법으로 그 균류들이 바로 이웃한 나무의 외생균근을 만들어낸 균류와 동일하다는 사실을 밝혀낸 연구자들 가운데 한 명이다! 방사성 동위원소 측정법(위에서 말했듯이 동위원소를 사용하는데, 이번에는 실험실이 아닌 숲으로 장소를 이동했다)은 실제로 분자들이 이동했음을 확인시켜주었다. 균류가 녹색식물에서 채집한 탄소 함유 물질들이 부분적으로 엽록소 없는 식물들에게로 이전된 것이었다.

예외적이라고 할 수 있는 이러한 기제는 요컨대 엽록소 없는 식물의 뿌리 속으로 탄소 함유 물질들이 흘러들어가는 일반적인 방향을 뒤엎는 것이다. 우리는 지금까지도 여전히 이러한 상호작용으로부터 균류가 어떤 형태로 이득을 취하는지는 알지 못한다. 균류가 혹시 비타민을 얻는 것일까? 아니면 한 해의 특정 시기, 가령 건기 또는 혹한기에 보호를 받는 것일까? 그것도 아니면 균류 역시 다른 생물의 기생을 감내하는 것일까? 10장에서 보게 되겠지만, 공생은 때로 기생 상태의 언저리에서 배회하기도 한다. 하지만 한 가지는 확실하다. 균근의 네트워크가 식물들로 하여금 숲의 후미진 응달에서 엽록소 없이도 살아가게 해준다는 점이다. 열대 밀림의 작은 초목들이 자라는 숲에는 두터운 임관층林冠層* 때문에 생기는 응달에서 그처럼 엽록소 없이 살아가는 식물들이 그득하다. 이들 엽록소 없이도 살아가는 식물들 가운데 대표 격은 용담과와 원지과 식물들이다. 이들은 임관층에 속하는 나무들의 뿌리들과 더불어 취균류로부터 양분을 제공받는다. 키가 큰 나무들은 빛에 관한 한 경쟁에서 승리를 쟁취한 것 같지만, 사실상 균근류의 네트워크에 발목이 잡혀 있는 것이다!

이 극단적인 사례들은 균근류 네트워크가 이웃한 식물들 간의 양분 교류를 가능하게 해준다는 사실을 확인시켜준다. 최근 몇 년 사이, 네트워크 안에서 열대 밀림의 다른 녹색식물에게서 탄소 함유 분자들을 채취하는 역량이 발견되었다. 우리 팀은 연구를 통해 난초와 철쭉과의 몇몇 종(히드와 수정난풀속 식물들)은 비록 녹색을 띠고는 있지만, 이들을 이웃 식물과 연결해주는 균근 네트워크 덕분에 부분적으로 양분을 취하고 있음을 밝혀냈다! 이들은 이런 식으로 열대 밀림의 응달에 적응해 살면서 균근 네트워크를 이용해 부족한 양분을 보충한다. 이처럼 광합성 작용과 균근 네트워크에서 동시에 탄소 함유 분자들이 발생하는 방식을 가리켜 혼합영양mixotroph 섭취라고 부른다. 이에 대한 증거는 자연적인 천성에서 찾을 수 있으며, 이야말로 학자들의 환호를 불러일으킨다. 균류는 자연 상태에서 희귀한 탄소 동위원소인 탄소 13에서 풍부한 탄소 자원을 생산한다. 식물에 이 요소가 풍부하다는 것은 균류의 바이오매스biomass**로부터 옮겨온 부분이 있다는 것을 추정하게 해준다. 그 비율은 가변적이며, 식물이 응달에서 성장할

* 삼림이나 농경지 등에서 수관들이 모여 형성하는 윗부분, 즉 그러한 군락의 지붕에 해당하는 부분.

** 특정 시간에 특정 지역에 존재하는 식물, 동물, 미생물 등 모든 생물체의 질량 또는 에너지량.

수록 증가하는데, 이것은 식물의 총 탄소의 90퍼센트까지 도달할 수 있다. 게다가 몇몇 혼합영양 난초과 식물들은 엽록소를 모두 상실한 탓에 귀신처럼 허연 돌연변이 모습을 한 채 몇 년이고 균근류로부터 전적으로 양분을 얻어먹으면서 생존하기도 한다. 물론 이들은 광합성으로 얻는 양분 섭취가 없는 탓에 만들어내는 씨앗이 훨씬 적지만, 그럼에도 균근류의 네트워크가 혼합영양생물들의 영양 섭취에 중요한 역할을 수행하고 있음을 입증해준다. 그로 인하여 혼합영양생물들에게 녹색, 즉 광합성 작용은 선택 사항이 되고 만다. 아울러서 진화의 역사를 놓고 볼 때, 혼합영양생물의 이 같은 돌연변이체는 십중팔구 엽록소 없는 종들을 낳았을 것이고, 이들의 네트워크 활용 현상이 아마도 제일 먼저 발견되었을 것이다. 혼합영양생물로, 나아가서 전적인 종속영양생물heterotroph*로 진화하는 과정에서 식물의 신진대사는 균근류 네트워크의 도움으로 완전히 변화되었다고 할 수 있다.

"정상적인" 식물들도 때로는 일시적으로 탄소 함유 물질들의 흐름을 역류시키는 그와 같은 교환 덕을 볼까? 1990년대에 진행된 한 고전적인 실험은 각각 다른 탄소 동위원소(탄소 13과 탄소 14)가 풍부한 이산화탄소를 어린 자작나무와 더글러스소나무Pseudotsuga menziesii의 광합성을 위해 제공했는데, 이들 나무뿌리의 90퍼센트가 동일한 균류에 의해 외생균근화되어 있었다. 이 같은 실험 결과 자작나무와 더글러스소나무는 각각 서로에게서 탄소를 주입받았는데, 더글러스소나무 쪽으로 흘러간 탄소가 눈에 띄게 많았음이 드러났다. 더글러스소나무가 받은 탄소는 광합성의 10퍼센트에서 25퍼센트에 해당하는 양이며, 제일 그늘진 곳에 사는 나무에게 가장 많은 양이 흘러들어갔다! 이웃한 나무인 솔송나무는 내생균근화된 상태였으며, 아무것도 제공받지 않았다. 그리고 이 나무들 사이에 일종의 참호 같

* 스스로 광합성을 할 수 없어 영양소를 다른 생물의 유기물에 의존하는 생물.

은 것이 있어서 흐름이 끊겼다. 그러므로 외생균근 네트워크가 자작나무와 더글러스소나무 사이의 이동에 작용했다고 말할 수 있다. 최근에 스위스의 한 숲에서 이루어진 실험에서는 나무들의 광합성의 4퍼센트가 같은 균근 네트워크에 연결된 이웃나무들 사이로 이동된다고 평가했으나, 여기서는 나무들 사이의 유출은 확실히 전혀 없는 것으로 밝혀졌다. 나무들은 각각 주기도 하고 받기도 하므로. 그러나 이와 같은 흐름을 실시간으로 측정하는 것만으로는 식물의 생장 기간 내내 이루어지는 흐름의 양, 식물의 장기적 양분 섭취 예산에 대해 어느 정도의 파급력을 갖는지 계산할 수 없다. 흐름이 시간에 따라 달라지기 때문이다. 단풍나무 그늘에서 자라면서 단풍나무와 내생균근을 공유하는 캐나다의 얼레지속 뿌리줄기 식물 노랑 얼레지Erythronium americanum가 이를 잘 보여준다. 봄이 되면 이 식물은 단풍나무보다 먼저 잎을 틔우며, 광합성 작용의 결과물은 아직 잎이 달리지 않은 단풍나무 뿌리로 이동한다. 가을이 오면 반대로 광합성 생산물이 아직 잎이 달려 있는 단풍나무로부터 이 식물의 뿌리줄기로 이동하는데, 이 무렵 이 식물은 잎이 달린 단풍나무의 그늘에서 산다. 결산을 해보면, 이렇게 볼 때 이 교류의 승자(만일 승자가 있긴 하다면)가 누구인지 판단하기란 간단한 일이 아니다. 제대로 된 답을 내놓기 위해서는 정기적으로 이 두 파트너를 관찰할 필요가 있다. 그러므로 이러한 교류 기제와 그 기제가 식물에게 정확하게 어느 정도의 중요성을 갖는지의 문제는 현 시점까지도 논란의 대상이다.

반면 균근류 네트워크는 식물들 사이에서 탄소 외에 다른 양분들도 주고받는다. 같은 토양에서 균근화된 두 식물을 그물코의 크기가 다양한 막으로 뿌리를 분리한 상태에서 배양하는 간단한 장치들을 비교하면 이를 알 수 있다. 그물코가 작을 경우(20~40마이크로미터), 막을 통해서 균류의 균사가 통과하여 두 식물 사이에 네트워크를 형성한다. 그물코가 아주 작을 경우, 물과 물에 용해되는 물질만 막을 통과하므로 두 식물 사이의 접촉은 토양을 통해서만 가능하다. 이제 두 식물 가운데 하나에 양분을 주입해보자. 균류가 연결시켜줄 때만 그 양분이 나머지 식물에게로 전달된다면, 그건 토양이 아니라 네트워크가 이동에 개입하기 때문이다. 우리는 이런 식으로 균근류 네트워크를 통한 질소, 인, 또는 물 등의 이동을 입증할 수 있다. 물의 전달은 물이 땅 속 깊은 곳에만 있는 건조한 환경에서 이를 수용하는 측의 입장에서는 특별히 중요한 의미를 지닌다. 뿌리가 물을 찾아 깊이 내려갈 수 있는 식물들 곁에 이웃한, 뿌리가 거의 지표면과 가까운 얕은 곳에 펴져 있는 식물들은 균근류 네트워크 덕분에 살아갈 수 있다. 네트워크 덕분에 늘 물이 흐르니까!

균근류 네트워크는 간접적 도움 장치

네트워크의 존재는 발아기에 특히 중요해 보인다. 위에서 보았듯이, 그물코가 아주 작은 막을 통해서 균류를 배제함으로써, 또는 토양의 규칙적인 침식 등을 통해 주변에 조성된 균근류 네트워크와 접촉이 차단된 키 작은 식물들은 잘 성장하지 못하는 경우를 자주 관찰할 수 있다. 이 식물들도 물론 고립된 일부 토양을 콜로니화한 균근류와의 사이에서 상호작용을 하긴 하나, 식물에게는 네트워크와 연결된 균류가 훨씬 더 많은 이득을 주는 것이 사실이다. 몇 가지 실험은 이 같은 긍정적인 효과가, 일부 경우에 있어서는 이미 성체로 자라난 식물들로부터 유입된 탄소 함유 분자들 덕분일 것이라고 추측한다. 그러나 이를 입증하기 위해 제시되는 증거들에 대해서는 아직 논란의 여지가 많다. 한편 이미 그 자리에 있는 식물들에 의해 영양을 공급받는 균류들과 결합함으로써, 발아기의 식물은 그것을 설치하는 비용을 지불할 필요 없이 엄청난 규모의 균사 네트워크에 순식간에 접근하는 것은 아닌지 의심해볼 만하다. 이미 비용이 지불된 네트워크에 신속하게 접속함으로써 이웃한 식물들로부터 나오는 몇몇 양분이 들어온다면 특별히 보모를 고용한 효과까지 발생할 수도 있다! 물론 이 점에 있어서도 네트워크가 과연 누구에게 이득이 되는지는 아직 알려진 바 없다. 균류 입장에서 보자면 네트워크를 형성하는 건 분명 득이 되는데, 이것이 곧 미래의 젊은 개체에게 투자하는 길이기 때문이다. 하지만 다 자라난 식물의 관점에서 본다면, 자기 후손의 발아라는 예외적인 경우가 아니면, 네트워크라는 것이 잠재적 경쟁자를 위한 도움 장치가 될 뿐이다. 그러니 이 같은 상호부조는 균류에 의해 강요되는 것일 가능성이 상당히 높다. 즉, 이는 그렇기 때문에 다 자란 식물들에게는 해가 될 수도 있다는 말이다.

여기서 잠시 내생균근이 대대적으로 퍼져 있는 열대 밀림의 나무들에게로 돌아가보자. 아프리카 혹은 아메리카 곳곳에는 이른바 "단일 수종이 지배적인monodominant" 숲들이 있다. 단일수종이 지배적인 숲이란 말 그대로 숲을 이루고 있는 나무들 가운데 상당 부분이, 심지어 전체가 같은 종에 속하는 숲을 말한다. 이러한 숲들은 우리에게 낯익은 다양성과는 크나큰 대조를 이룬다고 할 수 있는데, 일반적으로 열대 밀림에는 헥타르 당 1,000여 종의 다양한 나무들이 서식하기 때문이다. 그런데 여기서 주목할 점은 그 지배적인 종은 주로 외생균근을 형성할 수 있는 예외적인 열대 수종으로 제한된다는 사실이다. 이는 아마도 보모 고용 효과로 단일 수종의 지배가 확산됨으로써 그 효력이 발생하게 된 경우 중 하나라고 할 수 있다. 다 자란 식물들은 외생균근의 네트워크 덕분에 자기와 같은 종의 어린 나무들이 성장하는 데 편파적인 도움을 줄 수 있다. 이 "사적인" 네트워크를 독점적으로 사용하게 된 어린 나무들은 다 자란 어른 식물들이 많이 모여 있기만 하면 국지적으로 내생균근 식물들에 비해서 우위를 차지하게 된다!

마지막으로 균근류 네트워크에 의해 연결된 식물들 사이에서 관찰되는 전혀 예상하지 못했던 간접 도움에 대해 살펴보자. 이들 식물들은 심지어 서로에게 경계 신호도 보낼 수 있다. 같은 거리에 있어도 네트워크로 연결되지 않은 식물들 사이에서는 신호 교환 따위를 전혀 찾아볼 수 없는데 말이다. 질병을 일으키는 균류에 감염된 식물 또는 초식곤충에게 복종하는 식물들의 경우, 반응 체제가 정착하게 되면서 외부의 공격을 그럭저럭 막아낸다. 몇몇 경우, 균근류 네트워크로 연결된 식물들은 실제로 자신은 아무런 공격도 받지 않았음에도, 하루 이틀 전 이웃한 식물이 공격받았을 때 보인 것과 유사한 반응을 보인다! 우리는 이런 현상을 가리켜 식물들 사이의 "정보의 고속도로"라고 언급하고는 있으나, 어떤 신호 체계에 의해서 이런 일이 벌어지는지, 그 신호들이 어떤 방식으로 균사를 통해서(혹은 균사의 표면으로) 전달되는지는 아직 알지 못한다. 뿐만 아니라 토양 속의 균사들은 지방도로 같아서, 길은 좁아도 무수히 촘촘하게 뻗어 있고 효과적으로 정보를 실어 나른다. 여기에서도 식물이 이웃 식물에게 경고한다는 이점은 그 이웃 식물은 이웃인 동시에 경쟁자임을 고려할 때 진짜 이득이 될 수 있는지 확실하지 않다. 따라서 경고의 전달은 아마도 균류의 고유한 특성일 것으로 여겨진다. 균류는 경고를 전달함으로써 탄소 함유 물질을 제공하는 모든 원천을 보호할 수 있을 테니 말이다. 양분 섭취에서 출발하여 우리는 이제 균근의 자기 방어 양상에 이르렀다. 이는 다음 장을 알리는 서곡이다. 그러니 그에 앞서 이번 장에서 언급된 내용을 정리해보자.

결론적으로 말하자면…

따라서 대부분의 식물들은 절대 혼자가 아니다. 이들은 양분을 섭취하기 위해서, 생명을 유지하기 위해서 토양 균류를 필요로 한다. 한편, 토양 균류 또한 숙주가 되어주는 식물들에게 의존한다. 키도 크고 씩씩하게 잘 성장한다고 해도 식물의 90퍼센트는 균류에 의존한다. 식물은 미생물의 뿌리를 가진 진정한 거인(균류가 만들어내는 균사의 척도로 보자면 그렇다)인 것이다. 식물과 균류의 결합은 균근이라는 혼합 기관을 형성하며, 흔히 이 혼합 기관 내부에서 두 파트너 가운데 하나는 너무 작아서 육안으로는 잘 보이지 않는다. 더구나 이 모든 일이 토양의 지표면 아래, 우리 시선이 미치지 않는 땅속에서 진행된다. 식물과 상호작용하는 미생물은 정말 작고, 토양은 불투명하다. 그래서 균근의 존재는 과학의 역사에서 상당히 뒤늦게야 부상하기 시작했다.

균근이 애용하는 몇몇 방식은 두 파트너 사이의 상호작용이 지니는 상리공생적인 면모를 보여준다. 균류에게도 식물에게도 도움이 된다는 말이다. 우리는 일부 식용 버섯류를 생산하기 위해서 이들의 이러한 방식을 모방한다. 잘 알다시피 버섯을 양식하기 위해서는 균근이 필수적이니까. 오늘날 묘목업자들은 가령 맛좋은 젖버섯류, 민달걀버섯, 또는 송로버섯을 접종한 묘목을 판다. 이들 종묘업자들의 토양은 소독 후 시험관에서 미리 배양된 이들 균류가 만들어낸 균사를 받아들였는데, 이렇게 하면 제일 처음 그 토양을 차지하는 자의 경쟁력을 보장받는다는 이점이 있다. 나무를 이식할 경우 균류의 생존이 항상 보장되는 것은 아니나, 이렇게 하면 나중에 균류가 살아남을 가능성이 훨씬 높아진다. 오늘날 송로버섯 생산량의 80퍼센트 이상은 이렇듯 사전 접종을 통해 고의로 감염시킨 나무들로부터 얻어진다. 아울러 주거니 받거니 하면서 식물의 성장도 향상시킬 수 있다. 농토를 숲으로 만들 때 자주 사용되는 더글러스소나무 같은 수지류 수목이 좋은 예에 해당한다. 농토의 토양 속에는 물론 외생균근이 거의 없다. 큰졸각버섯Laccaria bicolor을 접종한 묘목은 묘판에서 훨씬 빨리 자라며(일반적으로 시장에 내다팔 수 있는 상품을 생산하는 데 3년이 걸리는데, 이렇게 하면 이 기간을 1년 정도 단축할 수 있다), 이식의 스트레스도 훨씬 잘 견디고, 10년 후에는 나무의 생산량도 60퍼센트 정도 늘어난다! 그렇지만 지금까지도 균근이라고는 몰랐던 과거를 상속받은 우리는 농업 분야에서 이와 같은 공생 방식을 거의 활용하지 않고 있다. 이 문제는 10장에서 다시 다루도록 하자.

그러므로 균근은 두 파트너가 서로의 이익을 위해 공존하는 상태인 공생의 확실한 예라고 할 수 있다. 물론 식물과 균류의 결합이 언제나 이상적인 것은 아니다. 이 결합 가운데 적어도 15퍼센트는 오히려 식물의 성장을 위축시킨다. 이는 분명 탄소 함유 물질을 얻는 데 들어가는 비용이 균류가 가져다주는 이득으로 충분히 보상되지 않기 때문일 것으로 추정된다(10장에서 우리는 이처럼 해로운 결합의 경우, 두 파트너가 어떤 방식으로 그릇된 길로 들어서는 걸 막는지 살펴볼 것이다). 그러나 대부분의 경우, 파트너들은 '스페인 여인숙' 방식, 즉 각자가 상대의 부족한 점을 채워주는 방식으로 양분 섭취를 보완한다. 식물은 탄소 함유 물질을 만들어내고 균류는 생태계를 탐사하면서 물과 무기질, 즉 광천수에 함유된 양분을 채취한다. 균근은 얼핏 보아서는 영양적인 측면의 상호작용을 보여주나, 우리는 이 책에서 이들의 공생이 서로의 보호를 추구하는 측면(2장)도 있으며, 또한 그것이 파트너들은 물론 토양의 생태계를 변화(3장)시킬 수도 있음을 깨닫게 될 것이다.

그러니 균근을 통해서 우리가 키워 온 식물들의 생물학이 지니는 또 다른 양상에 대해 이야기해보자. 그 식물들은 어찌나 잘 컸는지 수많은 기생충들이나 다양한 초식생물들이 입맛을 다셔가면서 호시탐탐 이들을 노린다. 식물들은 자신들이 축적한 바이오매스의 총량을 어떤 방식으로 보호하는가? 이 문제에 있어서도 공생은 나름대로 맡은 역할이 있어서 균근을 통해서 뿐만 아니라 다양한 다른 기관들을 통해서도 이 역할을 수행한다. 이제부터 거기에 대해서 상세히 알아보자.

2장

큰 녀석들을 지켜주는 작은 녀석들

_ 미생물의 보호 아래 자라는 식물

2장에서는 소를 먹이기 위하여 풀을 심으면서 우리도 모르게 매우 공격적인 공생을 주입하게 된 사연을 다룬다. 미생물 세계 전체가 병을 일으키는 병원체는 물론이고 각종 물리화학적 스트레스로부터 식물의 줄기와 잎, 뿌리 등을 보호한다는 사실, 미생물들이 식물의 면역체계를 상대로 교묘하게 영향력을 행사한다는 사실 등도 다룬다. 또한 미생물들은 식물의 생장과 발달을 이끌고, 식물들이 보여주는 수많은 특성을 만들어가는 주역이라는 점, 그러므로 나무의 형태를 보면서 거기에 서식하는 미생물들을 생각하지 않을 수 없다는 점 등에 주목할 것이다! 마지막으로, 비록 일부 미생물들은 병을 일으키는 부정적인 효과를 야기하기도 하나, 대부분은 식물의 건강과 성장을 보장해준다는 사실도 강조할 것이다.

켄터키 31, 출발은 좋았으나
결국 재앙으로 끝난 허울뿐인 아이디어

1931년, 미국 켄터키대학의 한 교수는 원산지는 유럽인데 1800년대에 아메리카 대륙으로 유입된 벼과식물인 큰김의털*Festuca arundinacea*에 주목했다. 그 식물이 지닌 타고난 경쟁력과 척박한 토양에서도 꿋꿋하게 자라나는 생장력 때문이었다. 그는 이 풀을 "켄터키 31"이라고 명명하고는 가장 역량 있는 개체들을 선별하여 원래보다 더 나은 품질을 얻어냈다. 이렇게 해서 얻은 개량종의 종자는 1943년부터 시장에서 판매되기 시작했다. 미국 서부 대초원의 가치를 높이겠다는 발상에서였다. 실제로 스트레스를 많이 받는 생존 조건에서도 이 풀은 아주 잘 자라났다. 그 결과 켄터키 31 씨앗은 대대적으로 파종되었다.

그런데 이런! 켄터키 31은 그것이 지닌 영양 가치로 미루어 기대했던 만큼의 결과를 내지 못했다. 이 풀을 먹은 소들이 곧 희한한 증세를 보이기 시작했던 것이다. 먼저 신체의 끝부분까지 골고루 돌아야 할 혈액의 순환이 멈추면서 건성 괴저* 현상이 나타나고, 꼬리와 발굽이 떨어져나가는 증세를 보였다. 그러면서 소들은 이전과 달리 심한 스트레스 증세를 보였고, 체온이 유난히 높게 올라가면서 하루 종일 물속에서 지내려는 경향 등, 평소와는 눈에 띄게 다른 행태를 보이기 시작했다. 그러면서 축산학적 역량마저도 떨어져, 젖 분비량은 3분의 1이 감소하고, 임신 중단이 30퍼센트나

* 세균성 분해와 부패 현상을 일으키지 않고 동맥 폐쇄로 조직이 파괴되는 것.

증가했으며, 어린 소들은 성장세가 약화되는 등 참담한 결과를 몰고 왔다. 켄터키 31이 확고하게 뿌리를 내린 이후 그 손실은 미국의 경우 해마다 10억 달러를 넘고, 이 종자가 대대적으로 판매된 오스트레일리아에서는 손실액이 이 액수의 3분의 1에 육박했다.

모든 것이 너무 늦었다! 문제의 식물이 어찌나 잘 자라는지 켄터키 31은 순식간에 처치 곤란할 만큼 공격적인 풀로 인식되기 시작했다. 미국 남동부에서만도 무려 15만 평방킬로미터에 해당하는 면적을 켄터키 31이 뒤덮은 것이다. 이보다 더 심각한 건, 그 종자가 여전히 판매중이라는 사실이다. 켄터키 31이 아주 덥고 건조한 지역, 토양이 몹시 척박한 지역에서조차 녹색의 잔디밭(인터넷 검색만으로도 이 상업적인 기적을 쉽게 확인할 수 있다)을 만들어주기 때문이다. 그런데 이 풀이 왜 소들에게 해를 입히는 것일까? 켄터키 31의 유독성은 그 풀을 경쟁력 있는 풀로 만들어준 주역, 즉 외부에서는 보이지 않으나 잎사귀와 줄기 조직 속에 서식하면서 양분을 취해 온 네오티포디움균Neotyphodium과 밀접한 관계가 있는 것으로 드러났다. 이럴 경우 식물내생균endophyte(그리스어에서 '안'을 뜻하는 접미사 endo와 '식물'을 뜻하는 phyton이 결합한 단어)이라는 표현을 쓰는데, 식물내생균은 균근과는 달리 뿌리 주변에서만 제한적으로 서식하지 않고 식물 전체에 훨씬 넓게 확산되어 있는 대신 그 밀도는 훨씬 떨어진다. 식물내생균 네오티포디움은 진정한 의미에서의 화학 폭탄으로, 식물을 초식생물들로부터 보호해주는 다양한 유독성 알칼로이드*를 만들어낸다. 예를 들어 페라민peramine과 롤린loline 같은 일부 내생균은 곤충들에게 해를 입히기 때문에 곤충들은 당연히 이 식물을 최대한 피하려는 경향을 보이게 되고, 결과적으로 식물은 피해 없이 잘 자라나게 된다! 한편 곤충들에 맞서서 적극 대항할 뿐 아니라

* 질소를 함유하는 염기성 유기화합물로 포유동물의 신경계에 작용한다.

포유류와 맞서서도 실력을 발휘하는 다른 내생균들도 있다. 가령 에르고발린ergovaline과 거기에서 파생된 물질들의 경우 혈관 수축제 역할을 하며, 이것이 포유류의 신체 말단 부분에 발생하는 괴저 현상을 설명해준다. 포유류 입장에서 보자면 이보다 훨씬 더 위험한 존재라고 할 수 있는 롤리트렘lolitreme은 경련을 일으키며, 리세르그산lysergic acid(향정신성 물질의 하나로 환각제 LSD의 원료)의 파생물질들은 비상식적인 행태를 유발한다.

요컨대 켄터키 31은 적어도 그것을 식사로 먹는 가축들에게는 환상적인 꿈의 식품이 아닌 것이다. 내생균을 함유한 식물과 그렇지 않은 식물은 쉽게 비교할 수 있다. 씨앗 몇 개를 천천히 데우면 내생균은 죽지만 발아 능력은 그대로 남아 있기 때문이다. 때문에 많은 비교 연구가 쏟아져 나왔다. 예를 들어 내생균이 있거나 없는 식물과 대면할 경우, 진디들은 건강한 식물을 선택하는 빈도가 4.5배나 높다. 그런데 만약 내생균이 독소 생산 유전자에 돌연변이를 일으키면 이와 같은 선호 현상은 사라져버린다. 이는 곧 곤충들의 선호 여부에 독소가 직접적인 역할을 한다는 것을 보여준다. 그러므로 켄터키 31은 초식생물들이 이를 멀리하고 그 대신 주변의 다른 식물들에게로 방향을 돌리게 되면서 넓은 자리를 확보하게 된다. 따라서 쾌적한 환경에서 경쟁력 있고 보기 좋은 풀로 자라나는 것이다! 그런데 내생균을 제거한 켄터키 31을 파종할 경우, 이 풀은 더 이상 공격적으로 영역을 넓혀가지 않으며, 몇 년 후에는 오히려 쇠퇴한다. 결국 생태학적 성공을 구축하는 요인은 내생균과 식물 사이의 공생이다. 하지만 들판에 온통 켄터키 31만 있을 때, 소들은 이 유독성 풀을 먹을 수밖에 없다. 다른 선택지가 없으니 말이다.

네오티포디움균의 존재는 벼과식물(켄터키 31과 같은 부류에 속하는 식물로 밀 또는 귀리가 대표적) 사이에서는 드물지 않다. 북아메리카 인디언들은 내생균을 지닌 식물 종들("잠자는 풀sleepygrass", 학명은 아크나테룸 로부스툼Achnatherum robustum)을 잘 알았기 때문에, 거의 천 년 동안이나 이를 최면제 또는 수면제로 사용해왔다. 내생균이 향정신성 물질인 리세르그산(켄터키 31을 뜯어먹은 소들의 행태를 바꾸어놓은 물질)을 만들어내기 때문이다. 뉴멕시코에는 대규모 "잠자는 풀" 초지가 존재한다. 거기서 자라는 풀은 운 나쁘게도 그 풀을 뜯어먹은 말들을 잠재우는 수면제 효과를 낸다. 말들은 매번 식사로 이 풀을 먹을 때마다 2~3일 후면 잠이 들고, 따라서 기수들은 그때마다 강제 휴식해야 하는 셈이다! 아르헨티나에서는 과거에 아메리카 인디언들이 또 다른 벼과식물 포아 후에쿠Poa huecu가 지배적인 지역 쪽으로 도망쳐서 자신들을 추적하던 유럽인들을 따돌렸다. 이 벼과식물이 네오티포디움 덕분에 매우 강한 독성(후에쿠는 아메리카 인디언들의 언어로 "살인자"를 뜻한다)을 갖게 된 덕분이었다. 이 지역에서 인디언들은 자기들을 태운 말들이 풀을 뜯지 않도록 조심한 반면, 이 식물을 알지 못했던 추적자 유럽인들은 말을 잃는 처지가 되고 말았던 것이다. 이보다 일상적인 예를 들면, 말을 파는 상인들은 고집스러운 말들을 팔고 싶을 때 말들을 취하게 만드는 독보리Lolium temulentum의 향정신성을 활용했다. 리세르그산이 풍부한 이 식물이 말을 유순하게 보이도록 만들어주기 때문이다. 덕분에 순진한 구매자들을 속이기에 안성맞춤이었다. 이러한 활용 사례는 모두 식물이 균류 덕분에 품게 된 방어적 용도의 독소를 원래의 용도와는 다르게 재활용한 예라고 하겠다.

2장에서는 양분 섭취를 넘어서 미생물이 어떻게 식물의 방어와 생존을 위한 다른 중요한 기능들을 조율하는지를 집중적으로 조명할 것이다. 네오티포디움의 여러 역할들을 상세하게 설명할 것이며, 이어서 식물의 대기 중에 노출된 부분을 보호해주는 다른 보호자들, 또 뿌리의 보호자들도 새롭게 만나볼 것이다. 또한 그

보호자들의 일원인 균근들을 다시 다룰 것이다. 그 외에 뿌리 체제를 둘러싸고 있는 다른 미생물들도 발견하게 될 것이다. 미생물들이 보호 효과를 낸다는 말은 곧 식물의 방어 체제에 의미 있는 변화가 따른다는 말과 다르지 않다는 사실도 알게 될 것이다. 2장의 마지막 부분에서는 무수히 많은 다른 기능들이 어떤 식으로 식물 생명체의 생애 주기에 영향을 주는지, 요컨대 식물은 미생물과 함께 할 때에만 제대로 생장한다는 사실을 확인시켜줄 것이다.

좋을 때나 나쁠 때나 늘 함께 하는 결혼이라지만, 미생물은 그래도 좋은 결과를 추구한다

그런데 왜 종자를 선별한 사람들은 처음에 켄터키 31의 내생균을 무시했을까? 일반적으로 질병을 일으키는 균류는 식물의 외양에 기생 상태와 관련 있는 증세를 드러내 보이거나 다른 식물들에게 기생생물을 전파시키는 포자를 만들어낼 때 동반되는 균열 등을 통해서 발현된다. 그런데 켄터키 31은 아무런 증세도 보이지 않았다. 네오티포디움은 조직 속에서, 식물에 아무런 피해도 끼치지 않고, 그렇다고 식물을 떠나지도 않은 상태에서 증식해나갔다. 이들은 식물의 모든 조직, 그중에서도 특히 씨앗을 콜로니화 했다. 그 결과 네오티포디움은 숙주와 더불어 번식했고, 그 숙주의 후손들에게 전파되었다. 네오티포디움균류가 유전되었기 때문에 외부에서는 이들이 식물 외부로 "나오는" 것을 볼 수 없었던 것이다. 켄터키 31이 선택된 것도 내생균이 가진 보호자적 특성이 마치 식물 고유의 특성인 것처럼 비쳤기 때문에 가능한 일이었다. 그리므로 우리는 여기시 식물 입징에서는 보호받는 이점이 있고, 균류 입장에서는 식물을 통해 양분을 얻고 그 식물의 후손에게로 계승되는 이점을 얻는 유형의 상리공생과 만나게 된다.

그러니 여기서는 공생을 통한 양분 섭취라는 관계 이상의 관계가 성립된다고 볼 수 있다. 보호라는 관점에서 보면, 식물내생균은 아주 좋은 예에 해당한다. 내생균에 감염된 개체와 실험을 위해 이를 제거한 개체의 비교 결과가 이 보호의 수준을 드러낸다. 식물내생균은 풀을 먹는 모든 종류의 털 달린 포유류와 더듬이 달린 곤충류는 물론이고, 병을 일으키는 바이러스와 균류로부터도 식물을 보호해준다. 이들 바이러스와 균류가 식물내생균에 감염된 식물에게는 쉽게 접근하지 못하기 때문이다. 보호 효과는 심지어 주변 생태계로부터 주어지는 물리화학적 스트레스에도 영향을 미친다. 물로 인한 스트레스 상황에서도 내생균에 감염된 식물은 덜 고통스러워하는데, 이는 이 개체들이 다른 개체들에 비해서 물을 훨씬 더 효과적으로 절약할 수 있기 때문이다. 따라서 이 개체들은 염분이 많은 토양에서도 더 잘 견딘다. 그런 토양에서는 물이 조금만 줄어도 염분의 독성이 금세 증가하기 마련이다. 또한 자외선도 잘 견디며, 토양의 과도한 그늘이나 과도한 수분도 잘 견딘다. 이렇듯 여러 스트레스를 견디는 비결(이는 모든 스트레스에 공통적으로 적용된다)의 하나로 내생균에 감염된 식물과 (또는) 균류가 항산화제를 만들어낸다는 사실을 꼽을 수 있을 것이다. 일반적으로 세포들이 스트레스를 받아 기능장애를 일으키면, 스트레스의 종류와는 상관없이 산화작용을 하는 물질들이 생성된다. 이는 결과적으로 물리화학적 피해에 또 다시 스트레스를 더한다. 그러므로 내생균에 감염된 식물이 항산화 물질을 생산해서 식물 내부의 항산화 성분 비율을 끌어올리면 스트레스로 인한 부작용이 줄어든다. 이러한 보호 효과가 척박한 토양에서 켄터키 31의 남다른 생존력을 돋보이게 했던 것이다.

식물에게 베풀어지는 이 놀라운 "프레베르식"* 혜택 목록을 어떻게 설명해야 할 것인가? 이 질문에 답변하기 위해서는 네오티포디움균류의 근원으로 거슬러 올라가 볼 필요가 있다. 진화가 진행되는 과정에서 네오티포디움은 벼과식물에게 질병을 안겨주는 병원체인 "quenouilles"(에피클로에속Epichloë)에서 출발하여 그 이후 여러 차례 출현했다. 이 기생균류는 식물의 조직 속에서 살지만 발화 이전까지는 눈에 띄는 증세가 전혀 없다. 그런데 꽃이삭이 성장하기 시작하면서 길고 누르스름한 덩어리가 되어 떨어지는데, 그 형태가 하필이면 부들quenouille을 연상시킨다. 균사가 빽빽하게 들어찬 부들……. 때문에 이 균류에는 그 형태를 딴 이름이 붙었다. 식물의 꽃을 피게 하고 씨앗을 여물게 하는 대신 균사들은 "부들" 속에서 포자를 만들어낸다. 이를테면 숙주 식물의 번식을 위해 쏟아야 할 노력을 균류의 번식을 위한 노력으로 대체하는 것이다. 이렇게 해서 만들어진 포자들은 새로운 식물들을 콜로니화한다. 이렇다 보니 문제는 점점 복잡해지는 것처럼 보인다. 부들은 어떻게 해서, 그것도 진화 과정에서 몇 번씩이나, 숙주에게 두루두루 유리한 후손들을 만들어냈을까?

네오티포디움균류의 대부분은 사실상 여러 종류의 각기 다른 부들이 결합해서 얻어진 잡종이다. 그런데 이렇게 잡종으로 형성되다 보니 특정한 한 부류의 부들에 의한 후손 번식은 맥이 끊기고 만다. 포자는 인간이 난자와 정자를 만드는 것과 동일한 유전자적 과정인 감수분열을 통해 만들어진다. 감수분열이란 우리의 염색체가 두 개씩 두 개씩 짝을 지어 결합하는 방식을 가리킨다. 그런데 원래 이종hybrid 염색체들의 결합으로 이루어진 탓에 네오티포디움들은 같은 종끼리 염색체를 결합할 수 없어 감수 분열이 불가

* 프랑스의 시인 자크 프레베르Jacques Prévert는 유명한 시 「목록Inventaire」에서 눈에 보이거나 머릿속에 떠오르는 사람이며 사물들을 수십 행에 걸쳐서 쭉 열거했다. 여기서는 식물이 얻는 혜택이 그 정도로 많다는 의미.

능하다. 사정이 이렇다 보니 부들을 만들어내는 이종들은 포자를 전혀 생산해내지 못하고, 따라서 이들에게 서식처를 제공한 숙주 식물은 씨앗을 만들 수 없게 되므로 결국 후손 없이 죽는다. 따라서 돌연변이를 일으켜 부들을 만들어내는 능력을 상실한 이종들만 살아남을 수 있는데, 이때 생성되는 숙주 식물의 씨앗들이 이종들에게 다음 세대를 향한 출구를 제공하기 때문이다.

그러니 우리는 어째서 식물을 위해 그토록 많은 혜택을 주는지 이해할 수 있다. 식물과 씨앗은 사실상 이종 균류에게는 영원한 감옥이므로 식물이 보다 많은 씨앗을 만들어내는 것만이 이종 균류가 보다 많은 후손을 퍼뜨릴 수 있는 유일한 방법인 것이다! 이렇듯 네오티포디움은 "부들에서 탈출한" 이종 결합 생물이며, 이들이 보여주는 수많은 보호자적 행태는 단순히 자기들의 숙소와 찬장을 보호한다는 차원을 훌쩍 넘어서는 것이다. 이들은 식물의 번식에 보탬이 됨으로써 자기들의 번식 능력을 향상시키는 것이다. 그러므로 숙주에게 호의적인 행태를 보이는 방향으로 돌연변이를 일으키는 모든 균류는 보다 많은 후손을 전파하며, 그 과정에서 기계적으로 자연선택 작업이 이루어진다. 균류가 식물 속에 갇히면, 숙주식물에게 매우 호의적인 특성들이 선택된다. 그 특성의 내용이 어떻든 그건 중요하지 않다. 네오티포디움균류는 이종 결합체로서, 이들은 애초부터 생식 불능, 숙주를 향한 물불 가리지 않는 호의라는 운명을 가지고 태어났다.

균류와 진드기류 : 잎사귀를 보호해주는 미생물

우리가 사는 온대 기후 지역에는 벼과식물의 20~30퍼센트가 내생균과 공생 상태에 있다. 씨앗을 통해서 전파된 이 보호자로서의 내생균은 벼과식물 외에 다른 몇몇 식물들에도 존재한다. 예를 들어, 엠벨리시아균류Embellisia는 몇몇 콩과식물을 콜로니화하고, 페리글란둘라속균류Periglandula는 일부 메꽃과 식물들 내부에서 증식하며, 항생물질을 만들어내는 몇몇 박테리아들은 열대 꼭두서니과 식물 프시코트리아Psychotria(커피와 같은 과)의 두터운 잎 속에서 근립根粒(또는 뿌리혹)* 상태를 형성한다. 이러한 식물들은 더구나 짐승들에게는 독성을 지닌 것으로 알려져 있다.

그런데 사실 이처럼 높은 유전율遺傳率**은 예외에 해당된다. 내생균이 보호자 역할을 한다는 사실은 특별할 것도 없이 관례적이라고 하겠으나, 그 내생균이 어디에서 유래했는지 따져보면, 대다수는 씨앗이 아니라 주변 생태계에서 유래했기 때문이다. 아닌 게 아니라 잎사귀들은 끊임없이 포자의 폭탄 세례를 받는다고 할 수 있는데, 열대 지방의 경우 잎사귀 한 장당 하루 평균 거의 2만 개의 포자 비가 쏟아지며, 온대 지방에서는 그 수가 약 500개 정도로 줄어든다! 이 포자들은 발아할 수 없는 수많은 종들로부터 몰려들며, 개중에는 발아할 수 있는 것들도 있다. 그런 것들 중에는 물론 질병을 야기하는 것들도 있지만, 내생균 형태로 아무런 증세도 일으키지 않으면서 성장하는 것들도 많다. 열대 식물의 잎사귀 한 장은 100여 종의 내생균류를 함유할 수 있으며, 이들 각각은 최소한의 영역, 즉 밀리미터 단위보다도 더 작은 면적을 점령한다. 그런데 이런 종들은 잎사귀까지 보호하기도 하며, 그렇게 함으로써 자신들의 생활 터전도 보호하는 이점을 챙긴다.

여기서 잠시 미국의 옐로스톤 국립공원으로 날아가서 그곳에 서식하는 벼과식물 로제트 풀Dichanthelium lanuginosum을 만나보자. 이 식물은 화산 토양

* 세균 또는 균사가 고등식물 뿌리에 침입하여 그 자극에 의해서 이상 발육하여 생긴 혹모양의 조직.

** 주어진 생물의 특정 형질이 발현되는 데에는 유전자와 환경이 모두 영향을 끼치는데, 그 중에서 유전자가 기여하는 비율을 유전율이라고 한다.

인 국립공원을 점령하고 있다. 이 식물이 서식하는 곳은 상당히 황량하고 척박한 곳으로, 지하로부터 화산 연기가 분출되어 너무 뜨겁다. 그렇다면 이 식물은 어떻게 그 뜨거움을 견디는 걸까? 이 식물은 이 환경에서 생겨난 쿠르불라리아속Curvularia 내생균류에 의해 콜로니화된 것으로 밝혀졌다. 내생균과 공생 상태인 식물들은 섭씨 65도 정도까지는 버틴다. 그렇지 않은 식물들이 섭씨 45도만 되면 죽는 것과는 대조적이다. 따라서 균류가 열로 인한 스트레스에 잘 견딘다고 말할 수 있다! 놀라운 것은 실험실에서 배양된 쿠르불라리아속 균류는 혼자 힘으로는 섭씨 40도가 넘어가면 증식하지 않는다는 점인데, 이로 미루어 균류 또한 열로부터 자신을 보호하기 위해 식물의 도움을 받는다고 말할 수 있다. 다른 식물들로 옮겨지면 이 균류는 열기에서 식물을 보호한다. 지면 온도가 짬짬이 섭씨 100도가 넘어갈 때도 끈질기게 살아남는 내생균 공생 토마토처럼 말이다! 이렇듯 "그저 지나가는 과객들"이 베풀어주는 보호는 생물학적 공격에도 유효하다. 잎에 서식하는 많은 내생균들이 질병을 일으키는 병원체로부터 식물을 보호해주기 때문이다. 예를 들어보자. 카카오나무 잎의 내생균들의 경우, 이것들을 분리시켰다가 무균 상태의 어린 새싹에 재접종하면 피톱토라속Phytophthora에 속하는 병원체들의 공격으로부터 식물의 생존율을 높여준다. 이 같은 긍정적인 효과는 잎사귀로부터 격리되어 있는 줄기의 70퍼센트 정도에서 나타나는 특성이다. 일부 내생균은 심지어 항생제까지 만들어서 보호 효과를 높인다.

우리가 사는 온대 지역에서는 환경적인 요인에서 유래한 보호자 내생균들 몇몇이 자주 눈에 띄며, 우리는 그것을 쉽게 찾아볼 수 있다. 이제부터는 예외적으로, 엄밀하게 말해서 미생물이 아니라 아주 작은 동물에 속하는 진드기의 사례를 다루려고 한다. 동물이라지만 솔직히 돋보기가 꼭 필요할 정도로 매우 작은 건 사실이다. 온대 지역에 서식하는 많은 나무들의 잎사귀에는 안쪽 면, 잎맥의 개도開度에 아주 작은 털 뭉치들이 있다. 육안으로도 볼 수 있으며, 가령 보리수나무의 경우 갈색을 띤 이 털들은 너도밤나무, 개암나무의 경우에는 그 빛깔이 좀 더 옅어 눈에 덜 띈다. 그리고 (돋보기를 쥐고 들여다보라!) 포도나무, 참나무, 단풍나무를 비롯하여 무수히 많은 다른 나무들의 잎사귀 안쪽 면에서도 이 털 뭉치를 관찰할 수 있다. 식물학자라면 이 식물들이 모두 목본식물*이지만, 매우 다양한 부류에 속한다는 사실을 알아차렸을 것이다. 이 사실은 이와 같은 특성이 진화의 과정에서 여러 차례에 걸쳐서 출현했음을 의미한다.

털 뭉치에 이끌려서 접근한 진드기들은 털 뭉치 속에 숨어서 스스로를 보호하며, 거기서 알을 낳고 허물을 벗는다. 진드기도 절지동물문에 속하는 다른 모든 동물들과 마찬가지로 정기적으로 외피를 갈아입기 때문이다. 더구나 우리는 희끄무레한 녀석들의 허물이 식물의 털 뭉치를 어지럽히는 광경을 자주 목격하곤 한다. 녀석들의 은신처가 되어주는 자그마한 털 뭉치는 도마티아domatia(라틴어에서 집을 뜻하는 domus에서 파생된 용어)**라고 부른다. 돋보기로 보면 럭비공처럼 타원형의 노리끼리한 흰색 진드기들이 자기들의 도마티아에서 네 발로 어슬렁거리는 광경을 볼 수 있다. 그럼 진드기들은 무얼 먹을까? 녀석들은 균류 또는 다른 진드기들을 먹는 부류에 속하며, 어찌되었든 초식동물은 절대 아니다. 녀석들은 양식을 찾아서 잎사귀 위를 정찰하다가 발아 중인 기생균류(위에서 언급한 포자 폭탄을 기억하시라!) 또는 다른 진드기들, 그러니까 초식 진드기들을 잡아먹는다. 그러므로 이 경우, 먹는다는 건 결국 식물을 보호해주는 것이 된다.

* 줄기나 뿌리가 비대하여져서 질이 단단한 식물.

** 잎 뒷면의 주맥과 측맥 사이에 움푹 들어간 작은 공간.

이들 진드기들의 효과를 연구하기 위해서, 우리는 실험적으로 목화에 도마티아를 마련해줄 수 있다. 모두들 알다시피 목화에는 천연 도마티아가 없다. 실험을 위해 진드기가 다 자란 후 목화 잎에 작은 솜뭉치를 놓아준다. 솜뭉치를 놓자마자 잎사귀를 갉아먹던 작은 초식동물들이 눈에 띄게 줄어들며, 기생균류의 포자가 발아하는 빈도도 감소한다. 이렇듯 몸집이 작고 먹성이 좋은 불청객들을 쫓아내는 데 성공한 목화는 결실률이 12퍼센트나 증가한다! 은신처가 되어주는 도마티아에 이끌린 청소부 진드기들은 식물을 보호해준다. 달리 생각하면 이들 진드기들이 식물에게 보이는 관심은, 초식 진드기들의 공격이 있을 경우 곧바로 진드기 제거제를 사용하는 것이 위험할 수 있음을 의미한다. 요컨대, 즉각적인 치료가 오히려 식물 건강을 악화시키는 결과를 초래할 수도 있다는 말이다. 그러므로 그 대신, 포도 재배업자들이 포도나무에 사는 대중이리응애속 진드기Typhlodromus를 활용하는 것처럼, 보호자 역할을 하는 진드기를 동원할 수 있다. 예전에는 경험적으로 한 포도나무 잔가지를 다른 포도나무 잔가지로 옮겨가면서 보호자 진드기를 접종했는데, 요즘에는 시중에 판매용 진드기들이 나와 있다.

식물과 도마티아에 거주하는 진드기들 사이에는 양분의 교류라고는 전혀 없으며, 오로지 서로가 서로를 보호해줄 뿐이다. 이 경우 공생의 이점은 파트너들이 상호적으로 제공하는 보호에서 찾을 수 있다. 삶에서 먹는 것만 중요한 게 아니듯, 공생에서도 마찬가지다!

토양의 독성으로부터 뿌리를 보호하는 균근

식물은 자신이 본래 지니고 있는 방어 수단(가시, 두꺼운 껍질, 독소 등)에 공생생물의 방어 수단까지 더한다. 그런데 식물 바이오매스 총량의 3분의 1 이상이 깃들어 있는 땅속에서는 사정이 어떨까? 사실 손으로 거칠게 잡아 뜯기거나 폭풍에 휩쓸린 식물을 보면 땅속에 남아 있는 부분에 대해 과소평가하기 쉽다. 뿌리라는 방대한 부분은 땅속에 있어서 보이지 않기 때문이다. 식물의 상당 부분은 토양 속에서 각종 미생물들과 다양한 물질로 뒤덮인 채 살아가며, 그 과정에서 당연히 공격도 받는다. 우선 제일 가느다란 뿌리들은 매우 허약하다는 사실을 이해할 필요가 있다. 육안으로 볼 때 가장 눈에 잘 띄는 부분인 제일 굵은 뿌리는 수액이 지나가는 통로에 불과하다. 이를 위해 죽은 조직인 껍질이 보호 장치 역할을 한다. 가느다란 뿌리들은 이보다 다치기 쉬울 수밖에 없는데, 세포들이 토양과 직접적으로 접촉하기 때문이다. 가는 뿌리들은 흔히 균류에 의해 균근 형태로 콜로니화되어 있다. 균근들은 토양의 독성과 생물학적 공격체들에 맞서서 식물을 보호하는 데 한 몫을 담당한다.

먼저, 아주 대중적인 토양의 독성 물질 가운데 하나인 칼슘을 예로 들어보자. 정원사들이라면 모두 잘 알고 있듯이, 석회질 토양에 일부 식물들을 심을 수 없는 건 칼슘 때문이다. 칼슘이 어느 정도 필요하긴 하지만, 지나칠 경우 세포막을 구성하는 분자들의 기능과 특성을 저해할 수 있다. 이렇게 되면 세포를 구성하는 물질들이 유출되고, 이는 양분 섭취를 방해하는 요인으로 작용한다. 석회질 토양에 적응하지 못하는 식물들은 무기물질을 흡수하거나 잡아두는 데 어려움을 겪는다. 그렇게 되면 (황)백화 현상, 즉 탈색이 일어난다. 식물의 탈색은 곧 원활하지 못한 영양 섭취를 의미한다. 그렇다면 다른 식물들은 어떻게 석회질을 견딜까?

많은 석회 식물들이 토양에 적응할 수 있는 세포막을 지니고 있거나 적극적으로 칼슘을 세포 밖으로, 다시 말해서 뿌리 밖으로 내보낸다. 하지만 대다수 식물들은 도움을 받아야 한다. 유칼립투스 그란디스Eucalyptus grandis를 예로 들어보자. 균근 공생 상태이건 아니건, 그건 중요하지 않다. 균근이 있으면 나무는 석회질 토양이건 아니건 상관없이 잘 자란다. 비석회질 토양에서 균근 없는 유칼립투스의 생장은 그렇지 않은 경우에 비해 2배쯤 느리다. 양분 섭취가 원활하지 못하기 때문이다. 반면, 석회질 토양에서 균근 없는 유칼립투스는 거의 성장하지 않는다. 같은 토양에서 균근류가 있을 때에 비해서 7배나 줄어들므로 성장하지 않는다고 보아도 무방하다! 그러니 이 유칼립투스라는 종은 자기가 지닌 친석회성, 즉 토양 칼슘을 견디는 성질이 실제로는 균근류로부터 기인한다는 사실을 고백하는 셈이다.

균류는 어떻게 식물에게 석회에 대한 친화력을 부여할까? 유칼립투스는 외생균근과 공생관계를 유지한다. 균류는 말하자면 뿌리 조직을 감싸는, 일종의 진짜 양말 같은 존재로 토양과 식물 사이에 끼어든다. 그러므로 식물은 직접 칼슘의 독성을 소화시켜야 할 필요가 없어진다. 한편 균류로 말하면 토양 내 칼슘과 만날 경우, 적어도 두 가지 방식으로 이를 무력화시킨다. 그런데 이 방식은 절대로 균류만의 독점적인 방식은 아니며, 내생균근의 경우에도 유효하다. 우선 세포 안으로 들어오는 칼슘 이온을 적극적으로 외부로 내쫓거나, 작은 결정으로 만들어 토양 속에 묶어두는 방식이 있다. 균류가 구사하는 두 번째 전략은 수산염 분비다. 수산염은 유기산의 하나로 칼슘과 만나면 옥살산 칼슘 결정 형태로 침전한다. 때문에 많은 식물들이 "공생성 석회 친화" 식물, 그러니까 균근과의 공생에 의해 석회를 잘 견디게 된 식물이라고 할 수 있다.

밖으로 내보내기와 토양 속에 붙잡아두기는 모두 토양의 다른 독성들, 즉 카드뮴, 세슘, 납 등의 유독성 중금속에 맞서서 식물을 보호하는 방식의 일환이다. 일부 균류는 그런 것들을 적극적으로 뿌리치는가 하면, 대다수는 자기들 세포의 한 부분, 즉 그것들을 공격성 없는 균사 형태로 만들어 기포 안에서 꼼짝 못하도록 가두어둔다. 균류 입장에서 보면, 이렇듯 특정 장소 한 곳에 중금속의 독성을 저장함으로써 유독 성분으로부터 스스로를 지킬 수 있으나, 그 균류를 먹은 자들에게는 사정이 다르다. 기포 안에 감금되어 있던 중금속이 풀려나기 때문이다. 중금속에 오염된 토양에서 자라는 버섯들을 먹어서는 안 되는 이유가 이 때문이다. 이런 중금속들 가운데 하나이며 상당히 희귀한 금속이 세슘인데, 체르노빌 사건으로 대기 중에 쏟아져나온 방사선 세슘 137 때문에 일부 그물버섯 또는 턱수염버섯들은 식용에 적합하지 않게 되었다. 방금 설명한 대로 중금속을 저장하여 보호하는 성질 때문이다! 다시 말해서 세슘 그 자체 때문이 아니라(세슘의 양이 아주 적으므로) 그것이 지닌 방사능이 균류와 더불어 여러분의 식탁까지 동행하기 때문이다. 하지만 식물은 그것들을 기포 안에 잡아두는 균근류 덕분에 중금속의 피해로부터 안전할 수 있다.

질병을 일으키는 토양 속 병원체에 맞서는 박테리아와 균류

질병을 일으키는 토양 속 병원체는 뿌리 입장에서 보면 두 번째로 꼽을 수 있는 위험 요소다. 하지만 이번에도 역시 균근이 지켜준다. 균근 공생 식물은 그렇지 않은 식물에 비해 질병을 일으키는 토양 박테리아나 균류에 보다 잘 저항한다. 외생균근의 경우 당연히 장막 효과를 기대할 수 있겠으나, 그 외 여러 다른 기제들도 작동하는데, 이는 내생균근들에게도 효과가 있다. 균근류는 유기질이나 광천수 자원들을 놓고 뿌리 근처에서 얼씬거리는 생명체들과 경쟁 관계에 있다. 그런데 균근류는 이러한 경쟁에서 식물이 직접적으로 공급해주는 양분의 도움을 받는다. 뿐만 아니라 균근류는 때로 항생물질을 생산해내기도 한다. 젖버섯이라면 독자들도 아마 알 터인데, 외생균근류에 해당하는 이 버섯은 부러뜨렸을 때 즙이 마치 우유처럼 방울져서 흘러내려서 이런 이름이 붙었다. 특화된 일부 균사들은 타닌과 테르펜이 풍부한 즙을 머금고 있다. 때문에 일부 젖버섯은 먹어서는 안 되는 독버섯이다. 압력을 가하면, 조금만 상처가 나도 그 즙이 밖으로 쏟아져나온다. 뿌리 근처에 밀집해 있는 균류의 섬유들 가운데에서 이 특화된 균사들을 찾아볼 수 있다. 토양에 서식하는 작은 동물이나 미생물의 공격으로 꺾이거나 상처를 입을 경우, 독성이 강한 즙이 주변으로 퍼져나가면서 균근을 보호하는 것이다.

균근들은 또한 식물이 본래부터 지니고 있는 고유한 방어기제를 한층 강화해주기도 한다. 균사들은 식물이 만들어낸 유독성 물질들이 쉽게 토양을 통과(그것이 균사 내부를 통해서인지 표면을 통해서인지는 아직 밝혀지지 않았다)하도록 도와준다. 이렇게 해서 토양으로 스며든 물질들은 뿌리에서 수십 센티미터 떨어진 곳까지 퍼져나간다. 그리하여 균근 공생은 토양의 유독 성분과 병원체들로부터 식물을 보호해주는 역할을 한다. 그런데 균류만 대수인가, 이제는 뿌리를 지켜주는 다른 보호자들에게로 눈을 돌려보자. 주목하시라, 박테리아들이 등장하신다!

밀과 보리의 입고병은 여러 해 동안 계속해서 같은 곡물을 심는 농부들이 두려워하는 질병인데, 박테리아들을 동원하면 이 병을 무찌를 수 있다. 해마다 수확이 반복되면서, 입고병 같은 밀이나 보리의 병원체가 토양에 축적된다. 입고병은 줄기 밑동이 검어지면서 식물이 누렇게 되고 이삭은 하얗게 변하면서 마르고 속 알갱이도 비어가는 병이다. 심하면 수확량의

50퍼센트까지도 줄어든다. 이 질병의 원인이 되는 균류Gaeumannomyces graminis var.tritici가 식물의 뿌리를 점령하여 이를 죽여서 양분을 취한다. 뿌리에 시커먼 암종들이 수도 없이 생겨서 뿌리의 수액과 물속에 들어 있는 양분이 올라가는 것을 가로막는다. 균류는 겨울 동안 그 전 해에 죽은 뿌리 조각들에서 서식하면서 살아남는다. 해를 거듭하면서 피해는 확산된다. 토양에 함유된 병원체가 늘어나기 때문이다. 그런데 역설적이게도, 곡물을 고집스럽게 파종하면 이내 증세가 점차 완화되는 것을 관찰할 수 있으며, 결국 3~4년 후에는 아예 사라져버리기도 한다. 도대체 무슨 일이 일어나는 걸까? 1980년대의 농학자들은 이러한 증세 완화 현상이 토양을 소독하면 자취를 감춰버린다는 사실에 주목했다. 다른 한편으로는, 질병을 약화시켜주는 토양을 질병이 창궐하는 토양에 1~10퍼센트 정도만 더해주기만 해도 증세가 완화되는 것을 발견했다. 그러니 살아 있는 무언가의 작용이 있는 것이 분명했고, 그것으로 토양을 감염시키면 될 터였다.

이제는 토양 박테리아의 존재와 이 박테리아를 서서히 증식시킴으로써 입고병을 완화시킬 수 있다는 사실이 잘 알려져 있다. 뿌리 주변 토양에서 식량을 확보하기 위해 생화학전을 벌이는 박테리아는 슈도모나스Pseudomonas다. 슈도모나스는 살아 있는 뿌리에서 배출된 찌꺼기와 물질들을 자양분 삼아 살아간다. 슈도모나스는 항생제, 즉 2,4-디-아세틸플로로글루시놀diacetylphloroglucinol을 생성하여 경쟁자들로부터 뿌리를 보호한다. 이 물질은 입고병을 방지하는 데 매우 효과적이다. 하지만 슈도모나스가 행동에 나서기까지는 어느 정도 시간이 필요한데, 이는 슈도모나스의 밀도가 어느 수준 이상에 이르렀을 때에만 이 항생제를 만들어낼 수 있기 때문이다. 이러한 체제는 이 책의 첫머리에서 소개한 오징어들의 야간 활동을 도와주는 발광 박테리아와 같은 논리, 같은 기제라고 할 수 있다. 덕분에 박테리아의 밀도가 충분히 높지 않을 때조차 공연히 항생물질을 만들어내는(이 경우 항생제는 효과적인 농도에 도달하지 못할 것이다) 수고를 덜 수 있다. 박테리아들은 자기들의 정족수를 "셀 수" 있다(이를 쿼럼센싱Quorum sensing이라고 한다). 각자가 호모세린락톤homoserine lactone이라는 신호 물질을 내보내는데, 그 물질의 농도가 곧 박테리아의 수를 반영하기 때문이다. 이 농도가 일정 수준(개체수 밀도가 높은 수준에 도달했음을 알려주는 지수)에 이르면, 2,4-디-아세틸플로로글루시놀이 생산되기 시작한다. 이렇듯 병원체의 활동을 완화시키는 체제가 제대로 자리를 잡기 위해서는 슈도모나스의 밀도가 충분히 높아지기를 기다려야 한다.

오늘날 일부 상업화된 약품 생산에서는 슈도모나스 클로로라피스Pseudomonas chlororaphis처럼, 항생제 생산자로서 슈도모나스를 활용한다. 파종할 때 씨앗에 이를 첨가하는 것이다. 최근에는 박테리아를 이용한 토양의 변화로 병원체를 약화시킬 수 있음이 다른 병원체를 대상으로도 확실하게 밝혀졌다. 네덜란드는 잎집무늬마름병Rhizoctonia solani으로 사탕무를 심은 밭이 대대적인 공격을 받았으나, 2000년대 초 그곳의 토양은 오히려 토양 보호자들을 생산해내게 되었다. 매번 보호 공생이 작동해서 미생물들이 뿌리를 보호해주면 뿌리들은 이들에게 양분을 공급해준다.

뿌리권에 우글거리는 보호자로서의 미생물들

슈도모나스들과 더불어 이제 뿌리권rhizosphere(뿌리를 뜻하는 그리스어의 rhiza와 범위를 뜻하는 sphaira가 결합한 말. 뿌리가 균근 상태일 때도 뿌리권이라는 용어를 사용한다)*, 즉 토양 가운데 뿌리를 둘러싼 부분으로 뿌리의 영향을 받아 특수한 성질을 갖게 되는 작은 생태계로 들어가보자. 실제로 뿌리는 죽어서 뿌리에서 떨어져나간 세포, 적극적인 분비작용, 우연히 세포로부터 방출되는 물질 등으로 주변 토양을 국지적으로 변화시킨다. 이처럼 지속적으로 생산되는 부산물(뿌리 배출물rhizodeposition이라고 한다)은 식물이 광합성 작용을 통해서 생산하는 물질의 30퍼센트 정도에 해당된다. 뿌리권은 이러한 유기질은 풍부한 반면, 식물과 균근이 빨아들이는 양분들은 결핍될 수밖에 없으며, 식물 항생제(흰꽃 조팝나무의 살리실산 또는 배추과에 속하는 식물들의 황화합물)를 함유한다.

결과적으로 뿌리의 이러한 영향력은 특별한 미생물 공동체를 형성하게 되는데, 이를 가리켜 미생물체 또는 마이크로바이오타microbiota, 마이크로바이옴microbiome이라고 한다(최근에는 영어권에서 주로 사용하던 마이크로바이오타가 기선을 잡은 것 같다). 뿌리권 내 마이크로바이오타는 그곳에서 얻을 수 있는 양분들 덕분에 풍성해진다. 뿌리권 토양 1그램 당 1억에서 10억 개의 박테리아가 서식하고 있으니, 정말이지 어마어마한 밀집 군단이 아닌가! 뿌리권 내 마이크로바이오타에는 수만 종의 균류, 다양한 단세포 생물, 또 수만 종의 박테리아들이 포함되어 있는데, 이들은 토양 내 마이크로바이오타와는 부분적으로 차이를 보인다. 이 공동체 주민들 중에는 가령 고이마노마이세스속Gaeumannomyces 같은 병원체는 물론, 양분을 제공하고 보호자가 되어주는 미생물들도 찾아볼 수 있는데, 후자 중에서는 균근류가 상당히 큰 비중을 차지한다. 그렇다고 그것들만 있는 건 아니다. 뿌리권 내 미생물들 중에는 방금 우리가 살펴본 슈도모나스 같은 박테리아 종류도 무수히 많다.

* 또는 근권. 토양 중에서 식물의 뿌리가 영향을 미치는 범위.

뿌리권 내에 서식하는 수많은 박테리아들은 식물의 생장을 돕는다. 이들의 행태는 양분 제공에서 보호자 역할에 이르기까지 매우 다양하며, 우리가 균근류에서 잠깐 소개했던 기제들을 떠올리게 한다. 더러는 식물 호르몬에 해당하는 물질을 생산해서 뿌리의 생장과 기능을 변화시킨다. 그런가 하면 무기질(가령 토양의 인이나 철분의 경우, 침전되어 한 자리에 고정되어 있거나 뿌리가 닿을 수 없는 형태로 존재한다)을 용해시킴으로써 뿌리 혹은 균근들이 이것들을 보다 용이하게 섭취할 수 있도록 돕는다. 다른 박테리아들도 많은데, 가령 아조스피릴룸Azospirillum이나 아조토박터Azotobacter처럼 대기 중의 질소를 단백질로 바꾸는 박테리아도 있다. 세포 방출 또는 세포의 죽음은 곧 이어서 뿌리 인근의 질소 방출로 이어진다. 그 외에 균근류의 증식, 균근의 정착을 돕는 박테리아들도 존재한다.

슈도모나스의 사례에서 보았듯이, 뿌리권 내 박테리아는 무엇보다도 병원체에 대항하는 식물 보호자 기능을 수행한다. 슈도모나스들은 직접적인 항생제 역할을 하지만, 이와는 약간 다른 기제도 존재한다. 첫 번째로 위에서 균근류에 대해 설명했던 것처럼 경쟁 기제를 꼽을 수 있다. 일부 뿌리권 내 슈도모나스들은 토양 내 수분 속에 들어 있는 물질(사이드로포어siderophore)의 도움을 받아 효과적으로 철분을 포획하며, 포획한 철분과 결합한다. 이어서 사이드로포어가 슈도모나스 세포들에 의해 적극적으로 재포획되는 과정에서 철분이 방출되는데 이는 슈도모나스의 몫이다. 질병을 일으키는 미생물들 입장에서 보자면, 슈도모나스는 철분 결핍이라는 상황을 촉발시켜서 뿌리권 내에서 이들 미생물들의 성장을 억제하는 셈이다. 두 번째 보호 기제는, 뿌리권을 보호하는 균류 가운데 하나인 트리코데르마Trichoderma의 예에서 보듯이 직접적인 공격이다. 트리코데르마는 간단히 말해서 다른 균류에 기생하는 생물로, 이 균류는 자기가 만들어낸 균사를 다른 종의 균류가 만든 균사에 접착시킨 다음 거기서 필요한 양분을 채취한다. 이렇게 함으로써 이들은 뿌리에 치명적인 균류를 약화시킨다. 하지만 균근에는 거의 해를 입히지 않는 것으로 보인다. 이러한 긍정적인 효과 덕분에 트리코데르마는 상업화되었다. 세계적으로 300종이 넘는 제품이 정원관리용, 묘판용 등으로 시판되고 있는데 농도의 등급화, 비용 대비 효과 등의 관점에서 볼 때 활용도가 상당히 높다.

균근들과 마찬가지로 뿌리권 내 박테리아들도 토양의 독성을 약화시킬 수 있다. 이 주장의 설득력을 높이기 위해 나는 독자 여러분을 매우 적대적인 토양, 그러니까 저 유명한 몽생미셸mont Saint-Michel* 주변처럼 밀물 때면 물속에 잠기는 바닷가 갯벌로 안내할까 한다. 그런데 그곳 갯벌의 진흙 속에서도 함초(짠맛을 지닌 이 식물은 주로 관광객들에게 판매된다) 또는 스파르티나 같은 몇몇 식물이 자란다. 하지만 물을 잔뜩 머금은 이런 토양에서는 문자 그대로 뿌리가 숨을 쉬지 못한다! 게다가 진흙 속에는 산소도 없는데, 박테리아들은 여기저기에서 특별한 신진대사를 계속한다. 이들은 철 이온을 만들어내는데, 갯벌 흙의 검푸른 색이 이를 설명해준다. 철 이온과 함께 만들어진 황화수소 때문에 토양은 상한 계란을 연상시키는 고유한 냄새를 지니게 된다. 그런데 이 두 가지 화합물은 뿌리에 독성을 가하므로 뿌리권 박테리아와 협업해야만, 이 적대적인 갯벌 흙이 식물에게 호의적으로 변한다. 식물은 세포 사이의 공간들로 이루어져서 대기 중에 노출된 부분과 뿌리를 연결해주는 망 덕분에 숨을 쉴 수 있으며, 그 과정에서 산소를 확산시킨다. 말하자면 대기 중에 노출된 부분이 뿌리의 호흡관 역할을 하는 것이다. 산소의 일부분은 뿌리권 내로 방출되어 박테리아의 보호 기능을 향상

* 프랑스 노르망디 지방 북부 해안에 위치한 섬으로, 해안에서 불과 600미터 정도 떨어져 있기 때문에 썰물 때면 걸어서도 섬에 갈 수 있는 것으로 유명하다. 섬 한가운데 우뚝 솟은 수도원과 더불어 전 세계의 관광객들을 끌어모으는 명소.

시켜준다. 거기 사는 박테리아들이 이 산소를 이용해서 황화수소를 평범한 유황으로, 철 이온을 불활성의 철 저장고(이 철 저장고는 흔히 뿌리 근처에서 벌건 녹의 형태로 눈에 띈다)로 산화시킨다. 이 박테리아들이 이런 식으로 반응하는 과정에서 자기들 세포가 생존하는 데 필요한 에너지가 발생하는데, 이 에너지는 화학무기영양 섭취라고 부르는 신진대사 형태로 나타나며, 여기에 대해서는 5장에서 좀 더 자세히 살펴볼 예정이다. 이처럼 뿌리는 박테리아에게 그들의 신진대사를 위해 필요한 산소를 공급해주며, 박테리아의 신진대사는 토양의 독소를 공격적이지 않은 물질로 변화시킨다.

식물의 방어기제를 조종하는 미생물

이렇듯 뿌리에 의해 다양한 방식으로 양분을 취한 뿌리권 내 마이크로바이오타는 식물에게 유익한 존재가 되어, 여러 방식의 보호 공생을 통해 땅속 세계의 우여곡절로부터 식물을 보호한다. 대기 중에 노출된 부분에서부터 뿌리에 이르기까지, 미생물 군단은 식물의 건강을 위해 불철주야 애쓴다. 우리는 뿌리가 토양에 분비하는 일부 물질들로 인하여 뿌리권 내 마이크로바이오타에 변화가 일어나는 것으로 보고 있다. 그 물질들이 최대한 자기들이 선호하는 종의 성장에 주력하기 때문이다(우리는 10장에서 특별히 흡인력을 지닌 일부 물질들을 살펴볼 것이다).

식물의 건강을 위해 마이크로바이오타가 수행하는 역할이 하나 더 남아 있다. 이는 사실 앞에서 살펴본 다른 역할들에 비해 예상하기 쉽지 않다. 이 역할은 실험실에서 균근을 가졌거나 갖지 않은 식물들을 비교함으로써 드러난다. 실험을 위해서는 균근이 없을 때라도 양분이 제한적이지 않을 만큼은 토양이 비옥해야 한다. 토양을 확보했다면, 잎사귀에 병을 일으키는 병원균류를 접종하거나 송충이 한 마리를 올려놓는다. 희한하게도 균근류는 뿌리에, 다시 말해서 공격수들로부터 상당히 먼 곳에 사는데도 균근을 가진 식물은 균근 없는 식물에 비해서 잎의 피해가 적다! 불임성 토양이나 균근이 함유된 토양 등에서 이루어진 많은 연구가 균근을 가진 식물들이 훨씬 자기 방어 역량이 크다는 사실을 증명해준다. 이처럼 방어기제를 고조시키는 역량을 지닌 미생물들의 범위가 최근 들어서 균근 외에도, 마이크로바이오타 구성원 가운데 병을 일으키지 않는 다른 구성원들에게까지 확대되었다. 바꿔 말하면, 박테리아, 균근류 또는 균근을 형성하지 않은 채 산만하게 뿌리를 콜로니화하는 균류를 접종해도 방어기제 자극에 동일한 효과를 낸다는 말이다. 이 효과의 범위는 심지어 뿌리를 넘어서는데, 이는 마이크로바이오타에 의해 변화된 면역 체제(식물의 방어기제 전체를 일컫는 말)가 식물 전체에서 기능하기 때문이다. 뿌리 공생은 어떻게 해서 이 정도로 식물의 병충해 방제 상태를 바꾸어놓을 수 있을까? 더구나 공생생물로부터 멀리 떨어진 곳에서도 작동할 정도로 말이다.

우리는 오래전부터 미생물들이 뿌리에 국지적으로 한층 높아진 방어 수준을 보장해주며, 그렇다고 해서 그들의 존재가 위협받지 않는다는 사실을 알고 있었다. 예를 들어 외생균근은 종종 갈색 조직을 드러내는데, 이는 타닌 때문이다. 균류는 세포막을 관통하지 않으며 다른 것들의 공격에 대비하는 예방책이 되기 때문에, 몇몇 뿌리 세포는 균근의 형성을 막지 않는 타닌을 축적한다. 우리는 미생물의 존재로 말미암아 병원체 분자들을 상기시키는 물질들이 방출되고, 그로 인하여 병원체의 공격에 대응할 때와 유사한 반응(유사하나 그 강도에 있어서는 훨씬 절제된 반응)을 촉발하게 되리라고 상상해볼 수 있다. 그러나 식물의 이러한 변신은 어디까지나 국지적일 뿐이며, 그 변신이 식물을 보호한다고 하지만, 어떻게 해서 멀리 떨어진 곳, 즉 대기 중에 노출된 부분에서도 보호 작용이 기능할 수 있는지는 설명하지 못 한다!

뿐만 아니라 높은 수준의 방어기제가 지속적으로 항시 유지되는 것은 아니며, 균근이 없는 식물에 비해서 보다 신속하고 보다 강하게 반응할 수 있는 역량을 관찰하는 정도에 불과하다. 그러니 지속적인 방비책이라기보다는 주의를 게을리 하지 않는 세심한 경계, 증폭된 반응 정도라고 볼 수 있다. 왜냐하면 실제로 공격이 있고 나면 유독성 분자들과 보호자 역할을 하는 단백질들이 훨씬 신속하게, 훨씬 다량으로 축적되기 때문이다. 최근 들어 하나의 기제가 밝혀지고 있는데, 조직이 공격받을 경우에, 피해를 입은 세포들은 이웃 세포들을 향해 호르몬을 발산하고, 그러면 이 이웃 세포들 사이에서 예방적인 차원의 방어기제가 발동한다는 것이다. 이러한 호르몬들 가운데 하나가 자스몬산*이다. 같은 양의 자스몬산이 투입될 때, 뿌리 미생물이 없는 식물은 균근을 가진 식물에 비해서 훨씬 약하게 반응하며, 생산되는 방어 화합물의 양도 훨씬 적다. 그러므로 뿌리에 서식하는 미생물의 존재는 내부적인 경고 체제에 대해서 세포의 민감성을 높여준다고 할 수 있다. 이처럼 향상된 반응이 나타나는 이유에 대해서는 아직 알지 못한다. 그러나 마이크로바이오타에 의한 보호가 숙주의 방어기제를 변화시켜 간접적으로도 이루어진다는 사실만큼은 확인할 수 있다. 완전히 효과적인 면역 체제가 정립되기 위해서는 미생물의 자극이 필요하다. 또한 미생물들은 그들이 콜로니화한 생명체의 내부에서 멀리 떨어져 있어도 식물의 방어기제를 변화시키는 역량을 지니고 있다!

최근에 알려진 새로운 발견은 하나의 설명 가능성을 열어준다. 역설적

---

* 식물 호르몬의 하나로 식물의 성장과 발달을 광범위하게 조정한다.

으로 들리겠지만, 처음 들으면 이 발견은 오히려 왜 뿌리가 균근류를 쫓아 버리지 않는지 그 이유를 설명하는 것처럼 들린다. 균류의 게놈은 주변 환경에서 분비되는 작은 단백질들의 코드 정보를 지닌 무수히 많은(수천 개에 이를 수도 있다!) 유전자들을 함유하고 있다. 두 개의 각기 다른 균류, 즉 하나는 내생균근류, 하나는 외생균근류일 때, 이들 작은 단백질들 가운데 하나가 뿌리 세포 안으로 들어가 핵에 도달했다고 하자. 그러면 거기서 그 작은 단백질은 자스몬산을 감지하는 세포 기제와 더불어 상호작용하면서 이를 불활성화시킴으로써 균류의 국지적인 무반응을 끌어낸다. 이렇게 해서 국지적으로 세포들은 신호가 발신되었다고 해도 이를 지각하지 못한다. 그러면 마이크로바이오타가 아무런 방어 반응을 야기하지 않으면서 조용히 정착하게 된다. 결국 균류는 보다 나은 방어에 일조하는 것이 아니며, 그저 뿌리에 국지적으로 남아 있을 뿐이다. 그럼에도 이 설명은 우리에게 미생물이 어떻게 식물을 재프로그래밍할 수 있는지를 보여준다.

이와 유사한 작은 단백질이 수백 가지에 이르므로, 우리는 이것들이 각기 다른 여러 수준에서 개입하여 식물의 면역 체제를 완전히 바꿔놓을 수 있으리라고 생각해볼 수 있다. 이러한 기제는 특히 위에서 언급한 대로 식물 전체에 보편적인 면역 효과를 가져 올 수 있을 것이다. 작은 단백질들이 숙주의 세포 기능을 바꾸어놓는 유사한 과정들은 박테리아, 균류 또는 선충류에 의한 기생적인 염증을 통해 비교적 잘 알려져 있다. 우리는 장담컨대 분명 이들이 많은 공생의 사례, 아니 모든 공생 사례에 관여하고 있으며, 식물 전체의 방어기제를 바꾸어놓는 것은 이 작은 단백질들임을 머지않은 장래에 곧 발견하게 될 것이다.

따라서 주어진 어떤 식물의 방어는 그 식물의 파트너가 누구냐에 따라 현저하게 달라질 수 있다. 국지적으로 용인되면, 그 다음으로 몇몇 방어기제가 여기저기에서 작동하기 시작해서 결국 거의 모든 곳에서 공격에 대해 보다 나은 반응을 보이게 되는 것이다. 한 마디로, 마이크로바이오타는 면역 체제가 완성을 향해 발전해가도록 이끈다. 모든 식물들은 자연에서 발아하는 단계에서 이미 콜로니화되어 있으므로, 미생물 없이 경작된 식물들의 반응을 원점으로 고려해서는 안 된다. 그러한 식물들은 오히려 그와 반대로 마이크로바이오타의 역할을 드러내 보이는 인공물에 불과하기 때문이다. 오늘날까지도 해결되지 않은 채 그대로 남아 있는 중요한 문제는 모든 미생물들이 식물의 면역체제를 성숙하게 만들 수 있는 동일한 역량을 가졌는지 알아내는 것이다. 혹시 일부 미생물들이 다른 미생물들보다 이 방면에서 월등히 뛰어나다면, 식물의 반응을 극대화하기 위해 너도 나도 앞다투어 그 미생물들을 접종하려 할 것이다. 바야흐로 본격적인 미생물 접종 시대의 문을 활짝 열게 될 것이라는 말이다. 그러므로 미생물을 이용한 식물의 보호에 관한 연구는 식물의 생장을 매우 섬세하고 치밀하게 조종하는 것을 전제로 삼을 것이다. 하지만 이러한 연구와 연구의 활용은 이제 겨우 시작 단계에 머물러 있다.

생장 주기의 어느 시점에나 등장하는 미생물

오늘날 우리는 미생물들이 식물 생장의 수많은 단계에 개입한다고 보고 있다. 우선 발아 시점에 개입하는데, 가령 콩의 경우 열을 통해 씨앗에 둥지를 틀고 있는 박테리아들을 제거하면 발아율이 절반으로 줄어든다. 따라서 이 경우 박테리아를 투입하거나 균이 제거된 씨앗에 식물 호르몬 시토키닌을 제공함으로써 씨앗의 정상적인 발아를 기대할 수 있다. 메틸로박테리움

methylobacterium처럼 씨앗에 서식하는 몇몇 박테리아들은 이 식물 호르몬을 분비하며, 이 호르몬이 발아 과정에 개입한다. 이 박테리아들은 대체로 조직 속, 세포들 사이사이에 많이 서식하며, 거기서 숙주들이 방출하는 작은 분자들(그중에서도 특히 메탄올. 박테리아들은 이 메탄올의 독성을 제거하는 데 일조한다)을 양분으로 취한다. 이 박테리아들은 무엇보다도 씨앗을 콜로니화하는데, 많은 종들에서 보편적으로 관찰된 바에 따르면, 이 씨앗들은 박테리아의 창궐로 발생하게 된 여분의 시토키닌에 "의지하는" 경향을 보인다! 그러나 박테리아의 존재는 이보다 훨씬 앞선 번식 단계에서도 이미 드러난다.

우리네 집의 잔디밭에서 자라는 작은 식물인 꿀풀Prunella vulgaris에 움이 트면 바닥으로 기어가는 가지들이 생겨나는데, 이 가지들이 뿌리를 내리면서 자연적인 꺾꽂이 가지들이 형성된다. 이 가지의 수는 실험실에서 식물에게 접종한 내생균근에 따라 2의 배수로 차이가 난다. 미생물들은 또한 개화에도 영향력을 행사한다. 그중에서도 특히 애기장대(배추과에 속하는 한해살이 식물)의 경우 발아에서 꽃망울이 자리를 잡기까지의 기간에 영향을 준다. 뿌리권 내에서 가장 빨리 크는 식물과 가장 늦되는 식물의 마이크로바이오타를 얻기 위하여 애기장대를 실험적으로 배양해보았다. 그런 다음 무균 상태의 토양에서 키워진 다른 세대 식물들로 이 뿌리권 각각을 다시금 접종했다. 이와 같은 과정을 10세대에 걸쳐 반복적으로 재개함으로써 우리는 점차적으로 가장 일찍 (혹은 가장 늦게) 꽃을 피우는 뿌리권과 관련 있는 마이크로바이오타를 선별해냈다. 이 두 마이크로바이오타는 각각 다른 계열의 애기장대와 무에 접종되었다. 그러자 일찍 개화하는 마이크로바이오타는 개화시기를 앞당긴 반면, 늦게 개화하는 마이크로바이오타는 개화시기를 뒤로 늦추었다! 무의 경우, 가장 늦은 개화는 가장 빠른 개화에 비해 시간이 1.5배 더 걸렸다. 이러한 효과는 부분적으로는 생장이 향상된 덕이었을 것이다. 한편 생장이 향상된 것은 부분적으로 개화를 앞당기는 마이크로바이오타에 의해 식물에게 질소 양분이 보다 더 원활하게 공급되었기 때문일 것이다. 효과가 세부적으로 명시되지는 않았으나, 마이크로바이오타가 개화 시기에 공헌하고 있음을 잘 보여준다.

아니, 사실 그 이상이다. 마이크로바이오타는 꽃 그 자체에도 개입하니까! 꽃꿀에는 박테리아와 효모(게오트리쿰Geotrichum 같은 것)가 들어 있는데, 이는 이 꽃에서 저 꽃으로 돌아다니면서 꿀을 모으는 곤충들에 의해 옮겨지거나 식물 자체의 내생균에서 나온 것이다. 이러한 미생물들의 효과는 딱총나무 꽃들이 보여주듯이 꽃의 향기에서 가장 두드러진다. 딱총나무는 향기가 좋은 식물로, 탐스러운 흰 꽃들은 향기 좋은 음료, 딱총나무 시럽, 딱총나무 와인 등을 만드는 데 사용된다. 그런데 훈증 제충燻蒸 除蟲*을 통해 나무 표면에 콜로니화한 박테리아를 제거하면, 꽃들은 더 이상 곤충들을 유인하는 몇몇 물질들을 합성하지 못하게 되며, 그 외 다른 물질들은 원래보다 적은 양(예를 들어 휘발성 테르펜의 생성은 3분의 1 수준으로 떨어진다)만 만들어낸다. 이러한 물질들은 사실상, 전적으로 혹은 부분적으로, 꽃 분비물의 변화로부터 나온 미생물 대사물질들이다. 그러므로 꽃향기, 시럽에 이르기까지 식물은 마이크로바이오타가 작동하고 있음을 도장처럼 새기고 사는 셈이다.

* 뜨거운 연기로 병충을 죽이는 소독법.

식물을 전지하는 미생물들

면역의 사례에서 보듯이, 이렇듯 무수히 많은 기능들이 때로는 심지어 원거리에서까지 미생물들에 의해서 수행되고 있다. 가령, 균근류는 식물 내부에서의 물의 흐름을 바꾸어놓는다. 햇살의 열기 때문에 잎사귀에서 수분이 증발(수분 증발은 우리가 풀잎에 혹은 나뭇잎 아래에 앉을 때 느끼는 선선함으로 설명된다)하면 수액이 갑작스럽게 상승하게 된다. 수분 증발은 식물의 기공(잎사귀 표면의 작은 구멍) 수준에서 이루어진다. 식물은 토양에 함유된 물의 양, 빛, 주변 온도에 따라 기공의 크기를 조절한다. 수액을 최대한 끌어올리면서 동시에 지나친 수분 상실은 막기 위한 방편인 것이다. 균근류에 의한 콜로니화가 진행되면, 기공이 열리고 닫히는 정도가 완전히 달라진다. 이는 균근류가 물을 끌어올 뿐 아니라 주변 환경에 대한 기공의 반응을 변화시키기 때문이다. 이러한 변화는 접종된 균류에 따라 정도의 차이가 있으며, 일부 줄기는 예를 들어 다른 것에 비해 가뭄에 훨씬 잘 대비한다. 이처럼 미생물은 식물이 살아 있는 동안 내내 여러 가지 기능을 바꿔가며 수행한다. 마치 정원사가 일부 식물들의 가지를 치는 것처럼 말이다. 하지만 미생물은 정원사보다 훨씬 은밀한 방식으로 일한다. 그 기제에 대해서는 아직도 연구해야 할 것이 많다. 그러나 몇몇 작은 단백질들이 분비되어 이러한 변화의 이면에 몸을 숨기고 있다는 점에는 의심의 여지가 없다.

식물 전지의 비유는 아직까지 잘 알려져 있지 않으면서 실상 전적으로 형태론적이라고 할 수 있는 나무 형상의 비유로 마무리 지을까 한다. 우리는 숲을 가득 채우는 나무들의 쭉 뻗은 자태, 즉 가지라고는 없는 기다란 줄기의 꼭대기 임관층으로 가서야 잔가지들이 펴져 있는 모습에 익숙해져 있다. 그런데 가만히 생각해보면 그런 형태는 참으로 뜻밖이라 할 수 있다. 어렸을 때, 그러니까 키가 크지 않을 때, 나무는 토양 가까운 쪽에 많은 가지들을 달고 있다. 더구나 잔디밭에서 자라는 나무는 줄기 제일 밑동부터 잔가지가 뻗어나간다. 그런데 숲의 그늘진 곳에서라면 아래쪽 가지들은 빛을 받지 못해 죽는다. 아니 거기서 더 나아가서, 가지들이 아예 사라져버린다! 이러한 기제를 일컬어 자연적 가지치기라고 한다. 가지치기는 매우 중요하다. 왜냐하면 죽거나 약해진 가지가 외부와 줄기의 중심부를 이어주는 역할을 하기 때문이다. 이 가지는 말하자면 기생생물들이 진입하는 통로 구실을 하며, 그 통로를 통해서 유입된 기생생물들이 나무를 다 갉아먹어 속이 빈 나무는 부러지기도 쉽다. 더 나아가서 인간 입장에서 보면, 죽은 가지들을 그대로 방치할 경우 나무의 생장에 파묻혀서 옹이가 생겨나는데 그러면 나무는 기술적으로나 미적으로 가치가 덜한 저급한 품질의 목재가 되고 만다. 자연적 가지치기는 죽은 가지들을 제거하고 상처를 얼른 아물게 하여 가지가 달렸던 상처 주변 나무껍질의 틈이 벌어지지 않도록 한다. 결국 나무의 건강 면에서나 경제적인 면에서 이득이 된다는 말이다.

그런데 아주 드물게, 죽은 가지들이 너무 많을 수도 있다. 가령 낮은 가지가 너무 많아 통행조차 어려운 대농원이나, 들판에서 자라는 독일가문비나무 아래, 라디에타소나무, 브르타뉴 지방의 실편백나무, 또는 더글러스소나무 아래 같은 곳들이 대표적이다. 이 나무들은 모두 다른 곳에서 유입된 종이라는 공통점을 갖고 있다. 독일가문비나무는 산악지대에서, 나머지 나무들은 북아메리카에서 각각 전해졌다. 이들의 자연적 가지치기는 매우 천천히 진행되므로 나무 임자들이 나서서 비용을 들여가며 인위적으로 가지치기를 해야 한다. 그럴 경우 무슨 일이 일어날까? 주변의 다른 자생종 나무들은 저 혼자 알아서 자연적으로 가지치기를 잘도 하는데 말이다. 자연적 가지치기는 사실 알고 보면 미생물의 활동에 의한 결과물이다! 자연적 가지치기는 매우 건조한 생태계라고 할 수 있는 죽은 가지에서의 삶에 특화되어 있으며, 나무마다 고유한 균류가 만들어낸 작품인 것이다. 이렇듯 자생종이 아닌 나무들은 원래 서식지에서 자연적 가지치기를 담당했던 매개체를 잃게 되면서, 새로운 서식지의 균류들마저 어떻게 해주지 못하는 딱한 상황에 처하는 경우가 발생하는 것이다. 토종 나무들은 자기들만의 고유한 가지치기 매개체들, 즉 약화된 조직에 붙어살면서 가지들을 죽인 다음 빛이 결여된 가지들을 양분으로 삼는 기생생물들 혹은 단순히 저절로 죽은 가지들을 먹어치우는 부생균들saprophytes에 의해 콜로니화되어 있다. 가지치기 매개체들은 줄기 안으로는 들어가지 않으나, 가지들을 확보함으로써 병을 일으키는 생물들이 나무속에 둥지를 틀지 못하도록 차단하여 나무를 보호하는 데 기여한다.

이러한 예는 미생물들이 수많은 기능을 대가 없이 무료로 제공한다는 사실을 새삼 상기시켜준다. 정원사에게 가지치기를 맡기는 나무 주인들은 그 일의 가치를 잘 안다. 이 예는 우리에게 생명체의 형태는 자주 죽음과 연결되어 있으며, 생명체 자신의 특정 부분을 다시금 흡수하는 것과도 관련이 있음을 알려준다. 그리고 미생물들이 가지치기를 통해 식물의 형태를 만들어가는 역량도 강조한다. 우리는 균근이라는 변형된 형태를 통해서 살아 있는 조직에서도 이와 같은 현상을 관찰했는데, 이제 죽음 또한 미생물에게는 식물을 조각해가는 한 방식임을 알게 되었다! 그리고 우리는 설계자가 누구인지 모른 채 날이면 날마다 그 조각을 감상하고 있다.

결론적으로 말하자면…

식물들은 절대 혼자가 아니며, 이 사실은 식물들의 섭생, 건강 상태, 그리고 생장의 전 과정을 좌지우지한다. 균류, 박테리아, 진드기 등은 뿌리권에서 혹은 잎사귀 위에서 식물을 둘러싸고 있으면서 때로는 균근으로 때로는 내생균으로 식물의 아주 은밀한 속살까지 파고든다. 수많은 바이러스들 또한 식물을 감염시킨다. 육안으로 보이는 증세가 하나도 없을지라도 그렇다. 바이러스의 신원 확인은 이제 시작 단계에 불과하다. 그럼에도 벌써 가뭄이나 추위로부터 식물을 보호하는 몇몇 바이러스에 대해서는 웬만큼 알려져 있다. 동물과는 달리 식물은 주변 생태계를 향해 활짝 열려 있다. 이와 같은 특성은 식물이 토양과 직접 접촉하며 그 토양에 붙박이로 머문다는 사실, 그리고 기공이 대기를 향해 열려 있다는 사실에서 기인한다. 때문에 식물은 조직의 가장 중심부조차도, 세포들의 사이사이도 내생균들로 꽉 채워져 있다. 이것이 동물들(동물들의 콜로니화도 식물들에 못지않게 조밀하나 그것은 대개 국지적이며, 특정한 몇몇 강腔과 그 표면에서만 제한적으로 나타나고 있음을 보게 될 것이다)과 비교해볼 때 매우 큰 차이점이다. 식물의 건강한 조직 각각은 대개 1그램당 1만 개에서 1억 개 정도의 박테리아를 함유하고 있는데, 이는 뿌리권에 비하면 100배나 적은 것이지만, 그 정도만 해도 이미 혼자라는 표현을 들먹거리기에 민망한 숫자가 아닐 수 없다.

우리가 마이크로바이오타라고 이름 붙인 이 복합적이고 다양한 행렬은 식물을 보호하는 데 기여한다. 기여 방식은 항생제 작용을 하는 활동, 또는 병의 원인이 되는 생물들과의 경쟁을 통하는 직접적인 방식이 될 수도 있고, 식물의 면역 체제에 변화를 가하는 간접적인 방식이 될 수도 있다. 좀 더 일반적으로 보자면, 마이크로바이오타는 식물의 형태를 만들고, 섭생이며 방어, 번식 등의 수많은 기능들을 조율하는 데에도 공헌한다. 모든 기능들의 중심에 자리하고 있는 마이크로바이오타는 최근에야 비로소 연구 분야에서 조명받기 시작했다. 그 전까지만 해도 마이크로바이오타 연구는 미생물 보호자적 역할, 영양 섭취와 관련된 역할(그렇기 때문에 이번 장에서도 주로 식물 보호라는 관점에서 미생물의 역할을 살펴보았다)에 집중되었던 것과는 크게 대조를 이룬다. 미생물이 식물로부터 양분의 일부를 섭취하므로, 마이크로바이오타는 식물과 공생관계에 있는 것이 확실하다. 그러나 이들의 관계는 단순히 양분 교류 이상을 함축한다. 균근의 사례에서 보았듯이, 양분 섭취를 위한 관계와 보호는 동일한 상호작용의 서로 다른 양면이라고 할 수 있다.

그런데 미생물이라는 생명체들 또한 자기들보다 더 작은 것들의 보호를 받는다! 쿠르불라리아속 균류가 옐로스톤 국립공원의 화본과 식물을 열기로부터 보호할 수 있는 역량은 자신들의 세포 속에 들어 있는 바이러스로부터 온 것이다. 이 바이러스가 없다면 균류는 더 이상 열기로부터 식물을 보호하지 못하는데, 우리는 아직 그 이유까지는 알지 못한다. 11장에서 우리는 세포 내부의 바이러스나 박테리아가 단세포 미생물로 하여금 그들의 경쟁자를 제거하도록 도움을 주는 사실을 살펴보게 될 것이다. 이처럼 작은 것들이 큰 것들(작은 것들의 입장에서 볼 때 크다는 말이다)을 보호해주는 공생 관련 이야기는 모든 수준에서 계속 반복된다.

예전에는 미생물들이 병을 비롯하여 모든 나쁜 것의 원인이 되는 것으로 알려졌다. 하지만 알고 보니 식물의 건강과 생장을 위해 아주 중요한 역할을 하고 있음을 발견하게 되었다는 건 제법 역설적이다. 우리는 7장과 8장에서 인간의 사례를 다루면서 이 역설을 다시 다루게 될 것이다. 그렇긴 하나, 지금도 벌써 건강한 생명체는 필연적으로 미생물들에 의해 콜로니화되어 있음을 짐작할 수 있다. 그리고 생태계를 관리 경영하는 사람들은 미생물의 지원을 얻을 수 있지만(예를 들어 균근 또는 자연적 가지치기 매개체) 미생물의 존재를 소홀히 할 경우 크나큰 대가를 치를 수도 있다(켄터키 31의 경우).

이러한 사례들은 공생에 참여하는 파트너들이 공생에 의해 변화한다는 점을 보여준다. 지금부터 우리는 공생 커플 사이에는 항상 파트너 각자가 제공하는 것 이상이 있으리라고 예상하면서 이러한 생각의 적용 범위를 한층 더 확대시켜볼까 한다.

3장

둘이서 만드는 시너지 효과

— 공생은 어떻게 혁신을 만들어내는가

3장에서는 박테리아와 식물들이 함께 질소 원천을 발명해내는 이야기를 하며, 공생이 새로운 구조와 기능을 창조하게 되는 과정 등을 소개할 것이다. 또한 생명체는 게놈으로 예측할 수 있는 것 이상의 존재이며, 공생을 통한 혁신은 새로운 생태계의 출현을 가능하게 한다는 것도 이 장에서 나온다. 여기서 말하는 생태계에는 지구 전체의 생태계까지 포함한다! 아울러 공생으로 불이 발명되었으며, 공생이 날씨까지 좌우한다는 이야기도 다룰 것이다. 마지막으로, 공생이 어떻게 해서 가끔 생명체의 복잡화에 기여하는지, 왜 하나의 게놈만으로는 한 생명을 만들어내기에 부족한지도 살펴볼 것이다.

어디에서 나왔는지 근본을 알 수 없는 질소?

인간은 매번 농업이 발명될 때마다 콩과식물들(완두콩 또는 토끼풀 같은 콩과식물들)을 식품으로 적응시켜왔다. 실제로 인류 역사를 놓고 볼 때, 수렵과 채집으로 연명하던 우리 조상들은 여러 차례(이 '차례'라는 것은 순차적이라기보다는 개별적이고 독립적이다)에 걸쳐서 농부가 되었는데, 그때마다 콩과식물들은 항상 포함되었다! 가령 중국에서는 대두Glycine max가, 인도에서는 병아리 콩Cicer arietinum이, 비옥한 초승달 지대, 즉 서아시아 고대 문명 발상지(그리고 그로부터 그 농업을 이어받은 중세 유럽에 이르기까지)에서는 완두콩Pisum sativum, 렌즈콩Lens culinaris, 잠두Vicia faba, 그리고 아메리카 대륙에서는 강낭콩Phaseolus vulgaris(강낭콩은 발견된 이후 유럽에 도입되어 유럽 대륙에 적응한다), 땅콩Arachis hypogaea, 아프리카에서는 다양한 종류의 동부콩Vigna unguiculata이 재배되기 시작한 것이다. 씨앗을 먹기 위해 재배되는 콩과식물들은 지구 전체로 볼 때 그 재배 면적이 7,800만 헥타르에 이르며, 여기에서 해마다 7,000만 톤의 콩과식물 씨앗이 생산된다.

이 외에도 유럽에서는 토끼풀, 개자리속, 사료용 잠두 등의 또 다른 콩과식물들이 토질을 향상시키기 위해서 혹은 초지의 가치를 높이기 위해 재배되기도 한다. 이러한 관습 역시 로마인, 중국인, 잉카인들에 의해 여러 차례에 걸쳐서 출현하였으며, 이들은 우리가 오늘날 "녹색 비료"라고 부르는 이 식물들을 제각기, 독립적으로 활용했다. 서기 1세기(4~70년)에 활동한 로마 제국의 농학자 콜루멜라Lucius Junius Moderatus Columella는 다음과 같이 말했다. "금작화류[콩과식물 관목]를 최대한 많이 심어야 한다. 이 식물은 소들을 비롯한 모든 가축들에게 매우 유용한데, 가축들을 짧은 시간 내에 살이 오르게 하며, 암양들에게는 젖이 많이 나오게 해주기 때문이다. (…) 더구나 이 식물은 모든 종류의 토양에서, 심지어 아주 척박한 곳에서조차 잘 자라난다." 농업에서 식품업에 이르는 과정에서 전 지구적으로, 양분이라고는 없는 토양에서조차 민간의 지혜는 경험적으로 녹색 비료의 효능을 인정했던 것이다.

오늘날 우리는 콩과식물이 녹색 비료 대접을 받는 건 그것들이 질소를 공급해주기 때문임을 알고 있다. 그리고 이러한 이유 때문에 휴경지로 놀리는 땅에도 이 식물들을 심는다. 질소가 결여된 척박한 땅에서도 불평하지 않고 자라나는 남다른 역량 덕분에 이 식물들은 어떤 조건에서도 자라난다. 콩과식물을 인간과 가축 모두에게 영양 만점인 식품으로 만들어주는 것은 바로 풍부한 단백질이다. 식품이 되는 씨앗을 생산하는 식물들을 가리켜 "다단백질 식물"이라고 부르는 것도 이들에게 단백질이 풍부하기 때문이다. 예전부터 선원들은 이러한 사실을 잘 알고 있었는지 전분질 채소(쌀이나 감자)에 단위 분량의 씨앗, 즉 강낭콩류를 곁들여 먹곤 했다. 고기를 대신해서 콩류를 먹는 습관은 레위니옹을 비롯한 몇몇 섬에 지금까지도 남아 있으며, 오늘날의 채식주의자들은 대두를 먹음으로써 이 버전을 현대화시키고 있다고 볼 수 있다.

그런데 실제로 질소는 어디에서 오는 것일까? 독일 농학자들은 1886년경 질소 성분이 거의 없는 땅(멸균 상태냐 아니냐 여부와는 무관하게)에서 완두콩을 경작했다. 그 결과 멸균 상태가 아닌 땅의 콩이 더 잘 자랐다. 질소 함유량이 멸균 상태의 토양에서 자란 콩에 비해 훨씬 많았기 때문이다. 전체적인 질소 함유량이 토양 전체의 질소 함유량을 훌쩍 넘어설 정도였다!

그렇다면 이 질소는 어디에서 왔을까? 인간은 오래 전부터 콩과식물의 뿌리에 분홍빛을 띤 백색의 작은 돌출 부위들이 있음에 주목해왔다. 이 돌출 부위를 가리켜 뿌리혹(또는 근립根粒)이라고 부른다. 토끼풀이나 개자리속 식물의 뿌리를 조심스럽게 캐내면 이 뿌리혹들을 확인할 수 있다! 멸균된 토양에서 자란 콩의 뿌리에서는 멸균되지 않은 토양에서 자란 콩과는 달리 뿌리혹이 발견되지 않는다. 그러므로 토양의 어떤 생명체가 뿌리혹을 만들어내며, 그로 인하여 토양 자체에는 함유되어 있지 않은 질소를 발생시킨다고 생각할 수 있다. 그런데 이 뿌리혹들은 박테리아로 가득 차 있다. 뿌리혹 하나당 수억 개의 박테리아가 깃들어 있다고 보면 된다.

1888년부터 이미 "농축par enrichissement"이라는 배양 방식을 통해 뿌리혹을 분리할 수 있게 되었다. 달리 표현하면, 실험실이라는 생태계의 질소 함유량을 점점 낮춰가며 모종내기를 함으로써 뿌리혹을 분리하는 데 성공했다는 말이다. 이렇게 분리된 뿌리혹은 리조븀 레구미노사룸Rhizobium leguminosarum(콩과식물의 뿌리에 사는 생명체)으로 불린다. 이 리조븀속 뿌리혹 박테리아(근립균, 균류균, 근류균이라고도 한다)는 기체 상태의 질소(대기 구성 성분의 78퍼센트를 차지한다!)를 이용해서 아미노산을 만들 수 있다. 단백질은 아미노산 조각들로 이루어진다. 이렇게 기체 상태의 질소를 아미노산으로 만드는 과정을 "질소고정"이라고 한다. 이렇게 볼 때, 콩과식물이 "녹색 비료"라거나 "다단백질 식물"이라고 하는 것은 남의 공을 가로채는 행위나 다름없다. 질소고정은 어디까지나 뿌리혹 속에 서식하는 박테리아에서 기인하는 특성이기 때문이다. 그러나 뒤에서 알게 되겠지만, 현실은 이보다 훨씬 복잡하고 교묘하다.

앞에 소개된 장들에서 우리는 미생물들이 자신들의 고유한 특성을 식물의 고유한 특성에 더해줌으로써 식물의 정상적인 기능을 돕는다는 사실을 살펴보았다.

우리는 특히 손님 각자가 이미 가지고 있는 자신의 역량을 제공하는 '스페인 여인숙' 식 공생 방식을 비교적 상세하게 점검했다. 이번 3장에서는 공생이 파트너 각자가 지닌 특성을 결합하는 데에서 한 단계 더 나아가 새로운 특성마저 출현시킨다는 사실을 확인함으로써 공생의 파노라마를 보충한다. 우선 생리적, 형태적인 차원에서의 새로운 특성을 질소고정이라는 현상을 통해 다루었다. 이를 통해서 우리는 곧 하나의 생명체는 게놈의 산물일 뿐 아니라 공생과 그 공생의 발현의 산물이라는 비전을 체득하게 된다. 이제 마지막 남은 단계에서 우리는 공생과 관련된 발현은 생태계 차원에도 영향을 끼치고 있음을 확인하게 될 것이다. 다시 말해서 균근들이 대륙을 콜로니화하는 과정에서 현재의 생태계와 기후가 생겨나게 되었다는 말이다.

유일하게 콩과식물 세포내 공생만이 할 수 있는 일

일단 분홍빛 색상을 확인한 후(제일 끝 부분만 예외) 뿌리혹을 잘라보자. 지름이 1에서 5밀리미터가량 되는 이 작은 구는 구조가 매우 독특하다. 진짜 뿌리에서라면 수액을 옮기는 조직이 한가운데에 자리하고 있을 것이다. 그런데 뿌리혹에서는 그 조직이 가장자리로 밀려나서, 창백한 빛깔의 얇은 껍질 쪽에 위치하고 있다. 붉은 빛을 띠는 중심 부분이 비대해져 이런 일이 벌어지는 것이다. 희끄무레한 가장자리에서 일어나는 세포 분열은 기관을 만들어낸다. 뿌리혹박테리아는 붉은 빛을 띤 중심 부분에 위치한다. 전자현미경으로 보면, 박테리아들이 분리막으로 둘러싸인 채 식물 세포의 내부에 자리 잡고 있는 모습을 볼 수 있다. 이처럼 매우 내밀한 세포 내부에서의 공생을 가리켜 세포내 공생 또는 내공생endosymbiosis(그리스어에서 '안, 내부'

를 뜻하는 접두사 endo를 붙여서 만든 용어)이라고 한다. 몇몇 경우에 있어서 뿌리혹박테리아는 세포 분열을 계속하면서 여럿이서 한 소포vesicle* 속에서 서식하기도 한다. 하지만 잠두처럼 많은 콩과식물은 소포 하나에 박테리아 하나의 수준을 유지한다. 이 소포들은 크기가 제법 크면서 T 혹은 Y 자 모양으로 일그러진 형태를 취하는데, 이는 실험실에서 자유롭게 배양할 때 관찰하게 되는 자유분방하고 동그스름한 형태와는 많이 차이가 나는 것이다.

이는 공생 관계에 놓인 파트너들이 생장하면서 변화를 거듭한다는 사실을 입증해준다. 이때 변화는 상호적이다. 다시 말해서 뿌리혹은 새롭게 생겨나는 기관이고, 박테리아의 일그러진 형태는 박테리아가 이전과는 다른 새로운 형태를 갖게 되었음을 보여준다는 말이다. 이렇듯 박테리아의 형태가 변화하는 까닭은 식물이 분비하는 작은 단백질들 때문이라고 할 수 있다. 이 작은 단백질들이 박테리아의 세포 안으로 들어와 분열을 저지함으로써 뿌리혹박테리아를 영원히 성장하도록 하는 것이다! 여기서 우리는 2장에서 보았던 기제를 다시 만난다. 균근류가 콜로니화한 식물들을 변화시키는 기제 말이다. 그런데 여기서는 식물이 그 기제를 이용해서 미생물을 변화시킨다! 콩과식물의 게놈은 작은 단백질들을 많이 함유하고 있으므로, 박테리아가 뿌리혹 속으로 들어올 때 이보다 훨씬 교묘한 다른 많은 변화들이 생겨나리란 것을 추론할 수 있다.

뿌리혹은 박테리아에게 양분을 공급한다. 식물의 지상 부분, 즉 대기 중에 노출된 부분에서 이루어지는 광합성을 통해 얻은 당분이 공급되면 뿌리혹의 세포는 물론 이곳에 서식하는 박테리아도 양분을 취한다. 광합성의 결과물 가운데 적어도 20~30퍼센트가량이 식물의 뿌리혹 총체의 양분으

* 세포 내에 있는 막에 둘러싸인 작은 자루 모양의 구조.

로 소비된다. 이뿐 아니라 식물은 수분 속 무기질을 공급해주는 균근류에게도 양분을 공급해주어야 하는 처지다. 이처럼 식물 입장에서 높은 비용을 지불하면서도 공생을 유지한다는 사실은 생태계에 질소를 고정하지 못하는 생물과 고정하는 생물이 공존하고 있음을 설명해준다. 전자가 무한정 질소 결핍 상태라면, 후자는 탄소를 함유한 양분 일부에서만 질소 결핍 현상을 보이는데, 이것들이 뿌리혹 쪽으로 옮겨가기 때문이다. 뿌리혹박테리아는 이 양분들을 자신의 생장을 위해 혹은 신진대사를 위해, 특히 대기 중의 질소를 고정하는 대사를 위해 사용한다. 뿌리혹박테리아는 우리 인간의 세포 호흡 기제와 동일한 기제를 통해 에너지를 얻는다. 요컨대 뿌리혹박테리아는 매우 복잡한 호흡 복합체를 통해서 호흡을 하는 것이다. 이 복합체는 그들 세포의 분리막 속에 삽입되어 있다. 니트로게나아제라는 이름을 가진 효소가 호흡을 통해 얻어진 에너지의 일부를 사용해서 대기 중의 질소를 암모니아로 변환시키고, 그러면 그 암모니아는 아미노산을 만드는 데 이용되는 것이다.

뿌리혹박테리아의 세포 중심부에 둥지를 틀고 있는 이 효소는 매우 역설적이다. 니트로게나아제는 본래의 기능을 수행하는 데 많은 에너지를 필요로 한다. 그러므로 간접적으로 호흡을 위한 산소의 존재를 필요로 한다고 볼 수 있다. 그런데 이 효소 자체는 산소가 있을 경우 불안정하다. 효소 안에 산소가 불가역적으로 산화시켜버리는 몰리브덴(수연) 원자가 포함되어 있기 때문이다. 그렇기 때문에 토양에 있는 뿌리혹박테리아는 질소고정을 함에 있어서 주저할 수밖에 없는 것이다. 이는 말하자면 '뷔리당의 당나귀'*에 비견할 수 있는 역설이다. 적극적으로 호흡을 하려면 많은 산소가 필

* 배가 고프면서 동시에 목이 마른 당나귀가 귀리가 가득 든 양동이와 물이 가득 든 양동이 사이에서 굶어죽었다는 우화에 빗대어 결정하지 못하는 상황을 말할 때 자주 언급된다. 14세기에 활동한 프랑스 철학자 장 뷔리당Jean Buridan의 이름을 따서 "뷔리당의 당나귀"라고 말하지만, 사실 그보다 훨씬 이전

요하지만 니트로게나아제를 보호하기 위해서는 산소가 있어서는 안 되는, 이러지도 저러지도 못하는 난처한 상황에 봉착하는 것이다.

뿌리혹박테리아가 혼자 힘으로 이를 실현할 수 없다면, 그런데도 뿌리혹박테리아가 이러한 역설을 해결해야 한다면, 질소는 과연 어떻게 해서 뿌리혹 속에 고정될까? 한편으로, 뿌리혹의 창백하고 얇은 껍질을 통해서 산소가 대대적으로 투입되는 것을 막을 수 있다. 그러나 모두의 호흡을 위해서라면 약간의 산소는 투입되도록 해주어야 한다. 바로 이 단계에서 뿌리혹의 붉은 빛이 개입한다. 박테리아들이 서식하고 있는 세포들은 단백질도 풍부하게 함유하고 있는데, 이때 단백질의 함유량은 전체 단백질의 4분의 1 정도에 이른다. 헤모글로빈(이 경우 레그 헤모글로빈leghemoglobin이라고 불린다)이 질소고정에 우호적인 미세 환경microenvironment*을 조성하는 것이다! 우리 인간의 혈액 또는 근육 세포 속에 들어 있는 적혈구들처럼, 이 단백질은 강력하게, 그러나 가역적으로 산소와 결합한다. 그 결과 산소를 운반하거나 축적할 수 있게 된다. 이와 동시에 호흡이 일어나는 곳에서는 산소를 방출할 수도 있다. 그런데 뿌리혹에 있는 헤모글로빈은 세포의 분리막과 박테리아 고유의 막 사이에 자리 잡고 있다. 다시 말해서 정확하게 산소를 호흡 복합체에게 보내주어야 하는 알맞은 자리에, 즉 박테리아의 막 속에 위치하고 있는 것이다! 그런데 헤모글로빈은 산소와 결합하는 능력을 가지고 있으므로 산소가 박테리아의 중심부, 즉 니트로게나아제가 있는 곳까지 확산되는 것을 막아준다.

콩과식물에 있어서 질소고정은 파트너들과 그들의 생리가 서로에 의해 변화하는 데에서 기인한다. 식물은 박테리아를 받아들임으로써 뿌리를 일

인 아리스토텔레스의 생전에도 이미 논의되던 철학 문제였다고 한다.

* 미생물에 있어 직접 접해있는 물리화학적 주위 환경.

그러뜨리며, 이로 인하여 박테리아의 행동 양식 또한 자주 변화를 겪는다. 이 과정에서 식물이 양분을 공급하고 세포내 공생이라는 미세 환경이 조성되면 뿌리혹박테리아가 질소를 고정하게 되는 것이다. 그러므로 질소고정은 어느 한 파트너의 특성이 아니며, 여기서는 '스페인 여인숙' 같은 방식은 통하지 않는다. 공생의 한복판에서 만남이 이루어져 전에는 없던 특성이 새로 생겨난 것이라고 말해야 마땅하다.

네가 나와 함께 있을 때면,
사람들은 더 이상 너를 알아보지 못한단다!

앞에 소개된 장들을 방금 언급한 개념에 비추어 다시금 읽어보면, 앞에서 살펴보았던(2장의 결론 부분을 보라) 공생 관계에 있어서 파트너들의 변신 또한 공생에 따른 새로운 기관의 출현으로 간주될 수 있다. 여기서 잠시 '들어가는 글'에서 공생이라는 개념을 예고했던 지의류로 돌아가보자. 미생물들 사이의 상호작용은 수많은 변화의 본고장이기도 하다. 칼날 모양을 하고서 나무줄기에서 자라나는 지의, 가령 녹색 엽상지의 또는 오렌지 지의의 구조를 분석해보자. 잘라낸 조각을 현미경으로 보면 네 개의 층이 드러난다. 첫 번째 층은 균사가 촘촘히 나서 표면을 보호하며, 그 바로 아래에는 수많은 작은 단세포 녹조류들이 끼어있는 층, 그리고 균사가 훨씬 드문드문 나서 자기들 사이에 넓은 여백을 두고 있는 층, 마지막으로 그 아래에 위치하고 있으면서 첫 번째 층을 떠올리게 하지만 색상이 보다 다채로우며 매체에 잘 달라붙는 제2의 보호층, 이렇게 네 층으로 되어 있다. 이러한 배열은 녹조류를 빛이 있는 쪽으로 향하게 하고, 가스(여기에는 광합성에 필요한 이산화탄소도 포함된다)를 인접한 네트워크 공간 속에서 순환하게 함으로써 광합성을 가능하게 해준다. 더구나 이 공간들의 가장자리는 소수성疏水性*이 매우 강해서 물을 배척하기 때문에, 결과적으로 지의가 습기를 머금었을 때라도 가스가 통과할 자리는 만들어진다.

공생 관계 파트너들을 분리해서 따로 배양할 때, 그들의 생김새만큼이나 차이나는 것은 없다. 조류들은 단세포 생물이 아니며, 세포들이 사슬처럼 연결된 형태를 보인다. 그런가 하면 착착 끼워지는 구조적인 건축물을 형성하는 조류와는 달리, 균류는 지의가 되지 않은 균류의 균사들처럼 뚜렷한 형태라고는 없이 균사들이 산만하게 흩어진 모양새를 형성한다. 그러므로 광합성에 적합하도록 적응된 지의의 생김새는 공생의 효과로 새롭게 출현한 것으로, 그다지 조직화되지 않은 두 파트너가 복잡하면서 특화된 구조를 낳은 것이라 할 수 있다. 아니, 그 이상이다. 균류는 오직 조류와 함께 있을 때에만 '지의적'이라고 할 수 있는 물질들을 합성하며, 이 물질들은 파트너들의 결합을 보호한다. 이 다양한 물질들은 강렬한 조명으로부터 보호하는 역할을 한다. 햇빛을 받으며 사는 일부 지의를 오렌지색으로 만드는 색소 파리에틴은 잔토리아속xanthoria과 마찬가지로 과도한 빛으로부터 보호하는 기능을 수행한다. 이 물질들은 때로는 지의를 먹는 동물들에게 독이 될 수도 있다. 때문에 늑대이끼Letharia vulpina라는 지의를 여우를 잡기 위한 미끼로 사용하기도 한다. 늑대이끼라는 이름은 표적이 되는 동물(여우vulpes)에서 왔다. 지의를 구성하는 물질은 공생 관계에서 출현하는 새로운 특성이다.

물론 진화가 진행되는 과정에서, 공생의 도움 없이도 복잡한 구조와 기능들이 출현할 수 있다. 다시 말해서 공생이란 그저 진화의 여러 길 가운데

* 물을 빨아들이지 않는 성질. 물 분자와 친화력이 낮다.

하나일 뿐이다. 우리는 이제 어떻게 해서 하나의 기관이 독자적인 진화를 통해서, 다른 사례에서라면 공생을 통해서 출현했을 법한 일을 실현했는지, 지의와 뿌리혹이라는 두 가지 예를 통해서 살펴보려 한다. 지의로 말할 것 같으면, 그것들의 구조는 어이없을 정도로 평범한 식물의 잎사귀 구조를 연상시킨다. 식물의 잎사귀를 잘라보면, 엽록소를 풍부하게 함유하고서 빛을 향하고 있는 광합성 세포층을 둘러싸고 있는 두 개의 보호층(즉 외피), 그리고 세포들이 드문드문 흩어져 있어서 아래로부터 가스들이 통과할 수 있는 여백 많은 층을 볼 수 있다. 이는 정확하게 지의의 구조와 일치하는데, 이것은 그렇게 놀라운 사실이 아니다. 식물 잎사귀나 지의나, 빛을 포획하고 이산화탄소를 당으로 변화시켜야 한다는 기능적 제약을 안고 있기는 별반 다르지 않기 때문이다! 그렇다고 해도 진화 과정에서 조류와 지의 균류가 공생을 통해서 "잎사귀를 발명했다"는 사실이 달라지는 건 아니다. 그러므로 잎사귀처럼 기능하는 기관은 두 가지 방식을 통해서 출현할 수 있다. 문제의 기관이 식물처럼 자기만의 고유한 진화를 통해서 출현하거나, 혹은 지의처럼 두 개의 기관 사이에 공생 관계가 형성됨으로써 새로운 기관이 출현하게 되는 것이다.

두 번째 예로 콩과식물 외에도 오리나무, 탱자나무, 카수아리나 Casuarina(키가 엄청 큰 열대나무)처럼 다른 질소고정 식물들이 존재한다. 이 식물들은 모두 콩과식물과 마찬가지로 장미 계열에 속한다. 하지만 이들의 파트너는 약간 다른데, 섬유성 박테리아의 일종으로 프랑키아속Frankia(우리가 앞에서 보았듯이 균근의 발견자 프랑크를 기리기 위해 붙여진 이름)으로 분류되는 방선균들actinobacteria이 이들의 파트너다. 식물은 약간 변형되고, 촘촘하게 네트워크가 형성되어 있으며, 지속적으로 성장하는 자기의 진짜 뿌리에 해당되는 곳을 파트너의 서식처로 제공한다. 얽히고설킨 뿌리들은 일종의 덩어리를 형성하는데, 그 지름은 10센티미터를 훌쩍 넘어가기도 한다. 그곳에서 이 세포 저 세포로 옮겨 다니며 자라난 프랑키아속 박테리아들은 산소가 침투하지 못하는 두꺼운 벽으로 둘러싸인 구형의 불룩한 형체를 구성한다. 이들의 섬유가 연장된 부분은 식물을 통해 양분을 얻으면서 호흡 활동을 계속하는데, 이렇게 만들어진 에너지를 불룩한 형체로 보낸다. 이렇게 되면 산소가 거의 들어가지 못하고, 이곳에서 니트로게나아제가 공기와의 접촉이 없는 상태에서 국지적으로 기능한다. 보다시피 프랑키아는 자기 섬유의 일부분을 특화시켜 질소를 고정하며 식물로부터는 양분만 제공받는다. 이 대목에서 우리는 '스페인 여인숙' 방식과 다시 만난다. 따라서 질소고정 같은 기능은 두 가지 방식으로 실현될 수 있다. 프랑키아처럼 박테리아의 고유한 진화를 통해서, 혹은 뿌리혹에서 보았듯이 두 개 기관의 공생 과정에서 나타날 수 있는 것이다.

공생은 혁신적인 진화의 열쇠가 된다. 이런 점에서 공생은 진화의 다른 기제들과 맥을 같이 한다고 볼 수 있으며, 그런 것들에 못지않게 창의적일 수 있다. 공생은 혁신의 유일한 길은 아닐지라도, 적어도 몇몇 계열에서는 생물학적 혁신이 출현하는 데 결정적인 역할을 하는 것이 분명하다.

확장된 표현형에서 홀로바이온트로

그러므로 우리는 식물이 지닌 수많은 특성들이, 미생물의 특성이 더해졌든 혹은 공생을 통해서 새로운 특성이 출현했든 간에, 미생물의 영향을 받았음을 깨닫게 된다. 식물(또는 완전히 다른 생명체)의 구조와 기능의 총체는 우리가 표현형phenotype(그리스어에서 '외양'을 뜻하는 pheno와 '표시'를 뜻하는 typos가 결합된 말)이라고 부르는 것을 형성한다. 표현형(또는 발현형질이라고도 한다)이라는 용어는 덴마크 출신 생물학자 빌헬름 요한센Wilhelm Johannsen(1857-1927)이 처음 사용했는데, 생명체의 총체적인 외양을 가리킨다. 그러나 우리에게 익숙한 고정관념과는 달리, 생명체의 외양은 고유한 유전자들에 의해서만 좌우되지 않는다. 미생물의 행렬 또한 구조를 바꾸고 기능을 풍부하게 하므로, 이런 내용이 당연히 표현형에 더해진다고 봐야 하기 때문이다.

이런 생각은 영국 출신 진화론 지지자 리차드 도킨스Richard Dawkins(1941년 생)에 의해 제안된 확장된 표현형extended phenotype이라는 개념에 상당히 가깝게 접근한다. 실제로 엄격한 의미의, 다시 말해서 거의 이론적인 의미에서의 표현형이 존재한다. 이는 생명체가 혼자서 자기의 고유한 유전 역량, 즉 유전자에 따라 갖추게 되는 구조와 기능의 총체에 해당된다. 그러나 이건 어디까지나 이론에 불과한데, 그처럼 "고립된" 상황은 자연에서는 절대 있을 수 없기 때문이다. 현실에서 생명체는 자기가 속한 생태계의 다양한 요소들과 결합한다. 이 요소들 가운데 더러는 불활성不活性(복족류 껍질의 석회질, 새 둥지를 엮은 잔 나뭇가지)이지만, 더러는 생명을 지니고 있기도 하다. 이런 것들이 바로 공생생물의 행렬로, 이것들은 생명체 안에 서식하거나 바로 주변에서 산다. 공생생물들은 자기들의 고유한 역량과 변화를 더해가는 주역이며, 이렇게 더해진 요소들이 표현형을 한층 풍부하게 만들어 확장된 표현형에 이르게 한다.

물론, 한 생명체가 공생할 생물을 탐색하고 선별하며 자기의 표현형을 확장시킬 수 있는 역량을 결정짓는 것은 어디까지나 타고난 유전 역량이다. 가령, 질소고정 박테리아를 서식하도록 하기 위해서는 특별한 신진대사 기제가 필요하다. 박테리아들에게 대대적으로 양분을 공급할 수 있어야 할 뿐 아니라 필요한 물질들을 합성할 수 있어야 하는 것이다. 그래야만 그 물질들이 고정된 질소에 결합하여 아미노산을 형성할 수 있다. 그런데 일반적인 식물들 안에는 이 물질, 즉 케토산alpha-keto acid이 거의 존재하지 않는데, 이는 호흡을 통한 신진대사(크렙스 회로)*에 이 물질들이 대거 참여하기 때문이다. 그러므로 만일 질소고정을 위해 그 물질들을 빼돌린다면 당장 세포 호흡에 제동이 걸린다. 분명 이러한 특수성이 질소고정 공생 관계가 유독 장미군에서만 나타나는 이유에 대한 설명이 될 것이다. 실제로 진화 과정에서 뿌리혹박테리아 공생이 느릅나무와 유사한 식물인 파라스포니아Parasponia에서 한 번 나타났으며, 콩과식물에서도 최소한 한 번, 어쩌면 그보다 더 여러 번 관찰되었다. 프랑키아 공생은 장미군의 진화 과정에서 적어도 여섯 차례 나타났다. 질소고정 공생 관계에 있는 모든 화본 식물은 장미군에 속하며, 장미군 식물들 가운데에서도 그것들은 1억 년 전에 살았던 공통 조상의 후손이다! 이 계보에서는 분명 질소고정자를 받아들임으로써 야기되는 대사 관련 문제를 해결할 수 있는 유전 역량이 존재한다고 볼 수 있다. 이러한 역량은 아직 뚜렷한 윤곽이 드러나지 않았고 논의가 활발한 것도 아니지만, 질소고정을 통해 장미군이 확대된 표현형으로 가는 길을 열어주었음은 확실하다. 비록 지난 1억 년 동안 다른 어떤 화본 식물들에게서도 질소고정이라는 현상이 나타나지는 않았지만 말이다. 그리고 그 때문에 오늘날까지도 언젠가는 밀 또는 옥수수의 뿌리혹을 선택할 수 있으리라는 희망에 제한을 받지만 말이다. 그렇게만 된다면 질소 함유 식품 생산을 활성화할 수 있을 테지만…….

요컨대 특수한 유전적 자질은 특수한 공생생물들로 가는 길을 열어준

* 세포 호흡의 두 번째 과정으로 TCA회로라고도 하며 세포호흡의 첫 번째 과정인 해당 과정에서 만들어진 대사 산물을 산화시켜 그 에너지의 일부는 ATP에 저장하고, 나머지는 전자전달계로 전달하는 일련의 과정.

다. 우리는 우리의 유전자가 상호작용을 허락해주는 공생생물들만 선택할 수 있으니 말이다. 그렇긴 하나, 일단 이러한 상호작용이 있고 나면, 생물체의 표현형은 엄밀하게 자기 고유의 유전자에서만 기대할 수 있는 것을 넘어서게 된다. 이것이 바로 확장된 표현형이다. 우리는 뒤에 나오는 동물들을 다루는 장에서 이 개념을 다시 만나게 될 것이다. 동물들 또한 이 같은 규칙에서 예외가 될 수 없으며, 동물들에게서도 확장된 표현형이 나타나기 때문이다.

부분적인 미생물의 개입 현실을 제대로 고려하기 위해 이와 유사한 개념인 홀로바이온트holobiont(그리스어에서 '모두, 모든'을 뜻하는 holo와 '생명'을 뜻하는 bios가 결합한 말)가 1970년대에 개진되었는데, 누가 제안한 것인지 그 출처는 분명하지 않다. 홀로바이온트는 숙주(식물 또는 동물)와 거기 붙어사는 모든 미생물들로 구성된 생물체 단위를 가리키는 용어로, 그보다 오래 전에 나온 고립된 생명체organisme isolé라는 개념을 대체한다. 여기서 파생된 것이 홀로게놈hologenome이라는 개념으로, 생물체의 게놈에 그것과 관련 있는 모든 미생물들의 게놈을 더함으로써 생물체의 게놈을 대체한다. 우리는 이 책의 말미에서 이러한 접근의 타당성에 대해 다시 한 번 짚고 넘어갈 것이다. 적어도 확장된 표현형과 홀로바이온트는 생물들이 자율적으로 존재한다는 기만적인 믿음에 종지부를 찍는다고 할 수 있다.

공생은 상호작용 중인 생물체들에게만 영향을 주는 것이 아니다. 공생은 그것들을 넘어서 생태적 혁신을 출현시킴으로써, 지속적으로 생태계를 변화시킬 수 있다. 우리는 지금부터 우리를 둘러싸고 있는 지구상의 생태계가 어떻게 공생으로부터 솟아나서(이 말은 문자 그대로 이해해야 한다. 생명체들이 우리 눈앞에서 물 위로 솟아올랐으니까!) 공생을 통해서 형성되어 나갔는지 짚어볼까 한다.

식물들의 뒤늦은 지상 출현

지금으로부터 5억 년 전인 캄브리아기에 솟아오른 어떤 대륙에 잠시 머물러 보자. 바닥이 몹시 미끄러우니까 반드시 장화를 신어야 한다! 그 외에 다른 위험이라고는 전혀 없다. 덩치 큰 짐승이나 뾰족한 침으로 쏘아대는 곤충들도 없으니까. 게다가 거의 사막이나 다름없어서, 식물도 전혀 눈에 띄지 않는다. 거의 사막이라고 말했으나 바위는 그래도 미생물들이 필름(이를 가리켜 미생물막biofilm이라고 한다)처럼 한 겹 싸고 있어서, 비 온 뒤처럼 약간 미끄럽다. 그 막은 광합성 작용을 하는 아주 작은 조류들과 자기들끼리 상호작용하는(기생하거나, 죽으면 잡아먹는 관계) 박테리아와 균류로 이루어져 있다. 우리는 지의류가 솟아오른 땅덩어리를 최초로 콜로니화했다고 믿는데, 그도 그럴 것이 지의류는 현재 헐벗은 바위 위에 개척자적인 태도로 군림하고 있기 때문이다. 하지만 지의류의 화석은 항상 초기 식물들의 화석과 같이 발견된다. 그러니 우리가 아는 한 지의류는 캄브리아기의 풍경 속에는 존재하지 않는다. 한 마디로 관찰할 것이라고는 거의 없다. 뿌리가 없는 까닭에 바위 조각이나 유기물 찌꺼기처럼 이동하는 자재들을 붙잡아둘 수 없으므로, 너무 두꺼워진 미생물막은 결국 흘러내린다. 오늘날 우리가 사용하는 의미를 가진 토양은 이 시기에 아직 존재하지 않는다.

지상에서 광합성에만 의존해서 산다는 것은 이산화탄소와 빛이 있는 대기, 그리고 수분 신진대사에 필요한 바위층, 이렇게 두 개의 구획을 활용한다는 뜻이다. 캄브리아기의 미생물막을 구성하는 조류들은 정확하게 이 두 구획이 만나는 공간에서 서식함으로써 이렇게 제한적인 환경에 적응했다. 하지만 미생물막을 형성하는 이 생물체들의 잔재와 이 생물체들이 변질시킨 바로 아래 바위들의 잔재가 일정 수준의 높이에 도달하면, 절벽 위에서 그런 현상이 일어나는 것처럼 이 생물체들마저도 부식 과정에 휩쓸리게 된다. 그러면 새로운 미생물막이 생장하기 시작하고, 다음 번 부식이 있을 때까지 계속된다. 반면, 오늘날 식물은 이보다 훨씬 깊은 층인 지하 토양을 활용한다. 식물의 땅속에 자리 잡은 부분들은 유기물질과 무기질의 잔재를 붙잡아둠으로써 진정한 의미의 토양을 형성해간다.

그런데 이 시기, 그러니까 대륙들이 이미 오늘날만큼이나 거주 가능해진 캄브리아기에, 식물들은 도대체 어디에 있단 말인가? 캄브리아기에 식물의 조상은 여전히 녹조류로, 분명 담수였을 것으로 여겨지는 물에 살았다. 물은 이들에게 이산화탄소와 빛, 그리고 물에 함유된 무기질을 함께 제공했다. 그럼에도 녹조류가 수면 밖으로 치솟아 오른 대륙에서 사는 모험을 감행하기란 쉬운 일이 아니었다. 수분 속에 포함된 무기질들이 숨어 있는 바위층을 활용할 수 없기 때문이었다. 녹조류는 기껏해야 부착근附着根* 을 가졌을 뿐, 지금의 뿌리라 할 것은 아직 없었다! 그들이 뭍으로 나온 건 4억 7천만 년 전이다. 그렇다면 그 이동은 그 이후 어떤 식으로 진행되었을까? 아니, 뭍으로 나오기까지 어째서 그토록 오랜 시간이 걸렸을까? 이 두 질문에 답하기 위해서 우선 화석을 면밀하게 관찰해보자. 잘 보존된 많은 화석들을 제공하는 가장 오래된 생태계는 4억 년 전으로 거슬러 올라가는 스코틀랜드 라이니 지역의 식물군이다. 거기에는 온천수가 있어서, 어떤 의미에서는 옐로스톤 국립공원의 고대 버전이라고 할 수 있다. 이 온천수는 무기질 밀도가 상당히 높았다. 이따금씩 하천이 범람하여 순식간에 다량의 무기질이 쌓이면서 이웃 식물군까지 그 안에 잠겨서 화석이 되어버리곤 했다. 그곳에 형성된 바위들은 그 후 이렇다 할 변화를 겪지 않았으므로, 바위를 자르면 오늘날에도 당시 식물의 구조를 재구성할 수 있다. 뿐만 아

* 담쟁이덩굴처럼 다른 물체에 들러붙는 뿌리.

니라 급속하게 그리고 양호한 상태로 보존되어 있어 그것들의 세포 구조까지도 관찰할 수 있다. 이 식물들 중에는 줄기가 덩굴처럼 감아 올라가는 것도 있고 곧게 세워진 것도 있는데, 두 가지 모두 자기들의 조상인 조류와 마찬가지로 잎사귀와 뿌리는 없다. 그렇다면 이것들은 어떻게 기층을 활용했을까? 얼핏 보아서는 우리가 제기하는 질문들은 도저히 해결될 것 같지 않다. 그러니 조금 더 자세히 들여다보자.

1915년부터 이미 일부 종(리니아Rhynia와 아글라오피톤Aglaophyton)이 가지고 있던 덩굴처럼 감아 올라가는 줄기는 불룩 솟아오른 소포 형태로 균사를 품고 있음이 밝혀졌다. 1960년대, 그리고 1990년대에 이르러서는 겉보기에 전혀 손상되지 않은 듯한 세포 속에서 균사에 의해 형성된 수지상균근균을 찾아냈다! 균근에 의해 콜로니화된 이 세포들은 얇은 세포벽에도 불구하고 원형에 가까운 형태를 지니고 있었는데, 이는 화석화되는 시점에 이 세포들이 수분을 잔뜩 머금고 있었음을, 따라서 살아 있었음을 보여준다. 수지상균이 이것들을 죽이지 않은 것이다. 리니아 화석에서도 취균류라는 식물 내생균근이 오늘날 식물에 형성해놓은 구조와 동일한 구조를 관찰할 수 있었다! 그러니 틀림없이 당시에도 이미 균근들이 식물을 위해 토양을 일구었을 것이다!

지상 식물에게 공통되는 조상과 취균류 사이에 공생관계가 존재했을 것이라는 가설을 뒷받침해주는 다른 논리들도 있다. 먼저, 현재 내생균근을 지니고 사는 종들의 빈도(전체 식물의 80퍼센트 이상)가 이를 설명해준다. 특별히 이러한 특성이 조상 대대로 전해 내려올 수 있었던 건 이 종들이 속씨식물, 고사리류, 침엽수, 거기에다가 습한 곳의 바닥을 표 나지 않게 콜로니화하는 작은 녹색 태류식물* 등, 각기 서로에게 상당히 먼 집단에 속한다

* 줄기나 뿌리가 없는 원시 식물.

는 사실 때문인 것으로 여겨진다. 태류식물은 오늘날까지도 뿌리가 없으므로, 진화의 관점에서 보자면 꽃을 피우는 속씨식물에서 가장 멀리 떨어져 있는 식물이라고 할 수 있다. 하지만 태류식물들의 세포 안에서도 역시 취균류가 서식한다! 마지막으로 한 가지 논거를 덧붙이자면, 내생균근의 형성에 필요한 유전자 연구를 들 수 있다. 이 유전자들 각각은 현재 지상에 서식하는 식물 총체에서 거의 동일하게 유지되고 있는 것으로 보이며, 이는 이들 식물의 공통된 조상이 지니고 있던 유전자에서 기인한다. 그런데 이 유전자들은 여전히 교체 가능하다. 가령, 돌연변이를 일으킨 유전자 하나 때문에 내생균근을 형성하지 못하는 개자리속 식물이라면 실험실에서 태류식물에서 추출한 같은 유전자를 삽입함으로써 유전적으로 치료를 할 수 있는 것이다! 이 모든 사실은 이 유전자들, 그리고 공생이 지상에 식물이 생겨날 때부터 이어진 특성임을 입증해준다.

취균류와의 상호작용은 수중에서 사는 조류들로 하여금 균류를 통해 기층의 수분 속에 포함되어 있는 무기질들을 활용하는 길을 터줌으로써 솟아오른 육지를 정복하게끔 했다. 이는 곧 위에서 제기한 두 가지 질문에 대한 답이 된다. 지상 식물의 뒤늦은 출현은 이러한 공생이 출현하기를 기다렸기 때문이며, 초기 화석들에서 뿌리를 찾아볼 수 없는 이유는 그것들이 토양을 일구는 데 있어서 전적으로 균류에 의존했기 때문이다. 지상 식물들과 미생물막이 현대적인 식물군으로 대체된 것은 취균류와의 공생으로 새로운 기관이 출현했기 때문이라 볼 수 있다.

뿌리는 그로부터 훨씬 뒤에, 부차적으로 생겨났다. 화석을 보면, 뿌리는 분명 처음에는 균류와의 상호작용 가능성을 높이는 역할을 했을 것으로 짐작된다. 식물의 몇몇 그룹이 균근화, 즉 균근공생에 필요한 유전자를 상실하면서 뿌리가 부차적으로 생겨났으리라는 것이다. 이끼들은 적대적인 환경에 적응했다. 물기 없이 바짝 말라도, 균류가 제대로 살아남지 못하는 환경에서도 이끼는 살아남았다. 그러나 그 같은 환경에서는 크기가 작다는 사실로 미루어 환경과 생장 사이에는 상관관계가 있다고 보아야 한다. 속씨식물들(배추과 또는 십자화과)은 주로 비옥한 토양에서 산다. 그런 토양에서는 수분 속 무기질을 얻기 위해 반드시 균류를 필요로 하지는 않는다. 그런가 하면 새로 난 도로변 같은 개척자적인 환경, 즉 균류가 아직 점령하지 않은 토양을 선호하는 식물들도 있다. 이처럼 균근화되지 않은 식물들에게는 뿌리와 그 뿌리를 뒤덮고 있는 뿌리털들이 부차적으로 자율적인 양분 섭취를 돕는 역할을 한다. 하지만 이는 어디까지나 예외에 해당된다. 현재의 식물군은 식물의 광합성 작용과 균류의 토양 일구기 작용이 시너지 효과를 일으켜 얻어진 산물이다. 우리가 알고 있는 지구상의 생태계는 이와 같은 공생의 결과로 출현했다. 이제부터 이 말이 함축하는 보다 정확한 의미를 살펴보자.

균근은 어떻게 세상의 모습을 바꿔놓았을까?

사실상, 식물들이 뭍으로 진출했다는 사실은 바이오매스 속에 보다 많은 탄소가 축적됨을 함축한다. 식물이 미생물막 시대에 비해 훨씬 무성해졌을 뿐 아니라, 땅속에 들어 있는 부분으로 죽은 유기물이 저장되어 있는 토양을 머금게 되었기 때문이다. 공생은 대단히 아름다운 상승효과를 낸다. 한편으로는 양분의 획득과 균류에 의한 바위의 변질 효과가 식물의 광합성 작용이 만들어내는 산물들에 의해서 증대되며, 다른 한편으로는 수분 속 무기질에 대한 접근성이 좋아져서 식물의 생장에 도움을 준다. 그로 인하여 광합성도 더욱 활발해진다. 이처럼 대륙에서 광합성이 가속화되면, 대기 중에 포함된 이산화탄소의 양은 줄어들고 산소의 양은 늘어난다. 광합성을 할 때 산소가 방출되기 때문이다.

우선 산소부터 시작해보자. 산소는 식물들이 물 밖으로 나오기 전에는 대기 구성 성분들 가운데 함유량이 15퍼센트 이하였다. 그러나 점차 그 비율이 높아져서 역사상 처음으로 현재의 비율(21퍼센트)에 도달했다가 3억 년 전쯤에는 30퍼센트까지 치고 올라갔다. 그러므로 몸집이 크고 활동하기 위해서 많은 에너지를 필요로 하는 동물들조차도 숨쉬기가 수월했다. 지상 식물들이 대륙을 점령하는 시기에 바다에 사는 동물들의 크기가 커졌고, 턱을 가진 데다 몸길이가 1미터도 넘는 넓적한 물고기들이 처음으로 출현했다. 3억 7,000만 년 전에 몇몇 물고기들이 뭍으로 올라왔다. 우선 먹잇감이 풍부했고, 아울러 물 밖에서 견디려면 반드시 요구되는 더 많은 양의 에너지 조달이 가능해졌기 때문이었다. 이렇게 해서 우리 조상들에게 수중이 아닌 대기 중에서의 삶이 시작된 것이다! 머지않아 대단히 활동적인 대형 육식동물들도 지상에 출현했다. 왕성한 호흡 작용을 필요로 하는 이들은 산소가 풍부한 곳에서만 먹이 사냥이 가능하기 때문이었다. 균근이 대륙을 콜로니화함으로써 티라노사우루스, 벨로키랍토르 같은 육식 공룡을 비롯하여 다른 고양이과 동물들이 출현할 수 있게 된 것이다! 또 다른 중요한 생태계 변화로는 불이 날 수 있게 되었다는 사실을 들 수 있다. 불이 나는 것은 바이오매스가 형성되었기 때문이기도 하지만 산소가 많이 축적되었기 때문이기도 하다. 대기 속에 포함된 산소의 함유량이 전체의 16퍼센트(그 이하에서는 불이 잘 붙지 않으며, 퍼져나가기도 어렵다)를 넘어서게 되면 불이 난다. 최초의 불에 탄 식물 화석들이 이미 4억 년 전부터 불이 났음을 입증한다. 번개가 치거나 아니면 인간에 의해 발생한 불은 이제 지구상의 생태계를 좌우하는 고정적인 주역들 가운데 하나가 되었다.

대기 중에 포함된 이산화탄소의 감소는 두 가지 기제가 낳은 결과다. 우선, 식물 바이오매스의 축적과 토양의 형성이 탄소를 꼼짝 못하게 묶어두었다. 다음으로는, 바위가 변질되어 석회질이 퇴적되는 양이 갑절이 되었다. 실제로 균근류, 그리고 그 뒤를 이어 식물의 땅속 부분이 바위의 변질 속도를 높였다. 이것들은 오늘날과 마찬가지로, 직접적인 효과를 통해서뿐만 아니라 생명체와 변질된 바위의 잔재물을 붙잡아둠으로써 진정한 의미의 토양을 일궈나갔다. 이 토양 속에서 약간의 산기와 수분을 머금은 죽은 유기물질들이 바위가 쉽게 변질될 수 있도록 도왔고, 이렇게 해서 바위들은 더 빨리 용해되고, 양이온, 특히 칼슘이 점점 더 대양 쪽으로 몰려갔다. 이것들은 결국 대양에 쌓이게 되고, 칼슘 또는 그보다 적은 분량이긴 하나 마그네슘 같은 것이 탄산칼슘($CaCO_3$) 같은 탄산염을 형성하여 이산화탄소를 묶어두게 되었다. 바위의 변질을 활성화하는 것은 결국 칼슘을 내보내는 펌프질을 활성화하는 것이고, 이는 곧 칼슘과 더불어 이산화탄소를 대양 깊숙한 곳으로 보내는 것이다.

현재와 비교할 때, 대기 중의 이산화탄소 농축 정도는 캄브리아기 초기(5억 5,000만 년 전 무렵)에는 20배 낮았으며, 데본기가 끝나갈 무렵(3억 6,000만 년 전, 최초의 숲이 출현한 시기)에는 3배가량 낮았고, 석탄기 말(3억 년 전 무렵)에는 현재 정도로 되었다. 이와 동시에 이산화탄소는 다른 천문학적 혹은 화산 관련 기제들과의 시너지 효과를 통해, 온실 효과를 크게 감축하며 이 시기를 특징짓는 빙하기의 도래를 재촉한 것으로 보인다. 오르도비스기(4억 4,000만 년 전)와 석탄기 말엽의 빙하기(2억 8,000만 년 전)가 여기에 해당된다. 빙하기는 지구상에서의 삶에 중요한 결과를 초래했다. 빙하기 때마다 생물 종이 대대적으로 멸종했으니 말이다. 기후와 직접적인 관련이 있는 것이 아니라 바위의 변질과 관련되었을 것으로 보이는 또 다른 멸종 사건은 데본기 말엽(3억 6,000만 년 전)에 일어났다. 더도 덜도 아니고 데본기 생물체의 4분의 3이 이 때 멸종했다! 물론 빙하기가 찾아오기도 했지만, 제일 중요한 요인은 지구의 부영양화富營養化*라고 보아야 할 것이다. 현재도 브르타뉴 해안 지대에서 이와 같은 현상이 나타나고 있다. 영양가 높은 무기질이 과도하게 공급(이 경우에는 농업 활동의 잔재)되어 녹조류가 창궐하는 것이다. 물론 다른 생물체들이 이것들을 먹기는 하나, 곧 산소가 부족해져 이 생물체들은 호흡 곤란을 일으키게 된다. 산소가 없으면 박테리아가 늘어나는데, 이들의 호흡 기제는 산소와 무관하기 때문이다. 2장의 갯벌에서 언급된 박테리아들과 마찬가지로, 이 박테리아들은 녹조류의 독성을 일으키는 황화수소처럼 제한적 독성을 가진 물질들을 생산한다. 바위의 변질은 무기질(특히 바닷물에 제일 부족한 철분) 성분으로 대양을 비옥하게 만드는 과정에서, 3억 6,000만 년 전에 전 지구적 차원에서 부영양화를 야기했을 수도 있다. 대양은 물론 심지어 대기까지도 어느 정도의 기간 동안 숨쉬기 곤란한 지경에 이르렀을 것이다. 너무 양분이 많은 대양에서 부패한 대기가 새어나와 대대적인 멸종을 초래했을 수도 있다!

한 마디로, 오늘날과 같은 형태의 지상 식물군의 출현은 그것이 균근 공생으로부터 새롭게 출현함으로써 현재 지구 생태계의 모습(바이오매스, 토양의 존재)과 기제(불, 바위 깊숙한 곳까지 침투)를 빚어내는 데 기여했다. 그 결과 대기의 구성 성분, 생물 다양성, 특정 시기의 소멸, 기후 등에 전반적인 영향을 끼쳤다.

* 강 · 바다 · 호수 등의 수중생태계의 영양물질이 증가하여 조류가 급속히 증식하는 현상.

선선한 기후를 향하여…

이렇듯 초기 몇 단계만 살펴보고 생태계와 기후의 진화에 대해 상세하게 거론한다는 건 어불성설이겠으나, 그래도 최근의 기후 냉각화(지질학적인 관점에서 볼 때, 다시 말해서 지난 2세기 동안 관찰된 기후 온난화를 제외하면 그렇다는 말이다) 경향에 대해 잠시 주목해보자. 거의 지구 전체가 열대 기후 양상을 보이던 시기가 지나가고, 에오세에서 올리고세로 넘어가는 과정(3,400만 년 전)에서, 현재 유럽 대륙의 고지대 기후 같은 온화한 기후가 나타났다. 외생균근 가운데 가장 오래된 것으로 알려진 화석들은 바로 이 시기에 만들어진 것이다. 간접적인 논거에 따르면, 외생균근의 출현은 이보다 앞서 소나무의 출현과 같은 시기일 것으로 짐작되지만 말이다. 실제로 열대 지역에서도 다양한 예외가 관찰되기는 하지만, 외생균근과의 결합은 현재 온대 기후대에서 지배적이다. 관련된 다양한 균류의 대다수가 발견되는 곳도 역시 온대 기후 지역이다. 왜 그럴까?

오늘날 우리는 외생균근들이 온대 기후에 적응하는 동시에 이를 증폭하는 도구였다고 생각한다. 실제로 온대 기후 지역의 경우, 토양은 평균적으로 무기질이 부족하다. 추운 계절의 기온, 건기의 물 부족 등으로 말미암아 토양이 이 무기질에 접근하기 위해 벌이는 두 가지 활동에 제동이 걸리기 때문이다. 그 두 가지 활동이란 유기질의 무기질화와 바위 변질이다. 그런데 우리는 1장에서 외생균근들은 "보다 직접적으로 양분의 원천"에 다가갈 수 있다는 사실을 관찰했다. 첫째, 몇몇 종은 자기들이 만든 균사를 통해서 바위를 변질시키는 역량을 지니고 있으며, 실제로도 외생균근과 내생균근을 비교해볼 때, 외생균근에 감염된 식물들의 변질 정도가 훨씬 중대함을 확인했다. 둘째, 다른 종들도 토양의 유기질로부터 질소 또는 인을 포함한 찌꺼기들을 추출할 수 있다.

취균류는 뭍으로 나온 이후 식물과 결합한 반면, 외생균근류는 진화 과정에서 이보다 뒤늦게, 셀 수 없이 여러 차례에 걸쳐 각기 다른 여러 집단에서 출현했다. 실제로 외생균근 상태는 균류의 진화 과정에서 독자적으로 80차례나 등장하며, 식물의 진화 과정에서는 12차례 이상 등장한다! 매번 외생균근의 조상들은 잎사귀나 나무처럼 토양의 죽은 유기물에서 영양을 취하는 "부생균腐生菌, saprophyte" 방식으로 살았다. 현재의 외생균근과 부생균의 게놈 비교 연구는 이러한 이동이 상대적으로 수월하다고 암시한다. 또한 이 과정에서 부생균들의 자율적인 영양섭취를 보장해주던 많은 효소들이 상실되는데, 균근들은 식물로부터 당분을 공급받기 때문이다. 그렇지만 효소의 모든 역량이 상실되는 것은 아니다. 몇몇 외생균근류는 부생균 조상으로부터 물려받은 부분적인 유산을 이용해 토양의 유기질을 탄소를 함유한 양분으로서가 아닌, 질소와 인을 얻기 위한 방편으로 활용할 수 있다.

외생균근 결합으로 식물들이 온대 기후 지역 토양에 적응하게 된 것은 사실이나, 이 똑같은 현상이 지구의 전반적인 기후 냉각화에 기여한 것 또한 사실이다! 실제로 바위의 변질이 심화되면서 위에서 설명한 펌프 기능, 즉 이산화탄소를 탄산염 형태로 만들어 대양 깊숙한 곳으로 밀어 넣는 방식이 가속화되었다. 이렇게 되자 기후는 점점 차가워지는 경향을 보이게 된다. 이는 3,400만 년 전 이후 줄곧 관찰되어왔으며, 지난 200만 년 동안 우리가 겪어온 전반적인 기후 냉각화(그 절정은 빙하기)에 일조했다. 빙하기의 주기는 지구와 태양의 위치를 주축으로 하는 천문학적 원인에 따르지만, 이 원인들에 대기 중의 이산화탄소 함유량이라는 요소가 더해졌을 때 실제 빙하기라는 결과가 발생한다.

이처럼 균근류와의 결합은 기후 변동의 한 축 역할을 해왔다. 추위로 인한 바위 변질 속도 감소와 유기물질 부패 속도 감소의 정점은 극지방과 고산지대에서 나타난다. 이곳에서는 더 늦게 출현한 다른 유형의 균근 결합으로 히스와 월귤나무, 철쭉과 식물들이 자기들의 왕국을 만든다. 이러한 식물들은 파편화된 순수한 유기물질들만으로 이루어진 거의 비활성인 토양에서 자란다. 가령 그저 땅속에 박혀 있을 뿐 부식되지 않은 식물 잔재들이 우리가 통상적으로 "황무지"라고 부르는 유기물질 토양을 형성한다. 철쭉과 식물의 뿌리에서는 자낭균류(앞에서 언급한 것과 종류는 다르지만 부생균에서 파생되기는 마찬가지)와 담자균류 같은 몇몇 부류의 균류들이 특별한 내생균근을 형성한다. 아주 가는 뿌리가 토양에 넓적한 세포들을 제시하면 균류가 그것들 위에 균사를 말아 탈리아텔레 파스타를 돌돌 뭉쳐놓은 듯한 형태를 만든다. 균류가 그 덩어리를 통해서 식물과 교류하는 것이다. 실험실 배양을 통해서 이 균류의 게놈과 특성을 파악한 결과, 이것들은 조상들이 가지고 있던, 유기물질을 공략하는 데 필요한 효소들을 한층 더 많이 유지하고 있는 것으로 나타났다. 생물의 순환이 결여된 척박한 토양에서, 이 균류가 식물을 위해서 무기질 상태로 돌아가는 지름길을 보장해주는 셈이다. 몇몇 외생균근과 마찬가지로, 철쭉과 식물의 균근류는 식물은 무기질을 먹고 산다는 전통적인 믿음을 보기 좋게 거역한다. 이 믿음은 식물이 홀로 성장한다는 생각에 토대를 두고 있다. 균근류는 유기물질에 간접적으로 접근할 수 있게 해줌으로써 일부 식물들이 매우 특별한 토양과 기후에 적응할 수 있게 도와준다.

이뿐 아니라 위도 또는 고도가 높은 곳으로 이동하여 기온이 조금만 더 떨어지면 지의류만 남게 되는데, 여기서도 공생이 생태학적인 해결책을 제시한다! 이제껏 살펴보았듯이, 균근 공생의 다양한 양상이 기후를 만들어내는 동시에 식물을 그 기후에 적응시켜가며 현재 대륙의 생태계를 출현시킨 요인이었다.

결론적으로 말하자면…

식물들은 절대 혼자가 아니다. '스페인 여인숙' 식으로 파트너들의 특성을 추가하는 것을 넘어, 공생 관계 안에서 새로운 특성들이 속속 출현하는 것이다. 식물들에게 있어서(다음 장에서 바로 보겠지만, 동물들도 다르지 않다) 제휴한다는 것은 자기를 위해서나 생태계를 위해서, 단순한 더하기 이상이다. 그도 그럴 것이 두 생물체의 합은 부분의 합 이상이기 때문이다. 1+1이 2보다 커진다는 말이다!

이와 같은 새로운 출현은 여러 수준에서 나타날 수 있다. 우선 관련된 기관의 형태적인 면과 생리적인 면에서 영향력을 행사한다. 그리고 이것이 바로 진화의 혁신 동력 가운데 하나다. 이러한 동력 덕분에 조상들은 갖지 못했던 새로운 특성을 얻게 되는 것이다. 그렇다고 해서 앞에서 제시된 사례들로부터 진화란 항상 순수한 진보 혹은 복잡화와 동의어라고 추론해서는 곤란하다. 예를 들어, 파트너들에게 있어서 공생생물이 더해져서 이것들에게 양분과 서식처를 제공해야 한다는 것은 그만큼 비용이 더 든다는 말이다. 그 비용이 식물에게는 탄소가 함유된 양분일 수 있으므로, 비용을 부담해야 한다는 것은 곧 그 양분을 내주어야 한다는 뜻이다! 균근과 제휴를 시작한 이후 발생한 기후 문제 또한 우리에게 진화가 어떻게 해서 신화적인 "균형" 조절 기제를 따라가지 않는지, 어떻게 해서 모든 관점에서 반드시 더 좋다고만 할 수 없는 미래를 제시하게 되는지를 보여준다. 한편 복잡화로 말하자면, 진화로의 한 걸음이 반드시 복잡성을 증가시키는 결과를 가져와야 한다는 식의 규칙은 사실상 없다. 우리는 가령 균근류가 혼자 살 수 있는 역량을 전부 혹은 일부 상실하는 경우를 보았다. 이 책의 9장과 결론에서 우리는 수많은 공생에 동참하는 파트너들이 자율성을 상실하는 문제에 대해 다시 살펴보게 될 것이다. 이러한 상실은 파트너들 각자의 입장에서 보면 복잡성의 상실을 의미한다. 공생 자체도 불가역적인 것은 아니다. 우리는 몇몇 식물들이 균근을 잃게 되는 현상을 살펴보았다. 열대 밀림에서 만날 수 있는 나무 형태의 콩과식물들은 뿌리혹(이 식물들은 재미난 방식으로 취균류까지 제거했으며, 그 자리를 외생균근으로 대체했다)을 상실했다. 그러므로 공생이란 진화에 있어서 복잡화와 단순화 사이를 오가는 여러 국면 중의 하나에 불과하다.

해당 생명체들을 넘어서, 공생에 따른 새로운 기관의 출현은 생태계 전체로 확산될 수도 있다. 생태계의 외관은 물론 특히 기능까지도 영향을 받기 때문이다. 물에서 솟아오른 대륙을 균근이 정복한 사실이 이를 웅변적으로 보여준다. 우리가 알고 있는 지구 생태계는 그 모습을 드러내기 위해 공생을 기다려야 했고, 공생은 기후에까지 공헌했다! 이처럼 생태학적으로 새로운 출현은 보편적인 현상이라고 할 수 있으나, 그 범위와 정도에 있어서는 다양한 양상을 보인다. 예를 들어 좁은 범위에 국한된 현상을 보면, 켄터키 31 같은 화본과 식물의 내생균은 생태계에 새로운 기능을 가져왔다. 화본과 식물을 내생균과 함께 파종하거나 내생균 없이 파종한 밭 또는 재배 용기를 비교하면, 해당 식물들의 종과 그들의 많고 적음을 넘어서 실제로 많은 생태학적 변화가 일어났음을 발견할 수 있다. 초식 곤충 무리들은 크게 영향을 받으며, 이 초식 곤충을 먹이로 삼는 곤충 무리에서도 변화가 감지된다. 일부 종은 아예 사라지기도 하고, 반면 다른 종들은 내생균이 없을 땐 무성하다가 그것들이 출현하면서 보기 드물어지는 식이다. 토양 속에서는 식물의 죽은 부분에 묻어온 내생균의 유독성 복합물이 토양 미생물들에게 영향을 주며 거기 서식하는 종들을 바꾸어놓는가 하면, 유기물질의 부패 속도를 늦추기도 한다. 따라서 공생으로 인한 새로운 출현은 해당 당사자들에게만 한정되지 않고 그것들을 훌쩍 넘어선다.

식물 세계에서의 여정을 마무리 지으면서 우리는 하나의 생명체는 그것이 타고난 게놈이 허용하는 것(또는 허용하지 않는 것)보다 훨씬 많은 것을 의미하며, 훨씬 많은 것을 할 수 있음을 확인했다. 한 생명체의 공생은 그 생명체에게 확장된 표현형을 제공한다. 가끔은 한 생명체를 그 하나로만 볼 것이 아니라 홀로바이온트(미생물 파트너들까지 모두 합쳐진 생명체)로 간주해야 할 필요가 있다. 홀로 독자적인 생명체란 사실 생태적 혹은 생리적 현실과는 완전히 유리된 추상에 불과하기 때문이다. 하나의 식물은 절대 혼자가 아니며, 미생물의 존재가 그 식물의 형태와 기능, 그것이 지니는 생태학적 효과에까지 두루 각인되어 있다.

이러한 원리를 동물에게도 동일하게 적용할 수 있을까? 우리는 지금까지 식물의 사례를 통해 점진적으로 미생물 공생의 기능이라는 구조물을 쌓아왔다. 이제 그 식물들을 자양분 삼아(제 아무리 공생이 이들을 방어해준다고 해도) 지금부터는 동물들을 키워보자! 풀이라면 실컷 맛보았으니, 이제 고기 좀 먹는다고 해서 나쁠 것도 없을 테니까…….

4장

우리가 몰랐던 소에 대한 놀라운 비밀

_ 초식동물을 만드는 몇 가지 사소한 것들

4장에서 우리는 소가 소화시키는 건 공생 미생물이지 풀이 아님을 알게 될 것이다. 또한 이러한 공생이 반추동물들에게는 역설적인 생태학적 효율을 제공한다는 사실도 알게 될 것이다. 더불어 초식동물의 다른 소화관들도 미생물의 도움을 받아 기능하며, 척추동물들이 식물을 먹기 위해서 미생물을 전면에 배치할 것인가 후면에 배치할 것인가를 놓고 선택을 해야 하는 사연도 다룰 것이다. 그리고 일부 동물들의 똥도 지금까지 알려진 것보다 훨씬 긍정적인 눈으로 바라보게 될 것이다! 고래가 새우의 껍질을 벗기며, 게으른 동물의 털 빛깔이 식탐이 되는 신기한 이야기도 다룰 것이다. 그리고 마지막으로 어떻게 해서 미생물들이 식물로 하여금 동물에게 접근할 수 있도록 길을 열어주었는지에 대해서도 언급할 것이다.

소들은 왜 하염없이 기차가 지나가는 광경을 바라보는 걸까?

소. 이 평화로운 초식동물은 여러 특성을 지니고 있는데, 그중에서 가장 눈에 잘 띄는 특성은 우리에게 이미 잘 알려져 있다. 비록 우리가 그 심오한 의미까지는 미처 제대로 파악하지 못했다고 하더라도 말이다. 우선, 소는 상체가 매우 후덕한 동물이다. 다음으로, 소는 체취가 매우 강하다(잠깐, 동물에게서 냄새가 난다고 하면 아마 외양간을 떠올릴 수도 있을 텐데, 거기서 나는 냄새는 배설물 냄새가 지배적이다. 그러니 깨끗한 소의 냄새를 맡아보라!). 그 체취는 방금 짠 신선한 우유에서도 맡을 수 있다. 금세 날아가 버리는데도 많은 사람들이 이 냄새를 싫어한다. 그런가 하면 이 냄새를 아예 모르는 사람들도 많다. 때로 우리는 소들이 아주 기운 넘치는 태도로 길게 숨을 내쉬는 소리를 들을 수 있다. 소는 매우 체온이 높은(섭씨 40도. 우리 조상들은 제일 아래층을 녀석들에게 내줌으로써 농장의 난방을 대신했다) 동물이다. 그리고 마지막으로 소는 온화하고 평온한 동물이다. 그다지 활동적이라 할 수 없는 녀석들은 풀밭에 엎드린 채 우물우물 입을 놀린다. 그리고 더할 나위 없이 무심한 표정으로, 이른바 기차가 지나가는 광경이나 바라보면서 대부분의 시간을 보낸다.

그런데 방금 언급한 모든 사실들은 소가 풀에서 양분 섭취라는 중대 과업을 실천하는 방법을 고스란히 드러낸다. 간접적이면서 공생적인 그 방식을 말이다. 풀은 다른 모든 식물들과 마찬가지로 소화하기 쉽지 않다. 질소가 부족한 데다 풀을 구성하는 분자들이 복잡하기 때문이다. 몇몇 무기질과 당류, 그리고 약간의 단백질이 들어 있는 세포의 내용물을 넘어서, 풀을 구성하는 건조한 성분의 90퍼센트는 세포를 둘러싼 벽을 형성하여 식물이 곧게 뻗어 나가도록 해주는 커다란 분자들, 즉 셀룰로오스와 리그닌으로 이루어졌다. 셀룰로오스는 포도당(우리는 이 두 분자에 대해서는 상세하게 언급하지 않을 것이나, 세포벽은 이외에도 당류, 헤미셀룰로오스, 펙틴 같이 다양한 분자들의 결합으로 구성된다)의 집합이며, 리그닌은 타닌의 거대한 집합이다. 이 거대한 분자들은 동물의 세포 속으로 직접 들어가지 못한다. 게다가 소똥을 관찰하면 알 수 있듯이, 소는 셀룰로오스나 리그닌이 이보다 작은 분자 상태일 때도 그것들을 소화하지 못한다. 똥의 빛깔을 짙게 만드는 즙 외에 소똥은 잘게 썰어진 허여멀건한 빛깔의 짚으로 구성되어 있다. 이를 시약으로 색을 입힌 뒤 현미경으로 관찰하면, 전혀 소화되지 않은 상태의 셀룰로오스와 리그닌이 고스란히 드러난다. 그러므로 풀의 주요 구성 성분은 소화되지 않은 상태로 소화관을 통과하는 것이다! 아니, 그렇다면 소는 도대체 어떻게 양분을 섭취할까?

소의 몸에는 사실 엄청난 부피의 주머니, 즉 되새김위가 위의 앞부분에 숨겨져 있다. 되새김위는 소 체중의 8~15퍼센트를 차지한다. 몸집이 유난히 큰 녀석일 경우, 그 부피가 100 혹은 200리터까지 나갈 수도 있다! 이 주머니는 소가 뜯어 삼킨 풀을 받아들인다. 그 안에 들어간 풀은 대기와의 접촉이 없는 곳에서 발효하면서 수많은 미생물들에게 양분을 공급한다. 이 미생물들은 되새김위의 수분을 제외한 내용물 무게의 50퍼센트를 차지한다. 되새김위의 미생물군은 식물 찌꺼기(그중에서도 특히 셀룰로오스)를 함께 소화시키는 수많은 박테리아(밀리리터 당 10^{11}개) 와 균류(밀리리터 당 10^5개), 그리고 짚신벌레 무리에 속하면서 박테리아와 균류의 포자를 잡아먹으며 양분을 취하는 섬모충류(밀리리터 당 10^7개) 등으로 이루어져 있다. 되새김위에 사는 이 아주 작은 거주자들은 발효에 참여하며, 산소가 없으므로 엄청난 양의 가스(하루에 약 1,000리터!)를 만들어낸다. 메탄가스와 수소, 그리고 휘발성 지방산인 아세트산, 프로피온산, 뷰티르산처럼 탄소를 함유한 작은 분자들이 여기에 포함된다.

바로 이 휘발성 지방산들이 소의 독특한 체취, 그리고 갓 짠 우유의 냄새(이름에서도 알 수 있듯이 휘발성 지방산들은 우유에서 곧 증발해버린다)를 만들어내는 주범이다. 이 지방산들은 소의 세포들이 에너지를 만들어내는 데 사용된다. 이 지방산들은 소가 필요로 하는 에너지의 80퍼센트를 책임지며, 소의 혈액 속에 당의 형태로 농축되는 비율은 굉장히 낮다. 당분은 소 세포들이 에너지를 만들어내는 원천이 아니기 때문이다. 소의 체온이 높은 것은 미생물의 발효 때문이다. 소는 자기 안의 마이크로바이오타에 의해 체온이 올라가는데, 이는 소에게는 장점으로 작용한다!

가스가 계속해서 생산되기 때문에 소는 아주 길게 숨을 내쉬면서 과도하게 만들어진 가스를 트림으로 배출한다. 이 전략에는 위험이 따를 수도 있는데, 가령 양분을 너무 많이 섭취한 경우, 그러니까 콩과식물을 너무 많이 먹어서 몸 안에 질소가 지나치게 많아지면, 되새김위의 마이크로바이오타는 폭주하기 시작한다. 가스로 인한 압력이 식도를 눌러 가스가 빠져나오지 못하는 고창증이 발병할 수 있는 것이다. 이렇게 되면 급히 투관 침을 사용하여 가스를 제거해야 한다. 다시 말해서, 소가 펑 터져서 공중분해되는 모습을 보고 싶지 않다면 침으로 소의 피부와 되새김위를 뚫어줘야 한다! 이런 연유로 주식인 콩과식물에 타닌을 첨가해서 먹이면 미생물에 의한 소화의 속도가 늦춰지면서 되새김위의 폭주를 방지할 수 있다.

되새김위의 뒤편에 있는 위는 순차적으로 이어지는 여러 개의 주머니로 이루어져 있는데, 이곳에서는 소 자신의 힘으로 소화 과정이 진행된다. 되새김위에 이어서 나타나는 벌집위(두 번째 위)와 겹주름위(세 번째 위)가 혈액 속으로 들어가는 무기질과 물을 모으고, 되새김위에서 넘어온 것을 거른다. 커다란 조각들은 근육 수축을 통해 다시금 되새김위로 보내지는 반면, 식물이건 미생물이건 2밀리미터에 미치지 않는 작은 조각들은 농축액을 타고 위로 넘어간다. 그 다음 여정은 네 번째 위로 넘어가는 것으로, 거기에서 산기와 효소들이 나와 지방, 미생물의 DNA와 단백질의 소화가 이루어진다. 이 단계에서 소는 라이소자임lysozyme이라는 효소를 사용하는데, 이 효소는 다른 동물들에서는 눈물이나 우유, 달걀흰자 같은 데서 항생제 역할을 한다. 이는 라이소자임이 박테리아의 세포벽을 파괴하는 역량을 지니고 있기 때문이다. 더구나 소에게는 여러 유형의 라이소자임이 있는데, 이것들을 모두 합하면 소화 단백질의 10퍼센트를 차지한다. 박테리아의 세포벽을 파괴해 그 내용물에 접근할 수 있게 해주는 이 효소는 미생물의 소화를 담당한다. 위에서의 소화가 끝나면 이제 소장으로 넘어가고, 거기서는 산기가 다 흡수된다. 하지만 또 다른 효소들이 미생물 소화 활동을 계속함으로써 장에서 단순 지방, 아미노산, 핵산(DNA 구성 성분), 당분 등이 흡수되도록 한다. 겹주름위를 지난 풀 조각들은 겹주름위를 지날 때의 성분과 형태를 줄곧 유지하면서 더 이상 변화를 겪지 않는다. 소가 혼자 힘으로는 셀룰로오스나 리그닌을 소화시키지 못하기 때문이다. 소가 싸놓은 똥이 이를 입증한다!

이렇듯 초식동물 같은 겉모습과는 달리, 소는 사실 미생물을 소화하는 것이다. 소는 미생물을 먹고, 미생물에서 양분을 취하는 동물이다. 소는 자기 소화관의 상당 부분을 할애해서 미생물에게 서식지로 제공하며 줄기차게 풀을 뜯어 이들을 먹여 살린다.

우리는 앞 장에서 식물이 미생물과 얽히고설키는 과정을 파헤쳐보고, 공생이 어떻게 단순한 덧셈과 전혀 새로운 출현 사이에서 줄타기 하듯 펼쳐지는지 이해했다. 4장에서는 이러한 생각을 동물들에게도 확장시켜보려 한다. "동물에 할애된 장"의 서두 격에 해당되는 이번 장은 미생물과의 공생 덕분에 식물을 주식으로 삼을 수 있는 척추동물의 영양 섭취 문제를 중점적으로 다룰 것이다. 우리는 소의 소화 과정, 되새김위에 형성된 마이크로바이오타의 영양학적 기능, 보호 기능 등을 두루 살펴본 후, 공생이 이 기관에 생태학적인 역량을 제공하는 방식, 지금까지 잘 알려지지 않았으나 매우 기발한 이 방식에 대해서도 알아볼 것이다. 그 후에 우리는 소처럼(하지만 소와는 달리 훨씬 뒤에서, 다시 말해서 장에서 미생물을 기르는 말의 예) 소화관 속에서 미생물들을 기르는 다른 동물들에 대해서도 관심을 가져볼 것이다. 일부 동물들이 공생에 의한 영양 섭취의 효율을 높이기 위해 외양의 변화까지 감수해야만 했던 사연도 알아볼 것이다.

둘이 함께 먹고 살기 위한 상부상조

되새김위 공생이라니, 정말 말도 안 되는 일이라고 말하는 독자들도 분명 있을 것이다! 거기 살다가 잡아먹히는 미생물들도 더러 있는데, 그걸 어찌 공생이라고 할 수 있겠느냐는 말이다. 하지만 그 미생물들이 어떻게 되새김위 속에서 밀도 높은 개체군을 형성하며 살 수 있는지 확실하게 살펴볼 필요가 있다. 미생물들은 동일한 세포들이다. 다시 말해서 단 한 개의 조상 세포가 세포 분열을 통해서 생겨난 똑같은 세포들로, 밀도 높은 집단을 이룬다. 일부 개체들만 살아남기 위해서는 다른 개체들이 '자살'을 해줘야 하고, 이렇게 자살한 개체들은 소의 양식이 된다. 그러니까 소는 미생물들에게 서식처이자 동료들을 먹잇감으로 잡아두는 찬장이기도 하다. 소의 되새김위에 남아 있는 미생물들은 소에게 먹힌 세포들이 가졌을 것과 똑같은 후손을 얻게 될 것이다. 그러므로 '자살한' 세포들은 간접적으로 자손을 갖게 되는 것이다. 아니, 그 이상이다. 이 미생물들은 스스로 희생하여 소에게 영양을 공급함으로써 후손을 도우니 말이다! 잘 생각해보면, 같은 과정이 우리의 기관 내에서도 벌어진다. 대다수의 세포(피부, 혈액, 등)가 후손 없이 죽는 반면, 생식 세포들만은 유전자적으로 동일한 세포 집단(우리 자신이 바로 그 집단을 대표한다)의 후손을 생산하니 말이다. 하지만 이건 우리가 보기에 공생에 있어서 완전히 새로운 기제다. 파트너들 가운데 한쪽이 '자신의' 보다 큰 대의를 위해 부분적으로 잡아먹히기 때문이다.

사실 소는 되새김위에서 서식하는 마이크로바이오타에 식물 원료를 공급해주며, 되새김질을 하는 긴 시간 동안 이 미생물 집단을 보살펴준다. 소가 우물우물 씹는 시간은 비활동적으로 보일 수 있으나, 그건 겉보기에만 그럴 뿐이다. 되새김질은 하루에 8시간에서 10시간 정도 계속되며, 이 때문에 소과(여기에는 들소도 포함된다), 사슴과(사슴과 노루), 염소와 양, 기린과 영양에게 반추동물(되새김동물)이라는 이름까지 붙은 것이다. 되새김질을 할 때에는, 일단 삼킨 음식물을 입안으로 다시 올리는 기제를 통해 풀과 미생물들로 가득 찬 되새김 즙을 올려 보낸다. 소는 계속 씹으면서 풀 조각을 으깨고, 이렇게 함으로써 미생물이 접근하기가 더 쉬워진다. 그 결과 미생물들이 되새김위 안에서 풀 조각과 뒤섞인다. 소는 하루에 3만 번씩이나 씹는 동작을 반복하며, 음식 섭취에 필요한 열량의 1퍼센트가 이런 식으로 저작 근육에 의해 소비된다. 독자 여러분이 다음에 소의 볼살 고기를 먹게 되면, 그 맛좋은 근육은 공생 덕분에 생겨난 것임을 떠올리시길 바란다.

되새김질 과정에서는 침도 왕성하게 분비되며, 만들어진 침과 더불어 겹주름위를 통과하면서 얻어진 소화액도 되새김위로 투입된다. 이렇듯 각종 소화액과 침 등이 혼합되면서 되새김위의 온도가 약간 내려가지만, 온도는 발효 과정을 거치면서 다시 올라간다. 물과 풀 조각들도 이 혼합액에 섞이지만, 풀 조각들은 되새김위에서 부유하는 경향을 보인다. 참고로 되새김위는 85퍼센트가 물로 이루어졌다. 되새김위 벽이 수축(1분당 1회)되면서 이러한 혼합 과정을 돕는다. 다시 말해서 위벽이 수축되면서 다양한 요소들이 섞이고 가스도 밀어내는 것이다. 되새김질을 할 때 침이 탄산염을 공급하면 발효로 인하여 발생하는 산기(인과 요소)가 완충된다. 소변으로 인과 요소를 배설하는 우리 인간과는 반대로 소는 그것들을 소변으로 배출하지 않는다. 소는 그것들을 침으로 분비하여 되새김위에 서식하는 마이크로바이오타의 거름으로 활용한다! 그런 다음 되새김질이 끝나면 소는 씹은 것을 삼킨다. 이 말은 곧 되새김위에 가득한 미생물들에게 한 무리의 다른 미생물, 즉 비료 역할을 하는 침을 잔뜩 머금은 미생물들을 보낸다는 뜻이다. 그러고 난 후 소는 새로이 입안으로 올려 보내진 되새김질 거리를 우물우물 씹기 시작한다. 되새김질은 또한 소가 신속하게, 즉 풀을 발견하는 즉시 그 풀을 삼킬 수 있도록 도와준다. 일단 삼키고 나서 저작은 나중에 하면 되니까. 이렇게 하면 포식자들을 피할 수 있으므로 야생에서 사는 동물들에게는 매우 유용하다.

되새김위에 서식하는 미생물들은 풀과 요소를 사용하기까지의 시간 동안 하루에 1에서 3킬로그램의 단백질을 만들어내며, 이 단백질은 궁극적으로 소에 의해서 소화된다. 거기에 식물성 식품에는 드물게 존재하는 희귀 미량 비타민들(예를 들어 비타민 B와 K)이 더해지므로 소가 순수하게 초식동물 자격을 유지할 수 있다. 인간이 이런 유형의 식생활을 고집하려면 반드시 영양 보충제를 먹어야 할 텐데 말이다. 그러므로 되새김질은 미생물을 기르고, 그것들이 동물의 진정한 식사가 되도록 준비하는 과정인 것이다.

그런데 미생물의 진가는, 곧 제시할 사례에서 보게 되겠지만, 영양적인 측면에서만 제한되지 않고 이를 훌쩍 넘어선다. 우리는 상당히 자주 콩과식물의 관목들을 심는데, 앞의 장에서 보았듯이 공생 관계 덕분에 이 식물에 달린 질소가 풍부한 잎들이 반추동물의 식생활을 향상시키기 때문이다. 열대지역에서 자라는 중앙아메리카가 원산지인 관목 레우카이나 레우코케팔라Leucaena leucocephala의 경우가 그렇다. 희한하게도 이 식물은 처음 오스트레일리아에 들여왔을 때, 이 지역 가축들, 특히 염소들에게 유독한 식물로 판명이 났다. 실제로 이 식물에는 알칼로이드의 한 종류인 미모신mimosine이 풍부한데, 미모신에서 파생된 소화 촉진제는 털 빠짐이나 갑상선 이상, 성장 발달 부진, 번식능력 상실 등을 초래한다. 그러나 이 물질은 일반적으로 가축들에게는 효력이 발생하지 않는다. 이 역설을 이해하기 위해서 오스트레일리아 출신으로 1970년대에 왕성하게 활약한 학자 레이먼드 존스Raymond Jones는 하와이와 인도네시아를 차례로 방문했다. 두 곳 모두 레우카이나가 자라며 아무런 문제없이 소비되는 곳이었다. 그런데 인도네시아에서 만들어진 되새김질 내용물이 오스트레일리아 가축들에게로 옮겨지는 과정에서는 미모신 저항이 나타났다. 오스트레일리아는 레우카이나가 없는 지역이었으므로, 이곳에 유입된 가축들은 미모신 저항 현상을 보이는 박테리아를 잃어버렸던 것이다! 존스의 연구 방식은 당시 생물학계에는 너무도 생소했으므로 그는 여행 경비 등을 모두 자비로 부담해야 했다. 그건 그렇지만 경험적으로, 되새김질 내용을 가축의 입에서 입으로 전달하는 것은 예전부터 있던 오랜 관습이다. 18세기부터 인간은 거식증 증세를 보이며 되새김질을 하지 못하는 가축들에게 그와 같은 전달 방식을 활용했던 것이다. 요즘도 목축업자들 사이에서 이용되는 이 방식은 우리 인간이 무엇을 접종하는지 그 내용물도 알지 못하는 상태에서, 경험에 의해 접종하는 법을 먼저 익혔음을 증명해준다.

1990년대에 들어와 인간은 미모신 변화를 야기하는 박테리아를 분리하는 데 성공했다. 존스에게 경의를 표하기 위해, 미모신을 양분으로 삼는 이 박테리아에게는 시네르기테스 요네시이Synergistes jonesii라는 이름이 붙었다. 되새김위에서 독성을 자양분으로 삼는 박테리아는 이것만이 아니다. 옥살로박터 포르미게네스Oxalobacter formigenes는 수산염, 즉 대황의 신맛을 내고 칼슘과 마그네슘, 철분 등을 창자 안에 잡아둠으로써 이 영양소들의 동화를 방해하는 식물성 복합물을 먹고 산다. 좀 더 일반적으로 말하자면, 다른 식물성 독소들도 무언가에 의해서 소비되는 것이 아니라, 되새김위에 서식하는 미생물들에 의해 비활성화될 뿐이다. 시안화물을 만들어내는 복합물처럼 말이다. 미생물들은 그 물질의 독성이 자기들에게로 향하지 않도록 피한다. 게다가 보호 작용은 상호적이며, 대부분의 경우 혐기성이라 되새김위를 벗어나면 살지 못하는 미생물들에게도 허용된다.

보다시피 소의 영양 섭취는 대체로 발효에 의한 산물과 자기가 보호해주고 자기 되새김위에서 양분을 취하는 공생 미생물의 소화를 기초로 한다. 그러므로 일단 소가 미생물 소비자임을 이해하고 나면, 비로소 목축업자들이 취하는 몇몇 행동에 나름대로 논리적 일관성이 있음을 인정하게 된다. 예를 들어, 우리는 소에게 동물성 사료, 곧 고기를 생산하고 남은 찌꺼기를 갈아 만든 사료를 주는 것은 소가 풀을 먹는 초식동물이므로 "자연에 어긋나는" 행동이라고 생각하는 경향이 있다. 물론 잘못 만들어졌거나, 너무 느슨한 관리 규정으로 충분히 가열되지 않은 사료(극단적인 자유주의에 빠져 있던 대처 수상 시대의 영국)를 먹이는 행위는 위생상의 과오이며, 이로 인하여 모두가 알다시피 광우병이 전염되었다. 그러나 기술적으로 보자면,

동물성 사료라고 하더라도 위생적으로 흠잡을 데 없이 제조되었다면 이는 쓰레기를 재활용하는 행위로 간주될 수 있으며, 실제로 19세기에 이미 시작되었다! 소가 미생물을 소화하는 것이 알려진 이상, 문제는 어떤 미생물이 소에게 적합한지를 아는 것이 관건이다. 이 미생물들은 풀을 먹거나, 섬모충류의 경우 다른 미생물을 먹기 때문에 육식동물의 형태를 갖추었다고 볼 수 있다. 더구나 반추동물들은 사정이 허락하면 기회주의자적인 입장에서 동물성 단백질들을 섭취하며, 이 동물성 단백질들은 침에 들어 있는 요소에 질소 성분을 더해준다. 소들은 우유 생산을 위해 많은 질소 함유 식품을 섭취할 필요가 있을 때 자기들의 태반을 먹는다. 조류학자들이라면 사슴과가 되었건 가축이 되었건, 새끼 새를 삼키는 반추동물들의 사례를 잘 알고 있다.

소가 보여주는 생태학적 기적

소과 동물들은 아프리카, 유럽, 아시아 등지에서 널리 가축화되었다. 이 동물들은 식물이라면 종류에 크게 구애받지 않고 폭넓게 소비하며, 바이오매스 효율도 높은 생명체이기 때문이다. A가 B를 소비할 때 효율이 대략 10퍼센트라고 하자. 이 말은 곧 풀 10킬로그램으로 소의 살 1킬로그램을 만들고, 소 10킬로그램으로 인간의 살 1킬로그램을 만든다는 뜻이다. 이렇게 되는 데에는 두 가지 이유가 있다. 우선, B의 일부는 A에 의해 소비되지 않는다(뜯어먹지 않은 풀이 있거나 소화되지 않고 똥에 섞여 나온 경우, 또는 우리 식탁에 올랐다가 접시에 남은 음식). 다음으로, 우리 몸속으로 들어오는 일부 물질은 우리의 바이오매스에 기여하지 않고, 대신 에너지를 만들기 위해 호흡 과정에 참여(호흡은 찌꺼기를 이산화탄소 형태로 배출한다)하며, 호흡을 통해 만들어진 에너지는 우리의 신진대사와 활동(특히 다음 번 식사를 마련하기 위해 사냥을 하는 등의 활동)에 쓰인다. 요컨대, B라는 양분 원천의 90퍼센트는 그대로 남거나 A에 의해 에너지로 바뀐다. 오직 10퍼센트만이 A의 바이오매스로 변하는 것이다. 소는 박테리아를 소비하고 박테리아는 풀을 소비하니, 소는 박테리아에 대해서 10퍼센트의 효율을 보여야 한다. 그리고 이는 소화된 풀의 1퍼센트에 해당된다! 아니, 소가 풀을 뜯어먹는 섬모충류를 소화한다고 하면 이 숫자는 더 줄어드는데, 그 까닭은 섬모충류로 말하면 소화된 풀 대비 기대 효율이 1퍼센트에 불과하기 때문이다!

역설적으로, 계산상으로는 분명 풀 10킬로그램이면 소 1킬로그램을 만들 수 있다. 그러나 그건 소가 초식동물이라고 믿을 땐 지극히 정상적이라 할 수 있지만, 소가 어떤 식으로 양분을 섭취하는지 그 기제를 이해하고 나면 매우 이상하게 들린다. 솔직히 말해서, 미생물들은 주변에 소화 효소를 내보내면서 우리보다 훨씬 쓰레기를 적게 만든다. 그러나 미생물의 높은(30에서 최고 40퍼센트에 이른다) 효율성만으로는 모든 것을 설명하기 힘들다. 소와 미생물이 맺고 있는 공생관계가 이 역설에 대해 적어도 세 가지를 설명해준다. 우선 공생이라는 정의를 놓고 볼 때, 이 두 생명체는 이미 결합되어 있다. 그렇기 때문에 결과적으로 먹는 자가 먹히는 자에 접근하기 위해서 필요로 하는 에너지 비용이라고는, 풀을 뜯으러 가는 것을 제외하고는 달리 들지 않는다. 낮잠 자듯 풀밭에 배를 깔고 엎드려 평화롭게 되새김질하는 소들의 모습은 이처럼 엄청난 경제학을 반영한다. 소들은 미생물을 잡으려고 뛰어다닐 필요도 없다. 소와 미생물로 이루어진 기업 연합은 먹이에 접근하기 위해서 단 한 번만 에너지 비용을 지불하면 된다! 둘째, 요소와 인을 침으로 투입시킴으로써 소는 몸 안의 찌꺼기를 자기가 먹게 될 식사를 생산하는 데 재활용한다. 이 찌꺼기들은 이렇듯 영양 섭취 과정 속으로 투입되므로 버려지는 것이라고 할 수 없다. 미생물과 휘발성 지방산(소의 세포들이 에너지를 생산하는 건 이 지방산 덕분이다)이 맺는 세 번째 유형의 공생 또한 찌꺼기를 소비하는 한 방식이 된다. 애초에 미생물 바이오매스 생산 시의 손실(발효 과정에서 발생하는 찌꺼기)이던 것이 소에게는 양분 섭취의 원천이 된다. 소는 말하자면 미생물들의 쓰레기통(90퍼센트의 손실 가운데 일부)에서 양분을 건져 올리는 것이다! 게다가 질소와 관련하여, 침에 함유되어 있는 일부 요소는 사실상 미생물 발효에서 발생한 암모니아에서 비롯되는데, 이것은 간에서 요소로 재활용된다.

소는 간접적으로 자기가 발생시킨 찌꺼기를 재활용하는 것과 미생물 찌꺼기에서 양분을 얻는 수상쩍은 역량을 결합시킨다. 그렇게 소는 다양한 쓰레기통에서 쓸 만한 것을 퍼 올림으로써 10퍼센트라는 이론적인 효율, 다시 말해서 그처럼 영악한 소의 소화 기제를 고려하지 않은 채 계산된 생산성 기록을 여지없이 깨뜨린다. 그러니 인간이 소를 초식동물로 가축화한 것은 놀라운 일이 아니다. 실제로 소는 공생으로 인한 에너지 효율 덕분에 초식동물만큼이나 생산성이 높으니까! 그러므로 생산성을 높이기 위해서는 기계화와 대량의 비료 살포를 필요로 하는 많은 생태계에서, 가장 오염물질을 적게 만들어내면서(그리고 이미 조상 대대로 활용되어온 방식이기도 하다) 양분을 섭취하는 방식은 소에게, 풀이 많지 않은 척박한 곳일 경우라면 염소에게, 풀을 뜯게 하는 것이다. 그러나 한 가지 문제는 있다. 되새김질을 하는 동물들(아니, 그보다는 마이크로바이오타라 해야 한다. 왜 그런지는 10장에서 간단히 살펴볼 것이다)은 메탄을 방출하는데, 이 메탄은 미생물 발효의 결과물로, 반추동물의 세포는 이를 사용하지 않는다. 때문에 하루에 500리터의 메탄이 방출된다. 인간의 활동과 관련하여 방출되는 메탄의 3분의 1이

소로부터 방출되며, 이는 인간으로 인한 온실 효과의 5퍼센트에 해당된다. 뿐만 아니라, 이렇게 발생한 메탄은 소의 신진대사에 있어서도 엄연한 손실을 안겨준다. 그렇기 때문에 최근에 우리는 적절한 양분 섭취, 가령 낟알 식물과 다단백질 식물이 풍부한 식사를 통해 메탄의 생산량을 제한하고자 고심하고 있다.

그러므로 소에게 양분 섭취 기능은 두 파트너들의 놀라운 생태학적 효율과 더불어 완성된다. 그리고 이 과정을 거치면서 두 파트너는 또한 서로를 보호하는 기능도 수행한다.

미생물은 어디에?
소화관의 전면일까, 후면일까?

다양한 동물들이 소처럼 소화관의 앞에서, 다시 말해 전장foregut 기관으로 박테리아를 배양함으로써 식물을 소화하는 역량을 획득했다. 반추동물 외에 그들의 가까운 친척뻘인 낙타과 동물(라마, 알파카, 단봉낙타, 쌍봉낙타 등)과 하마과에 속하는 동물들도, 비록 되새김질은 하지 않으나 전장 발효 동물이라고 할 수 있다. 이들은 모두 우제류Cetartiodactyla*에 속하며, 공통된 조상들도 아마 전장 발효 동물이었을 것으로 짐작된다. 고래 또한 이 그룹에 속한다. 그런데 수염고래류Mysticeti는 발효 주머니 한 개를 지니고 있으며, 이것이 고래 전체 체적의 2퍼센트를 차지한다! 이 경우, 당연히 풀을 소화시키기 위한 것이 아님은 확실하다. 수염고래류는 플랑크톤은 걸러내고 크릴새우라는 작은 새우들을 먹이로 삼기 때문이다. 발효 주머니 속에서 서

* 소, 돼지, 양, 염소, 순록 등 발굽이 둘로 갈라진 동물군의 통칭.

식하는 박테리아들은 키틴질을 공격하는 효소를 만들어낸다. 갑각류의 껍질을 구성하는 키틴질은 질소가 첨가되어 변형된 셀룰로오스의 일종으로 소화시키기 매우 어려우며, 그렇기 때문에 작은 갑각류를 보호해줄 수 있다. 수염고래들은 먼 조상들로부터 그들만의 마이크로바이오타를 계승받았을 것이고, 그것이 오늘날 새우의 껍질을 벗기는 데 활용되는 것이다!

우제류 외에 캥거루과Macropodidae에 속하는 몇몇 캥거루, 몇몇 영장류, 빈치류(나무늘보) 동물들도 역시 전장 발효를 통한 소화 방식을 채택했다. 이 동물들은 역시 엄밀한 의미에서의 되새김질은 하지 않지만, 발효 주머니에 들어 있는 내용물을 자주 입으로 끌어 올려 조금씩 씹은 다음 다시 삼킨다. 말이 나온 김에 덧붙이자면, 일부 나무늘보들은 아주 흥미롭고 복잡한 공생관계를 통해 질소와 인을 보충한다. 몇몇 나무늘보 종은 털 속에 아주 미세한 틈이 있어서 그 틈 속에 수분을 보관한다. 덕분에 다양한 조류, 특히 녹조류가 자리 잡을 수 있다. 이렇듯 털에 부착된 수경재배는 녀석들의 털 색이 녹색을 머금은 회색인 이유를 설명해준다. 이러한 털 색은 나무늘보들로 하여금 잎사귀처럼 보이게 해줌으로써 가차 없는 포식자들로부터 녀석들을 보호해준다. 게다가 나무늘보의 무성한 털은 초파리들을 유인한다. 녀석들은 거기서 보호를 받아가며 짝짓기를 하고 그러는 중에 배변도 한다. 초파리의 똥은 조류에 질소와 인을 풍부하게 공급해준다. 나무늘보들은 자기 털을 빨아먹음으로써 공생하는 조류로부터 보다 소화하기 쉬운 형태, 특히 아미노산으로 만들어진 양분을 흡수한다. 이로써 식물만 섭취할 때 부족해지는 양분을 보충할 수 있다.

새들 가운데에는 전장 발효를 통한 소화 방식을 가진 새가 딱 한 종류밖에 없는데, 바로 남아메리카의 호아친이다. 호아친은 다양한 지역어에서 "악취 나는 새"로 불린다. 녀석과 공생하는 미생물들이 발효에 관여하는 자기들의 존재를 냄새를 통해 과시하기 때문이다! 호아친은 유난히 배가 불룩한데, 이는 발효 주머니가 무려 체적의 30퍼센트를 차지하기 때문이다. 그래서 녀석은 움직임도 매우 둔하다. 대신 호아친은 독성이 매우 강한 깃털로 자기를 보호한다. 이 독성은 아메리카 인디언들이 사냥할 때 자주 사용한다. 몇몇 공룡들, 특히 오리 주둥이를 닮은 주둥이로 잘 알려진 하드로사우루스(하드로사우루스는 이 주둥이로 나무 잎사귀를 채취한다)와 몇몇 초기 육상 척추동물들이 아마도 전장 발효를 통한 소화 방식을 채택했을 것으로 짐작된다.

그렇다면 다른 초식 척추동물들은 어떻게 양분을 섭취할까? 드물긴 하지만 박테리아의 도움 없이 혼자 힘으로 해결하는 경우도 더러 있다. 대표적인 예로 판다를 꼽을 수 있는데, 판다는 오로지 세포의 살아 있는 부분(수분을 뺀 식물 바이오매스의 10퍼센트)만을 섭취하여 자기 힘으로 소화한다. 판다의 장내에 몇몇 박테리아가 서식하고 있어, 틀림없이 이 박테리아의 도움을 받아 셀룰로오스의 일부를 재활용할 테지만, 그래봐야 그 퍼센트가 한 자리 숫자를 넘어가지 않는다. 식물 세포벽을 포기해버리는 이 같은 홀로 소화 전략은 살아 있는 식물 조직을 대량으로 섭취해야 한다는 불편함을 초래한다. 성년에 도달한 판다는 매일 엄청난 양의 대나무 잎을 먹어치우는데, 그 양은 판다 체중의 15에서 40퍼센트에 이른다(소가 날마다 자기 체중의 10퍼센트에 해당되는 풀을 뜯는다는 사실을 기억해보라).

하지만 대부분의 초식 척추동물들, 그리고 식물을 많이 먹긴 하나 잡식성으로 분류되는 동물들의 경우, 위의 뒤쪽, 대장 초입부의 후미진 곳에 위치한 맹장(우리는 7장에서 이 기관의 인간 버전, 즉 우리가 충수라고 부르는, 거의 발달되지 않은 기관에 대해 다시 언급하게 될 것이다)에 박테리아가 서식한다. 이 동물들의 맹장은 약간 발달한 모양새를 갖추고 있다. 쥐의 맹장 박막 표본을 현미경으로 들여다보면, 각양각색에 크기도 다양한 박테리아들이 믿을 수 없을 정도로 빼곡하게 밀집해 있는 광경을 보게 된다. 이런 전략을 가리켜 우리는 후장hindgut 발효를 통한 소화 방식이라고 부른다. 미생물들이 위의 뒤편에 포진하고 있으며, 흔히 길고 부피가 큰 대장을 동반하기 때문이다. 대장 또한 무수히 많은 미생물들의 서식처다. 소의 경우, 대장이 소화관의 10퍼센트를 차지하는 반면, 말의 경우는 이 수치가 60퍼센트까지 올라간다.

후장 발효는 대다수 초식 척추동물의 특징이기도 하다. 양서류, 도마뱀류, 조류, 심지어 몇몇 어류에 이르기까지, 그리고 과거에는 분명 초식 공룡의 대부분이 여기에 해당되었을 테니까. 또한 흰개미를 비롯한 많은 곤충들이 전략적으로 후장 발효를 택했다. 맹장은 설치류처럼 잡식동물로서 부분적으로 초식을 하는 동물들에게서도 관찰된다. 척추동물의 진화 과정에서 32회나 출현한 것으로 집계될 정도다! 인간을 필두로 하는 모든 동물이 장에 박테리아를 지니고 있다. 비록 맹장이 일정 수준까지 발달하지 않아 이러한 체제의 효율과 중요성을 보장할 수는 없으나, 모든 동물들은 어느 정도는 후장 발효를 한다고 말할 수 있다. 전장 발효 동물들 가운데 더러는 후장 발효를 겸하기도 한다(소가 좋은 사례). 그 동물들은 나름대로 맹장이라고 할 만한 기관을 가지고 있는데, 거기서는 다른 종류의 마이크로바이오타가 형성되어서 전장 발효 미생물들과 동물이 처리하지 못한 것의 일부를 처리한다. 짐작했겠지만, 전장 발효 동물에게 있어서 후장 발효를 통한 소화 방식은 전장 방식에 비해서는 덜 중요하다.

전장 혹은 후장 발효를 통한 소화 방식은 그로 인한 이득 면에서 차이가 난다. 후장 발효 방식 동물들은 미생물들보다 먼저 식품에서 직접 소화 가능한 양분을 취한다. 이렇듯 자기가 우선 큰 몫을 챙기기 때문에 미생물 바이오매스로 변환하는 과정에서 발생하는 손실을 피할 수 있다. 이 동물들은 특히 식물의 불포화지방산을 획득할 수 있는데, 이것은 일반적으로 미생물들이 개입하여 포화지방산으로 바뀌기 때문에 전장 발효를 통한 소화 방식으로는 얻을 수 없다. 동물이 스스로 소화할 수 없는 부분만 위에 이어서 소장을 통과한 다음 후장에 서식하는 미생물들에게 제공된다. 반면 식품의 독성으로부터 보호해주는 효과로 말하자면, 후장 발효 동물에게 있어서는 그건 거의 전무하거나, 약간 있다고 해도 뒤늦게야 나타난다. 또한 후장 발효의 경우, 식물 활용 면에서 덜 효율적이다. 되새김질도 없고, 충분히 긴 발효 과정도 없어서 세포벽 물질들을 소화하는데 덜 효율적이기 때문이다. 그러므로 후장 발효 동물들은 많이 먹어야 한다. 같은 체구일 경우, 말과 소의 비교는 가히 웅변적이다. 말은 소에 비해 식물을 60퍼센트 이상 더 먹으며, 하루에 10시간씩 풀을 뜯는다(소는 8시간). 반대로, 소화 기관 내에서의 이동은 되새김위에 오래 머물지 않으므로 조금 더 신속하다(말은 30시간, 소는 50시간). 덕분에 소화관의 부피가 작으므로 말은 소보다 이동하는데 있어 동작이 민첩하다. 요컨대 전장, 후장, 이 두 가지 해결책 가운데 어느 하나도 전적으로 이상적이지는 않다는 뜻이다. 그렇기 때문에 초식 척추동물들 사이에서 전적인 쏠림 없이 둘 중 한 가지가 활용된다고 볼 수 있다.

후장 발효 척추동물들에서 미생물은 소화관에서 직접 소화를 관장하는 부분(위와 소장)의 후면에 있다. 그러므로 동물이 양분을 회수하는 문제가 남는다. 회수에는 네 가지 방법이 있다. 첫째, 미생물이 만들어낸 효소들이 미생물뿐만 아니라 숙주 동물에게도 일부 영양소에 접근할 수 있게 해준다. 둘째, 일부 미생물의 죽음으로 미생물 세포의 내용물과 비타민 등이 동물의 소화관으로 방출된다. 셋째, 살아 있는 미생물로부터 일부 혼합물들이 우연히 혹은 찌꺼기 상태로 방출된다. 가령, 동물이 당류와 지방류로부터 만들어낼 수 있는 발효 휘발성 지방산(이는 인간에게도 마찬가지인데, 여기에 대해서는 8장에서 좀 더 소상하게 다룰 예정이다)이 여기에 해당한다. 비록 발효가 그다지 강력하게 일어나지 않으므로 이러한 에너지원이 후장 발효 동물에게는 전장 발효 동물의 경우보다 덜 중요하다고 할지라도 말이다. 그런데 짐작했겠지만, 미생물 바이오매스의 상당 부분은 배변으로 손실되므로, 첫째부터 셋째까지 방법은 전장 발효에서 나타나는 미생물의 적극적인 소화 작용에 비해서 덜 효율적이다.

하지만 이 미생물을 먹기란 정말로 불가능할까? 미생물의 구성요소를 회수하는 네 번째 방법은 후장 발효 미생물을 소비하는 것이다.

특정 형태의 똥이 영예를 얻는 시간

그다지 군침이 돌지는 않지만, 생산된 미생물 바이오매스의 득을 볼 수 있는 한 가지 해결책이 있다. 바로 배설물을 소비하는 것이다. 당연히 우리의 관점에서 보자면 구역질이 날 법 한데, 인간인 우리에게 우리 자신의 배설물은 결코 풍부한 영양의 보고가 될 수 없기 때문이다. 뿐만 아니라 우리의 배설물은 우리에게 질병을 초래할 수도 있다. 지나치게 양이 많아지면 소화기관의 기능을 해칠 수도 있는 박테리아들이 그 안에 많이 들어 있기 때문이다. 그런 만큼 우리는 배설물에 오염되었을 법한 식품과 음료는 물론 심지어 해수욕장까지도 가급적 피하려 한다. 그런데 자기 배설물을 소비하는 동물들은 자기 장내 마이크로바이오타와 함께 진화해오면서 이러한 습관에 적응했다. 그래서 이런 동물들은 그로 인한 그 어떤 질병에도 걸리지 않는다. 아니, 병에 걸리지 않는 정도가 아니다. 이 동물들은 아무 배설물이나 먹지 않으며, 쓸모없는 물질들로만 이루어진 배설물의 소비는 피한다.

가장 잘 알려진 사례는 토끼다. 토끼들은 우리가 익히 알고 있는 동글동글한 똥, 마른 식물 찌꺼기로 이루어져 거의 활용 가치가 없는 그 똥 말고 이따금씩 짙은 빛깔의 물렁하고 작은 알갱이 똥을 싸기도 한다. 그런데 그 똥은 우리 눈에는 보이지 않는다. 왜냐하면 녀석들이 그걸 씹지도 않고 그대로 삼켜버리기 때문이다. 이 똥은 사실 점액으로 감싸인 박테리아로 가득 차 있다. 1그램 당 1억 개 정도의 박테리아가 들어 있을 정도니 말이다! 영양이라는 관점에서 보자면 일반 똥보다 훨씬 단백질이 풍부한 셈이다. 뿐만 아니라 평균적인 식품에 비해서도 단백질이 2~3배나 더 농축되어 있다. 맹장 청소에서 비롯되는 이 특별한 똥은 맹장변Cecotrope(또는 식변)이라고 불리며 이를 소비하는 행위는 식변 습성이라고 한다. 토끼의 경우, 맹장변의 배출은 아침에 일어나며, 그로부터 잠시 후 많은 양의 라이소자임 효소가 장에 분비된다. 우리는 앞에서 이미 이 효소가 박테리아의 세포벽을 공격하여 세포 내용물을 방출시키는 기제를 살펴보았다. 들쥐나 생쥐 같은 많은 설치류 동물들도 이처럼 두 번씩 소화관을 통과하는 습성을 지니고 있으며, 이 과정에서 미생물들이 다량 포함된 부분이 2차 소화 과정을 겪게 된다. 이것이 대체로 잘 형성된 식변인데, 현재 서식하는 설치류 중에서 가장 몸집이 큰 남아메리카 카피바라는 직접 자기 항문에 주둥이를 대고서 박테리아가 풍부하고 묵직한 배출 물질을 핥는다.

식변은 주로 소화관 밖으로 나오자마자 동물에게 채취되는데, 실험삼아 동물에게 식변 습성을 금지해볼 수 있다. 그러기 위해서는 녀석에게 미리 넥카라를 착용시켜서 녀석이 항문에 주둥이를 대지 못하도록 해야 한다. 그런 다음 녀석을 철망 위에 올려놓아 망 사이로 식변이 나오도록 해야 한다. 이렇게 할 경우, 들쥐는 단백질 섭취량이 줄어들어 식품으로 보완해 주지 않는다면 비오틴, 리보플라빈, 피리독신, 판토텐산, 비타민 B_{12}와 K, 엽산 등이 부족해진다. 보다시피, 식변 습성은 보다 많은 단백질을 회수할 수 있게 해줄 뿐 아니라 미생물을 보조식품으로 활용할 수 있도록 해준다. 그러므로 식변은 진정한 의미에서의 비타민 복합체인 것이다! 몇몇 종의 경우, 성년이 된 동물들은 식변을 자식들에게 주기도 하는데, 이는 양분을 주는 것도 되지만 어린 자식들에게 적절한 미생물을 접종해주려는 배려이기도 하다. 여섯 살 미만의 말 또는 어린 이구아나들은 이런 식으로 성년이 된 개체들의 식변을 소화시킨다.

두 가지 중요한 기제가 작동함으로써 맹장을 채우게 되며, 이로부터 식변이 만들어진다. 이 두 기제에 대해 "헹구기"와 "우회"라는 비유적인 표현을 써서 이해를 돕고자 한다. 우선 "우회"를 보자. 창자벽의 주름은 맹장보다 약간 앞쪽에 있는 소화관을 두 개로 분리한다. 둘 중에서 더 작은 쪽은 식품의 주요 흐름에서 빠져나온 박테리아들이 풍부한 점액을 함유하고 있다. 한편, 동물이 섭취한 식품의 주요 흐름은 둘 중에서 더 큰 공간에서 진행되면서 일상적인 대변을 만들어낸다. 작은 우회로로 들어선 점액질의 끈은 맹장 속으로 쏟아지고, 맹장 속의 내용물은 이따금씩 대장 속으로 이동하여 식변을 형성한다. 이렇듯 박테리아가 풍부한 일부 내용물이 우회하여 식변을 만드는 것은 많은 설치류들이 보여주는 특성이며, 주머니쥐 계열의 유대류에서도 동일한 특성을 찾아볼 수 있다.

이제 "헹구기"에 대해 알아보자. 이 경우, 식변은 맹장의 뒤쪽에서 만들어진다! 장의 연동운동이 변을 만들고, 만들어진 변을 최종 목적지로 밀어내는 동안 이와 반대되는 다른 운동(그 폭과 빈도는 다르다)이 여기서 수분을 쥐어짠다. 이렇게 해서 나온 수분을 머금은 부분, 즉 박테리아가 많이 함유된 부분을 상류 쪽, 조금 더 정확하게 말하면 맹장 쪽으로 밀어 올린다. 이 과정에서 수분은 맹장에서 흡수되어 혈관을 통해 장으로 보내져 헹구기가 다시금 재개된다. 맹장도 간간이 내용물을 비우므로, 만들어진 식변이 일상적인 연동운동을 통해 항문으로 배출되는 동안, 반대 방향 운동은 일시적으로 정지하게 된다. 대변의 헹구기를 통한 생산은 주로 토끼, 말들이 보여주는 특성이나, 몇몇 새들(기러기오리 계열의 오리, 순계류 계열의 닭)에서도 나타난다.

새들에게 있어서는 배뇨 체계의 해부학적 형태가 보충 질소마저 재활용할 수 있게 한다. 새들은 소변을 요산 결정체 형태로 배설강이라고 하는 구멍 안에 저장해두며, 배설강은 항문으로 이어진다. 그 결정체들은 소화관의 반대 운동, 즉 소화관의 나머지 내용물의 주변에서 항문으로부터 맹장으로 거슬러 올라가는 움직임에 올라탈 수도 있다. 이렇게 되면 소의 사례에서처럼, 신진대사의 찌꺼기에 들어 있는 질소가 미생물들 속에서 단백질 형태로 재활용될 수 있다. 그 후 단백질을 함유한 미생물들이 식변 속에 우글거리게 된다. 많은 곤충들의 경우 소변은 장 속으로 직접 방사되며, 거기서 "말피기관"이라는 배뇨관이 시작된다. 이렇게 해서 소변과 장의 마이크로바이오타가 접촉할 수 있게 된다.

후장 발효를 통해서도 가스가 만들어지며, 이 경우 가스는 복부 팽만에 의해서 방출된다. 그다지 고상하지 못한 표현으로 요약하자면, 전장 발효 땐 트림(발효가 대대적으로 일어나므로 트림을 많이 한다)을 하고, 후장 발효 땐 방귀를 (조금) 뀐다고 할 수 있다. 인간 역시 예외가 아니다. 우리의 장에는 서식하는 생물들이 대단히 많아 밀도가 매우 높다(이 문제는 7장과 8장에서 다시 상세하게 다룰 것이다). 하지만 우리의 복부 팽만도, 냄새도 우리만의 고유한 것이 아니며, 오직 박테리아의 발효에서 기인하는 것이다. 이때도 역시 메탄가스가 방출될 수 있다. 지구에 수많은 후장 발효 초식 공룡들이 살던 시대에 방출된 메탄이 지구 전체의 메탄 생산량의 3에서 4배나 많았다는 사실을 기억해보라. 이는 인간 활동에 의한 가스 방출 증가와 맞먹는 양이다! 온실 효과를 초래하는 지속적이고 꾸준한 가스 방출은 분명 당시 지구의 기온 상승에 일조했을 것이다. 우리는 여기서 미생물 공생이 기후에 영향을 줄 수 있음을 다시 확인할 수 있다!

몸밖에 되새김위가 있다니!

나무늘보의 조류를 예외로 치면, 6장에서 살펴보게 될 곤충과는 반대로 척추동물들은 소화에 관계되는 공생생물체를 자기 몸의 외부에 유지하는 법이 없다. 도저히 있을 법하지 않은 한 가지 예외만 빼면. 드릴 형태의 코로 나무에 구멍을 뚫을 때 나오는 톱밥을 양식으로 삼는 코걸음쟁이Nasoperforator 계열 동물들이 바로 그 예외다. 이 동물들은 1961년 하랄트 슈튐프케Harald Stümpke가 묘사한 포유류 무리들, 즉 비행류(리노그란덴티아 Rhinogradentia 또는 나신스Nasins) 가운데 하나로 태평양의 하이아이아이 군도에 주로 서식한다. 이 동물은 믿기 어려울 정도로 매우 색다른 형태의 코를 지니고 있어 다른 동물들과 차별화된다(이름도 그리스어에서 코를 뜻하는 rhino에서 유래했다). 이러한 생김새는 이들의 식생활을 결정짓는다. 그러나 유감스럽게도 하이아이아이 군도는 1956년(슈튐프케의 연구가 출판되기 전)에 화산 폭발로 말미암아 바다 속으로 가라앉았다. 하지만 나소페르포라토르 레구이아데리Nasoperforator leguyaderi를 비롯한 몇몇 종이 물에 떠다니는 목재 위에 올라타 태평양의 다른 섬인 산토스섬을 콜로니화했다. 이 종은 최근 자연사박물관에서 일하는 내 동료들인 프란츠 쥘리앵Franz Jullien과 기욤 르코앵트르Guillaume Lecointre에 의해 발견되었다. 두 사람은 진지한 학문적 성과로 잘 알려졌다.

두 사람이 내 연구팀에 의뢰한 코의 견본들은 원생동물과 박테리아의 세계에 풍부한 다양성이 존재하고 있음을 확인시켜주었다. 이 미생물들은 끈끈한 점액질의 분비물 속에서 살아가며, 나사송곳이 달린 코 외부에 지독하게 부패한 황녹색 피막을 형성한다. 여기서도 역시 동물이 요소를 내보내면, 그것의 파생물질들이 다른 박테리아성 대사물질들과 더불어 강한 냄새를 풍긴다. 이 때문에 체구가 아주 작음에도 불구하고 멀리서도 동물의 위치를 확인할 수 있다. 이 마이크로바이오타는 구멍 뚫린 목재의 톱밥까지 회수하여, 동물이 양분을 섭취하는 동안 톱밥을 액화시켜 셀룰로오스 소화를 시작한다. 이 흥미진진한 생태계에서 새로운 종류의 미생물을 발견하여 우리는 새로이 발견된 원형생물들 가운데 하나에게 트리코님파 레코인트레이Trychonympha lecointrei(부기제류 파라바살리드Parabasalid의 하위 분류에 해당)라는 이름을 붙여주었다. 이로써 코걸음쟁이 부류를 발견한 사람들 중 한 명을 기릴 수 있게 되었다.

결론적으로 말하자면…

초식동물은 홀로인 경우가 드물다. 소화에 관여하는 마이크로바이오타는 초식 척추동물에게 있어서 매우 중요한 역할을 한다. 식물의 복잡한 분자들을 소화할 수 있도록 도와주고, 양분 섭취에 도움을 주기 때문이다. 특히 질소와 다양한 비타민을 보충해준다. 이는 우리가 왜 완전한 채식주의자가 될 수 없는지를 설명해주기도 한다. 인간의 체내 미생물들은 식물성 식품 위주의 식생활에서 결여될 수 있는 양분까지 보충해줄 수 있을 만큼 충분히 다양한 양분을 공급해주지 않기 때문이다! 전장 발효 관계에 있어서, 마이크로바이오타는 식물들이 지닌 독성 분자들로부터 보호해주는 역할도 한다. 그러므로 초식 척추동물의 소화는 동물과 미생물 사이의 긴밀한 직조를 보여준다. 동물은 미생물에게 있어서 생태계이자 공생의 직접적인 당사자로, 양분 제공과 소화 기제에 따른 번식과 발효의 전 과정을 관리한다.

전장이 되었건 후장이 되었건, 이 소화 관련 공생은 진화가 낳은 대성공작이라고 할 수 있는데, 포유류의 80퍼센트가 초식동물이기 때문이다! 포유류는 초식 공룡들의 후계자로, 이들 공룡들 또한 십중팔구 공생 방식으로 살았을 것이다. 진실은 이 방식을 통해서 소화된 것은 특히 셀룰로오스(그리고 식물 세포벽에서 셀룰로오스와 접촉하는 당류로 이루어진 다른 복잡한 분자들)라는 것이다. 리그닌은 산소가 있어야만 공격 가능하기 때문이다. 소화관 내부에는 산소가 매우 희박한데, 미생물들이 호흡하며 산소를 즉시 소비하기 때문에 그럴 수밖에 없다. 우리는 다음 장에서 곧 리그닌이 공생을 통해서 어떻게 소화되는지 살펴볼 것이다. 물론 소화 관련 마이크로바이오타는 모든 척추동물에게 유효하나, 초식동물과 비교해볼 때 육식동물과 인간을 비롯한 잡식동물(7장과 8장에서 자세히 살펴볼 것이다)의 경우는 마이크로바이오타가 훨씬 덜 풍부하며 훨씬 덜 다양하다.

우리는 또한 동물들에게서도 균근(1장), 씨앗에서 전해진 내생균(2장), 뿌리혹(3장)의 사례에서 이미 관찰된 바 있는 경향을 다시 발견한다. 동일한 유형의 공생이 진화 과정에서 각기 다른 여러 집단에서 나타나며, 방식과 구조는 정확하게 일치하지 않더라도 전체적인 기능면에서는 유사함을 보인다는 사실이다. 수렴 진화convergent evolution*라고도 부르는 이 반복 진화iterative evolution에 대해 잠깐 설명하는 것으로 이 장을 마무리할까 한다. 수렴 진화는 공생에서만 관찰되는 것은 아니다(우리는 가령 가뭄에 적응한 다양한 다육식물들이 제각기 다른 무리에 속한다는 사실을 알고 있다). 그러나 공생은 유난히 뚜렷하게 수렴 진화 경향을 보이는 것이 사실이다. 수렴 진화는 우리에게 진화에는 우연 이상의 어떤 것이 있음을 상기시켜준다. 확실히, 구조와 기능은 우연히 출현한다. 그것들이 반드시 현실에 적응된 것이건 아니건 말이다. 하지만 일단 출현한 이후 변하지 않고 그대로 남아 있다면, 그건 우연이 아니다. 변하지 않는 건, 돌연변이라고 하는 우연이 제안하는 뒤죽박죽 가능태들 사이에서 결정론적인 형태와 더불어 분류하고 선별한 덕택에 그 상태로 이미 적응이 되었기 때문이다. 요컨대 우리가 관찰하는 것은 더 이상 우연에 따른 수동적인 결과물이 아니라 선택에 의해 수정된 것이며, 임의로 선택된 것이 아니다. 적절한 전략이란 수가 제한적인 만큼, 우리가 관심을 갖고 있는 공생 유형처럼 그것들이 유사한 기제와 기능이 반복적이고 수렴적으로 진화하도록 주도한다.

또 다른 수렴 현상은(사실 훨씬 모호하지만 그럼에도 인상적인 유사점인 것만은 틀림없다) 소화관과 뿌리권에서 찾을 수 있다. 소화관과 뿌리권이라는 두 공간은 동물과 식물 각각에게 있어서 생태계에서 양분을 채취하는 데 필수적이며, 생태계와 직접적으로 접촉한다. 숙주 생물들은 국지적으로 변화시키는 영향력을 발휘하여 그 공간 내부에 밀도 높고 다양한 마이크로바이오타를 결집시키고, 이렇게 형성된 마이크로바이오타는 적극적으로 숙주의 영양 섭취에 일조한다. 이 공간들은 또한 매우 취약하기도 한데, 살아 있으면서 활동하고, 외부 환경을 위해 개방되어 있는 조직이기 때문이다.

* 종이 다르더라도 유사한 환경에 적응하면서 형질이 비슷하게 진화하는 것.

두 공간 모두 미생물의 존재는 이 생체 조직을 보호하는 데 한몫한다. 소화관과 뿌리권은 양분 섭취와 보호를 위한 공생 면에서는 최적의 장소라고 할 수 있다. 비록 병을 일으키는 생물들이 호시탐탐 노리는 곳이라고 할지라도 말이다. 우리는 8장에서 이 기능적인 비교를 계속 이어나갈 것이다.

끝으로, 독자 여러분들이 동물의 내장에서 나온 몇몇 소소한 것들이 그다지 밥맛 나는 것이라고 생각하지 않는다면, 그 같은 역겨움이 갖는 문화적 맥락에 대해 질문해볼 필요가 있다. 우리는 이러한 반응에 대해서 7장과 8장에서 다시 다룰 예정이다. 이 두 장에서는 동물이 지니고 있는 미생물적인 차원, 그리고 인간의 몸 속 장이 지니고 있는 미생물적인 차원에 대해 알지 못했을 때 따르는 위험과 그로 인해 지불해야 할 대가가 무엇인지 알아볼 것이다. 아무튼 다음 장에서부터 일반화해보자. 우리는 미생물들이 척추동물을 초식 습성에 적응하게 한다는 사실을 살펴보았다. 그런데 현실에서 동물들은 이보다 훨씬 다양하게 적응하고 있으며, 이를 위해서 미생물과 밀접한 관련을 맺고 있다. 지금부터는 물속으로 들어가 아주 극단적인 적응 양태를 살펴보자.

5장

어떤 환경에서든 살아남기 위한 동물적 처세술

— 극단적인 바다에 적응하는 방법

이번 장에서는 남반구 바다 속으로 들어가 그 바다들이 우리가 상상하는 것만큼 근사하지 않다는 사실을 경험하게 될 것(적어도 공생이 없을 경우에는 그렇다)이다. 또한 산호들이 그들의 생태계 내부에서 식물들을 이용하며, 다른 몇몇 동물들과 더불어 "동물이자 식물"이라는 명칭을 누릴만한 자격이 있음을 보여줄 것이다. 깊은 바다 밑바닥이라는, 정말로 살 수 없는 환경에서 사는 동물들도 있다. 이들은 전혀 동물 같아 보이지 않을뿐더러… 오히려 때로는 거의 식물과 비슷하다는 사실도 다룰 것이다. 더구나 뿌리에 조개껍질을 지니고 있는 식물들도 있다! 그리고 마지막으로, 미생물들이 어떻게 바다 속에 사는 기묘한 동물들에게 적응력과 자율적인 먹이 섭취의 길을 열어주었는지도 살펴볼 것이다.

남반구의 파란 바다에서 배를 곯는 동물들

대양은 다양한 빛깔을 지니고 있다. 우리는 파랗고 투명하며 열대 섬들을 끼고 있는 바다를 사랑한다. 그런 곳에서의 휴가를 꿈꾸지 않는 사람이 과연 있을까? 하지만 우리가 사는 곳의 해안 근처는 물빛이 녹색인 데다 그다지 투명하지 않다. 연안 바다에는 무기질과 땅 위를 흐르는 물, 강물 등이 바위를 침식시키면서 생겨난 찌꺼기(부분적으로는 균근도 작용했다. 3장 내용 참조) 등이 풍부하기 때문이다. 이러한 물질들은 물의 투명도를 낮추며 플랑크톤의 단세포 조류 번식을 가속화시킨다. 플랑크톤의 녹색이 바닷물의 원래 색, 즉 청색에 더해지는 것이다. 반면, 대륙에서 멀리 떨어져 있기 때문에 무기질이 결여된 남반구 바다의 섬 주변 대양은 오직 물의 빛깔뿐이므로 파란 빛이다. 이런 바다는 생물학적으로 사막과 마찬가지다. 먹을 것이라고는 거의 없다는 말이다. 조류에게도 그렇고, 그 조류를 먹이로 삼는 소비자들에게도 그렇다.

비글호를 타고 지구를 일주하던 찰스 다윈은 산호초들을 관찰하면서 적잖이 놀랐다. 그는 1842년에 출판된 그의 저서 『산호초의 구조와 분포The Structure and Distribution of Coral Reefs』에서 이를 자세하게 묘사했다. 그는 한 가지 역설을 설파했는데, 그 역설에는 그의 이름이 붙었다. 물 빛깔이 말해주듯이, 먹이는 없는데 엄청 많은 산호가 서식하는 산호초에는 산호의 석회질 잔해로 구성된 풍부한 바이오매스가 형성되어 있다는 것이다. 이러한 사실은 오스트레일리아의 그레이트 배리어 리프(맑고 투명한 파란 물과 대대적인 산호 군락지)처럼 강이라고는 없는 육지에 인접한 연안에서도 관찰할 수 있다. 이 산호초에는 온갖 종류의 조개들과 물고기, 갑각류들이 넘친다. 면적은 전체의 1퍼센트 미만이나 산호 생태계는 알려진 바다 생물의 35퍼센트를 거느리고 있다! 이곳에는 바이오매스가 엄청나게 있을 뿐만 아니라 해마다 만들어지는 단위 면적당 바이오매스의 양이 가장 생산성 높은 열대 밀림에 비해서 1~2배나 된다. 놀랍게도 산호들은 무기질이 대대적으로 유입되는 것을 견디지 못한다. 다윈은 당시에도 벌써 큰 강의 유입물들이 산호의 개체수를 줄인다는 사실에 주목했다. 오늘날 인간 활동과 관련한 부식이 국지적으로 산호를 위협하는 요인으로 작용하는 것과 같은 이치라고 할 수 있다. 산호는 열대지역의 그다지 깊지 않은 맑은 물에서 주로 서식하는데, 그 물들은 양분이 그토록 척박한데 어떻게 살아가는 걸까? 산호는 왜 양분이 풍부한 수질에서는 경쟁력이 줄어드는 걸까? 다윈의 이 역설은 어떻게 설명해야 할까?

이 궁금증에 답하기에 앞서 우선 산호 자체에 대해 조금 더 상세하게 알아보자. 산호는 말미잘 계열에 속하는 생명체 자포동물Cnidarians로, 연속적인 출아법*으로 태어난 작은 생명체들이 커다란 군락을 이루며 살아간다. 산호 개체 각각은 촉수가 달린 입을 지니고 있으며, 몸은 석회질 보호막으로 둘러싸여 있다. 산호는 산호초의 암석 같은 구조를 만들어내며 증식한다. 지금부터 잠시 이 생명체에 관심을 집중해보자. 석회질 보호막 내부에 있는 산호 몸체의 내벽은 두 개의 세포층으로 이루어져 있다. 제일 안쪽에 있는 층은 소화강 주변과 맞닿아 있으며, 소화강은 산호의 중심부를 온통 차지한다. 그리고 산호 세포들에는 아주 작은 황금색 침이 돋아나 있다. 콩과식물 뿌리혹의 세포들이 박테리아를 함유하고 있는 것과 같은 방식으로,

---

* 성체의 몸 일부에서 성체와 닮은 작은 개체가 만들어지는 방식으로 번식하는 방법.

산호의 세포들도 단세포 조류를 품고 있는데, 이 단세포 조류 또한 격리 막 속에 들어 있다. 그러니 광합성 작용을 하는 내생공생인 셈이다!

이 조류들은 빛을 포획하는 엽록소와 오렌지색 카로틴을 함유하고 있어 실제로 광합성을 할 수 있다. 이 조류들은 와편모충류Dinoflagellate에 속하는데, 플랑크톤의 구성 요소이기도 하다. 조류는 산호를 대량으로 콜로니화하며, 그 부피가 전체 생물 부피의 3분의 1을 차지한다. 산호 1평방센티미터 당 100만에서 수백만 개의 조류 세포가 서식하고 있다고 보면 된다! 이를 관찰하기 위해서는 멀리 갈 필요도 없다. 산호의 가까운 친척뻘로 우리 해안에 사는 많은 말미잘들 역시 조류를 함유하고 있기 때문이다. 그 때문에 흔히 뱀타래말미잘Anemonia viridis처럼 영롱하게 빛나는 예쁜 빛깔을 띤다. 이러한 공생은 산호의 중심부에서 다윈의 역설을 해결해준다. 조류들이 산호가 척박한 환경에서 생존할 수 있도록 도와주며, 그 역도 성립하기 때문이다.

동물과 미생물의 결합에 관한 이 두 번째 이야기는 대양 생물의 사례를 통해서 동물과 미생물의 공생을 살펴보는 파노라마를 완성시켜주는데, 이 경우 초식 습성에 비해 훨씬 더 많이 동물의 기능을 바꾸어놓는다. 5장에서 우리는 산호들이 공생 조류 덕분에 어떻게 척박한 곳에서 살아가며, 스스로를 보호하는지 살펴볼 것이다. 또한 산호는 조류로부터 광합성 기능을 '차용한' 다양한 바다 동물들 가운데 극히 일부분에 지나지 않는다는 사실도 새삼 발견하게 될 것이다. 이어서 우리는 수면에서 훨씬 아래쪽에 사는 동물들, 바다 밑바닥에서 방출되어 이 박테리아들을 먹여 살리는 유체流體를 이용하여 박테리아들로부터 양분을 취하는 동물들을 만날 것이다. 우리는 대양의 아주 깊은 바닥에서부터 연안에 이르기까지 곳곳에서 이 같은 동물들을 발견할 수 있다. 이러한 사례들은 공생에 의해 완전히 바뀐 동물들을 보여줄 뿐 아니라 독창적인 생태계의 정착 양태(이 또한 공생에 의해 가능하

다) 역시 상세하게 드러내 보일 것이다.

2인1조로 빈곤을 헤쳐나가다

산호 세포들 속에는 작은 황금빛 조류들이 둥지를 틀고 있는데, 우리는 이 조류를 주산텔라zooxanthellae 또는 간단히 산텔라xanthellae(그리스어에서 '노란'을 뜻하는 xanthos에서 온 말. 이 조류에는 카로틴이 풍부해서 색이 노랗다)*라는 별명으로 부르기도 한다. 이 조류는 산호에게 아낌없이 영양을 보충해준다. 이들의 광합성 작용으로 발생한 물질의 상당 부분은 종에 따라 다르나 30에서 90퍼센트가 실제로 숙주의 세포 속으로 넘어간다. 그것이 먹이 섭생 짬짬이 숙주를 먹여 살리는 것이다. 먹이 섭생 짬짬이라고는 했으나 실제로는 매우 자주 그렇게 될 수밖에 없다. 앞에서도 말했듯 산호가 사는 환경은 매우 척박하므로 주변에 먹잇감이라고는 없기 때문이다. 내생 공생 조류는 세포벽을 상실하고, 숙주가 내보내는 아직까지 잘 알려지지 않은 어떤 요인들이 산텔라의 망을 뚫음으로써 두 파트너 사이에 교류가 일어난다. 산텔라는 그렇게 뚫린 구멍으로 당류에서 파생된 물질인 글리세롤, 지방산, 그리고 광합성으로 얻은 다른 분자들을 내보낸다. 이는 적어도 숙주가 필요로 하는 에너지의 절반은 되기 때문에 숙주인 산호는 어떤 의미에서는 대리인을 통해 광합성을 하는 것이다. 이런 모습을 보면 산호는 대단히 맑은 바다 표면의 물에 종속되어 있다고 볼 수 있다. 버팀대로부터 떨어져 나와 해류의 움직임에 몸을 맡기고서 다른 곳으로 이사 갈 수 있는 온대 지역 말미잘들은 산텔라의 존재로 말미암아 밝은 장소를 선호한다. 산텔라

---

* 갈충조라고도 한다.

와 공생 관계를 맺지 않은 생물들에서는 나타나지 않는 이러한 특성은 아주 기초적이기는 하나 나름 논리적인 행동 변경의 한 예라고 하겠다.

이따금씩 작은 먹잇감들이 잡히기도 한다. 이때 이 먹잇감들은 동물이 제대로 기능하는 데, 그리고 산텔라가 기능하는 데에도 필요한 단백질과 인, 유황복합체 등의 공급원이 된다. 산호 세포들의 신진대사 찌꺼기는 생태계로 버려지지 않는다. 실험 삼아 산텔라를 제거하면, 산호는 여러분이나 나와 마찬가지로 질소와 인을 함유한 찌꺼기들을 소변으로 내보낸다. 그러나 공생 관계에서는 이 같은 찌꺼기가 방출되지 않고 산텔라에게로 넘어가서 비료로 사용된다! 이것들을 가지고 조류는 숙주의 세포들이 활용할 수 있는 질소와 인이 함유된 아미노산 같은 물질을 만드는 것이다. 가끔 조류의 광합성 작용으로 생성된 산소가 호흡을 돕는다고들 말한다. 하지만 그보다는 잉여 산소가 스트레스를 만들 위험이 있기 때문에 산텔라를 함유한 산호와 말미잘들은 항산화 기제가 매우 발달되었다는 말이 훨씬 더 설득력 있게 들린다. 신진대사로 인한 또 다른 찌꺼기로 이산화탄소가 있는데, 동물의 호흡에서 방출되는 이산화탄소는 조류의 광합성을 활성화한다.

배변과 관련한 세부 사항과 소화관을 떠난 찌꺼기 처리 문제를 요행히 피했다고 안심하고 있던 독자들이라면 아름다운 남반구 바다 한가운데에서 갑자기 오줌과 호흡으로 인한 찌꺼기들을 만나게 되어 괴로울 수도 있을 것이다. 하지만 어쩌겠는가, 그보다 더한 일들이 벌어지는데! 그러한 교류는 또 다른 유형의 공생이 갖는 이점을 설명해준다. 바로 말미잘이나 산호를 흰동가리아과 물고기들과 결합시키는 공생이다. 흰동가리는 따끔따끔하게 찌르는 말미잘의 촉수로부터 스스로를 보호하며, 잠재적으로 이것들의 배설물을 먹는다. 이러한 공생이 말미잘에게는 득이 된다. 이 물고기가 오가는 과정에 싸지른 소변을 촉수를 통해 회수할 수 있고, 이를 통해서 질소와 인이 함유된 무기질들을 얻게 되며, 궁극적으로 산텔라에게 영양을 보충해줄 수 있으니 말이다! 여기서 우리가 확실하게 해두어야 할 점이 있다. 보기에 따라 외설스럽고 지저분할 수도 있는 이 기제들을 넘어서, 산호의 공생 기능(흰동가리와의 공생도 포함하여)은 재활용의 작은 기적이라고 할 수 있다는 점이다. 척박한 환경에서 살아가는 데 완벽하게 맞춰졌기 때문이다. 일단 산호와의 공생 관계 속으로 투입된 모든 양분은 전혀 외부로 방출되지 않는다. 그것들은 산텔라와 숙주 사이에서 영구 반복적으로 재활용된다.

이렇게 해서 산호는 조금씩 조금씩 주변 생태계에서 찾아보기 힘든 양분들을 축적하며, 일단 수중에 들어온 양분은 절대 놓치지 않고 꼭꼭 쟁여둠으로써 자기들이 만들어가는 국지적 생태계의 부를 늘려간다. 찌꺼기의 재활용, 먹거리를 찾기 위해 지불해야 하는 비용 제로(공생 관계를 맺은 이후 동물은 더 이상 끼니를 찾아 돌아다닐 필요가 없다) 상황은 앞에 나온 장에서 소의 사례를 통해 이미 상세하게 들여다본 바 있는 특성으로, 이러한 특성 덕분에 동물은 척박한 환경에 적응할 수 있다. 그러니 다윈의 역설에 대한 답은 결국 공생이다. 공생 덕분에 산호는 아무것도 살 수 없는 곳에서 버젓이 생태계를 꾸려가는 것이다.

산호란 일종의 동물의 식물 흉내내기다!

산호는 사실 그들의 생태계에서 보자면 바이오매스를 만들어내는 육상 식물에 해당하며, 이렇게 만들어진 바이오매스는 다른 생명체들의 먹이가 된다. 산호와 육상 식물을 비교하는 일은 대단히 흥미진진하다. 파트너들 가운데 하나가 그처럼 양분이 드물고, 그나마 있는 양분도 밀집되어 있지 않고 흩어져 있는 곳에서 질소와 인이 함유된 먹이를 끌어 모으면(산호 또는 균류), 나머지 파트너가 둘을 위해서 광합성을 한다. 오로지 커플의 포장만 바뀐다. 한 경우는 식물, 다른 한 경우는 완전히 동물이라는 사실만 다를 뿐이다. 거기서 더 나아가, 두 경우 모두 공생은 두 파트너를 보호해준다. 산호의 내부에서 산텔라는 세포 깊숙한 곳에서 보호받는다. 더구나 산텔라는 더 이상 세포벽이라는 두꺼운 보호벽조차 남아 있지 않다. 보호벽은 공생 관계가 아닌 독립적이고 자유로운 상태, 혹은 실험실에서 따로 분리해서 배양하는 경우에 나타나며, 보호자 역할도 한다. 공생 관계에서는 숙주의 세포들이 충격이나 공격, 독소와 외부 환경에 서식하는 포식자들에 대비하여 보호를 책임진다. 흔히 산호와 말미잘은 두 파트너를 너무 강한 빛과 자외선으로부터 보호하는 화합물을 만들어낸다. 빛이 강하거나 자외선이 너무 강한 특정 시간대에는 조류들에게도 태양이 너무 강렬할 수 있기 때문이다! 이는 밝은 곳에서 살기 때문에 이들이 감수해야 하는 위험 요소들이다. 빛을 막아주는 이러한 화학적 보호 장치는 균류가 지의류 내부에서 만들어내는 빛 보호 물질들을 상기시킨다. 두 경우 모두, 특정 길이의 파장은 반사되고 나머지는 흡수되어 열의 형태로 흩어진다. 이렇게 되면 파트너들의 빛나는 환경은 유해하거나 돌연변이를 유발하는 광선들로부터 정화된다.

상호적으로, 산텔라는 대부분의 산호와 말미잘을 보호해주는 석회질로 된 외투를 만드는 일을 활성화한다. 산텔라들의 광합성 작용은 물속에서 탄산수소 이온(HCO_3^-) 상태로 존재하던 이산화탄소를 물 밖으로 방출시킨다. 해수에 존재하는 칼슘 이온 때문에 방출된 이산화탄소의 부산물은 석회질이 되어 쌓인다.

$$2HCO_3^-(\text{수용성 중탄산염}) + Ca^{2+} \rightarrow CO_2 + CaCO_3(\text{탄산칼슘}) + H_2O$$

이는 우리가 이산화탄소를 잔뜩 머금은 음료수(예를 들어 탄산수)를 석회질이 낀 개수대에 부어 석회질을 제거할 때와 정반대되는 반응이다.

$$CO_2 + CaCO_3(\text{탄산칼슘}) + H_2O \rightarrow 2HCO_3^-(\text{수용성 중탄산염}) + Ca^{2+}$$

요컨대 이산화탄소를 물에 넣으면 석회질이 녹고, 물에서 이산화탄소를 제거하면 석회질이 생겨나는 것이다. 산텔라의 광합성 작용 결과물이 동물의 고유한 기제에 더해지면 석회질이 만들어져서 공생 관계를 보호해주고, 산호가 해를 향해 그런 대로 똑바로 몸을 지탱할 수 있도록 지켜준다. 그러므로 산호의 공생은 진정한 의미에서의 산호 생태계를 구축한다. 즉, 산호에게 양분을 공급해줄 뿐만 아니라 산호의 신체적인 구조까지도 형성해주는 것이다! 이렇게 볼 때, 숲에서 나무들이 하는 역할을 떠올리지 않을 수 없다. 우리는 다른 종들까지도 후에 서식지로 활용할 수 있도록 생태계를 구조화하는 수종들을 '설계자'로 간주한다. 이렇게 되면 새로운 생태계의 탄생이라는 면에서 균근 공생과의 또 다른 유사점을 찾을 수 있다.

산호는 이렇게 공생을 통해서 식물처럼 광합성 작용을 할 수 있게 되었다. 여기서 우리는 1장에서 소개한, 광합성 작용과 균근에 의해 양분을 취하는 몇몇 식물들에서 엿보였던 '장르의 혼합'과 다시금 맞닥뜨리게 된다. 다시 말해서 생명체의 결합이 탄소를 함유한 양분의 일부를 만들어내고 일부는 다른 식, 즉 절반은 광합성, 나머지 절반은 먹이사슬에 의한 포식자적 행태로 얻는 방식(이런 생물을 가리켜 혼합영양생물이라고 한다)이 출현하는 것이다. 그러니 나무를 연상시키거나 망처럼 짜인 형태를 지닌 일부 산호들이 식물을 연상시키는 것도 놀라운 일은 아니다. 식물처럼 이들도 빛을 추구하기 때문이다. 이들의 신분, 즉 원래는 동물이었으나 기능적으로 약간 식물화한 생물이라는 특수한 입장 때문에 우리의 먼 조상들은 골치께나 아팠던 것으로 보인다. 17세기에 식물학자 가스파르 보앵Gaspard Bauhin은 "식물형동물Zoophyte", 즉 "동물의 특성도 식물의 특성도 아닌, 이 두 가지 특성 각각이 혼합된 제3의 특성을 가진 존재"에 대해 언급했다. 1824년에는 장-바티스트 보리 드 생 뱅상Jean-Baptiste Bory de Saint-Vincent(1778-1846)이 이러한 생물들과 독자적인 계로 분류되는 해면동물을 위해 프시코디아이레psychodiaire(어원적으로 보자면, "두 개의 영혼을 가진 생명체"라고 풀이할 수 있다. 동물과 식물, 이렇게 두 가지 영혼을 가졌다는 뜻이다)라는 매력적인 이름을 붙여주었다. 광합성 지향적인 이러한 공생적 '변성transmutation'에 대해서는 9장에서 조금 더 자세하게 다룰 것이다. 식물의 근원에서 내생공생이 작용했기 때문이다.

이러한 공생은 새로운 형태의 적응성을 탄생시켰다. 산텔라에는 각기 다른 여러 유형이 있는데, 그 각각은 빛의 강하고 약함에 나름대로 적응한다. 산호의 각기 다른 부분들은 이 유형을 다양한 비율로 반영하여 주변의 밝기에 적응한다. 우리가 그림자 한 조각을 빛이 있는 쪽으로 이동시키거나 역으로 빛을 그림자 쪽으로 접근시키면 주파수가 달라지는 것과 같은 이치다. 이처럼 산텔라의 개체군은 주어진 빛에 적응하는 역량을 발휘하며, 생태계 환경이 바뀔 때면 역동적으로 반응한다. 이와 유사한 유연성 때문에 '산호의 백화白化'라는 극단적인 현상을 초래하기도 한다. 스트레스를 유발하는 몇몇 조건 하에서, 산호가 함유하고 있던 조류를 모두 쫓아내고는 탈색을 하는 것이다. 때로 산호는 보다 적응력이 강한 조류와 재결합함으로써 백화 현상 이후에 살아남기도 하나, 대체로 이러한 반응은 산호가 생리적 한계에 도달했으며, 죽음이 머지않았음을 보여주는 징조다. 죽은 산호는 하얀 석회질의 해골로 남는다. 산호의 백화 현상은 물의 화학 성분 변화, 수온 변화 등의 영향으로 점점 더 자주 관찰되고 있다. 이러한 변형은 산호가 자라나는 비교적 적대적인 환경 속에서 공생 덕분에 유지되던 균형을 위험에 빠뜨린다. 전 세계 산호의 10퍼센트가량이 이미 죽었고, 현재 살아남은 산호의 절반 이상이 위협받고 있다.

식물형 동물, 해와 더불어 살아가기

지금까지 살펴본 다른 공생들과 마찬가지로, 다른 동물들도 이러한 전략을 구사하는 방향으로 진화를 계속해왔다. 우선 일부 말미잘과 늪에 사는 산호의 가까운 친척인 녹색 히드라Hydra viridis는 녹조류에 속하는 클로렐라와 내생공생 관계를 맺고 산다. 클로렐라는 담수에 사는 광합성 내생공생생물들 가운데 가장 자주 보이는 생물이다. 이렇듯 조류에게 있어서 공생은 근사近似 현상이다. 조류에 속하는 여러 무리들이 관련되어 있기 때문이다. 그런데 동물들 사이에서도 이와 비슷한 공생이 일어나는데, 이 동물들은 클로렐라나 산텔라의 도움으로 광합성을 하므로 이따금씩 '식물형 동물'이라는 별칭으로 불리기도 한다. 본래는 동물이지만, 공생생물 덕분에 식물을 흉내 내며 양분을 섭취한다는 뜻이다. 다시 산호의 생태계로 돌아오면 거거車渠를 예로 들 수 있는데, 이 거대한 조개들은 껍데기를 열어 화려한 빛깔의 조직들을 내보낸다. 그렇게 밖으로 나온 조직들은 산텔라를 품고 있는데, 조개가 그처럼 무겁고(200킬로그램까지도 나간다), 예전에는 교회에서 성수반(프랑스어에서는 거거와 성수반을 뜻하는 단어가 bénitier로 동일하다)

으로 사용될 수 있을 만큼 큰 데에는 산텔라의 광합성이 석회질 축적량을 증가시키기 때문이라고 볼 수 있다. 지금은 멸종했으나 이매패류Bivalvia*의 한 무리인 루디스트Rudist는 쥐라기와 백악기에 걸쳐서 살았는데, 확실히 조류들과 결합했을 것으로 여겨진다. 그 이유는 이 연체동물이 지녔던 두꺼운 껍질과 얕은 물속에서 사는 습성에서 찾을 수 있다. 이것들은 원뿔 모양의 패각 위에 입 구실을 하는 또 하나의 패각이 달려 있는 껍질 속에서 살면서 입을 벌려 조류들이 광합성을 할 수 있도록 했다. 이것들보다 크기가 훨씬 작고 현재도 맥을 이어가고 있는 다른 이매패류로 새조개과에 속하는 다른 조개들은 빛에 접근하기 위해 입을 열어야 할 필요성에서 벗어났다. 껍질의 석회질 부분이 아주 섬세하게 결정화되어 있어서 투명하기 때문이다. 산텔라는 이 동물 온실의 창문 아래 옹기종기 모여 있기만 하면 된다!

이보다 가까운 곳, 프랑스의 해변에는 길이가 1밀리미터 남짓으로 길쭉하고 납작하며 녹색 빛깔을 띤 작은 지렁이들Symsagittifera roscoffensis이 썰물 때면 커다란 군집을 이룬다. 이 식물형 동물들은 진동이 느껴지면 모래 속으로 들어가 포식자들을 피하고, 밀물 기미가 느껴지면 자발적으로 모래 속으로 숨어든다. 이들의 조직 속에는 클로렐라가 들어 있어서 해변에서 평생을 보내면서 광합성을 할 수 있다! 이 지렁이들은 작고 납작한 바다 지렁이인 무장류Acoela**에 속하며, 여기에 속한 지렁이들은 모두 식물형 동물에 해당된다. 다시 말해서 단세포 조류들이 이들에게 양분을 공급하며, 지렁이들은 그 대가로 조류들에게 자기 피부로 수집한 무기질 또는 신진대사를 통해서 발생하는 질소나 인의 찌꺼기 등을 제공한다(우리가 벌써 알고 있는 기제). 이 기제가 너무 원활하게 잘 돌아가므로, 성체가 된 무장류 지렁이

---

* 흔히 조개류 또는 부족류라고도 한다.

** 몸길이가 약 1mm 정도로 작고, 생김새가 단순하다. 입은 있으나 장은 없으며 배출기관인 원산관은 퇴화했다. 주로 바다에 살지만 민물이나 육지에 사는 종도 있다.

들에게는 더 이상 소화관조차도 없다(Acoela라는 용어는 그리스어에서 "없음"을 뜻하는 a와 "빈 공간"을 뜻하는 koilos가 결합된 단어)! 이것들은 더는 혼합영양생물이라고 할 수 없으며 온전히 광합성으로 살아가는 식물형 동물에 해당한다. 해변에서 이 지렁이들을 스쳐가면 가까이에서 녀석들의 제법 강한 체취를 맡을 수 있다. 이는 조류가 만들어내는 보호용 독소 혼합물인 메틸설포닐메테인의 냄새다. 이 덕분에 두 파트너는 식용이 될 수 없으며, 이로써 양분 섭취를 위한 공생이 생명 보호로도 이어지는 결과를 낳는다.

식물형 동물이 뚱뚱하면서 동시에 이동성이 좋은 경우란 매우 드물다. 이런 유형의 공생으로는 많은 양의 에너지를 만들어낼 수 없기 때문이다(특히 먹이가 거의 없어서 식물형 동물이 자주 눈에 띄는 곳에서라면 더욱 그렇다). 더구나 이것들은 조류를 위해서 빛을 통과하게 하기 위하여 날씬한 편이다. 그래도 한 가지 예외가 있는데, 이 예외는 기능 방식이 약간 다르다. 몇몇 점박이도롱뇽Ambystoma maculatum은 단세포 녹조류를 함유한 알을 낳는다. 조류에 의해 광합성 과정이 진행되는 동안 발생한 산소와 다른 대사물질들이 알의 생장에 이용될 것으로 생각된다.

수많은 단세포 생물들이 세포 내부에 조류를 들임으로써 엄청나게 많은 수렴 진화가 이루어지도록 돕는다. 우리는 그중에서 세 가지 사례만 살펴보려 한다. 세 가지 모두 공생생물들 사이의 재활용이 절박하게 요구되는 척박한 환경에서 관찰되는 사례들이다. 척박한 열대 수중, 수면과 바로 이웃한 곳에 매달려 있는 무수한 조류 함유 단세포 생물들 가운데에서 우리의 첫 번째 사례인 방사극충강Acantharia 생물들에 주목해보자. 척박한 물에 익숙한 이 생물들은 1억 7,000만 년 전부터 이 물속에서 군집을 이루고 살아왔다. 섬세하게 장식된 황산스트론튬이라는 얇은 무기질 벌집 모양의 뼈대로 무장하고 있는 이 작은 단세포 생물들은 어쩌다가 다른 플랑크톤들을 포획할 때를 제외하고는 공생 중인 파에오키스티스속Phaeocystis 조류의 광합성 작용을 통해 생존한다. 두 번째 사례. 다른 열대 물속, 그다지 깊지 않은 곳에서, 일부 커다란 모래 알갱이들이 화려한 색상을 뽐내는 것 같아 보인다. 그런데 이 모래 알갱이들은 실제로는 작은 아메바들로 이들의 세포는 종류에 따라 각기 다른 무리에 속하는 조류를 함유하고 있다. 가령 녹조류라든가, 홍조류, 산텔라 등을 주로 함유하고 있는데, 개중에는 황색 규조류도 있다. 한 마디로 온갖 색상의 조류들이 향연을 벌이는 형국이다. 이들 조류들의 광합성은 아메바들이 석회질의 껍데기를 구축하도록 도와주며, 이 때문에 이들이 모래 알갱이처럼 보이는 것이다. 유공충류Foraminifera* 에 속하는 이들 생명체들은 화폐석nummulite과 밀리올리다Miliolida처럼 살아 있는 모래를 형성하는데, 이들의 세포는 크기가 1센티미터를 넘어선다. 이들은 지질학자들에게는 잘 알려진 존재로, 이들의 석회질 껍질이 축적되어 암석을 이루기 때문이다. 그리고 이렇게 형성된 암석들 가운데 더러는 건축업자들이 활용하는 자재가 되기도 한다. 기자의 대 피라미드도 같은 시기에 화폐석으로 지어졌다. 그런 면에서 이 색깔 있는 모래는 석회질 암석을 형성한다는 점에서 산호와 일맥상통하며, 이때의 석회화는 분명 공생의 특성을 반영하는 것이다. 가령 이 책 마지막 장의 무대가 될 이본강 계곡의 석회암들은 쥐라기 후기에 그곳에 살았던 거대한 산호초로부터 기인한다.

세 번째이자 마지막 사례는 우리가 사는 곳의 해안에서 찾을 수 있다. 프랑스 로스코프 생물연구소의 연구원들은 방산충류Radiolaria**에 속하는 부유생물의 커다란 기관을 다량으로 발견했는데, 그 크기가 1센티미터에서

* 주로 석회질로 이루어진 껍데기를 가졌으며, 원생동물 중에서는 크기가 큰 편에 속한다. 대부분이 바다에서 살며, 바닥을 기어다니는 저서底棲 유공충류와 플랑크톤 생활을 하는 부유성 유공충류가 있다. 가장 오래된 생물 중의 하나로 약 8억 년 전의 화석도 있다.

** 원생동물 위족강에 속하는 해양성 플랑크톤의 총칭. 열대 해역에서 흔히 볼 수 있으며, 약 6억 년 전부터 서식하고 있는 가장 오래된 생물이다.

무려 수 센티미터에 이르렀다! 크기가 작고 규소로 된 보호 껍질로 둘러싸여 있으며 흔히 내생공생 관계에 있는 조류들을 함유하고 있는 기관은 잘 알려져 있었으나, 그토록 큰 것들은 처음이었다. 이 발견과 그에 따른 연구는 지금까지 그 기관들의 투명함과 다루기 어려운 특성 때문에 제한적일 수밖에 없었다. 표본을 채취하려면 손상이 불가피했기 때문이다. 그런데 그것들이 지닌 DNA와 발견물에 대한 적절하고 조심스러운 취급 방식 덕분에 이 생물들의 엄청난 다양성과 양적인 풍부함(해양 생물 전체의 5퍼센트 가량!)이 밝혀졌다. 더구나 지구 도처(프랑스의 해안도 물론 포함하여)에 이들의 서식지가 없는 곳이 없을 정도였다. 이러한 사실은 척박한 환경에서 이들에게 유리하게 작용한다. 방산충들은 어마어마한 양의 조류들과 공생 관계를 맺으며 살아가기 때문이다! 단세포생물들, 좀 더 일반적으로는 조류들과 내생공생 관계에 있는 모든 크기의 생명체들의 사례는 이외에도 얼마든지 제시할 수 있을 것이다. 그러한 내생공생은 진화 과정에서 수십 차례에 걸쳐 일어났으며, 우리는 9장에서 그로 인한 중요한 결과를 접하게 될 것이다.

박테리아들의 지원을 받아 심연으로 잠수

이번에는 대양의 아주 깊은 곳으로 여행을 이어가보자. 빛이라고는 전혀 없는 그런 곳에는 오직 수면으로부터 내려온 얼마 되지 않는 양의 찌꺼기들만 다다를 뿐이다. 더구나 육지에서 멀리 떨어진 대양은 해수면조차도 거의 생산적이라고 할 수 없다. 그 말은 곧 먹을거리가 많지 않고, 따라서 바이오매스가 거의 형성되지 않은 대양의 심연에 사는 생명체는 아주 드물다는 뜻이다. 1977년, 사람들은 해양 산맥 탐사를 위해 갈라파고스 부근 바다에서 심해 관측용 잠수정 한 대를 띄웠다. 대양 한가운데, 융합이 일어나고 있는 바위들이 출현하고, 대양의 바닥을 형성하는 단단한 표면이 만들어지는 부근의 해양 산맥을 관찰하는 것이 목적이었다. 지질학적 탐사로 기획되어 시작된 이 관측은 결국 전혀 예상하지 못했던 생물학적 발견의 기회가 되었다. 이와 같은 발견은 모든 대양의 해양 산맥을 따라가며 계속 반복되어 당시 전 세계 사람들에게 놀라움을 선사했다.

빛이 끊긴 완전히 깜깜한 깊은 물속에서 생명은 무성하게 축적되고 있었다. 1평방미터 당 바이오매스의 양이 10에서 100킬로그램 정도였는데, 이는 거의 사막과 같은 상태를 예상했던 관측자들의 예측을 100배가량 능가하는 수치였다. 그러자 사람들은 갑자기 해저 오아시스라느니 어쩌니 하는 말들을 쏟아내기 시작했다. 이류를 비롯하여 갑각류와 대형 조개류 외에, 관벌레과의 갈라파고스민고삐수염벌레Riftia pachytila가 이때 발견된 제일 유명한 생명체로, 길고 하얀 대롱을 해저 밑바닥에 꽂고 머리에는 선혈처럼 붉은 깃털을 얹은 듯한 모습을 뽐냈다. 게다가 해저 오아시스의 풍경은 뜨거운 온천의 존재로 말미암아 한층 더 깊은 인상을 남겼다. 뜨거운 물기둥들이 해저 밑바닥의 열수분출구를 통해서 솟아나왔기 때문이었다. 함유된 무기질의 종류에 따라 검은 연기 혹은 흰 연기가 먼저 솟아나오면서, 심해의 찬 온도(섭씨 4도)와 만나 물로 바뀌는 것이었다. 대양의 물이 해저 밑바닥 지각 속으로 스며들어 깊은 곳에서 데워지면서 마그마괴*과 접촉하게 되면 다양한 가스들을 함유하게 된다. 그 물이 바위에서 많은 혼합물들을 빨아들이면서 높은 온도 덕분에 해수면으로 올라온다. 황화수소(H_2S) 연기, 기체 상태의 수소, 제일철처럼 축소된 금속들, 메탄 등이 연기가 응결된

* 상당량의 마그마가 지하에 괴어 있는 것.

물속에 풍부하게 녹아 있다.

일부 박테리아들에게는 이 온천 오아시스가 매우 살기 좋은 서식지다. 이 물질들이 바닷물의 산소와 만나면 산화될 수 있기 때문이다. 산화 반응으로 발생한 에너지를 이용하여 박테리아들은 이산화탄소를 유기물질로 바꿀 수 있다. 다시 말해서 이는 빛이 없는 어둠 속에서의 광합성이라 할 수 있다. 우리는 벌써 그 같은 박테리아들을 만나보았다. 2장에서 소개한 바다 갯벌 식물의 뿌리권 속에서 무기질 반응을 통해 먹이를 얻는 박테리아들이 바로 거기에 해당한다. "화학 무기 영양 생물Chemolithotroph"인 이 박테리아들, 다시 말해서 무기 호흡으로 에너지를 얻는 이 박테리아들은 연기가 피어오르는 주변 모든 바위들의 미생물막을 형성한다. 그렇긴 하나 이러한 신진대사는 에너지 확보 면에서 보면 그다지 효율이 높다고 할 수 없다(가령 광합성과 비교해볼 때). 여러 단계로 이루어져 있으며, 많은 양의 무기질을 필요로 하므로 생산되는 바이오매스의 양이 상대적으로 제한적이기 때문이다. 주변 바위를 덮고 있는 미생물막이 별로 두껍지 않다는 사실이 이와 같은 내용을 짐작하게 해준다. 그렇다면 발견된 기관들의 크기에 비해 박테리아들이 생산해내는 바이오매스의 양이 제한적인 것으로 볼 때, 큰 기관을 지닌 몸집 큰 동물들은 무얼 먹으며 살아갈까?

이 온천물까지 구비한 해저 오아시스에 서식하는 풍성한 동물군의 전형이라고 할 수 있는 갈라파고스민고삐수염벌레들을 보자. 길이가 1 내지 3미터에 이르는 이것들의 개체수는 1평방미터당 150에서 200개 정도인데, 동물 세계에서 가장 생장 속도가 빠른 동물들 가운데 하나로 꼽힌다. 2년에서 3년이면 벌써 성체 크기에 도달하니 말이다. 하지만 그 몸의 생김새를 뜯어보면 놀랍기 그지없다. 소화관 자체가 아예 없기 때문이다! 반면 넓적하고 촘촘한 조직이 있는데, 그 조직을 형성하는 세포들은 각각이 수많은 박테리아를 품고 있으며, 이 박테리아들은 산텔라나 콩과식물의 뿌리혹 박테리아들처럼, 격리막 속에 들어 있는 내생공생 상태로 살아간다. 영양체trophosome("먹이다"를 뜻하는 그리스어 tropheein과 "구조"를 뜻하는 soma가 결합한 말)라는 이 큼지막한 기관은 무수히 많은 박테리아에게 서식처를 제공하며, 그 무게가 동물 전체 체중의 35퍼센트를 차지한다. 이렇듯 예외적인 구조 때문에 오랫동안 갈라파고스민고삐수염벌레들의 정확한 유사성이 알려지지 않다가, 형태적인 유사성이 아닌 유전자 비교를 통해서 비로소 밝혀지게 되었다. 민고삐수염벌레들이 깔따구과 생물의 애벌레나 지렁이와 같은 부류에 속하는 환형동물임이 드러난 것이다.

박테리아는 '화학 무기 영양 생물'적인 역량으로 갈라파고스민고삐수염벌레에게 양분을 공급하며, 이에 질세라 녀석들도 상호적으로 박테리아들을 먹여 살린다. 박테리아들은 산소가 있는 환경에서는 황화수소를 산화시킨다. 그렇게 해서 발생한 에너지로 이산화탄소를 성분으로 하는 당류를 만들어냄으로써 숙주 동물과 동시에 식사를 한다. 숙주 동물, 그러니까 갈라파고스민고삐수염벌레는 박테리아가 만들어내는 혼합 물질(호박산염, 글루타민산염 같은 아미노산)과 더불어 박테리아에게 서식지를 제공한 세포들에 의해 소화된 일부 박테리아들까지 먹이로 취한다. 이는 우리 인간이 젖을 얻고 고기를 얻기 위해 소와 양을 대하는 방식과 상당히 비슷하다. 갈라파고스민고삐수염벌레의 머리를 장식하는 빨간 볏은 해수와의 교류를 담당하는 기관으로 혈액이 공급되는 아가미인데, 박테리아에게 필요한 여러 가스들(산소, 황화수소, 이산화탄소)은 여기서 채취되어 영양체로 전달된다. 우리는 앞에서 황화수소가 매우 농도 높은 독성 가스라고 말한 바 있다(개흙에 사는 식물들에 관해 언급하는 대목에서). 그러므로 갈라파고스민고삐수염벌레 내부에서 이 가스가 조직에 손상을 가할 수도 있기 때문에 마음대로 돌아다닐 수 없도록 헤모글로빈과 연결되어 있다. 갈라파고스민고삐수염벌레의 헤모글로빈은 다른 동물들의 헤모글로빈에 비해 그 입자가 훨씬 큰데, 황화수소의 고착을 전담하는 부분이 붙어 있기 때문이다. 이렇게 해서 황화수소는 숙주 동물에게 무해한 형태로 이송된다. 이렇게 되니 헤모글로빈은 일종의 칵테일(황화수소와 산소)을 운반하는 셈이며, 박테리아 안으로 들어간 이 칵테일은 신진대사에 필요한 에너지를 발생시킨다. 황화수소의 산화 과정에서 방출되는 황산염은 혈액을 통해 아가미로 전달되며, 결국 아가미를 통해 몸 밖으로 나간다.

산호 때와 마찬가지로, 동물의 호흡으로 만들어진 이산화탄소는 재활용된다. 적극적으로 퍼 올린 해수에 이산화탄소를 더해 박테리아를 당류 제조에 이상적인 환경 속으로 몰아넣는다. 바닷물 속에서는 소용되는 모든 물질이 원활하게 만날 수 있는 환경이 갖춰지지 않는다. 그래도 공생 덕분에 화학 무기 영양 박테리아는 미생물막 속에 있을 때에 비해서 훨씬 효율적으로 기능할 수 있다. 갈라파고스민고삐수염벌레의 아가미는 또한 해수에서 질산염을 받아들이며, 박테리아는 그것을 가지고 공생 관계에 있는 두 파트너를 위하여 아미노산을 만든다. 이 대목에서 우리는 앞의 장에서 이미 살펴본 초식동물들의 상호적 양분 섭취 과정과 다시 만난다. 그러나 이 경우 초식동물 때에 비해서 동물의 생리와 양분 섭취를 훨씬 많이 변모시킨다. 일부 식물형 동물에서처럼 물에 녹는 수용성 분자들만 받아들이기 때문이다! 척박한 환경에서의 적응으로 말하자면, 이 체제는 산호와 균근에서 살펴본 것과 유사한 조직을 공유한다고 할 수 있다. 한쪽 파트너(동물이건 균류건)가 생태계 속에 흩어져 있는 먹이들을 농축하여 나머지 파트너(박테리아, 산텔라 또는 식물)에게 전해주면, 그 파트너는 그걸 가지고 당류를 만들어냄으로써 공생 에너지를 발생시킨다. 해저 오아시스에서 농축 작업은 공생 상태의 박테리아의 생장을, 자유로운 상태로 살면서 물속에서 직접 먹이를 거둬들이는 박테리아의 생장 수준을 뛰어넘는 높은 수준으로 끌어올린다. 여기서 우리는 소와 산호에서 살펴본 두 가지 기제, 양분 섭취와 생태학적 효율을 향상시키는 데 일조하는 기제를 다시 만난다. 바로 공생을 통한 찌꺼기의 재활용(여기서는 특히 동물 호흡에서 발생하는 이산화탄소의 재활용)이다.

박테리아를 이용해서 신진대사를 하는 동물들

화학 무기 영양 박테리아들을 통한 신진대사는 검은 연기가 토해내는 물질들로부터 동물들을 보호해주는 특성도 지닌다. 황화수소, 제일철 또는 그 외 다른 금속들은 박테리아에게는 유익하나 동물에게는 독성을 지니는 반면, 산화된 형태가 되면 독성이 상당히 약화된다. 화학 무기 영양 신진대사란 사실상 이 유독성 물질들을 산화시킴으로써 해독하는 과정이라고 말할 수 있다! 폼페이 벌레*Alvinella pompejana*라고 하는 지렁이는 블랙스모커*들의 벽에 파인 구멍 속에서 사는데, 이곳의 온도는 섭씨 80도까지도 올라갈 수 있다. 폼페이 벌레 지렁이는 독성 액체가 흐르고, 스모커에서 발생하는 중금속을 잔뜩 함유한 작은 결정체들이 마치 화산재 날리듯(이 때문에 폼페이 벌레라는 이름을 얻게 되었다) 지속적으로 추락하는 환경에 순응하며 산다. 이 녀석은 저 혼자 잘 알아서 먹고 사는 것처럼 보이는데, 십중팔구 생태계 내부에서 자라나는 미생물막을 뜯어먹으면서 살 것으로 추정된다. 하지만

* 해저의 지각 속에서 마그마가 식어서 굳어질 때에 정출되는 고온의 수용액이 바닷물과 반응하여 검은 연기처럼 솟아오르는 것.

녀석은 거죽에 풍부한 섬유성 박테리아들을 지니고 있어서 그 박테리아들이 두께가 1센티미터 정도 되는 양탄자 구실을 한다. 이 양탄자는 아마도 열로부터 보호하는 기능을 가졌을 것으로 추정되지만, 그보다는 오히려 스모커에서 나오는 독성 물질을 차단하는 역할이 더 클 것으로 보인다. 섬유성 박테리아들이 유독 성분을 산화시킴으로써 무독하게 만드는 것이다. 폼페이 벌레 지렁이에게 공생은 순수하게 보호자 역할을 한다.

그런가 하면 열수 분출구 부근 오아시스에 서식하는 다른 많은 동물들은 먹이를 섭취하기 위해 공생 관계를 맺는다. 화학 무기 영양 공생 관계는 적어도 9개의 서로 다른 동물 집단에서 나타나며, 15개의 박테리아 혈통이 여기에 연루되어, 우리가 앞에 나온 장들에서 관찰한 바 있는 동일한 공생이라는 방향으로 나아가는 수렴 진화를 입증해준다. 연체동물 중에서 복족류에 속하는 비늘발고둥Chrysomallon squamiferum은 몸의 물렁한 부분을 덮고 있는 경화된 비늘들 때문에 '발에 비늘이 달린 달팽이'라는 별명으로 불린다. 이 비늘들과 껍질은 각기 다른 여러 금속의 황화물로 이루어졌으며, 녀석은 틀림없이 그것들을 거기에 결정체 형태로 쌓음으로써 해독하는 것으로 보인다. 그러니 자석을 활용하면 녀석을 잡을 수 있다! 동물의 표면에 있는 박테리아들은 독성 물질이 침전되어 쌓임으로써 갑옷처럼 보호 기능을 하도록 만드는 데 기여한다. 비늘발고둥의 소화관은 위축된 상태이나, 그럼에도 식도 가까이에 넓적한 샘을 지니고 있으며, 이 샘이 전체 체중의 10퍼센트를 차지한다. 이 샘은 내생공생 관계이며 화학 무기 영양 공생 박테리아들로 가득 차 있다. 이 박테리아들을 먹여 살리기 위해 고둥은 매우 발달한 아가미를 지니고 있는데, 갈라파고스민고삐수염벌레가 하는 것처럼 이 아가미를 통해 주변 물과 교류한다. 비늘발고둥은 또한 제법 부피가 큰 심장(체적의 4퍼센트)을 지니고 있으며, 이 심장 덕분에 박테리아들에게 풍부하게 물을 대줄 수 있다. 그러니 이들 박테리아가 보기에 비늘발고둥은 분명 넓은 마음(심장)을 가진 동물임에 틀림없다. 한 가지 재미있는 것은 고둥이 무기질 똥을 싼다는 사실인데, 이는 십중팔구 공생 샘 속에 서식하던 박테리아들의 잔재에서 비롯된 배설물일 것이다.

공생하는 이매패류 역시 매우 흔한데, 그중 일부는 크기가 20에서 30센티미터에 이른다. 이들은 소화관은 퇴행한 대신 아가미는 매우 발달해서, 그곳을 내생공생 중인 박테리아들의 서식지로 제공한다. 이매패류의 아가미가 정확하게 어떤 것인지 이해하기 위해서 굴을 열어보자. 줄무늬가 새겨진 회청색의 얇은 막판이 굴의 아가미로, 마치 굴이 속치마를 입은 것처럼 보이게 한다. 굴이 물속에서 껍질을 슬며시 열면, 아가미는 순환하는 물의 흐름 속에 매달린 상태로 호흡에 필요한 산소를 포획한다. 홍합과 가까운 친척인 심해 열수 홍합류Bathymodiolus는 갈색 껍질을 가진 개체들이 양분 많은 열수의 흐름과 가까운 곳에 군집을 형성한다. 반쯤 열린 껍질 안으로 들어온 해수가 몸 안을 돌면서 온갖 종류의 양분을 아가미에 공급한다. 이러한 홍합들 가운데 하나인 대서양 열수 오아시스의 아조리쿠스 심해홍합Bathymodiolus azoricus은 공생 적응의 유연성을 보여준다. 이 종에 속하는 홍합들의 아가미에서는 두 가지 유형의 내생공생 박테리아가 마구 뒤섞인 채로 살면서, 일부는 황화수소를 산화시키고, 다른 일부는 메탄을 산화시킨다. 이 두 유형의 박테리아는 상대적으로 그 수가 많은 편인데, 이는 주변 해수의 구성 성분과 상관관계가 있다. 때문에 홍합은 주변 생태계에서 지배적인 양분을 가장 효율적으로 활용할 수 있다! 아가미를 서식지로 삼은 박테리아 덕분에 황화수소가 홍합의 몸 안으로 이동하기란 불가능하다. 또 다른 이매패류인 심해 대형 대합류Calyptogena magnifica는 유체들이 덜 풍부한 지역에서 사는데, 그렇기 때문에 몸의 연장이라고 할 수 있는 한 부분이 유난히 발달했다. '발'이라고 불리는 이 부분은 껍질에서 나와, 마치 입맛을 다시는 혀처럼 적극적으로 지층의 균열된 틈을 파고든다. 이처럼 균열된 틈 속에는 황화수소를 잔뜩 품은 유체들이 돌아다닌다. 발 부분을 순환하는 혈액은 아가미에 서식하는 박테리아들에게, 독성으로부터 생물체를 보호하는 기능을 전담하는 이동 단백질에 고착된 황화수소를 공급한다. 한편, 반쯤 열린 껍질 속으로 들어온 해수로부터 얻어지는 산소는 혈액 속의 헤모글로빈을 통해서 몸 안을 돈다.

이러한 동물들의 조상은 분명 생태계에서 포획한 박테리아를 먹었을 것이다. 미생물막을 뜯어먹는 식으로 직접 먹었을 수도 있고(복족류), 이매패류처럼 아가미의 도움을 받아 물을 여과시키는 과정에서 먹었을 수도 있다. 아마도 이 같은 포식 형태의 먹이 섭취 관계에서 시작하여, 여러 차례에 걸쳐 수정되면서 보다 밀접한 공생 관계가 맺어진 게 아닐까. 아무튼 산텔라와 클로렐라(우리는 9장에서 세포들이 소화시키지 못한 미생물들이 내생공생 생물체의 원조 격임을 다시 확인하게 될 것이다)는 그런 식으로 발전해나갔다. 그러므로 그 과정에서 서식지만 제공받을 뿐, 소화되지는 않는 박테리아들은 먹잇감에서 유기물질 공장으로 그 지위가 바뀌었다고 보아야 한다. 그에 따라 동물들은 가스 상태의 물질 또는 수용성 물질만을 채취하기 시작했다. 그들의 소화관이 퇴화한 것은 그 때문이다(심해 열수 홍합류에는 아직도 소화관이 남아 있으나 심해 대형 대합류에서는 아예 자취를 감추었다). 아무튼 먹이 섭취에 있어서는 물론 심지어 형태면에서도 알아볼 수 없을 정도로 변한 이 동물들은 공생 덕분에 조상들은 척박하고 살 수 없는 곳이라고 여겼을 것이 분명한 생태계에서 적응하고 보호받을 수 있었다.

적응 문제를 넘어서, 이 생명체들은 먹이를 농축하고 파트너들 간에 원활하게 양분을 섭취하는 과정에서 대대적으로 바이오매스를 생산하기도 한다. 박테리아의 미생물막과 더불어 이들이 생산하는 바이오매스는 공생 생물을 갖지 못한 다양한 동물들에게 먹을거리를 제공한다. 이렇게 해서 해저 오아시스 생태계가 정착한다. 산호의 생태계에서 보았듯이, 이 해저 오아시스 생태계도 부차적으로는 다른 동물들의 서식지가 된다. 해저 오아시스 생태계가 동물들로 하여금 자기 힘으로 유기물질을 만들어서 이를 양분으로 삼아야 하는 노역에서 벗어나게 해주기 때문이다.

냉수 용출대와 뿌리를 가진 동물

해저 탐사는 사막을 예상했던 사람들에게 또 하나의 예외를 선사했는데, 이 예외 역시 상당 부분 공생에서 기인하는 것이었다. 1983년, 멕시코만에서는 잠수 작업이 진행되었다. 해저 오아시스가 존재하는 열수대와는 멀리 떨어진 곳이었다. 하지만 이곳에서도 역시 전혀 예상하지 못했던 생물 다양성과 바이오매스가 발견되었다. 이곳에서도 역시 해저에서 동물들이 직접 먹을 수는 없으나, 박테리아의 먹이는 될 수 있는 물질들이 솟아나왔다. 이러한 냉수 용출(섭씨 영하 40도 이하)은 이곳 생태계에 다소 음울한 분위기를 풍기는 '냉수 용출대'라는 이름을 붙여주었다. 유체들은 인근 암석들이 품고 있는 압력에 의해 분출되며, 이때 황화수소, 메탄, 탄화수소 등도 함께 분출된다. 바베이도스섬 부근처럼, 냉수 용출은 대양 판이 다른 판 아래로 들어가는 곳, 또는 아마존강이나 미시시피강 같이 큰 강의 하류처럼 침전물이 많이 쌓인 곳에서 주로 일어난다. 다시 말해서 침전물이 강한 압력을 받고 있는 곳이면 어디에서나 일어날 수 있다는 뜻이다. 그러므로 물의 깊이는 경우에 따라 다르다. 열수 분출이 대개 해저 1,500에서 3,500미터에서 일어나는 것과는 달리, 냉수 용출은 어떤 깊이에서도, 심지어 수면에서 아주 가까운 얕은 곳에서도 일어난다.

이곳에서도 많은 동물들이 먹이를 소화하지 못하며, 포획하지도 못한다. 이곳에는 적어도 각기 다른 다섯 개 이상의 과科로 이루어진 다양한 공생 이매패류가 산다. 비단조개과Solemyidae, 꽃잎조개과Lucinidae(여기에 대해서는 뒤에서 조금 더 자세히 살펴볼 예정이다), 베시코미대과Vesicomyidae, 말발조개과Thyasiridae, 그리고 홍합과Mytilidae, 이렇게 다섯 가지다. 이 마지막 집단은 홍합과 심해 홍합 부류로, 사실상 심해 홍합 부류가 냉수 용출대도 콜로니화한 상태다. 또한 대형 관벌레과(시보글리니대Siboglinidae)의 지렁이들도 찾아볼 수 있는데, 그중에는 놀랍기 그지없는 에스카르피아Escarpia와 라멜리브라키아Lamellibrachia도 포함된다. 이것들은 행태나 기능 등 어느 면에서나 갈라파고스민고삐수염벌레와 유사한데, 유일하게 다른 점은 이들의 성장 속도가 매우 느리다는 것이다. 열수 분출구 주변 오아시스에서 블랙 스모커가 분출하는 것에 비하면 냉수 용출의 강도가 훨씬 덜 하기 때문이다. 라멜리브라키아 역시 갈라파고스민고삐수염벌레처럼 1미터가 넘게 자랄 수 있다. 1세기에서 2세기에 걸쳐서 사는 장수 동물이기 때문이다.

다소 예상을 뛰어넘는 적응력 덕분에 이것들은 박테리아들에게 필요한 황화수소 포획을 최적화할 수 있다. 처음으로 이것들을 포획하려 시도했을 때에는, 제아무리 힘껏 잡아당겨도 바위에서 떼어낼 수 없었다. 그 후, 사람들은 이 두 종이 무수히 많은 신체 확장을 통해 암석의 균열을 비집고 들어갈 수 있는 매우 복잡한 네트워크를 형성하고 있음을 알아냈다(동물 소화관의 표면적이 넓을수록 더 멀리 뻗어나갈 수 있다). 이러한 신체 연장을 통해서 바위 한가운데에서 포획된 유체가 바다로 흩어지는데, 이는 일종의 뿌리 체계와 다를 바 없다! 이들의 뿌리 체계는 심해 대형 대합의 발처럼 먹이 사냥에 있어서 선수를 치는 셈이라고 할 수 있는데, 조개보다 훨씬 효율적이다. 황화수소를 찾아내기 위해 해저 층에 뿌리를 내리고, 아가미 털을 이용해서 바다 속의 산소와 이산화탄소(그리고 질산염까지도)를 탐사하는 에스카르피아와 라멜리브라키아는 토양과 대기, 즉 양분이 있는 공간 사이에서 성장해나가는 식물과 더 닮은 점이 많다.

닮은 점이 많은 정도가 아니라, 라멜리브라키아는 '뿌리'의 형태는 물론 뿌리권 공생 박테리아까지도 지니고 있다. 실제로 이것들의 뿌리는 암석과 접촉하면 황화수소의 산화 과정에서 내생공생 박테리아에 의해 배출되는 황산염을 방출한다. 이 단계에서 이웃한 박테리아들은 자기들의 신진대사를 위해 이 황산염을 사용한다. 박테리아들은 이 황산염 덕분에 호흡을 할 수 있으며, 황산염은 박테리아들을 위해 산소를 대체한다. 이러한 신진대사는 국지적으로 황산염을 황화수소로 바꾸어놓고, 이는 다시 라멜리브라키아 내부에서 활용된다.

좀 더 일반적으로, 사람들은 심해 밑바닥에 가라앉은 찌꺼기들의 총체가 그것들이 부패하는 동안에 한해서라도, 공생 동물들이 풍부하게 참여하고 있는 공동체를 받아들여 이를 유지해나가고 있음을 관찰했다. 침몰한 선박에 실려 있던 식량, 죽은 고래, 또는 강물에 실려와 대양 한가운데에서 가라앉은 썩은 목재 등이 다만 얼마 동안이라도 화학 무기 영양 박테리아들이 필요로 하는 유체들을 내뿜는다. 해저에 쌓여 있는 바이오매스 한가운데에서 진행되는, 그렇기 때문에 산소의 개입이 배제된 박테리아에 의한 부패 과정에서는 냉수 용출의 산물(황화수소, 메탄)과 비슷한 혼합물들이 분출된다. 산소가 좀 더 많이 함유된 주변의 해수와 접촉하게 되면 이러한 산물들은 화학 무기 영양 박테리아 혹은 예를 들어 심해 홍합처럼 그것들에게 서식지를 제공하는 동물들의 먹이가 된다. 더구나 사람들은 심해 여기저기에 축적되어 있는 그처럼 좋은 기회들이 문자 그대로 해수 표면 또는 연안에 사는 동물 무리를 좀 더 깊은 곳으로 유인하지는 않았을까 하는 호기심도 품어보게 된다. 돌다리를 하나씩 건너가다 보면 결국 내를 건너듯이, 동물들은 조금씩 조금씩 깊은 바다를 향해 나아가며 이런 환경에서 살기 위해 반드시 요구되는 박테리아까지 포함하는 생태계를 만들어갔을 것이다.

해저 깊은 곳을 떠나기에 앞서, 마지막으로 지렁이 한 종류만 더 만나보자! 오세닥스Osedax라고 하는 이 지렁이 종은 고래 사체에 들어 있는 뼈에서 양분을 취하기 위해 박테리아를 활용한다. 그런데 그 방식이 다른 시보글리니대과 동물들과는 차이가 난다. 오세닥스라는 이름은 라틴어로 '뼈를 탐식하는 자'를 뜻하지만, 때로는 오세닥스를 좀비라고도 부른다. 눈도 없고 입과 소화관마저도 없기 때문이다. 호흡하기 위한 아가미와 풍부한 실뿌리 같은 뿌리들만 있어서 이것들이 산을 분비하여 뼈를 녹이고 죽은 고래의 뼈 속으로 들어간다. 뼈 속으로 들어가는 이러한 뿌리들은 다양한 종류의 공생 박테리아들, 특히 뼈의 무기질화 과정에서 섞인 복잡한 단백질 분자들을 추려내는 역량을 지닌 박테리아들을 거느리고 있어서 이것들이 소화를 도와준다. 여기서 우리는 초식동물들과 공생하는 미생물들을 연상시키는 소화제 역할을 만나게 된다.

우리에게 보다 가까운 사례로는, 화학 무기 영양 박테리아와 결합한 지렁이, 이매패류 생물들이 있다. 이들은 열대 해안의 맹그로브 숲, 온대 해안의 갯벌(앞에서 이미 다루었다), 또는 바다 속 수초 무리와 같이 연안의 개흙 속, 유기물질이 풍부한 침전물 속에서 산다. 바다 속 수초 무리는 거머리말이나 포시도니아(지중해 연안에 사는 사람들이라면 물가에 쌓여 있는 포시도니아의 잔재를 잘 알고 있다)처럼 다시금 물속으로 돌아간 식물들이 가득한 진정한 해저 초원이라 할 수 있다. 이러한 수초 무리는 매우 다양한 동물들을 거두고 있는데, 주로 성년이 되기 전 유아기 동물들이다. 예를 들어 해마도 여기서 산다. 뿌리들이 바닥에서 입자가 곱고 유기물질이 풍부한 개흙을 단단히 붙잡아두면, 죽은 고래의 뼈 안에서도 그랬듯이 그 안에서 산소 결핍 상태의 박테리아가 신진대사를 진행하는 과정에서 뿌리에 유독한 혼합물(황화수소, 제일철 등)을 배출한다. 이 물질들은 독립적으로 살건 꽃잎조개과 계열 소형 이매패류의 내부에서 내생공생 관계를 맺고 살건, 화학 무기 영양 박테리아의 먹이가 된다. 그런데 이 공생에 식물이 개입한다. 우리는 2장에서 뿌리권의 화학 무기 영양 박테리아들이 어떻게 개흙에서 이 분자들을 통해 영양을 섭취하는 동시에 이것들을 뿌리로부터 유입된 산소와 반응하게 함으로써 해독하는지 살펴보았다. 많은 수초 무리들 속에서 이와 유사한 공생 관계가 식물과 꽃잎조개 사이에서 맺어진다. 식물은 줄기와 뿌리의 세포들 사이의 공간을 통해 바닷물로부터 유입되거나, 잎사귀들의 광합성으로부터 얻은 산소를 제공한다. 산소와 침전물에서 얻어지는 황화수소를 공급받은 뿌리권의 꽃잎조개는 자기들이 거느린 박테리아에게 양분을 공급할 수 있다. 그리고 그들을 통해 자기들도 독성의 황화수소를 식물을 공격하지 않는 황산염으로 바꿈으로써 양분을 섭취할 수 있게 된다. 실험에 따르면, 식물과 뿌리권 이매패류의 공존은 두 파트너 모두의 생장에 도움을 준다. 이는 사실 제3의 공생생물이라고 할 수 있는, 꽃잎조개 안에 서식하는 화학 무기 영양 박테리아 덕분이다.

결론적으로 말하자면…

척박한 해양 생태계에서 살아가는 동물들 역시 절대 혼자가 아니다. 다양한 공생이 동물들이 살 수 있는 생태계의 반경을 눈에 띄게 넓혀주기 때문이다. 산호들의 척박한 환경이나 심해 바닥 속, 동물들은 활용할 수 없는 영양분을 함유한 유체들로 이루어진 생태계를 생각해보라. 이 두 가지 경우, 여러 계열의 자생 동물들에게 같은 유형의 공생 관계가 자리를 잡았는데, 바로 단세포 조류들 혹은 화학 무기 영양 박테리아들과의 공생이다. 물론 이러한 관계는 처음에는 양분 섭취를 목적으로 시작되었을 것이 확실하다. 이 생물들의 조상이 어느 날 어쩌다가 '길들인' 미생물들을 소화시켜 양분을 취했을 가능성이 무척 높으니까. 바꿔 말하면, 이 조상들은 미생물들을 품어주면서, 일종의 감금 상태에 놓인 이들에게 양분을 공급하는 역량을 획득했을 것이다. 이와 동시에 그들을 먹어서 소화시키는 일 없이, 그러니까 미생물의 세포가 아닌 그들이 만들어내는 물질에서 양분을 취하는 방식도 터득했을 것이다.

혼합 세포, 심지어 영양체 같은 혼합 기관도 생겨나게 된다. 이와 같은 혼합 구조는 동물을 완전히 새롭게 다시 그린다. 소화관의 상실이나 한 자리에 고착된 삶으로의 이행, 이동성 상실의 전후로 나타나는 차별성의 상실(가령 대형 관벌레나 갈라파고스민고삐수염벌레는 머리를 상실했다) 등을 자주 관찰하게 되는 것이다. 미생물 동반자를 얻은 이들 동물들은 실제로 무기영양Chemoautotrophy, 생태계에서 유기질을 (지나치게 많이) 포획하지 않고도 먹이를 섭취하는 역량을 부분적으로 혹은 완전히 획득하기에 이르렀다! 그러므로 우리는 여기서 공생에 의한 진화 혁신의 한 사례를 만나게 된다. 하나의 계열 전체가 미생물과의 공생을 통해서 완전히 새로운 특성을 얻게 되는 것이다.

이에 따른 생태학적 결과는 우리가 균근 공생 식물에 의한 육지 생태계 정복에서 묘사했던 내용을 그대로 상기시킨다. 다른 것들보다 특히 미생물막과 몇몇 작은 동물들이 주를 이루던 생태계에서 풍성한 바이오매스, 즉 몸집 큰 동물들도 풍부하게 서식하는 생태계로 넘어가게 되는 것이다. 이 모든 공생은 순수하게 미생물 본위의 상태에서 하나의 생태계를 도출해내는 데 일조한다. 몇몇 효과들이 결집되어 그리 된다는 것을 우리는 앞에서 보았다. 유기질을 만들어내는 역량을 지닌 파트너와 생태계에서 그러모을 수 있는 먹이들을 농축하는 역량을 가진 다른 파트너, 동물이 더 이상 먹잇감을 사냥할 필요가 없고 자기의 내생공생생물체 내부에서 자기 찌꺼기 일부를 재활용할 수 있게 만들어주는 공생 결합의 효율성, 그리고 파트너들 사이에서 서로를 보호해주는 기능 등이 모두 한데 뭉치는 것이다.

이쯤에서 우리의 일상적인 풍광과는 너무도 거리가 먼 이국적인 공간은 떠나도록 하자. 그리고 지금부터는 이 동물들이 어떻게 도처에서 적응할 수 있었는지 살펴보자. 적응을 돕는 공생의 역할은 우리와 직접적인 이웃 관계에 있는 지상의 수많은 동물들에게서도 찾을 수 있다. 4장에서 다룬 초식동물들을 넘어서, 지금부터는 미생물들이 어떻게 곤충들의 놀라운 다양화 과정을 도왔는지 찬찬히 들여다보도록 하자.

6장

곤충들의 식생활을 다채롭게 해주는 추가 기능
— 곤충을 다양화하는 미생물

이번 장에서는 개미들이 사회 생활하는 균류를 배양하고, 흰개미들은 그런 개미들을 흉내 내는 이야기, 세 파트너 사이의 공생을 발견하게 된 이야기, 곤충들이 식물을 과녁으로 삼거나 혹은 균류의 도움을 받아 식물을 조종하는 이야기, 곤충 안에 깃들어 있는 박테리아와 효모들이 다양한, 그러나 때로는 매우 혹독하면서 특화된 생활 방식 또는 먹이 섭취 방식에 적응하도록 도와주는 이야기, 일부 미생물들이 실제로는 보충 먹이로 사용되는 이야기 등을 소개할 것이다. 그리고 마지막으로, 곤충과 공생 중인 균류나 박테리아가 어떻게 자율성을 잃는지, 심지어 자기의 유전자까지 상실할 정도로 특화되는지에 대해서도 살펴볼 것이다!

정원 가꾸는 개미들의 고속도로

아메리카 대륙의 열대 지역에 익숙한 사람들에게는 다음과 같은 광경이 전혀 낯설지 않을 것이다. 땅바닥에서 녹색 잎사귀와 온갖 색상의 꽃들이 이리저리 뒹굴면서 끊임없이 길게 줄지어 또르르 굴러다닌다. 그리고 그 가까이에서는 아티니족에 속하는 개미들의 행진에 놀란 식물 조각들이 대기 중으로 화들짝 튀어 오른다. 치안을 맡은 병정개미 병력도 이 광경을 지켜보기만 한다. 게다가 식물 조각을 운반하는, 몸길이가 1센티미터나 되는 몸집 큰 일꾼들의 행렬을 체구 작은 개미 병졸들이 호위한다. 몸길이가 1밀리미터도 안 되는 작은 개미들은 아예 운반되는 식물 조각 쪽에 몸을 싣기도 한다. 그 작은 개미들은 식물 조각을 깨끗하게 닦고, 하늘에서 이들의 행렬에 희망을 걸고 지켜보는 날개 달린 적들(특히 기생파리과에 속하는 무리들은 일꾼 개미들의 몸속에 알을 낳을 기회를 호시탐탐 노린다)의 공격으로부터 동료들을 보호한다. 일꾼 개미들로 말하자면, 이들은 우선 숲의 나무와 식물들에서 잎사귀 또는 살아 있는 꽃을 잘라내어 식물을 조각낸다. 녀석들은 유난히 발달된 주둥이 덕분에 '리프커터leafcutter'라는 영어 이름까지 얻었다.* 반면 프랑스령 카리브해 연안 지역에서는 '마니옥 개미fourmis manioc'라는 표현을 쓴다. 그건 그렇고, 이들의 행렬은 어디로 향하는 걸까?

때로는 수백 미터에 이를 정도로 긴 여정은 점점 더 넓어지면서 주변은 탁 트인 일종의 터널이나 간선도로 같은 보금자리로 수렴된다. 일부 일꾼

---

* 우리말로는 잎꾼개미 또는 가위개미라고 한다.

들은 토목 공사 때 지름이 꽤 되는 흙 터널을 파듯, 흙을 파내는 일을 한다. 이렇게 파면 드나들기가 훨씬 수월하다. 잔디밭에서 녀석들이 파놓은 축은 일종의 검은 고랑을 형성하며, 그곳은 쉴 새 없이 이어지는 운반 작업으로 분주하다. 보금자리는 개미의 종류(지구상에는 200여 종의 아티니족 개미들이 존재한다)에 따라 그 크기가 제각각이다. 무리별로 개체 수가 100여 마리에 불과한 몇몇 종은 호두알만큼 작고 단칸방으로 이루어진 보금자리를 마련하는가 하면, 아타Atta라고 하는 종이 판 보금자리는 거대하기 이를 데 없다. 중앙부, 그러니까 반쯤은 땅 속에 묻혀 있는 그 부분의 지름이 40미터에 이르며, 그 지점을 중심으로 하여 여러 갈래로 뻗어나가는데, 그 거리가 80미터까지 되기도 한다. 또한 지하로도 깊이 6미터가량 될 때까지 파들어 간다! 이렇게 거대한 보금자리에는 수백만 마리의 개미들이 드나든다. 이 보금자리는 높이가 꽤 되는 궁륭에 바닥은 평평하게 다져진 방들이 쭉 늘어선 일종의 회랑으로 구성되어 있어서, 따지고 보면 단칸방 하나로 이루어진 작은 보금자리나 다를 바 없다. 그리고 바로 그곳에서 운반된 잎사귀들이 소비된다. 하지만 개미들이 직접적인 소비자는 아니다.

식물은 개미들에게도 우리가 4장에서 살펴본 소 같은 척추동물들과 똑같은 문제를 일으킨다. 소화시키기 좋은 극히 일부분의 세포 내용물을 제외하고는 식물이 셀룰로오스와 리그닌으로 된, 그래서 소화하기 매우 어려운 세포벽을 지니고 있기 때문이다. 그렇기 때문에 이 개미들은 그런 일은 아예 하지 않는다. 그저 잎사귀에 들어 있는 세포 즙만 빨아들여 부족한 양분을 보충한다. 나머지 개미의 먹이에 대해서는 이제부터 살펴보자. 방방마다 작은 일꾼들, 즉 정원 일을 하는 개미들이 식물 조각을 더 작은 조각으로 잘라, 안에서 배양하고 있는 균류(먼저 가져온 식물 조각들로 버섯을 배양한다)의 흰 덩어리인 잎죽 위에 얹어놓는다. 이렇듯 거듭 운반해오는 새로운 잎사귀들은 차곡차곡 쌓여 버섯을 배양하는 배지培地가 된다. 한편, 균류는 셀룰로오스뿐만 아니라 리그닌을 소화하는 데 필요한 효소를 지니고 있다. 식물을 미리 잘게 조각내는 것은 되새김질에서 보았듯이 미생물과 그것이 지닌 효소, 그리고 식물이 맞닿는 표면적을 늘리기 위해서다. 여기서도 역시 습기와 산소 처리 문제는 해결된다. 보금자리에서 10여 센티미터 위에 세워진 굴뚝이 덥고 산소가 부족한 공기를 빼낸다. 이러한 통풍 기제 덕분에 리그닌을 공략할 수 있다. 리그닌 공략은 많은 양의 산소를 필요로 하는 산화 과정이므로, 거의 환기라고는 되지 않는 되새김질 척추동물의 소화관 내부에서는 불가능하다.

그러므로 개미들을 위한 고속도로는 두 파트너가 공동으로 진행하는 소화, 즉 개미 사회 수준에서의 공생이 외부로 드러난 부분에 불과하다고 할 것이다. 이 공생은 인간이 파리 버섯을 양식하고, 그 버섯을 통해서 그것들이 섭취한 퇴비(그러나 우리는 소화시킬 수 없는 물질)를 간접적으로 섭취하게 되는 방식을 상기시킨다!

6장은 미생물과 동물 사이의 결합을 설명하는 세 번째 장이다. 그중에서도 특별히 곤충의 다양한 미생물 공생에 관해 다룰 것이다. 우리는 미생물들이 어떻게 곤충의 생태계에 개입하는지 발견할 것이다. 때로는 일부 개미들과 일부 흰개미들처럼 사회생활의 한 요소로서, 때로는 다양한 먹이(이 먹이라는 것도 전혀 예상하지 못한 것일 수 있다)에서 양분을 취하기 위해 전혀 예상하지 못했던 곳에서 미생물들을 기르는 다른 수많은 종들에서처럼, 각 개체 수준에서 미생물의 개입이 이루어진다. 우리는 이 미생물들이 어떻게 양분 섭취를 돕는지도 물론 보겠지만, 이들이 어떻게 구축, 방어, 공격 등에 필요한 기제를 활용하는지도 알게 될 것이다. 마지막 단계에서는 이러한 단계에 개입하는 박테리아와 균류가 어느 정도까지 변모되고, 곤충과 얼마만큼 밀접한 의존관계에 놓이는지, 그것들이 어떻게 경우에 따라 곤충의 맹장 같은 존재가 되는지 보게 될 것이다.

삼각관계 공생을 위한 보금자리!

보금자리 내부에서 개미들은 대규모로 균류, 곧 버섯을 기른다. 아타 같은 종의 군집은 날이면 날마다 성년이 된 소만큼이나 엄청난 양을 먹어댄다! 아메리카 대륙의 열대 지역에서는 아티니족 개미들이 숲의 잎사귀 총량의 12 내지 17퍼센트에 해당하는 양을 먹어치운다. 이 개미들은 숲보다 더 개방적인 장소에도 포진하고 있어서, 그러한 지역의 농업에 수십억 유로의 비용을 발생시킨다. 하지만 이 개미들은 품질에도 신경을 많이 쓰는 까닭에 자기들이 기르는 균류가 유독 성분에 감염된 잎사귀들이나 제초제 찌꺼기 등으로 인해 생산량이 저하될 경우, 그것의 활용을 멈추고 감염된 부분을 배지에서 제거해버린다. 땅바닥을 기어가는 개미들의 행렬에 이따금씩 꽃잎들이 끼어드는 것도 다 이런 이유 때문이다. 꽃잎들은 유독성 혼합물이 가장 적고 따라서 균류가 가장 선호하는 기관이기 때문이다. 개미들은 균류를 배양하는 맷돌 모양 배지에 자기들의 배설물을 몇 방울 떨어뜨린다. 곤충들의 경우, 이 배설물은 질소(요산)와 인을 함유한 채 장으로 방출된 찌꺼기들을 포함하고 있다. 소의 타액의 사례에서 보았듯이, 동물은 질소와 인이 함유된 거름을 미생물들에게 내어주는 것이다.

균류는 레우코아가리쿠스속Leucoagaricus에 속하는데, 이는 우리들 가까이 있는 숲속에서 낙엽들을 먹이삼아 살아가는 갓버섯속이나 큰갓버섯과 가까운 친척지간이다. 아티니족 개미들의 종류에 따라 최근에 개미들과 공생관계를 맺게 된 것들도 있고, 그와 반대로 이미 수백만 년 전부터 꺾꽂이 방식으로 번식된 종일 것으로 추정되는 것도 있다! 이 레우코아가리쿠스속 버섯들은 나뭇잎 세포벽의 혼합물들, 즉 셀룰로오스와 리그닌을 소화한다.

균류 배양 맷돌에서 제일 오래된 부분은 하얗게 보이는데, 이는 균사들로 뒤덮였기 때문이다. 개미들은 거기서 우리가 흔히 공길리디아gongylidia라고 부르는, 끄트머리가 부풀어 오른 균사 다발을 뜯어먹는다. 이처럼 끝부분이 부풀어 오르는 것은 개미가 균사 다발을 뜯어먹는 행태를 보이기 때문이다. 개미가 없는 실험실 배양에서는 공길리디아가 나타나지 않으며, 실험삼아 균사를 반복적으로 끊어내면 그러한 형태 변화를 야기할 수 있다. 곤충의 찌꺼기를 재활용하는 과정에서 배출되는 당류와 지방, 단백질이 풍부한 이 공길리디아는 개미에게 양분을 공급한다. 성년이 된 개미들은 자기들이 균류를 위해 관리하는 나뭇잎에서 흐르는 세포액으로 양분을 섭취한 상태이나, 이 공길리디아로 양분을 보충한다. 보금자리에서 밖으로 나오는 일이 없는 개미의 애벌레와 여왕개미는 순전히 이것만으로 양분을 취한다. 소의 경우와 마찬가지로, 미생물의 일부가 동물의 먹이가 되는 것은 동물이 미생물을 잘 보살펴준 데 대해 마땅히 지불해야 할 대가라고 보아야 할 것이다. 공길리디아의 일부 효소들은 손상 없이 온전하게 정원 가꾸는 개미들의 소화관을 통과한다. 그것들이 온전하게 유지되는 기제는 아직까지는 약간 신비스러운 상태로 남아 있다. 아무튼 식물 조각들을 공격할 수 있는 이들 효소들은 균류 배양용 맷돌 모양 배지에 공급된 배설물 속에서 재활용된다.

개미들과 결합한 균류는 자연 속에서 절대 혼자가 아니다. 사실 균류는 자기를 길러주는 곤충이 없이는 전혀 경쟁력이 없다고 봐야 한다. 실제로 개미들은 정원의 풀을 뽑음으로써 균류가 경쟁자들과 맞설 수 있도록 도와준다. 우선, 몸집 작은 일꾼 개미들이 보금자리에 도착한 잎사귀들 가운데에서 오염된 부분을 닦는다. 그런 다음 정원사 개미들은 배양 맷돌의 감염된 부분을 보금자리 밖으로, 혹은 격리된 방으로 솎아낸다. 거기서 더 나아가, 개미들은 항생제를 방사해 달갑지 않은 미생물들의 증식을 억제한다. 언제라도 사고가 일어날 수 있기 때문이다. 가령 배지에 기생하지만 개미들이 먹을 수 없는 에스코봅시스균류Escovopsis가 나타나 증식을 계속해서 보금자리 전체를 쑥대밭으로 만들 수도 있는 노릇이니 말이다! 에스코봅시스 같은 기회주의자들을 제거하기 위해 개미가 내보내는 항생제는 사실 엄밀하게 말하자면 개미가 만든 물질이 아니다. 이를 획득하기 위해서 개미들은 또 다른 공생생물의 도움을 받는다.

개미 외피의 일정 부분은 희끄무레한 털 같은 것으로 싸여 있는데, 이는 정원사 개미들에게 한층 더 풍부하다. 정원사 개미들의 몸에는 작은 샘들이 파여 있는데, 여기서 방선균목 슈도노카르디아Pseudonocardia 부류의 박테리아들을 기른다. 방선균목 박테리아는 방선균에 속하며, 이 무리는 긴 섬유들을 형성한다. 우리는 3장에서 이 무리의 대표 주자 격으로, 공생 관계에서 식물 뿌리에 질소를 고정하는 프랑키아속을 만나보았다. 방선균은 항생제 생산자다. 우리 인간들도 일부 방선균이 만들어내는 악티노마이신과 스트렙토마이신을 사용한다. 방선균목에 속하는 생물들은 특히 에스코봅시스에게 치명적인 항생제를 만든다. 정원사 개미의 외피샘에서는 박테리아에게 양분이 되어주는 분비물과 만들어진 항생제를 배출하는 데 필요한 유체를 생산한다. 이렇듯 두 파트너에 비해서 훨씬 은밀하고 조심성 많은 세 번째 파트너가 이러한 공생 관계 구축을 마무리한다.

콜로니, 즉 집락을 세울 때 여왕개미는 외피에 서식하는 박테리아를 데려오며, 턱 사이 또는 구강 게실 안에 균류의 균사를 담아온다. 여왕개미는 첫 번째 방을 파고 거기에 배설물을 방출한 다음 그 위에 입안에 담고 있던 종균을 토해낸다. 그런 다음에야 그 위에 알을 낳는다. 이렇게 해서 태어나는 일개미들이 곧 균류가 성장할 수 있도록 돌본다. 균류가 세대를 거듭하면서 계속 상속되고 번식되어 나가는 동안, 개미 외피의 박테리아 군단들 역시 생태계 내부에서 이따금씩 새로운 방선균목 생물들을 스카우트하기도 한다.

버섯을 재배하는 개미들

아티니족 개미 외에도 다른 몇몇 종의 개미들이 진화 과정에서 버섯 재배법을 발명했으나, 이들은 아티니족 개미들에 비해서 그 행보가 훨씬 조심스러웠다. 동료 학자인 룸세스 블라트릭스Rumsais Blatrix는 개미와 식물이 결합하는 공생, 그러나 얼핏 보기에는 미생물 공생과는 닮은 것 같지 않은 공생을 연구한다. 열대 지역에서는 다양한 식물들이 개미에게 서식처를 제공함으로써 보호받는 방식을 발달시켜왔다. 이는 2장에서 언급했던 온대 지역에서 진드기들이 나뭇잎을 보호하기 위해 작동시키는 기제와 유사하다. 이러한 식물들에게는 도마티아(종류에 따라 줄기나 잎의 주름 사이 공간에 의해 형성된다)가 있어서 개미들이 애벌레들과 더불어 살 수 있는 은신처가 되어준다. 이러한 식물들은 줄기나 잎에서 단물을 만들어내어 성충 개미들을 먹여 살린다. 경우에 따라서는 즙이 많은 소체를 만들어내기도 하는데, 이는 '유아기'에 적합한 양분으로, 성충 개미들은 이 소체를 애벌레들에게 먹인다. 상호부조를 위해 개미들은 식물을 건드리는 다양한 크기의 곤충들이나 초식동물들을 공격하여 식물을 지켜준다. 그 결과 곤충들과 초식동물들은 빠른 시간에 이런 식물들은 피하는 것이 신상에 이롭다는 것을 학습하게 된다! 그런가 하면 개미들은 자기들의 집과 먹이를 보호한다는 생각에 한층 더 의욕 충만하여 적을 공격한다. 그렇다면 도대체 이 과정의 어디에 균류가 등장한단 말인가?

블라트릭스는 도마티아의 한 귀퉁이에서 식물 벽에 붙어서 자라나는 작은 검정색 실 무더기를 발견했다(어쩌면 발견했다는 말보다는 일반화했다는 표현이 더 정확할 수도 있다. 고문헌에도 벌써 몇몇 묘사가 등장하니 말이다). 가까이에서 보니 이 실 무더기는 균류에서 나온 균사들이 뭉친 것이었다. 우리는 식물과 개미의 여러 커플의 DNA를 검사하여 이들의 정체를 밝혀냈다. 검사할 때마다 결과는 매번 거의 알려지지 않은 동일 집단에 속한 종, 캐토티리아목Chaetothyriales이었다. 이 일화는 수렴 진화의 표시를 담고 있다. 실제로 개미, 그리고 도마티아의 균류와 결합한 식물들은 가령 쐐기풀, 서양지치, 후추나무, 박하, 커피나무, 꽃시계덩굴, 난초, 콩과식물, 심지어 고사리 등, 12개 이상의 각기 다른 과에 속한다! 개미들 또한 불개미아과, 시베리아개미아과, 두배자루마디개미아과, 침개미아과, 슈도미리멕스아과Pseudomyrmecinae 등 각기 다른 집안 출신들이다. 식물과 개미의 결합이 양쪽 모두 각기 다른 집안에서 이루어졌음에도, 알려진 모든 경우에서 세 번째 파트너인 균류는 놀랍게도 캐토티리아목이 유일했다! 캐토티리아목이 어째서 이런 유형의 공생에 적합한지, 그 이유는 아직 설명되지 않고 있다.

개미들은 균류 위에 자기들의 배설물을 비롯하여 외피를 바꿀 때 나오는 허물에 이르기까지 온갖 종류의 찌꺼기들을 쌓아놓는 것 같다. 그와 동시에 개미들은 규칙적으로 균류에서 나온 균사들을 씹는다. 그렇게 함으로써 균류의 형태가 일정하게 유지된다. 개미들은 그것들에 양분을 제공할 뿐 아니라, 더 나아가 동위원소(중질소 질소 15)를 표시한 찌꺼기를 삽입하는 실험 결과, 균류가 식물의 조직 속으로 들어가지 않더라도 질소 역시 식물에게 보내졌음이 확인되었다. 이들 캐토티리아목은 식물과 개미의 동물성 찌꺼기 재활용을 도움으로써 공생생물체 전체의 질소 수급에 매우 중요한 역할을 하는 것으로 보인다.

솔직히 말하자면, 캐토티리아목이 개미들과의 공모 면에 있어서 이제 겨우 시험 단계에 있는 건 전혀 아니다. 다른 미생물들도 다른 개미들과 관계를 구축했으나 거의 무늬만 공생 관계였다고 할 수 있다. 개미의 몇몇 종이 엉성한 재료들로 보호막 덮인 개미굴을 땅속 혹은 식물 줄기에 만든다. 이들은 생태계의 꺼칠꺼칠한 면 또는 식물의 털 등을 지지대 삼아 식물찌꺼기 축적물을 자기들의 타액으로 결집시켜서 분리 벽을 구축한다. 하지만 이 경우에도 최후의 접착제는 캐토티리아목들이다. 이들이 자발적으로 참여하는지 아니면 접종된 상태인지는 알 수 없으나, 아무튼 그 안에서 성장하면서 균사로 전체의 응집력을 담보해준다. 프랑스령 기아나에서 자라는 한 관목인 코르디아 노도사Cordia nodosa 위에서 알로메루스 데케마르티쿨라투스 개미Allomerus decemarticulatus는 이런 재료들을 이용해서 매복용 오두막을 짓는다! 개미들은 구조물 형태를 흉내 내는 자태로 식물 줄기를 감싸는 이 엉성한 구조물 속에 숨어서, 어쩌다가 운 나쁘게 거기에 내려앉은 곤충이 있으면 당장 덤벼들 태세를 갖추고 있다. 말하자면 개미들은 곤충을 함정에 빠뜨려서 벌집 형태로 된 구조물 위에 녀석들의 다리를 묶어 죽여 버리고는, 그 자리에서 곤충을 갈기갈기 찢어 애벌레들에게 먹인다. 개미들은 이 방법으로 자기들보다 몸집이 1,000배쯤 큰 먹잇감도 거뜬히 포획한다.

사회 공생

아메리카 대륙에 서식하는 개미들 외에, 개미처럼 사회생활을 하면서 먹이가 되는 미생물들을 기르고 식물을 양분으로 삼는 다른 곤충들이 있는데, 흰개미가 그 대표적인 예라고 할 수 있다. 흰개미 종들의 대다수는 소화와 관련된 개별적 마이크로바이오타와 더불어 산다. 이 마이크로바이오타는 소화를 도와주며, 소화관 제일 끄트머리의 약간 넓어진 형태 속, 박테리아들과 편모가 달린 커다란 원생동물들이 우글거리는 곳을 서식지로 삼는다. 박테리아와 원생동물은 4장에서 살펴본 척추동물의 후장 발효 기제와 유사한 기제를 통해 발효 중인 셀룰로오스의 소화를 돕는다. 더구나 이 미생물들은 동물의 찌꺼기를 받아들이는데, 모든 곤충들이 다 그렇듯 그 찌꺼기들이 장에 도착하면, 몇몇 박테리아들이 대기 중의 질소까지 고정하여 이를 소화관 내부에 퍼뜨린다. 안타깝게도 이렇게 만들어진 미생물 바이오매스는 모든 후장 발효 동물들에게서 그렇듯이 소화되지 않고 그대로 내장 밖으로 방출된다. 이런 종들에게는 미생물 바이오매스의 회수가 사회적 식변에 의해 이루어진다는 점을 제외하면, 공생 관계에 있다고 할지라도 이렇다 할 사회적 요소가 드러나지 않는다! 요컨대, 각각의 개체는 미생물을 함유한 소량의 물질을 항문을 통해서 생산하며, 다른 개체가 이것을 가져다가 소비한다. 이렇게 해서 각자가 장내 미생물을 획득하여, 비록 이 미생물이 자기 것이 아닐 지라도 이를 소화시킨다는 점에서 약간의 사회적 측면이 엿보이는 정도라 할 수 있다!

그런데 아프리카에 사는 흰개미들 가운데 하나인 마크로테르메스 흰개미Macrotermes 집안의 경우 공생은 몸 밖에서 이루어지며, 개미들에게서처럼 완전히 사회화되었다. 구성원의 종류가 무려 330종(전체 흰개미 종의 15

퍼센트)에 이르는 이 집단에서, 소화관은 단순화되어 있어 마이크로바이오타 역시 축소되었다. 보금자리에서 균류를 배양하기 때문이다. 일개미들은 죽은 잎사귀들을 자르고 씹어서 가능한 최대로 소화시킨 다음 보금자리에 쌓여 있는 균류, 즉 흰개미버섯Termitomyces 배양지 위에 이를 배설한다. 다른 개미도 그랬듯이 흰개미의 배설물도 신진대사 찌꺼기가 함유되어 있어서 균류에게 유용한 질소와 인, 아울러 죽은 나뭇잎에 들어 있던 소화하기 힘든 고분자polymer가 포함되어 있다. 고분자란 물론 리그닌과 셀룰로오스를 가리키기도 하지만, 잎사귀의 노화 시점에 형성되어 단백질의 소화를 제한하는 갈색의 타닌-단백질 복합체도 여기에 포함된다. 아티니족 개미들과 마찬가지로, 흰개미의 개미굴도 습도와 산소 농도를 조절하기 위해 버섯을 배양하는 방들이 망처럼 엮여 있고, 개미굴 여기저기에 구멍들이 뚫려 있어 바람이 통한다.

흰개미들은 버섯이 비정상적으로 과도하게 자라나면 그 부분을 먹어치워 양분을 보충한다. 그런데 흰개미들이 재배하는 균류는 자기들의 존재와 정체성을 관찰자들에게 드러낸다. 몇몇 흰개미 굴은 습한 계절이면 그 위로 주름을 가진 버섯들이 자라나는데, 그 수도 엄청 많거니와 크기도 상당히 크다(아주 큰 것은 키가 수십 센티미터에 이르기도 한다). 이 버섯들은 아프리카에서 아주 인기 많은 식용버섯이다. 흰개미버섯은 사실 흰 개미굴 위로 솟아오른 구조물의 주름 위에서 독자적으로 포자를 만들 수 있다. 이러한 자율성은 레우코아가리쿠스속이나 캐토티리아목에 속하는 균류들에게는 찾아볼 수 없다. 그렇긴 해도 흰개미버섯이 땅속 깊은 곳에 지어진 흰개미 굴에서 나오려면 무장을 해야 할 필요가 있어서 이들의 머리 꼭대기에는 단단한 침perforarium이 달려 있다. 이 침이 재배지로부터 지표면에 이르는 경로, 다시 말해서 자유로의 길을 열어준다. 만들어진 포자들은 흰개미들에게 회수되어 새로운 보금자리를 만들 때, 혹은 그보다 나중에 배지에 접종되는 용도로 활용되는데, 우리는 아직 정확하게 어떤 과정을 거쳐 그렇게 되는지 확실히 알지 못한다. 포자들은 어쩌면 소화관을 통해서 확산될 수 있을 텐데, 그럴 경우 작은 똥 덩어리 하나하나가 잠재적으로 새로운 접종원인 셈이다. 이렇게 되면 아티니족 개미들과는 크게 다른 점이라고 할 수 있는데, 아티니족 개미들의 경우 여왕개미들이 대를 물려가며 전달하는 균류에 충실하기 때문이다. 흰개미들의 경우, 새로 개미굴을 지을 때면 자주 새로운 파트너를 취한다. 심지어 원래 굴에 사는 동안에도 그런 일이 일어나기도 한다! 하지만 아프리카 흰개미들의 진화 과정에서 두 차례, 그러니까 한 번은 마이크로테르메스 흰개미Microtermes들에게서, 다른 한 번은 마크로테르메스 벨리코수스Macrotermes bellicosus들에게서, 파트너와의 결합이 아티니족 개미들에서처럼 보다 공고해지고 대물림되는 양상을 보였다. 균류가 더 이상 독자적으로 포자를 형성하지 않았으며, 오직 시조 여왕개미 커플에 의해 전해진 것들만 재생산되었던 것이다.

그러므로 균류 재배로의 수렴 진화는 아메리카의 아티니족 개미들이나 아프리카의 흰개미들, 다양한 열대식물들과 결합한 개미들처럼 사회생활을 하는 곤충들에게서 일어났다. 이러한 공생들이 보여주는 특성은(이 책을 통해서 우리가 펼쳐나가는 여정에서 보자면 새로우나, 우리는 이 특성을 인간들에게서 다시 발견하게 될 것이며, 그 이야기는 12장에서 다룰 것이다) 다름 아니라 미생물과의 결합이 동물 집단 차원에서 이루어지며, 사회적인 성격을 갖는다는 사실이다. 이 곤충들은 말하자면 균류를 일종의 집단적 '체외 되새김위'로 간주하고 이들의 도움을 받는다. 이 체외 되새김위는 동물 집단을 위해 이들이 소화시키지 못하는 식물성 요소들을 대신 소화시키며, 동물 집단을 위해 찌꺼기를 재활용한다. 그 과정에서 세 번째 파트너(도마티아를 가진 식물 또는 방선균)가 슬며시 공생에 끼어들기도 한다. 공생은 고립된 커플만의 비즈니스가 아니라 때로는 상호 부조하는 공동체 전체를 동원하기도 하는 것이다.

균류는 식물을 공격하기 위한 병기가 되기도 한다

균류 배양은 사회생활을 하는 곤충들에게만 나타나는 현상이 아니다. 몇몇 곤충들은 위에서 제시한 예보다는 훨씬 단순한 형태의 균류 확산 방식을 식물을 공격하기 위한 보조 수단으로 사용한다. 잠시 유럽인들이 남반구에 들여온 소나무 이야기로 돌아가 보자. 남반구로 이식된 이 소나무들의 뒤를 이어 소나무 기생생물들이 따라왔으며, 때로는 흥미로운 성공담을 낳기도 했다. 뉴질랜드에서는 1940년대부터, 오스트레일리아에서는 1950년대부터 농장에 전염병이 돌아서 소나무의 70퍼센트까지 사망하는 사태가 발생했다. 이 떼죽음의 원인은 벌목hymenoptera에 속하는 생물로, 송곳벌의 일종인 시렉스 녹틸리오Sirex noctilio였다. 이 녀석 또한 유럽에서 유입되었는데, 녀석은 혼자가 아니었다.

암컷 시렉스 녹틸리오는 나무의 목피질 안에 알을 낳는다. 단단한 송곳처럼 생긴 산란관 덕분인데, 산란관은 길이가 벌 전체 길이의 3분의 1에 해당될 정도로 긴 편이다. 이 산란관을 통해서 낳은 알은 몇몇 부차적인 보조 기관들로 둘러싸여 여러 도움을 받는다. 우선 산란관과 이웃한 곳에 작은 특수 주머니가 있어서 균사 덩어리를 쏟아낸다. 그리고 그 옆에 붙은 샘에서는 균류와 알을 동시에 보호하는 점액을 방출하며, 거기에 더해서 이 점액은 나무 조직들에 국지적인 독소로 작용한다. 목피질 안에 서식하는 균류, 즉 아밀로스테레움Amylostereum은 애벌레들의 영양, 특히 비타민을 보충해주는 먹이 역할을 한다. 뿐만 아니라 이 균류는 애벌레 주변의 식물 조직을 죽여서 생태계를 해독함으로써 애벌레가 직접적으로 식물의 화학적 방어기제와 맞대결하는 일이 생기지 않도록 보호한다. 애벌레의 마지막 단계에서 암컷의 경우, 외피의 주름들이 길이가 짧으면서 비축분을 잔뜩 보유한 균사들을 축적하며, 이것들이 균류의 전파 형태를 결정짓게 된다. 그러면 곤충은 움직임을 멈추고 번데기 상태로 변신을 기다린 끝에 날개 달린 성충이 된다. 암컷이 애벌레의 외피에서 빠져나오면, 산란관의 특수 주머니들은 그 과정에서 균류로 가득 채워진다. 두 파트너 사이의 역사가 다시금 시작되는 것이다. 이때 균류가 없으면 애벌레들은 성장하지 못한다. 한편, 균류 역시 혼자 힘으로는 확산될 수 없다. 즉 균류와 애벌레의 결합에서 병을 옮기는 형질이 새로이 출현한 것이다!

식물 공격에 가담하는 균류의 '개체적인' 재배는 곤충의 진화 과정에서 여러 차례에 걸쳐 나타났다. 곤충 중에서도 특히 성충(과/또는), 애벌레가 목피질에서 사는 다양한 딱정벌레목coleoptera에서 이와 같은 현상이 자주 관찰되었다. 통나무좀과Lymexylidae와 버섯벌레과Erotylidae 계열에서는 암컷들이 역시 산란관 근처에 있는 특수 주머니들 덕분에 효모(아스코이데아속Ascoidea. 빵효모와 가까운 사이)를 전달한다. 실험실에서는 애벌레들이 목피질에서 혼자 힘으로는 성장하지 못하는데, 이 효모균 배양액에서는 잘 살아남는다. 딱정벌레목 중에서 바구미과Curculionidae 계열의 생물들 사이에서는 균류와의 밀접한 결합이 적어도 일곱 차례 이상 독립적으로 두 개의 아과, 즉 나무좀아과Scolytinae와 긴나무좀아과Platypodinae에서 일어났다. 우리는 몸집이 땅딸막해서 자기가 나무껍질 바로 아래 목피질에 판 굴 속(독자들은 아마도 종에 따라 크기와 형태가 다양한 굴들이 조각된 나무껍질들을 본 적이 있을 것이다)을 지나다니기 편하게 적응된 작은 딱정벌레목 곤충들을 광범위하게 '나무좀과scolytidae' 생물이라고 지칭한다. 이 생물들의 경우 암컷에게서 균류를 운반하는 주머니를 관찰할 수 있는데, 그 위치는 경우에 따라 다르다(흉부, 턱, 앞날개가 시작되는 부분 등). 주머니가 채워지고, 그런 다음 그 안에 들어 있는 균류를 방출하는 과정은 대단히 적극적인 움직임을 필요로 한다. 이 곤충들이 판 굴은 파트너의 아주 가느다란 균사들로 뒤덮여 있는데, 이 균사들에게는 올림푸스산의 신들이 마시는 음료인 '암브로시아'라는 별명이 따라다닌다. 그리고 그 같은 사실 때문에서인지, 이 균사체는 나이를 불문하고 모든 나무좀과 곤충들의 주요 먹이가 된다. 성충들이 굴을 파는 것은 거기서 균류를 배양하고 알을 낳기 위해서일 뿐이다! 일부 종들은 이 굴에서 나무 으깬 것과 배설물을 혼합하기도 하는데, 짐작하다시피 이것이 질소와 인을 함유한 찌꺼기를 재활용하는 가운데 '암브로시아'의 생장을 가속화하기 때문이다. 몇몇 경우에는 아티니족 개미들에서 본 것처럼, 바구미과 균류의 외피에서 서식하는 공생관계의 방선균들이 만들어낸 항생제에 의해 암브로시아의 배타적인 생장이 보장되기도 한다.

암브로시아를 만들어내는 균류는 다양한 집단에 속하는데, 그들 가운데에는 식물에 병을 일으키는 것으로 잘 알려진 장경자낭각균목Ophiostomatales 계열의 수많은 종들이 포함되어 있다. 일부 장경자낭각균목 생물들은 바구미과의 다른 종들과 훨씬 느슨한 공생관계를 맺고 상호작용을 하기도 하는데, 이는 틀림없이 대대로 전해 내려오는 상호작용일 것이며, 암브로시아 공생도 여기서 유래했을 것이다. 이처럼 느슨한 공생은 1970년 이후 유럽을 휩쓸고 있는 느릅나무병을 설명해준다. 이 병은 장경자낭각균목에 속하는 네덜란드느릅나무병원균Ceratocystis ulmi이 나무좀과에 속하는 여러 종의 생물들에 의해 확산되면서 퍼져나갔다. 나무좀과 생물들은 스스로 목피질의 살아 있는 부분에서 뽑아낸 세포의 내용물을 찾아먹으며 양분을 섭취한다. 이들은 균류를 소비하는 것이 아니라 이를 전달한다. 나무좀과 생물들은 균류에 의해 옮겨진 질병을 이용하는데, 병으로 약해진 탓에 스스로를 방어하지 못하는 조직에 자리를 잡는 것이다. 이러한 비겁한 상호작용은 어떻게 보면 협공이라고 할 수 있는데, 곤충이 균류를 확산시키고 나면 이번에는 균류가 나서서 동물에게 식량 창고로 가는 길을 열어주는 것이다. 이러한 상황은 바구미과 곤충들에게는 일종의 성향으로 굳어졌다. 바꿔 말하면, 이러한 상황이 훨씬 밀접한 관계의 공생인 암브로시아 공생의 출발점이 되었으며, 그 후 그 같은 상황이 반복적으로 출현했다는 뜻이 된다. 한편, 균류는 혼자 힘으로 확산하는 역량을 상실하게 되었다. 그래서 균류는 특정 형태의 확산 방식을 만들어냈는데, 짧은 균사나 대기 중인 포자 등이 여기에 해당된다. 운송용 주머니 또는 나무좀과 곤충들의 털 속으로 들어가게 되기를 기다리는 것이다.

식물에서의 '개체적' 균류 배양의 마지막 방식은 혹파리과Cecidomyiidae 계열의 다양한 파리목diptera 곤충들, 즉 혹파리속Lasioptera과 아스폰딜리니Asphondyliini에 의해 활용된다. 이 곤충들은 기생생물들에게 점령당한 조직을 죽이지 않는다. 이들의 애벌레는 오히려 반대로 조직을 더 활성화시켜 양분과 보호를 제공하는 일종의 벌레집을 만든다. 예를 들어, 산딸기혹파리Lasioptera rubi는 타원형 벌레집으로 나무딸기의 줄기를 두꺼워지게 만든다. 곤충들의 벌레집 대부분은 곤충이 직접 짓는데, 이 경우는 균류가 식물 조직을 비대화시켜 거기서 양분을 취하는 것이다. 균류는 애벌레가 자리 잡고 있는 중심부의 내부에 균사체를 형성하고, 애벌레는 이걸 먹는다. 곤충의 암컷은 비행에 나서기에 앞서서 특수 주머니 속에 균류 파편들을 넣어 그 안에 다음 세대인 알을 낳음으로써 이를 감염시킨다.

균류 배양은 거의 곤충들에게서만 출현했다. 인간(12장에서 언급될 것이다), 그리고 아메리카 연안에 서식하는 작은 복족류로 균류를 퍼뜨리기 위해 잎사귀에 해를 끼치는 리토라리아 이로라타Littoraria irrorata만 예외다. 이 녀석은 일정 시간이 지나면 자기가 퍼뜨린 균류를 먹기 위해 돌아온다. 곤충들의 진화는 균류의 도움을 받아 여러 차례에 걸쳐 식물의 먹이에 접근하는 방향으로 수렴하면서 자주 멈칫거렸다. 물론 일부 곤충들은 식물을 공격하고, 목피질의 셀룰로오스를 활용하거나 혹은 식물체에 스스로 벌레집을 형성하는 역량을 획득하기도 했다. 여기서는 3장에서 언급한 바 있는 '공생은 다른 것들과 더불어 혁신의 동력이 된다'는 아이디어를 다시 만나게 된다. 그렇다고 해도 우리가 이 책에서 묘사해나가고 있는 여정에 따르면, 공생은 곤충들의 고유한 역량에 또 다른 역량을 보태주는 것임에는 변함이 없다. 덕분에 곤충들은 새로운 생태계인 식물을 콜로니화할 수 있었다.

이러한 진화 과정에서, 균류는 스스로 살아가는 역량을 상실하며 곤충에게 다소 의존적이 되지만, 균류의 의존성은 일부 박테리아들과 일부 효모균들이 발전시켜온 의존성에 비하면 아무 것도 아니다. 박테리아와 효모균들은 심지어 곤충의 몸 안에 슬며시 파고들어 자리를 잡을 정도이니 말이다. 지금부터는 미생물과 곤충을 이어주는 보다 내부적이고 은밀한 공생에 대해 알아보자.

박테리아와 더불어 곤궁한 식생활 향상시키기

진디들은 빨대를 식물의 도관(광합성을 통해 만들어진 당류가 흐르는 곳)에 꽂아 식물이 공들여 만든 수액을 빨아먹는다. 이 수액은 당류와 수분은 풍부하지만 먹을 때만 달콤할 뿐 질소 함량이 매우 떨어진다. 그러므로 진디는 필요한 만큼의 질소를 얻기 위해서는 엄청 많은 양의 수액을 소화해야만 한다. 몇몇 종은 체중의 100배가 넘을 정도의 수액을 매일 빨아들이기도 한다! 수액을 빨아먹는 다른 곤충들과 마찬가지로, 진디들은 당류가 포함된 액체를 항문으로 배출한다. 잉여 수분과 소화시킨 당류가 주성분인 이 액체는 이따금씩 식물을 보호해주는 개미들을 끌어들이며, 진디가 정착한 식물들은 물론 그 액체가 흐르는 곳에 있는 모든 것을 끈끈하게 만든다. 질소의 문제는 양의 문제일 뿐 아니라 질의 문제이기도 한데, 그건 우리 인간을 포함한 다른 모든 동물들과 마찬가지로 진디 역시 일부 아미노산은 합성하지 못하기 때문이다. 그러므로 진디의 양식은 우리가 '필수 아미노산'이라고 부르는 10여 가지 아미노산(트립토판, 리신, 메티오닌, 페닐알라닌, 트레오닌, 발린, 류신, 이소류신, 아르기닌, 히스티딘)을 함유해야만 한다. 그런데 수액에는 이런 것이 들어 있지 않다! 하긴, 수액이 그다지 구미가 당기지 않는 건 어쩌면 수액을 보호하기 위한 영리한 장치가 아닐까?

진딧물과aphid에 속하는 4천여 종은 모두 수액을 빨아먹는데, 이들은 부족한 아미노산을 얻기 위해 미생물을 이용한 해결책을 택했다. 이는 내생공생균들로 가득 찬 60 내지 90개의 거대한 세포들 덕분으로, 각 세포들은 격리 막으로 싸여 있다. 무게가 0.5밀리그램 정도 되는 성충 진디 한 마리가 무려 6만 마리의 박테리아를 품고 있다! 이 박테리아들은 엄마 진디에게 물려받은 것으로, 이 거대 세포들 가운데 몇몇은 난소에 매우 가까이 있어 엄마 진디는 알을 낳기 전에 박테리아들을 방출하고, 방출된 박테리아들은 알과 결합한다. 항생제를 이용하여 진디에게서 박테리아를 제거하면 진디는 제대로 자라지 못하고 불임이 되어버린다. 그렇지만 실험삼아 필수 아미노산을 녀석들의 먹이에 주입하자 이러한 증세는 최소화되었다. 이 박테리아들의 게놈(이 문제는 뒤에서 다시 다룰 것이다)은 이들에게 아미노산 합성 역량이 있음을 확인시켜준다. 게다가 진디들은 질소가 함유된 찌꺼기를 지금쯤은 우리 독자들도 잘 알고 있을 기제를 통해, 질소의 손실을 최대한 줄여가며 박테리아들에게 제공한다. 박테리아들은 또한 비타민 B_2를 포함한 여러 비타민들도 만들어낸다. 우리는 이 박테리아를 부크네라Buchnera라고 부르는데, 이는 독일 출신 동물학자이자 세포생물학자인 파울 부흐너Paul Buchner(1886-1978)를 기리기 위함이다. 부흐너는 동물, 특히 곤충들의 미생물 공생을 연구하는 데 일생을 바쳤다. 그는 1953년에 『동물과 미생물의 내생공생Endosymbiose der Tiere mit pflanzlichen Mikroorganismen』이라는 책을 출간했는데, 뒤에서 다시 이 저자의 글을 인용할 기회가 있을 것이다.

진딧물과 부크네라도 수액을 빨아먹는 무리 중에서 예외는 아니다. 어머니로부터 전달받은 내생공생 생명체들이 연지벌레Pseudococcidae, 가루이상과Aleyrodoidea, 나무이과Psyllidae, 매미아목Auchenorrhyncha, 멸구Fulgoromorpha를 포함하는 노린재목의 아목, 매미Cicadomorpha(매미 노래 소리를 듣게 되면, 그 뒤에 박테리아들이 있음을 상기하시라!) 계열 생물들의 특수 세포를 채운다. 가루깍지벌레과의 연지벌레들은 러시아 마트료시카 인형*을 연상시키는, 재미나면서 돋보이는 특성을 가지고 있다. 이 벌레들의 특수 세포는 트렘블라야Tremblaya 박테리아의 서식처가 되어주는데, 트렘블라야는 자기 안에 또 다른 박테리아 모라넬라Moranella를 품고 있다. 이는 박테리아 세계에서는 매우 보기 드문 일이다. 필수 아미노산 합성을 위해 거쳐 가야 하는 각기 다른 단계마다 요구되는 유전자들은 동물 또는 여러 박테리아들 가운데 하나

* 나무로 만든 러시아 인형으로 인형의 몸속에 그보다 조금 작은 인형이 들어 있고, 그 인형 속에 다시 그보다 조금 작은 인형이 들어 있기를 반복하는 형태. 마트료시카는 러시아의 여자 이름 마트료나의 애칭.

에 들어 있으며, 마트료시카 인형처럼 겹겹이 쌓인 이 세 개의 주머니들 가운데 어느 하나도 혼자서는 필수 아미노산들 가운데 그 무엇도 온전하게 합성하지 못한다! 필수 아미노산이 생산되는 동안, 합성 과정에 개입하는 생물들은 이 러시아 인형 내부에 들어 있는 이 주머니 저 주머니를 돌아다니는 것이다.

매미아목에 속하는 생물들에서는, 술시아속Sulcia의 박테리아가 필수 아미노산과 비타민을 섭취할 수 있게 해준다. 이 무리가 진화하는 과정에서 수많은 새로운 박테리아 파트너들과 더불어 상황이 어찌나 복잡해졌는지, 부흐너는 이를 가리켜 "공생의 마법"이라고 표현했다. 주목할 만한 변화 한 가지만 예를 들자면, 일부 멸구들, 즉 아메리카에 서식하는 프로코니이니족Proconiini은 뿌리에서 직접 얻을 수 있는 다른 종류의 식물 수액인 상승 수액을 활용하는 분야에서 2차적으로 특화되었다. 상승 수액은 하강 수액에 비해 당류와 비타민의 함량이 훨씬 떨어진다. 따라서 보충해야 할 비타민의 종류가 하강 수액에 비해 훨씬 다양해, 이것들을 조달하는 데에는 보충 박테리아 또한 필요하다. 바우마니아Baumannia가 이처럼 부족한 비타민들과 그 외 상승 수액에는 함유되어 있지 않으나 없어서는 안 되는 다른 물질들(비오틴, 엽산 등)을 합성하여, 술시아를 돕는다. 이렇듯 상승 수액 또는 하강 수액처럼 매우 특수한 한 가지 먹이에 대한 특화는 박테리아들의 협업 덕분에 가능해졌다.

곤충들의 또 하나의 특수한 먹이는 바로 혈액이다. 혈액은 당류와 단백질은 풍부하나 비타민 B 계열(티아민, 엽산, 티아졸 등)은 부족한 식품이다. 성충이 되면 오로지 혈액만을 먹고 사는 몇몇 곤충들은, 모기 애벌레들이 플랑크톤을 먹이로 삼는 것처럼, 애벌레 상태에서 비타민 B를 저장해둔다. 그런가 하면 평생 혈액을 먹고 사는 또 다른 곤충들은 박테리아의 도움을 받아 부족한 비타민을 합성한다. 항생제 처리를 하면 이들은 소멸하거나 제대로 번식하지 못한다. 비타민 B를 보충해준다면야 예외겠지만. 이 과정에 관여하는 박테리아는 체체파리의 경우 위글레스우오르티아Wigglesworthia, 이의 경우 리에시아Riesia, 그리고 빈대의 경우 월바키아속Wolbachia이다. 이러한 공생관계에서는 솔직히 모두가 행복하다고는 차마 말할 수 없다. 왜냐하면 이들은 파트너를 넘어서 흡혈동물에 의한 기생 상태를 보조하는 역할을 하기 때문이다. 이러한 공생 관계 역시 수렴 진화의 양상을 잘 보여준다고 할 수 있다. 모계를 통해 대물림된 박테리아를 활용하여 양분 섭취를 하면서 부족한 부분을 보완하려는 현상을 각각의 경우에서 관찰할 수 있기 때문이다.

효모균을 이용해서 부족한 양분을 섭취하는 또 다른 곤충들도 있다. 딱정벌레목의 빗살수염벌레과Anobiidae와 하늘소과Cerambycidae에 속하는 곤충들은 죽은 식물들의 찌꺼기를 주식으로 하는 그다지 영양가 없는 식사를 한다. 사번충Xestobium rufovillosum은 가구와 들보 같은 목재를 공격하며, 인삼벌레Stegobium paniceum와 권연벌레Lasioderma serricorne는 곡물, 향신료, 잎담배나 짚 같은 식물 조각처럼 건조한 식품 위에서 산다. 이러한 것들은 양분이 별로 없다. 살아 있는 세포 성분이 전혀 없는 데다 독성까지 지니고 있기 때문이다. 니코틴이나 향신료의 맛을 내는 분자들은 대체로 다소 살충제 성분을 지니고 있다. 그런데 살진균제殺眞菌劑 처리를 거쳐 효모균이 제거된 동물들은 이러한 독성에 훨씬 민감하다. 가령, 예를 들어 권연벌레는 효모균 덕분에 니코틴을 견딜 수 있는 것이다! 이제까지 관찰된 다른 유형의 기능 장애들을 보면 효모균이 비타민, 그리고 특히 스테로이드를 제공한다고 추정할 수 있다. 콜레스테롤 계열의 이 물질들은 동물과 균류의 세포막을 만드는 데 필요한데, 식물들에게는 아주 조금 존재하고 박테리아들에게는 전혀 존재하지 않는다. 그렇기 때문에 효모균의 도움을 받아야 하는 것이다. 이와 유사한 장치가 멸구과의 몇몇 진디들에게도 존재한다. 이때의 효모균은 2장에서 소개한 네오티포디움과 가까운 종류로, 이 효모균들은 진디에게 스테로이드도 제공한다. 공생을 통한 재활용의 마지막 사례로, 이 모든 효모균들은 숙주에게서 나온 찌꺼기인 요산도 아미노산으로 재활용하여 부족한 영양을 보충한다.

딱정벌레목의 효모균은 인간이 식생활에서 활용하는 효모와 가까운 심비오타프리나Symbiotaphrina와 인간에게 병을 일으키는 효모와 가까운 칸디다Candida다. 이 두 효모는 난소 가까이에 위치한 소화관의 넓은 게실 세포 속에 들어 있어서 알을 효모균으로 에워싸기에 적합하다. 알에서 깨어나면서 애벌레들은 효모균을 소화시키며, 그렇게 함으로써 공생을 다음 세대로 전달한다.

고조되는 미생물의 추가기능

위에서 소개한 사례들은 곤충이, 마치 펌웨어 업그레이드를 하는 것처럼, 자기들로 하여금 특수한 먹이 섭취에 적응하도록 해주는 박테리아의 유전적 역량을 어떻게 자기 것으로 취해서 대물림까지 하는지 잘 보여준다. 곤충 종의 무한한 다양성과 그들의 다양하면서 심지어 곡예에 가까운 먹이 섭취 양태의 이면에는 자주 미생물들의 존재가 숨어 있다. 폴리네옵테라Polyneoptera, 노린재목Hemiptera, 딱정벌레목Coleoptera, 파리목Diptera 등의 경우만 해도, 곤충 종의 20퍼센트 이상이 선대로부터 물려받은 박테리아를 품고 있다.

박테리아의 대부분은 주로 소화관을 콜로니화하는 장내세균과 Enterobacteria에 속한다. 내생공생체를 지니고 있는 세포들은 때로 뚜렷하게 구별되는 기관을 형성하며, 경우에 따라 그 기관의 위치는 달라질 수 있다. 가령 소화관의 개방 게실 혹은 폐쇄 게실, 또는 소화관에 연결되어 있는 독립 기관이거나 체외에 위치한 기관일 수도 있고, 심지어 곤충의 체내를 순환하는 액체 속에서 사는 세포일 수도 있다. 이보다 훨씬 드문 경우로, 공생관계로 묶이지 않은 자유로운 상태의 미생물일 수도 있다. 이렇듯 위치나 박테리아의 유래로 미루어볼 때, 많은 내생공생체들이 소화관의 마이크로바이오타에서 출발하여 진화하는 과정에서 획득되었을 것으로 추측할 수 있다. 소화관에만 국한된 공생과 중간쯤에 자리매김할 만한 사례들도 다수 존재한다. 예를 들어 귀뚜라미에게 있어서 내생공생체들은 소화관의 표면에 위치해 있으며 하나의 막으로만 먹이와 분리되어 있다. 게다가 앞서 보았듯, 어미가 알 가까이에 놓아준 미생물을 애벌레들이 회수하는 일은 때로는 먹이를 통해서 이루어진다. 한 마디로 곤충들은 소화관 박테리아들에 의해 수행되던 기능을 특화시키고, 이것이 세대를 이어가며 상속되도록 만들었다. 요컨대 곤충들은 장 속에서 추가 기능을 건져 올려 그것들을 자기들 세포 속에 정착시킨 것이다.

그런데 곤충들의 내생공생체와 관련한 대서사시는 여기서 멈추지 않는다.

앞서 소개한 내생공생체, 이른바 '원초적' 내생공생체(어미로부터 물려받아 곤충에게 예속된 이 내생공생체는 각 개체 안에 항상 존재한다) 외에 2차적인 내생공생체도 존재한다. 즉, 비록 선대로부터 물려받았으나 주어진 하나의 종에 속하는 모든 개체들에게 존재하지 않을 수도 있으며, 한편으로는 다른 종의 곤충들까지도 콜로니화하는 특성을 가진 내생공생체가 있다는 말이다. 여기에 관여하는 박테리아는 그 종류가 매우 다양하다. 완두수염진딧물Acyrthosiphon pisum의 경우, 우리는 원초적 내생공생체인 부크네라 외에 8종의 2차적 내생공생 박테리아를 알고 있다. 권연벌레의 경우는 적어도 7종을 꼽을 수 있다. 하지만 각 개체는 하나도 없거나 하나 혹은 두 가지 정도의 2차적 내생공생체만을 지니고 있다. 다시 말해서 개체별로 각기 다른 2차적 내생공생체를 거느리고 있다는 말이다. 이들 2차적 내생공생체는 보호와 적응과 관련하여 매우 다양한 역할을 수행한다.

예를 들어 하밀토넬라Hamiltonella 박테리아는 포식자들에게 대항하는 역량과 관련이 있다. 애벌레로 사는 동안 겪게 되는 가장 큰 위험은, 특히 그다지 이동이라고는 하지 않는 종들의 경우라면, 포식 기생이라고 하여 작은 말벌의 기생을 허용하는 것이다. 말벌은 애벌레의 몸에 들어와 알을 낳는다. 그러면 애벌레는 성충이 되기 전에 죽고, 죽으면서 말벌을 몸 밖으로 내보낸다. 하밀토넬라 박테리아는 바이러스를 품고 있는데, 이 바이러스는 아직까지 알려지지 않은 어떤 기제를 통해 기생 포식자의 애벌레를 죽인다. 게다가 말벌들은 이 박테리아에 감염된 곤충이라면 기를 쓰고 피하는 경향을 보이는데, 분명 이 박테리아가 말벌의 일부 후각 신호를 교란시키기 때문이 아닐까 싶다. 그러니 이 박테리아는 예방 차원의 기생 방지제인 셈이다! 하밀토넬라 박테리아는 무당벌레도 보호한다. 무당벌레들은 감염된 진디를 잘 소화시키지 못해서 진디를 먹으면 죽음의 위험에 처한다. 그래서 이 박테리아는 진디들이 무당벌레의 이웃에서 어슬렁거리지 않도록, 다시 말해서 마치 진디가 피해를 당하지 않도록 보살피는 것처럼, 이들을 떼어놓는다. 이렇게 교묘한 방식으로 하밀토넬라 박테리아의 보호를 받은 감염된 진디들은 공격당해도 그다지 열심히 싸우지 않는다. 녀석들은 자기 집안의 보호를 박테리아에게 위임했기 때문이다.

완두수염진딧물의 경우, 진디는 일반적으로 오렌지색인데, 또 다른 2차적 내생공생체인 리케트시엘라Rickettsiella가 있을 경우 퀴논(녹색의 타닌에서 파생된 물질)의 생산량을 증가시켜 녹색식물 위에 있는 곤충을 변장시킨다. 또 다른 2차적 내생공생체들(레기엘라Regiella, 스피로플라스마Spiroplasma, 리케차Rickettsia 등)은 기생균류에 대한 보호를 보장해준다. 기생균류들은 곤충의 외피에서 발아한 후 숙주 곤충을 공격하는데, 박테리아가 없을 경우 곤충은 목숨을 잃을 수도 있다. 몇몇 보호 기제가 물리적인 위험으로부터 이들을 지켜준다. 예를 들어, 미국 캘리포니아의 센트럴 밸리가 뿜어내는 열기 속에서 진디는 세라티아속Serratia 박테리아들을 대량으로 내세워 뜨거운 열기로부터 자기를 보호한다. 반면 항생물질 요법을 가하면 이들은 열기에 민감해진다. 이따금씩 2차적 내생공생체의 참여가 먹이의 독성 허용치에 변화를 가져오기도 한다. 완두수염진딧물의 경우, 레기엘라 박테리아의 밀도는 다른 콩과식물들을 콜로니화하는 개체들에 비해서 토끼풀을 콜로니화하는 개체들에게서 더 높게 나타난다. 토끼풀을 주식으로 삼는 진디로부터 레기엘라 박테리아를 제거하면 식물의 독성 때문에 불임이 되고 만다.

방금 소개한 사례는 일부 원초적 내생공생체들이 먹이 섭취 과정에서 보여주는 보호 역할과 궤를 같이 한다. 가령, 콩 수확을 망쳐놓는 빈대인 무당알노린재Megacopta punctatissima는 원초적 내생공생체가 있을 때에만 이 식물을 먹는다. 그러므로 무당알노린재의 박테리아를 그와 이웃한 종인 노린재Megacopta cribraria(이 녀석은 콩에서는 제대로 성장하지 못 한다)의 박테리아와 치환하면, 빈대들의 감수성까지 달라진다. 노린재는 콩에서도 잘 자라나서 거기서 번식까지도 하게 되는 반면, 무당알노린재는 그러한 특성을 상실하게 되는 것이다! 이 사실은 완두수염진딧물의 2차적 내생공생체가 토끼풀로 가는 길을 열어준 것과 마찬가지로, 무당알노린재의 원초적 내생공생체가 콩의 독성을 해독함을 입증하는 것이다. 원초적 내생공생체와 2차적 내생공생체들 사이의 기능의 연관성은 먹이에 대한 보호는 물론 영양 보충에도 관여한다. 부크네라가 결여된 몇몇 진디들은 그들에게 필수 아미노산 합성을 맡아줄 2차적 내생공생체가 있을 때에만 살아남는다.

퇴행으로 가는 공진화의 나선 구조

2차적 내생공생 상태는 원초적 내생공생 상태로 가는 문이라고 생각할 수 있다. 이 두 가지 공생을 구분하기가 때로는 애매하다고 해도, 이 둘 사이에 존재하는 몇몇 차이점은 이들 각각의 밀접성의 정도를 짐작하게 해준다. 첫째, 2차적 내생공생체는 언제나 존재하는 건 아니다. 원초적 내생공생체들과는 달리 모든 상황에 반드시 필요한 존재가 아니기 때문이다. 실제로 2차적 내생공생체들은 자주 번식력이 줄어든다. 그래서 이 내생공생은 챙길 수 있는 이익이 투자한 비용을 보상해주는 생태계에서만 보존될 뿐, 다른 곳에서는 유지되지 않는다. 둘째, 2차적 내생공생체는 비교적 효율적으로 대를 이어가며 전달되나, 항상 어미를 통해서 전달되는 것은 아니다. 레기엘라와 하밀토넬라 박테리아는 많은 진디들에게서 수컷을 통해 전달된다! 셋째, 2차적 내생공생체가 곤충의 각기 다른 여러 종들 안에서 서식한다는 사실로 미루어 보면, 우리는 박테리아 자신들도, 어떻게 그것이 가능한지는 잘 알지 못해도, 한 종에서 다른 종으로 넘나들 수 있으리라고 짐작하게 된다. 이런 현상은 원초적 내생공생체에게서는 (더 이상은) 일어나지 않는다. 마지막으로, 2차적 내생공생체는 때로 특수 세포들 속에서 서식하기도 하는데, 그 특수 세포라고 하는 것들이 원초적 내생공생체와 동일할 수도 있다. 이는 대체로 오류에 의한 것이며, 그 밀도 또한 개체마다 상당히 차이를 보인다. 한 마디로, 원초적 내생공생체들에게서 동화와 조절 기제가 훨씬 철저하게 작동한다는 말이다.

내생공생 관계에 있는 박테리아들의 게놈 또한 훨씬 완성된 상태의 동화 형태를 보여준다. 원초적 내생공생 관계 속에서 진화 중인 나무들의 유전자를 비교해가며 재구성해보면, 결국 곤충들에게 서식지를 제공하는 나무와 동일한 나무임을 알게 된다. 이는 사실 예상 가능한 일이다. 박테리아의 아주 먼 조상이 어떤 나무와 공생하기 시작한 이후, 그 박테리아들은 세대를 거듭하며 추가 기능을 수행하는 방식으로 숙주에 충실하게 살아왔다. 그러므로 이 박테리아들의 진화사는 그대로 숙주인 나무의 진화 역사가 되는 반면, 2차적 내생공생체들은 가끔 숙주를 바꾸기도 하고, 도중에 슬그머니 자취를 감추기도 한다.

그런데 제일 놀라운 건 공생 관계를 맺은 박테리아의 게놈의 크기가 공생 관계를 맺지 않고 독자적으로 살아가는 박테리아의 게놈에 비해 턱없이 줄어든다는 사실이다. 우리의 몸속 대장균Escherichia coli처럼 작고 단순한 독립 생활형 박테리아를 참고로 말하자면, 500만 개의 염기쌍을 지니고 있으며 여기에는 5,000개 정도의 유전자가 들어 있다. 2차적 내생공생체들은 숙주의 도움과 보호를 받으면서 더 이상 필요 없어진 수많은 유전자를 상실했다. 하지만 그럼에도 100만 개 이상의 염기쌍(즉 1,000개 이상의 유전자)이 남아 있다. 반면 이미 오래 전부터 엄격하게 예속화되어 있는 원초적 내생공생체들은 완전히 붕괴한 수준이다! 부크네라는 고작 64만 염기쌍(유전자 900개)에 불과한데, 이 정도 크기는 체체파리 안에 서식하는 위글레우스오르티아 수준이다. 매미아목의 술시아는 염기쌍 24만 6,000개(유전자 380개), 수액 빨아먹는 나무이의 내생공생체 카르소넬라Carsonella는 염기쌍

16만 개(유전자 180개), 다시 말해서 대장균의 30분의 1 수준에 불과하다! 실제로, 항상 잠자리와 음식이 제공되는 안정적인 환경에서 살게 되면 더 이상 많은 유전자들을 필요로 하지 않게 된다. 가령, 생태계를 감지하거나 외부로부터 가해지는 삶의 스트레스에 저항하지 않게 되니 세포벽을 지키는 유전자가 필요 없어지는 식이다. 뿐만 아니라 이들 내생공생체들은 자기들의 세포 성분을 모두 수입에 의존한다. 심지어 부크네라는 세포막 구성요소까지도 그렇다! 내생공생체들, 특히 원초적 내생공생체들은 숙주가 제공하는 것에 종속된 생활방식을 채택하게 되는 것이다.

따라서 머지않아 원초적 내생공생체들의 경우, 박테리아의 공생 기능을 유지시켜주는 단백질과 에너지 대사, DNA를 코딩하는 유전자, 그리고 DNA로부터 단백질을 만들어내는 유전자 등 최소한의 유전자들만 남게 된다. 심지어 위글레우스오르티아, 술시아, 카르소넬라 같은 몇몇 경우에는 일부 DNA 유지용 유전자 혹은 단백질 제조 유전자들이 부족하기도 하다. 그렇게 되면 부족한 단백질은 숙주의 세포에서 충당하리라고 추정할 수 있다. 이처럼 일부 단백질 제조를 위해 보여주는 극도의 의존성은 아마 다른 기능 수행과 관련하여 부크네라나 다른 내생공생 박테리아들에서도 똑같이 대두될 수 있다. 요컨대 지나친 예속화 현상을 보이게 되는 것이다.

이 게놈들은 퇴행의 표시를 지니고 있으면서 동시에 숙주에게 필요한 분자들, 즉 아미노산이나 비타민을 합성하는 효소를 코딩하는 유전자들의 끈질김을 통해 전문성을 확인시켜주기도 하는데, 이것이 곧 그들의 역할이기도 하다. 부크네라에게 있어서는 복제 수가 많은 플라스미드라고 부르는 두 개의 작은 DNA 조각 각각이 트립토판과 류신의 합성을 가능하게 해주는 유전자를 품고 있다. 카르소넬라나 위글레우스오르티아에서 필수아미노산 합성에 관여하는 유전자들을 전부 합하면 전체 게놈의 15퍼센트를 차지한다!

원초적 내생공생체들은 오랜 기간에 걸쳐 세포 속에 콕 박혀서 진화해 왔다. 진디들은 1억 5,000만 년보다 더 오래전부터 부크네라와 결합했으며, 술시아는 매미아목과 2억 7,000만 년 전부터 공생 관계를 맺어왔다. 이토록 오랜 진화 과정은 상호 의존성과 박테리아의 전문화 현상을 낳았으며, 이는 2차적 내생공생체들에게서도 나타난다. 한편으로 곤충들은 항생물질 치료요법으로는 제대로 살아남지 못한다. 다른 한편으로, 미생물들은 진화의 나선구조에 의해 전문화된 추가 기능으로 변하여 각 단계를 거치는 동안 점점 더 의존적이 되어버리므로, 숙주 세포가 없으면 아무 것도 아니게 된다! 한쪽이 다른 쪽에게 영향을 주고 또 그 반대도 성립하는 진화를 우리는 공진화共進化, coevolution라고 부른다. 우리는 이제 곧 9장에서 박테리아의 의존성이 내생공생과 공진화에서 얼마나 멀리 나아갈 수 있는지 보게 될 것이다.

결론적으로 말하자면…

곤충은 절대 혼자가 아니다. 곤충은 개체적으로 볼 때 소화관에서부터 세포 내부, 심지어 집합적으로 곤충 사회가 균류를 기르거나 혹은 게실을 교환하는 경우에 이르기까지 반드시 동행이 있다. 이러한 미생물과의 동행은, 추가 기능이 소프트웨어의 기능을 확대시켜주는 것과 같은 이치로, 이들의 가능성을 증가시켜준다.

영국 출신 집단유전학자인 존 홀데인John Haldane(1892-1964)은 자신의 연구가 신에 대해 무엇을 알려주었느냐는 질문을 농담으로 받았다. "만일

신이 존재한다면, 그는 딱정벌레목에 과도하게 관심을 가진 존재가 분명하다." 아닌 게 아니라 지금까지 묘사된 딱정벌레목만 해도 35만 종이 넘으며, 알려진 것만 거의 100만 종에 이른다(이는 지금껏 묘사된 동물 종의 4분의 3에 해당한다). 거기에다가 곤충의 종이 400만에서 8,000만에 이른다는 사실을 생각해보라. 홀데인의 말은 농담이었다고는 하나, 충분히 일리가 있으며, 나 같은 미생물학자에게는 불리한 영향을 끼치는 말이 아닐 수 없다. 어째서 불리한 영향을 끼치는가 하면, 사실 신이 미생물에 대해서만큼은 무절제한 면이 없지 않아 보이기 때문이다. 미생물의 종은 모르긴 해도 곤충의 종보다 10배는 더 많을 테니 말이다! 일리가 있다고 하는 까닭은 실제로 엄청나게 많은 곤충들이 있어서, 자연사를 전공하는 학생들이 저마다 어려움과 불만을 토로하기 때문이다. 하지만 이 두 양상은 따지고 보면 하나로 수렴한다. 미생물과의 공생은 곤충들의 생태학적 지위를 다양화하다 못해 때로는 목숨 건 곡예에 가까운 위치에까지 오르도록 해주는 여러 기제들 가운데 하나이기 때문이다. 곤충의 다양성 과잉은 부분적으로는 마치 두루 적응할 수 있는 추가 기능처럼, 미생물 공생체와 결합하는 그것들의 역량과 관련이 있다. 그리고 어찌되었든 곤충의 다양성 때문에 미생물의 다양성이 가려지는 듯한 느낌이 드는 것도 사실이다. 그러므로 나는 곤충 각각에게 특화된 마이크로바이오타, 그러니까 내생공생체와 외피, 소화관 사이에 형성되어 있는 그 마이크로바이오타가 우리로 하여금 곤충의 공생 박테리아 종류가 곤충의 종류보다 적어도 3~4배는 더 많으리라고 예측하게 한다 해도 그렇게 크게 놀라지는 않을 것이다!

더 나아가서, 이 공생체들은 직접적으로 종의 다양화를 도울 수도 있다. 곤충과 미생물은 서로가 서로에게 적응한다. 그런데 이러한 공진화는 같은 종의 곤충들 사이에서도, 구별되는 몇몇 집단에서는 다른 여정과 양태를 보일 수도 있다. 그렇기 때문에 궁극적으로 두 집단을 구성하는 개체들의 교배가 불가능한 경우도 발생할 수 있다. 잡종, 즉 부모 각각의 유전자를 모두 보유하지 않은 생물들은 부모가 전달해준 그 어떤 공생생물체에도 제대로 적응하지 못할 수 있기 때문이다! 공진화 과정은 다른 집단의 공생생물체들과의 양립 불가능성을 발생시킴으로써 더는 쉽게 교배할 수 없는 집단들을 고립시키고, 그렇게 함으로써 독립적인 새로운 종의 출현을 돕는다. 하지만 우리는 아직 이러한 기제가 새로운 종의 출현을 용이하게 만들면서 어느 정도 비율로 곤충의 다양성 과잉을 설명할 수 있을지 알지 못한다.

파울 부흐너가 1960년에 독일어로 출간한 저서에는 『미생물을 재배하는 동물들Tiere als Mikrobenzüchter』이라는 제목이 붙어 있다. 그는 이 책에서 많은 곤충들, 그리고 때로는 사회적이고 때로는 개체적인, 그리고 조상으로부터 물려받거나 그렇지 않은 사례에 따라 달라지는 그들의 집단에 대해서 이야기한다. 요컨대 살아가는 천태만상이 그 한 권의 책에 담겨 있다. 기계론적인 다양성의 이면에서, 보호하고 양분 섭취에 일조한다는 두 가지 주요 동기를 중심으로 미생물 공생관계의 날줄 씨줄이 혼합되는 것이다. 지금쯤은 독자들도 여기에 대해 웬만큼 익숙해졌을 것이다. 곤충들에게서 이러한 공생이 반복적으로 나타나는 현상은 진화에서 미생물의 추가 기능이 솟아나는 빈도와 용이함을 확인시켜준다. 독자들은 아마도 들어가는 말에서 언급한 바 있는 발광 박테리아와의 공생을 기억할 것이다. 오징어와 다양한 물고기들이 박테리아를 통해서 빛 주변으로 모여들어 일종의 추가 기능처럼 작용하는 경우 말이다.

여러 다양한 기제들이 섞여서 다음 세대로까지 전달되는 양상은 특히 주목할 만하다. 이 양상이 너무도 효율적이라 결국 두 파트너는 밀접하게 결합하여 하나가 되어 공동의 역사를 써내려가게 된다. 미생물은 말하자면 곤충의 유전자 위성, 즉 우리가 여러 차례 언급한 추가 기능이 되는 것이다. 우리는 10장에서 공생의 유전에 대해 다시금 살펴볼 것이다. 마지막으로, 수천만 년 혹은 수억 년 전부터 함께 얽히고설킨 두 파트너는 의존성을 향해 공진화를 계속한다. 이 현상이 대칭적이라고는 하나, 결국 그 정점에서는 내생공생 관계의 박테리아들이 유전자적 쇠퇴를 맞이하게 된다. 이들이 곧 혼자서는 번식을 하지 못하고, 심지어 세포 밖에서는 혼자서 살지도 못하는 지경에 이르는 것이다. 그리고 극단적인 경우, 틀림없이 일부 내생공생체들에게 있어서 필요한 단백질조차 만들어내지 못하게 된다! 하지만 이 정도로는 아직 의존성의 정점이라고 할 수 없으며, 문제의 정점을 우리는 9장에서 살펴볼 것이다(우리는 또한 이 책의 결론 부분에서도 의존성에 대해 다시 언급할 기회를 가질 예정이다). 그럼에도 신경전달Neurotransmission과 강한 의존성 사이에서 우리는 처음으로 어떻게 두 개의 조직이 궁극적으로 거의 하나가 될 수 있는지 엿볼 수 있다. 공생에 따른 이러한 융합, 다른 하나가 없이는 아무 것도 할 수 없는, 각자의 개별성을 상실하게 되는 이러한 상태를 우리는 9장에서 다룰 예정이다.

그에 앞서, 우리가 살펴보아야 할 마지막 동물이 남아 있으니 바로 우리 인간이다. 물론 실험을 통한 접근을 위해서는 들쥐나 생쥐를 택할 수밖에 없겠지만, 하여간 지금부터는 인간이라는 동물에서 미생물이 차지하는 부분에 대해 알아보기로 하자. 이제부터 소개되는 두 장은 우리 자신에게 할애되었으므로.

7장

미생물과 인간이 함께 사는 법

_ 인간에게는 어떤 마이크로바이오타가 있을까?

이 장에서는 인체의 표면과 내부 공간을 살펴본다. 이 장을 읽고 나면 청결하게 몸을 씻되 분별력을 발휘해야겠다는 마음이 들 것이며, 석 · 박사 학위를 가질 만큼 많이 배우고서도 어쩐 일인지 손씻기를 소홀히 하는 선남선녀들에 대해서 흥미로운 사실들을 많이 알게 될 것이다. 그리고 우리 인간의 장내 마이크로바이오타가 생태계와 진화의 역사라는 관점에서 본 인간의 위치를 상기시켜줄 것이며, 충수가 다시금 고귀한 기관으로서의 지위를 되찾을 것이다. 또한 젖을 빠는 행위를 지금까지 어디에서도 보지 못했던 새로운 눈으로 바라보게 될 것이며, 우리의 마이크로바이오타는 우리가 태어난 이후에 생성된다는 사실을 새삼 발견하게 될 것이다. 마지막으로, 우리 인간 역시 세포만큼이나 많은 미생물들과 더불어 사느라 혼자일 기회가 점점 더 줄어들고 있음을 확인하게 될 것이다.

미생물적 인간의 도래

안토니 판 레이우엔훅Antonie Van Leeuwenhoek(1632-1723)은 네덜란드의 상인으로, 호기심과 기발함을 제외하고는, 어느 모로 보나 미생물학의 주춧돌을 놓을 만한 소질이 엿보이는 인물은 아니었다. 실제로 그는 직물을 취급하는 상인이었으므로, 상품의 직조 상태와 실의 품질을 살피기 위해 아주 초보적인 현미경은 자주 들여다보았다. 그는 초보적이고 불편해 보이는 그 현미경의 렌즈를 관찰 대상 물체의 300배까지도 크게 보이도록 개량했다. 본업에 종사하다가 잠시 짬이 날 때면 그는 그 렌즈 밑에 표본들을 놓고 관찰했다. 다양한 종류의 물, 식물 절임, 식초 등은 물론, 침과 대변, 심지어 자신의 치석까지도 그의 관찰 대상이었다! 관찰 후 그는 먼저 미생물들, 그러니까 자신의 몸에 서식하는 미생물들을 묘사했다. 덕분에 미생물학이 발아하는 단계에서부터 그는 자기 고유의 마이크로바이오타를 보았던 것이다.

잠시 세월을 건너뛰어보자. 최근 10년 사이에, 대량으로 DNA 염기서열을 판독할 수 있는 새로운 방법들이 쏟아져 나왔다. 따라서 모호한 미생물 시료(물방울, 피부 조각, 흙부스러기, 대변 일부 등)에서 유전자를 통해 그 시료와 관련된 생물체의 신분을 확인하는 일이 과거에 비해서 너무도 수월해졌다. 아니, 그 이상이다. 시료에서 발견된 유전자들의 목록을 작성함으로써 관련된 신진대사와 잠재적으로 개입했을 가능성이 있는 생화학적 기제를 찾아내는 일도 가능해진 것이다. 이런 활동을 가리켜 "-너머"를 뜻하는 그리스어 meta를 붙여 군유전체학群遺傳體, metagenomics이라고 한다. 한 가지 생물체의 게놈 연구를 넘어서는 연구이기 때문이다. 균유전체학은 식물, 동물, 특히 인간과 결합하는 미생물의 다양성을 파악하고 묘사한다. 이 유용한 도구 덕분에 한 세기 동안의 실험실 배양만으로는 밝혀내지 못했던 현상이 그 실체를 드러내게 되었다. 다른 모든 동물들에서와 마찬가지로, 인간의 경우에도 80퍼센트 이상의 미생물이 배양 불가능하기 때문이다. 균유전체학은 과거에는 도저히 불가능했던 매우 섬세하고 일상적인 분석을 가능하게 해주었다. 게다가 이제는 묘사 가능해진 미생물들의 집합체를 지칭하는 '마이크로바이오타'라는 용어(이 책에서는 4장에서 이 용어가 등장한다)의 대중화에도 성공했다.

우리는 아무나하고 결합하지는 않는다. 제한된 수의 균류(효모균)를 넘어서, 우리와 공생하는 박테리아들은 주로 8개 부류, 그중에서도 특히 후벽균문Firmicutes(예를 들어 젖산간균속Lactobacillus), 의간균문Bacteroidetes(이 두 가지는 각각 우리 몸 속 박테리아의 30퍼센트를 차지한다), 방선균문(예를 들어 비피도박테리움속Bifidobacterium) 순이다. 현재 60가지가 넘는 박테리아 집단이 알려져 있으며, 하나의 토양에 서식하는 박테리아가 20가지가 넘는다는 사실을 고려할 때, 이는 극히 미미하다고 할 수 있다. 그러므로 우리의 마이크로바이오타는 생태계에서 출발하여 수많은 요인들에 의해 '분류'되어 있으며, 우리는 그 많은 요인들, 가령 생물학적(성별 또는 나이)이면서 동시에 문화적(생활방식, 위생 수준, 식생활 등)이라거나, 때로는 그 두 가지 양상(유아기에 모유를 먹느냐 혹은 젖병을 빠느냐에 따라 유아의 마이크로바이오타가 달라진다!)이 혼합되어 나타나는 사례들을 곧 접하게 될 것이다.

우리는 지금까지 다양한 동식물들이 다양한 생태계에서 어떻게 미생물들과 더불어 삶을 직조해나가는지 살펴보았다. 계속해서 동물의 경우를 탐구하기 위해, 7장과 8장에서는 인간 몸속에 존재하는 마이크로바이오타를 집중적으로 조명해볼 작정이다. 우선 7장에서, 우리는 인간 마이크로바이오타의 다양성과 그것이 피부, 입, 장 등 우리 신체 각 부분에서 나타나는 양상을 묘사할 것이다. 그리고 마지막 단계에서 이 마이크로바이오타가 어린 시절에 획득된다는 사실을 깨닫게 될 것이다. 8장에서는 장내 마이크로바이오타의 복잡한 역할을 상세하게 기술할 작정이다. 자, 그러면 먼저 외부부터 탐사해보자.

피부 : 미생물막과 차단막

우리의 피부에는 엄청난 양의 미생물이 서식한다. 우리가 아무리 피부를 문지르고 닦아도 거기에는 미생물막이 형성되어 있다. 박테리아와 말라세지아속Malassezia 같은 효모균이 결합하여 만들어낸, 보이지 않고 단속적인 막이다. 이 미생물들은 우리의 분비물과 죽은 피부 또는 박리 중인 피부 등을 먹고 산다. 이것들은 가끔 모근이나 피부의 선腺 등 한층 깊숙한 곳으로 파고들어오기도 한다. 우리 피부를 덮는 피지라고 하는 기름진 분비물을 만들어내는 피지선에서는 프로피오니박테리움 아크네스Propionibacterium acnes 처럼 심지어 산소가 상대적으로 부족한 곳에서도 살 수 있는 미생물들이 서식한다.

피부에서 가장 잘 보호되는 부분(엉덩이 혹은 가슴의 주름, 코 주변, 겨드랑이, 배꼽 등)은 대개 가장 습한 곳이기도 하다. 이런 곳에는 시간이 지나도 그다지 변하지 않는 마이크로바이오타가 형성된다. 습기 때문에 이곳에서는 코리네박테리움corynebacterium과 포도상구균Staphylococcus이 매우 활발하게 활동하는 마이크로바이오타의 지배자 격이다. 우리가 흘리는 땀에서 때로는 불쾌하기까지 한 냄새를 발생시키는 장본인이 바로 이 마이크로바이오타다. 사실, 방금 깨끗하게 씻은 인체에서는 인간의 후각으로 맡을 수 있는 냄새는 거의 나지 않으며, 냄새의 상당 부분을 만들어내는 건 우리의 피부 마이크로바이오타가 방출하는 기체 분자들(우리가 뀌는 방귀나 각종 악취들은 미생물에서 기인한다)이다. 우리 문화권에서 가장 극단적인 예는 바로 발 피부인데, 양말과 신발을 신는 문화 때문에 늘 습하고 따뜻한 상태에 놓여 있는 이 피부에서 나는 냄새(때로는 정말 역한 것이 흡사 치즈 냄새 같기도 하다)는 특히 브레비박테리움속Brevibacterium 때문이다. 이 박테리아는 죽은 피부의 각질인 케라틴keratin을 공격한다. 이 케라틴이라고 하는 단백질에는 황을 함유한 아미노산이 풍부해 브레비박테리아는 과도한 황을 휘발성 메테인싸이올CH_3SH 형태로 만들어 제거하는데, 이것이 바로 발 고린내의 주범이다. 우리는 12장에서 치즈 위에서 활약하는 브레비박테리아와 메테인싸이올을 다시 만날 것이다! 발에는 또한 다양한 균류들도 서식한다. 그중 더러는 병을 일으키는 원인이 되기도 하며, 그 과정에서 악취가 발생하기도 한다. 게다가 피부에서 나는 냄새는 기생생물들에게 큰 도움을 준다. 가령, 모기들은 우리가 호흡할 때 내뱉는 이산화탄소 때문에 우리의 위치를 확인할 수 있다. 이외에도 피부에 서식하는 미생물들이 만들어내는 뷰티르산이나 젖산, 메틸-페놀 같은 물질들도 모기가 공격 대상 물색 작전을 펼 때 도움이 된다. 모기들은 양적으로 밀도가 높은 동시에 종류가 그다지 많지 않은 피부 마이크로바이오타를 지닌 개체들을 선호한다. 그러므로 '모기가 좋아하는 피부'란, 부분적으로는 모기가 좋아하는 마이크로바이오타인 셈이다!

반대로 햇빛에 많이 노출되고 건조한 부분(앞 팔뚝, 엉덩이, 손 피부 등)의 마이크로바이오타는 세포 수로 보자면 습한 피부에 비해서 양적으로는 덜 발달했으나 종류 면에서는 훨씬 다양하다. 이런 부위들은 시간에 따라서도 큰 차이를 보이는데, 그 이유는 접근이 훨씬 수월하므로 감염 또한 훨씬 쉽기 때문이다. 손의 마이크로바이오타(1평방센티미터 당 1,000만 개의 박테리아 세포, 손 하나당 서식하는 미생물 150종!)는 미국 학생들이 진행한 연구 결과가 보여주듯이 매우 다양하다. 지배적인 손(왼손잡이에게는 왼손, 오른손잡이에게는 오른손)에 따라 마이크로바이오타 또한 달라지는데, 이는 환경과의 접촉이 다른 방식으로 이루어짐을 반영한다. 또 여자의 손이냐 남자의 손이냐에 따라서도 마이크로바이오타가 달라진다. 일반적으로 여자들의 경우 손의 마이크로바이오타가 훨씬 다양하게 나타난다. 그 까닭은 아마도 비누와 화장품 등의 사용에서 차이가 나는 것이 아닐까 추정해볼 수 있다. 물론 마지막으로 비누질을 하고 난 뒤 흐른 시간과 사용한 제품의 성질도 이 차이를 만들어내는 데 일조할 것이고, 이것이 성별에 따른 차이를 만들어낼 수도 있을 것이다. 역설적인 것은, 이 연구에 따르면 여자들이 훨씬 자주 손을 씻었기 때문에 마이크로바이오타의 다양성이 줄어들었어야 했을 텐데 결과는 그 반대로 나왔다는 점이다. 어쨌든 이 모든 것은 확실히 성별이 차이를 만들어내는 요인으로 작용하고 있음을 암시한다.

미생물들은 피부의 보호에 참여한다. 한편으로는 피부에서 먹잇감을 얻음으로써 잠정적으로 병을 일으킬 수도 있는 병원체들을 제거해주는 데다, 다른 한편으로는 항생제 역할도 하기 때문이다. 프로피오니박테리움 아크네스는 피지샘 관 안에서 생성되는 피지를 발효시키는 과정에서 휘발성 지방산을 만들어내는데, 그 산기는 많은 미생물들을 막아주는 차단막 역할을 한다. 그 과정에서 '씻지 않아서 나는 냄새'를 풍기는 데 일조하는 것도 사실이지만 말이다. 일부 피부에 서식하는 포도상구균은 항생제를 만들어낸다. 표피포도구균Staphylococcus epidermidis은 매우 광범위한 항생제 효과를 내는 페놀을 분비한다. 스타필로코쿠스 루그두넨시스Staphylococcus lugdunensis는 황색포도상구균Staphylococcus aureus을 파괴하는 항생제로 쓰이는 작은 단백질을 합성한다. 인간들 가운데 10에서 30퍼센트는 그 박테리아를 보유해도 건강한 상태를 유지하지만, 관리가 제대로 되지 않을 경우 피부병(정저, 표저)을 일으킬 수 있으며, 숙주 생물 전체를 공격하여 여러 기관에 피해를 주거나 패혈증을 일으킬 수도 있다. 잠재적 병원균이 피부 마이크로바이오타 내부에 매복하고 있을 가능성도 배제할 수 없기 때문이다. 황색포도상구균이 있을 경우 말라세지아속 효모균들도 있기 마련인데, 이들은 번식하면서 각종 피부염(붉은 반점, 가려움증, 습진 등)을 유발할 수 있다. '건강한' 마이크로바이오타 내부에서는 병원균들의 활동이 억제되어 거의 유해하지 않다. 그러나 마이크로바이오타에서 차단막 역할을 하던 어떤 부분이 제거되면, 병원균들이 제멋대로 활약할 수 있다. 예를 들어 병원 생태계에서 항균비누를 남용하는 것이 여기에 해당된다. 손을 지나치게 자주 씻으면 역설적으로 사상균증을 유발한다.

피부 면역성에 있어서 경쟁력 함양이나 항생제 역할 외에 마이크로바이오타의 또 다른 역할을 확인해주는 증거는 생쥐들에게서 찾을 수 있다. 마이크로바이오타를 거느리지 않은 인간은 찾아볼 수 없으나, 대신 수십 년 전부터 박테리아 없는 생쥐는 성공적으로 길러내고 있기 때문이다. 이 생쥐들을 가리켜서 '무균axenic' 생쥐(그리스어에서 '없는'을 뜻하는 a와 '이물질, 이방인'을 뜻하는 xenos를 결합시킨 용어. 여기서 이물질은 미생물을 가리킨다)라고 부른다. 1세대에서 제왕절개를 통해서 태어난 이 생쥐들은 그 후 세대를 거듭하면서 멸균 처리된 인큐베이터에서 자라난다. 우리는 무균 생쥐들 덕분에 마이크로바이오타의 역할을 이해할 수 있으며, 박테리아나 특별한 마이크로바이오타(심지어 인간을 통해서 만들어진 것을 포함하여)를 이 생쥐들에게 주입했을 때 나타나는 효과를 측정할 수 있었다. 그러니 아래에 이어지는 글에서 이 무균 생쥐들이 자주 등장할 것이다. 이 무균 생쥐들이 위에서 언급한 군유전체학과 더불어 이 장과 다음 장을 채워주는 이야깃거리를 제공해주기 때문이다! 무균 생쥐들은 다른 부위보다도 특히 피부의 마이크로바이오타가 결여되어 있다. 리슈만편모충증의 매개체인 기생생물을 녀석들의 피부에 접종하면, 무균 생쥐들은 국지적으로 약한 반응을 보이면서 병에 걸린다. 반면, 정상적인 생쥐들에게서는 그보다 큰 피부 반응이 일어나면서 일반적으로 병에 걸리지는 않는다. 그런데 무균 생쥐들에게 미리 표피포도구균을 접종시켜 놓으면, 이것들이 다른 생쥐들에게서처럼 피부에서 살면서 무균 생쥐들의 면역력을 복구해준다! 이렇게 생쥐들을 비교함으로써 우리는 여기에 단순한 미생물 차단막을 넘어서는 무언가가 있음을 추정할 수 있다. 포도상구균이 국지적으로 면역 세포들, 즉 림프구를 미리 활성화시켜서 감염에 반응하는 역량을 발휘하게 한다고 볼 수 있는 것이다. 이렇듯 보호 작용은 경쟁과 항생제를 통해서 직접적으로, 그리고 이와 동시에 피부의 면역을 통해서 간접적으로 이루어진다. 다음 장에서는 생물의 나머지 기관에서의 면역을 다룰 예정이다.

어떤가, 갑자기 손을 덜 자주 씻어야겠다는 마음이 들거나, 걸핏하면 항균세제로 손을 문지르는 일은 하지 말아야겠다는 마음이 들지 않는가? 우리의 피부 미생물막에 가해지는 필링peeling이라는 이름의 무지막지한 폭력에 대해서는 또 뭐라고 말해야 하는가? 우리는 여러 세대를 거치는 동안 거의 몸을 씻지 않던 조상들로부터 나와 적응해온 후손이라는 사실을 잊지 말자! 물론, 이성을 갖고서 피부 위생이 제공하는 장점들은 유지하자. 그러나 그것도 정도껏 해야 한다는 사실을 명심해야 한다. 합리적인 위생이란 오직 적절한 정도로만 손을 씻는 것, 다시 말해서 식사 전 또는 상처를 만지기 전에는 반드시 손을 씻는 정도를 뜻한다. 그러므로 환상에 불과한 무균 상태(이런 상태에 있다가는 처음 만난 병원체의 손쉬운 먹잇감이 되고 만다)를 목표로 기운을 빼기보다는 '깨끗한 더러움', 즉 가벼우면서 어느 정도의 보호를 보장하는 위생 상태를 받아들여야 한다. 병을 일으키는 미생물들은 우리 피부의 마이크로바이오타 내에서 이웃한 미생물들에 의해 적절한 선에서 견제를 받는다. 그러므로 피부는 깨끗한 더러움이 집약된 곳, 다시 말해서 조금 더럽긴 하지만 큰 위험은 없는 곳이다.

인체로 들어가는 입구에서

우리 몸으로 들어가는 입구가 되는 곳을 향해 한 걸음 더 나아가보자. 이런 곳은 적당한 습기와 분비물 때문에 미생물들에게는 한층 더 호의적이다. 이런 곳에서는 미생물의 번식이 이루어짐에 따라 분비물의 흐름을 타고 미생물들이 배출된다. 가령 이도耳道를 타고 흐르는 점액이나 코와 기관지를 들락거리는 좀 더 양이 많은 점액은 목구멍 안쪽을 지나 위까지 내려가기도 한다. 병에 걸리면 몸 안에 들어온 침입자를 내쫓기 위해 이러한 흐름의 양이 증가한다는 사실을 우리 모두는 잘 알고 있다. 이런 연유에서 감기에 걸리면 코의 분비물이 불쾌할 정도로 늘어난다. 병든 기관과 폐의 분비물이 기침을 통해 초속 200미터가 넘는 빠른 속도로 밖으로 배출되는 것이다. 대변과 함께 박테리아를 밖으로 내보내는 것도, 이 경우는 양분 섭취와 관련된 경우이긴 하나, 이러한 흐름(우리는 이 흐름이 장내 점액의 도움으로 가능하다는 사실을 잠시 후에 살펴보게 될 것이다)의 한 종류에 해당된다. 그런데 질膣과 위, 이 두 가지 강腔에서는 이와는 다른 종류의 조절 작용이 이루어진다. 대다수의 박테리아가 잘 견디지 못하는 산酸이 국지적으로 분비되어 미생물의 열성적인 활동을 억제하면서 다양한 마이크로바이오타의 형성을 방해하는 것이다. 그 결과 이곳의 마이크로바이오타는 산기를 견딜 수 있으며 전혀 공격적이지 않은 몇몇 집단에 속하는 미생물들로만 구성된다.

질은 각종 분비물과 산소가 거의 없는 조건 때문에 피부에 비해서 산도를 10배가량 높이는 발효 마이크로바이오타(젖산간균, 비피도박테리움 등)를 선호한다. 질은 산기를 잘 견딜 뿐 아니라 아예 산기를 만들어내기도 한다! 실제로 질 속 마이크로바이오타는 그 종류가 300여 종에 불과하므로(뒤에 나오는 다른 숫자들과 비교해보라) 그다지 풍부하다고 할 수 없다. 월경 또는 임신 등과 관련된 변동을 제외하고는, 시간적으로도 이렇다 할 다양성을 보이지 않는다. 하지만 그럼에도 여성 한 명 한 명의 질 마이크로바이오타는 행동방식이나 문화적 생태계에 따라 각기 다른 양상을 보인다. 이는 미국에서 실시된 연구 조사 결과를 확인시켜준다. 한 여성의 질의 마이크로바이오타는 그 여성의 학력에 따라서도 달라진다는 것이다! 석사 학위를 소지한 여성들에게서는 젖산간균이 지배적인 반면, 학력이 그 이하인 여성들의 질 마이크로바이오타에는 아토포비움Atopobium, 프레보텔라Prevotella, 비피도박테리움 등이 풍부하다!

소화관의 입구 또한 산성 장벽이 가로막고 있다. 위는 위액이 분비되어 피부보다 1,000배 이상 산성이 강하다. 그래서 100여 종 남짓한 박테리아들만 이곳에 서식하며, 박테리아 각각의 개체 수 또한 소수의 세포들에 불과하다. 제일 잘 알려진 박테리아는 헬리코박터 파일로리Helicobacter pylori인데, 이것은 위암의 원인이 되는 세균으로 탐지되었다. 그런데 이 박테리아는 미생물계의 야누스다. 녀석은 최고 선이 될 수도, 최고 악이 될 수도 있다. 야누스의 두 얼굴 가운데 하나는 위궤양을 일으켜 이 궤양이 암으로 진화해나갈 수 있다는 점이다. 다른 하나는 이것이 위 안에서 살아남기 위해 국지적으로 산도를 낮추며, 그 덕분에 위액의 흐름을 축소시킴으로써 결과적으로 식도에 치명적인 결과(특히 식도암 발병 위험을 낮춘다)를 미연에 방지해준다는 점을 꼽을 수 있다! 그렇긴 해도, 일부 박테리아는 이러한 장애물을 통과하여 소화관의 다음 단계에까지 도달한다. 이 문제는 뒤에서 다시 살펴보기로 하겠다.

입과 코는 산도가 높은 위 장벽의 앞쪽에 위치한다. 외부의 영향력에 거의 무방비 상태로 노출된 입에는 논리적으로 매우 다양한 미생물군이 서식하며, 시간적인 면에서도 상당한 다양성을 보여준다. 입 관련 박테리아의 대다수는 삼키는 행위에 의해 위로 휩쓸려가지 않기 위해서 미생물막 형태로 매달려 있는 형국이다. 800종이 넘는 미생물들이 구강 점액을 콜로니화하고 있으며, 1,300종이 잇몸과 치아를 분리하는 틈 사이에서 안전하게 서식한다. 침의 흐름에 훨씬 더 많이 노출되어 있는 미생물막인 치석에는 이보다 약간 덜 다양한 미생물들이 산다. 이렇게 볼 때 우리가 나누는 키스에는 미생물이 개입할 수밖에 없으며, 프렌치 키스라도 하면 1,000만 개 이상의 박테리아를 주고받게 된다! 코의 점액질에서도 이 정도의 다양한 미생물들(900종)이 관찰되는데, 코 역시 외부 생태계에 심하게 노출되어 있다. 우리는 병에 걸리면 코에 서식하는 박테리아들의 색상을 알게 되는 경우가 있다. 박테리아의 호흡에 활용되는 황녹색 분자 시토크롬cytochromes은 번식 초기에는 점액을 노란색으로 물들이다가 절정에 도달했을 땐 녹색으로 바뀐다.

입 속 마이크로바이오타는 각종 맛과 냄새를 빌어 비교적 기분 좋은 방식으로 존재를 드러낸다. 구강 마이크로바이오타는 약간의 시차를 두고 식품을 변화시킴으로써 우리가 그것을 인지하는 데 중요한 역할을 한다. 예를 들어 설탕 조각 하나를 입 안에 넣고 녹여보자. 처음에는 달콤하다가 이내 약하게 신맛이 느껴지면서 이 맛이 입에 오래 남는다. 이는 설탕이 박테리아에 의해 발효되면서 나타나는 현상이다. 치아의 미생물막이 두꺼워졌을 때, 미생물막 아래쪽에 있는 치아가 용해되면서 충치를 일으키는 것은 이처럼 산이 생성되기 때문이다. 치석을 벗어나면, 이러한 산성화는 침에 의해 순식간에 청소되어 버린다(그러니 침을 조금만 삼키시라!). 일부 향도 입 속에서 변하는데 피망, 백포도주(이 두 가지는 미각적으로나 화학적으로나 매우 가깝다), 또는 양파의 향이 여기에 해당된다. 우리 입 안에 서식하는 푸소박테리움균류fusobacterium는 전구체前驅體*에서 파생된 향을 배출한다. 전구체는 그것을 용액 상태로 붙들어 놓는 분자들과 결합되어 있기 때문에 향이 덜 강하다. 푸소박테리움균에 의해 전구체가 황을 함유한 휘발성 분자 상태로 변하면서 향은 훨씬 진해지는데, 그렇게 되기까지는 몇 초 정도의 시간이 걸린다. 이렇게 만들어진 향은 1분 이상 지속된다. 박테리아의 효소들이 전구체를 변화시키는 데 걸리는 시간만큼 지속된다고 보면 된다. 한편 박테리아 입장에서는 이러한 기제가 일종의 해독 작용인 셈이다.

안타깝게도, 우리의 구강 마이크로바이오타는 냄새에 있어선 그다지 자랑스럽지 않은 일로 유명하다. 입 냄새의 90퍼센트는 산소가 별로 없는 입안 구석에서 침에 들어 있는 단백질을 발효시키는 박테리아 탓이다. 이 박테리아들이 생산해낸 발효 물질은 질소 화합물이건 황 화합물이건 좌우지간 둘 다 냄새가 고약하며, 이름만으로도 그것이 일반적으로 형성되는 생태계를 짐작할 수 있다. 푸트레신putrescine, 카다베린cadaverine, 스카톨Skatole, 스페르미딘spermidine 등이 좋은 예이며, 황화수소(썩은 계란 냄새)도 있다. 이

* 생명체의 물질대사에서 반응이 일어나기 전의 원료물질을 가리킨다. 예를 들어 비타민 A의 전구체는 카로틴이다.

러한 물질은 특히 혀의 뒷면 돌기, 마찰이 없어서 미생물막의 생성에 적합한 윗면 사이에서 주로 만들어진다. 그러므로 칫솔질을 할 때 이 부분에 특히 신경 써야 한다. 입 냄새는 인간관계를 악화시킬 수 있을 뿐 아니라, 일부 미생물이 사회성에 어떤 영향을 끼치는지 웅변적으로 보여준다.

방금 소개한 것처럼 사소하거나 지엽적인 역할 외에 우리 인체의 각 강에 붙어 다니는 마이크로바이오타는 기회주의자들을 상대로 꾸준히 투쟁을 벌이며, 피부 편에서 보았듯이 질병을 억제한다. 구강이나 질 내부의 경우, 젖산간균과 칸디다속에 속하는 효모균들 사이에 적대감이 존재한다. 전자가 산도를 유지한다면, 후자는 부드러운 편이다. 하지만 가령 항생제 요법으로 인하여 후자가 우세해질 경우, 칸디다는 박테리아들을 배제하고 자극성 칸디다증(아구창)을 일으키며 번식해간다. 우리는 여기서 다시 한번 위생을 중시하되 분별있게 해야 한다는 사실을 실감하게 된다. 치아를 보호하고 입 냄새를 없애기 위해 이와 혀를 열심히 닦을 수는 있지만, 그렇다고 해서 반복적으로 구강 항균제로 입을 헹궈서 구강 마이크로바이오타를 모조리 없애버리는 어리석은 짓을 해서는 안 된다는 말이다!

잡식성 영장류의 장내 마이크로바이오타

뭐니 뭐니 해도 가장 방대한 마이크로바이오타는 장내에 형성되어 있다. 그러고 보면 우리의 몸은 이 장내 마이크로바이오타를 보호하는 커다란 봉투에 불과하다고 할 수 있다. 미생물의 종류는 알려진 것만도 4,000종 이상(각 개인마다 약 5,000종의 미생물이 장내에서 서식하고 있다고 보면 된다)이며, 1인당 1~1.5킬로그램 정도의 박테리아와 효모균이 우리 안에서 안식처를 마련해두고 따뜻한 환경에서 양분을 섭취한다. 우리가 삼킨 음식 덩어리가 장 속을 통과할수록 그 음식은 콜로니화되어 장의 끝 부분에 이르렀을 땐 미생물이 대변 양의 60퍼센트(1그램당 1,000억 개의 박테리아)를 차지하게 된다. 장이 수축 운동을 하여 대변이 지속적으로 배출됨으로써, 이 작고 작은 생물들의 잉여분은 정기적으로 제거된다. 미생물 세포들이 대부분 그저 잠시 통과하는 승객처럼 배출되어도, 세포 증식을 통해서 생겨난 이들의 자매 격인 몇몇 세포들은 장내에 남는다. 결과적으로 우리 덕분에 양분을 취하고 우리 안에서 서식처를 제공받는 이 미생물들은 공생 거주자가 되는 것이다.

장내 마이크로바이오타 역시 냄새로 자신의 존재를 드러내는데, 우리가 뀌는 방귀는 산소 결핍 상태의 마이크로바이오타가 발효되면서 만들어 내는 산물 그 이상도 이하도 아니다. 대부분의 기체는 냄새가 없으나(메탄, 수소), 우리는 여기서 앞에서 이미 만난 적이 있는 냄새들과 다시 만나게 된다. 바로 휘발성 지방산(4장에서 소에 관해 설명할 때), 다양한 황 화합물 기체(H_2S와 메테인싸이올), 스카톨 등이다. 우리는 호흡을 통해서 날마다 0.5에서 2리터에 해당하는 기체를 배출하기도 하지만, 그보다는 주로 복부 팽만에 따른 방귀를 통해 배출한다. 흔히 방귀는 사회적으로 긍정적인 의미와는 거리가 멀다. 간혹 이를 예술적으로 승화시키고자 하는(여기에는 논쟁의 여지가 많다) 몇몇 시도가 일부 대중의 호응을 얻고 있기는 하지만 말이다. 개중에는, 가령 중세 아일랜드의 방귀쟁이 광대나 파리의 물랭루즈 카바레 무대에서 독특한 소리로 성공을 거둔 뒤 프랑스 전국을 돌아다닌 조제프 퓌졸Joseph Pujol(1857-1945)처럼, 몸 안의 마이크로바이오타에서 방출하는 가스 덕분에 예술가 지위를 얻은 사람들도 있다. 조제프 퓌졸은 특히 방귀 소리로 〈달빛 아래서Au clair de la Lune〉라는 동요를 연주하는 재능을 발휘했다.

그런가 하면 인터넷에 이와 관련한 동영상을 올렸으나 소리 소문 없이 사라져버린 사람들도 있어서, 그들의 생체 가스는 인화성이 없음을 입증하기도 했다. 은하계를 오가는 엄청난 결과를 만들어낸 〈캐비지 수프La soupe aux choux〉*가 거둔 성공은 두말할 필요도 없다.

인간의 장내 마이크로바이오타는 잡식성 척추동물의 장내 마이크로바이오타와 흡사한데, 그 둘의 현재 소화관 마이크로바이오타를 비교하면 두 가지 경향이 드러난다. 첫째, 진화의 관점에서 가까운 종들은 마이크로바이오타도 비슷하다. 따라서 인간은 '마이크로바이오타적으로 볼 때' 침팬지, 보노보, 고릴라와 매우 가까운 사이다. 그렇긴 하지만, 종 사이에서 관찰되는 마이크로바이오타의 차이는 이들의 공통적인 조상들로부터 얼마나 오랜 시간이 경과했느냐에 비례하므로 이들의 진화 속도가 비슷했음을 증명해주는 반면, 인간에게서는 차이점들이 훨씬 빠른 속도로 쌓여왔음을 보여준다. 이는 육식에 치중한 식생활(예를 들어 박테로이데스의 번식에 유리하다), 그리고 우리의 환경과 행동양식을 단시간에 바꿔놓은 문화적 진화 탓인 것으로 추정된다. 둘째, 동일한 식습관을 가진 동물들의 마이크로바이오타는 구성과 다양성의 정도에 있어서 유사성을 보인다. 육식동물의 마이크로바이오타는 그다지 다양하지 않은 반면, 잡식동물은 그보다 약간 더 다양하며, 초식동물은 4장에서 본 바와 같이 대단히 다양한 양상을 보인다. 인간도 예외가 아니다. 인간의 마이크로바이오타는 뚜렷하게 잡식동물의 범주에 들어간다.

인간의 문화적 진화가 마이크로바이오타의 동물적인 양상을 완전히 제

* 장 지로Jean Girault가 제작하여 1981년에 개봉한 프랑스 영화로, 배추 수프를 먹은 사람이 방귀 뀌기 대회에 참가하고, 그 소리를 우주인이 듣고서 지구에 와 이들과 인연을 맺는다는 식의 코미디-공상과학 영화. 개봉 당시에는 반응이 신통하지 않았으나 텔레비전 방영을 통해 많은 팬을 확보한 '컬트 영화'로 통한다.

거하지는 않으나, 서양인들의 경우 위생이 강화된 탓인지 장내 마이크로바이오타가 매우 독특한, 그러니까 종류에 있어서 빈약하면서 대단히 개별화된 양상을 보인다. 다양성의 빈곤화 경향은 유인원들의 마이크로바이오타와 비교할 때 아주 뚜렷하다. 조사 대상 인간들 가운데 딱 한 사람의 마이크로바이오타만 나머지 열 두어 명에 비해서 더 다양한 양상을 보였다. 더구나 이들은 저마다 매우 다른 지역 사회 출신이었는데도 결과는 전혀 다양하지 않았다! 마이크로바이오타의 빈곤화 양상은 수렵-채집 생활에서 농경문화, 그리고 현대사회로 이어지면서 점점 심화되는 국면을 보여준다. 베네수엘라의 수렵-채집 부족인 야노마미족은 지난 1만 1,000년 동안 세계화된 문명에 노출된 적이 없으며, 다른 종족과도 접촉하지 않고 지내왔는데, 이들의 장내 마이크로바이오타는 지금까지 알려진 것들 가운데 단연 최고의 다양성을 자랑한다. 오직 구강 마이크로바이오타만 다양성의 정도가 현대 유럽인들과 유사하다. 이러한 다양성은 집단 구성원 모두에게서 고르게 나타난다. 관찰대상이 된 마이크로바이오타가 어느 부위의 것이든 상관없이 말이다. 이들의 위생 유형과 집단생활은 각각 서양인들에 비해서 뚜렷하게 높은 다양성과 집단 구성원의 공유 현상을 설명해준다. 그에 비해서, 역시 베네수엘라에 거주하는 과히보족의 생활 방식은 약간 서양화되었다고 할 수 있는데, 이들의 다양성과 집단 구성원의 공유 정도는 정확하게 야노마미족과 서양인들의 중간에 위치한다. 현대 우리 사회에서 우리의 마이크로바이오타는 서로가 서로에게 고립되어 있는 진정한 의미에서의 섬이 되었다. 우리가 끔찍하게 애지중지하는 위생이라는 것 때문에 미생물들의 접근이 거의 허용되지 않는 외딴 곳이 되어버린 것이다.

인간의 장 :
안정성과 변동성 사이에서 줄타기하는 미생물 생태계

개인들 사이에 존재하는 차이, 문화적 차이의 이면에는 엔테로타입enterotype 이라는 몇몇 커다란 장내 마이크로바이오타 유형이 존재한다. 국적, 성별, 나이를 불문하고 모든 개인들에게 존재하는 장내 마이크로바이오타 유형은 지배적인 박테리아의 유형에 따라 특징지어진다. 프레보텔라의 지배를 받는 유형과 박테로이데스속Bacteroides(그런데 이 둘은 모두 의간균류에 속한다)의 지배를 받는 유형, 클로스트리디움clostridium에 속하는 루미노코쿠스Ruminococcus의 지배를 받는 유형으로 구분한다. 이러한 유형들은 비록 한 개체가 몇 달 사이에 엔테로타입을 바꿀 수 있다고 하더라도, 시간의 흐름이라는 변수의 관점에서 볼 때 상당한 안정성을 보인다. 우리는 더구나 유사한 장내 마이크로바이오타 유형들을 침팬지에게서도 찾아볼 수 있다. 하지만 이러한 유형들의 존재는 논란의 대상이 되기도 하는데, 그건 이들의 중간 단계에 해당되는 마이크로바이오타들이 존재하는 데다, 사실 엔테로타입이라는 것이 극단적이며 자주 관찰되는 마이크로바이오타의 유형을 지칭하는 데 지나지 않기 때문이다. 엔테로타입은 섭생에 좌우되기 때문에 무엇을 먹느냐가 결정적인 요인으로 작용한다. 박테로이데스형 엔테로타입은 포화지방과 단백질이 풍부한 음식을 섭취할 때, 루미노코쿠스형은 알코올과 다가불포화지방과 상관관계에 있다(이 두 유형의 엔테로타입은 서양인에게서 많이 나타난다). 한편 프레보텔라형(시골에 살면서 곡물을 주식으로 삼는 집단에게서 자주 나타나는 유형)은 당분과 섬유질이 풍부한 식단을 반영한다.

그렇긴 해도, 대장균Escherichia coli처럼 어디에나 있는 박테리아들도 무척 많다. 연구에 많이 등장하며 앞 장에서 우리가 게놈을 살펴본 바 있는 이 박테리아는 대변에서 이를 분리하는 데 성공한 독일 출신 소아과 의사 테오도르 에셰리히Theodor Escherich(1857-1911)를 기리기 위해 그런 이름이 붙었다. 인간 각자가 자기 안에 수천억 개의 대장균이 모여 있는 군집을 품고 있으므로 지구상에는 적어도 1,000,000,000,000,000,000,000(10해)개 이상의 대장균이 살고 있다는 결론에 도달한다! 하지만 대장균만 있는 게 아니다. 우리들 각자의 장에 서식하는 500가지 이상의 미생물 가운데 임의로 선택된 다른 여러 종의 미생물들이 우리의 정체성을 형성한다. 20명을 비교한 결과, 이들 각자의 마이크로바이오타 가운데 80퍼센트는 각자에게 고유한 것으로 나타났다. 그러므로 장내 마이크로바이오타가 어떻게 구성되어 있느냐는 각 개인의 정체성의 한 부분을 구성한다고 말할 수 있다. 이때 정체성은 비교적 안정적이라 매우 서서히 변한다. 이러한 정체성은 소속 집단의 특성도 어느 정도 간직하고 있다. 이는 마이크로바이오타에 의해 자기와 다른 사회적 집단에 속한 사람보다는 자기와 같이 사는 사람과 더 닮게 되기 때문인 것으로 여겨진다. 아마도 대인관계 및 같은 환경, 심지어 같은 행동양식을 공유하기 때문일 것이다. 이러한 사실은 일부는 환경에, 다른 일부는 유전에 의한 결정론과 일맥상통한다. 실제로 일란성 쌍둥이나 엄마와 딸을 비교할 경우, 마이크로바이오타의 유사성이 상당히 높게 나온다. 적어도 루미노코쿠스를 비롯한 몇몇 미생물 집단의 경우에는 그렇다. 우리는 다음 장에서 몇몇 유전자의 영역이 어떻게 해서 마이크로바이오타의 해로운 변화를 유도하는지 보게 될 것이다.

유전자 영역을 넘어서, 환경의 변화는 마이크로바이오타를 동요시킨다. 이러한 현상은 특히 섭생 방식을 바꿨을 때 잘 나타나며, 엔테로타입과 섭생을 연결 짓게 되는 이유 중 하나다. 환경이란 바꿔 말하면 자주 만나게 되는 이웃이나 가족, 친구의 마이크로바이오타이기도 하다. 유전적인 요인에 의해서 폐렴막대균Klebsiella과 프로테우스 미라빌리스Proteus mirabilis가 비정상적으로 많아 장이 민감해진 생쥐 집안을 대상으로 모계를 바꾸는 실험을 실시한 결과도 이를 보여준다. 이러한 증세 없이 정상적인 다른 집안에서 태어난 아기 생쥐들이 민감한 반응을 보이는 집안의 엄마 쥐들에게 보살핌을 받으면, 아기 생쥐들은 이 박테리아는 물론 이로 인한 민감 반응까지 획득하게 된다! 반대로, 민감한 집안에서 태어난 아기 생쥐들은 민감하지 않은 집안의 엄마 쥐에게 보살핌을 받아도 이러한 병적 증세를 보이지 않는데, 이는 아기 생쥐들이 해로운 박테리아를 만나지 않기 때문이다. 그러므로 결론적으로 볼 때, 마이크로바이오타는 유전자 영역의 영향과 환경이 주는 영향 사이에서 성장해나간다고 할 수 있다.

우리의 장내 마이크로바이오타가 시간적으로 안정되어 있다고 하나, 그럼에도 여전히 동요는 존재한다. 구강으로 항생제를 투여하는 것이 극단적인 예라고 할 수 있는데, 마이크로바이오타가 제일선에서 이를 맞아들이기 때문이다. 항생제 치료가 계속되는 동안 미생물의 다양성과 밀도는 급격하게 떨어지는 반면, 투여된 항생제에 저항하는 종들은 자기들이 가진 저항력을 주변으로 퍼뜨려 항생제의 효력을 약화시킨다. 항생제 요법이 단기간 적용되면 1주일 안에 이전의 마이크로바이오타가 원상복구될 수 있다. 이러한 탄성은 항생제에 민감하게 반응하는 종들에 대해서도 유효하므로, 일부 종들은 치료 기간 중에도 살아남는다. 산불이 나서 나무가 다 타버린 후에도 숲이 회복되는 것과 비슷한 이치로, 마이크로바이오타가 서서히 이전 상태로 돌아오는 것이다. 그러나 때로는 변화된 다양성이 항생제 치료가 끝나고 몇 년 후까지 오래도록 지속되는 경우도 있는데, 주로 장기간 항생제를 복용했을 경우에 그러하다. 이와 유사한 생태적 과정을 반영하는 식물 관련 은유로 표현하자면, 화재가 있고 난 뒤에도 계속 눌러앉아 숲의 회복을 방해하거나 지연시키는 광야나 황무지의 상태를 연상시킨다고 할 수 있다.

설사 또한 침입자의 갑작스러운 증식으로 인한 또 다른 동요라고 하겠다. 서양의 살균된 환경에서는 점점 드물어지고 있는 설사는 다른 지역에서는 여전히 빈번하게 일어난다. 이 대목에서는 충수에 대해서 언급해야 할 필요가 있다. 맹장의 인간 버전인 충수는 그다지 발달한 기관이 아니다. 의사들은 충수염 증세를 보일 때에만 이 기관에 대해 말하는데 염증 때문에 충수돌기가 막힐 수 있기 때문이다. 이렇게 되면 박테리아의 증식이 멈출 염려가 있으며, 그러면 복부로 제멋대로 튀어나간 박테리아들이 치명적인 복막염을 일으킬 수 있다. 우리는 충수돌기를 이제는 소용없는 유물쯤으로 치부한다. 초식동물에 가까워서 훨씬 발달된 맹장을 지니고 있었을 먼 조상이 물려준 쓸데없는 기관 취급을 받게 된 것이다. 때문에 사람들은 때로는 다른 수술을 받는 기회를 이용해서, 예방 차원에서 충수돌기를 제거하는 수술을 받기도 한다. 그런데 왜 우리 인간 종은 염증을 일으킬 위험만 있을 뿐인 충수돌기를 여전히 지니고 있는 걸까? 벌써 오래 전부터 특별한 이점도 없으면서 충수돌기를 조금 잘라냈다거나 아예 떼어버린 사람들을 주위에서 자주 본다. 유물에 불과하다거나 필수가 아니라 선택이라는 특성에 선험적으로 설득당해서인지, 아무도 진지하게 충수돌기의 역할이나 충수돌기 제거 수술이 초래하는 결과에 대해 연구하지 않았다. 그런데 별개로 진행된 두 개의 연구가 충수돌기 제거 수술이 대장암의 위험을 높이거나 혹은 그 반대로 줄일 수 있음을 암시했다. 그러나 의사들은 여전히 이 문제에 대해서는 그다지 관심을 보이지 않는 것이 사실이다. 반면, 미생물학자들은 충수돌기에 매우 다양한 미생물들이 서식하고 있으며, 이들이 충수에서 분비되는 물질의 흐름을 타고 대장으로 배출된다는 사실을 잘 알고 있다. 그러므로 우리는 설사가 지금보다 훨씬 잦았던 시절에, 이와 같은 갑작스러운 흐름의 경로에서 슬쩍 비켜나 있던 충수가 신속하게 장에 호의적인 미생물 주株들, 즉 동요를 겪은 생태계를 복원시켜주는 일종의 구원투수들을 투입했을 것으로 추정한다. 다른 생각을 가진 저자들도 물론 있다. 그들이 보기에 충수는 우리의 면역 체제가 유익균(소화관에 서식하는 미생물)을 알아내는 법을 학습하는 곳이며, 이러한 학습을 통해서 우리 몸은 이것들에 대한 과잉반응을 피할 수 있을 거라는 가설을 제안한다. 충수의 역할과 마이크로바이오타의 관계에 대해서는 아직 탐사할 것이 널려 있다.

우리는 어떻게 어머니의 도움을 받아 우리의 마이크로바이오타를 형성하는가

장내 미생물들은 구강을 통해 우리의 소화관으로 들어와 위산이라는 장애물을 무사히 통과한 생존자들이다. 어떻게 해서 우리가 처음으로 콜로니화되었는지 그 과정을 살펴보자. 아기는 출생 전에는 무균 상태다. 처음에는 비교적 일률적인 마이크로바이오타가 빠른 시간 안에 피부와 몸의 구멍, 그리고 장을 뒤덮는다. 세상과의 최초의 접촉은 매우 중요하다. 자연분만으로 태어난 아기들은 출생 순간 질에서 서식하는 미생물들(젖산균류)과 대변을 터전으로 삼는 미생물들(박테로이데스속과 비피도박테리움)에 감염된다. 출생을 위해 그 두 곳을 통과하게 되니 그럴 수밖에 없다. 반면, 제왕절개 수술을 통해 태어난 아기는 이러한 접촉을 하지 못하는 까닭에 자기가 접촉하게 되는 엄마 피부 일부의 마이크로바이오타, 가령 다양한 포도

상구균에 보다 가까운 마이크로바이오타를 형성하게 된다. 산소를 허용하며 발효에도 능한(조건혐기성) 박테리아들로 이루어진 이 최초의 마이크로바이오타는 몇 주 동안 장내에서 끈질기게 살아남는다. 거기서 호흡을 통해 산소를 소비하면서, 새로 도착하는 클로스트리디움속Clostridium, 박테로이데스, 비피도박테리움 등의 종들과 더불어 보다 엄밀한 의미의 발효에 집중하는 길을 연다. 그러나 우리 몸의 다른 부위들은 저마다 특화된 마이크로바이오타를 거느린다.

안정적이며 보호 작용을 하는 장내 마이크로바이오타를 획득하는 일은 우리가 유년기에 성취해야 할 매우 중요한 과업이다. 특히 다양하면서 동시에 비피도박테리움처럼 호의적인 종들을 확보하는 것이 관건이다. 이 박테리아들은 특히 장내 투과성을 줄이고 아울러 염증을 조절한다. 그래서 미생물과 대면하게 되는 면역 체제의 쓸데없는 과잉 반응을 피함으로써, 병의 원인이 되는 미생물들의 돌발적인 출현으로부터 우리를 보호한다. 젖먹이 아기들이 출생 직후 몇 달 동안 우는 것은 배고픔의 표현이기도 하지만, 소화 과정에서 통증을 느끼기 때문이거나 병을 일으키는 미생물들 때문에 장내 소화가 원활하지 못하기 때문이기도 하다. 이 사실만으로도 적절한 마이크로바이오타의 중요성을 새삼 확인할 수 있다. 미숙아들은 태어날 때 소화관이 미성숙해 콜로니화가 제대로 이루어지지 못한다. 따라서 이런 아기들의 마이크로바이오타는 다양성이 결여되어 있다. 이는 대립되는 추론을 통해 적절한 마이크로바이오타 형성의 중요성을 보여주는 예라고 할 수 있다. 미숙아들의 5퍼센트 정도에서는 회저를 일으키는 장내 마이크로바이오타 유형이 관찰된다. 이는 기회주의자 박테리아들이 장을 파괴시키는 유형의 엔테로타입에 해당된다. 이 가운데 30퍼센트 정도는 생명에 지장을 초래할 정도로 치명적일 수 있으며, 예방 차원에서 미숙아들에게 비피도박테리움을 주입하면 소장 결장염에 걸릴 확률이 2배 이상 낮아진다. 이렇게 주입하는 호의적인 미생물들을 가리켜 프로바이오틱스probiotics라고 하며, 모든 유아들에게 프로바이오틱스를 활용하는 경향이 요즘 들어 부쩍 늘어나고 있다. 프로바이오틱스(젖산균과 비피도박테리움)는 설사의 빈도와 지속 기간을 절반 이상으로 줄인다!

일반적으로, 젖먹이 아기에게는 비피도박테리움과 젖산균을 활성화시켜주고, 이것들보다 덜 호의적이며 나아가 병을 일으킬 수도 있는 엔테로박테리아와 포도상구균, 클로스트리디움속은 제한해서 균형을 잡아주는 것이 필요하다. 그런데 유익균과 유해균의 균형을 방해하는 요인들이 있어서 다른 유형의 마이크로바이오타, 즉 면역력을 최대로 키우는 데 방해가 된다. 이것은 훗날 천식이나 1형 당뇨병(이 당뇨병은 어린 시절에 나타나는데, 마이크로바이오타와 이 질병과의 연관성에 대해서는 뒤에서 다시 다룰 예정이다)처럼 자기 면역과 관련된 질병의 위험을 높일 수 있는 마이크로바이오타가 형성되도록 부추기기도 한다. 이렇듯 균형을 깨는 요인들로는 미숙아로 태어났다는 사실 외에 적어도 세 가지를 꼽을 수 있다. 첫 번째 요인은 앞에서도 말했듯이 제왕절개 수술이다. 그 수술은 피부 마이크로바이오타와 같은 부류의 마이크로바이오타를 아기의 장내 마이크로바이오타로 넘겨주는데, 우리 인간은 그것과 함께 공진화해오지 않았다. 적어도 인생의 이 시점에서, 이 부위에서는 그렇지 않다는 말이다. 따라서 아기에게 엄마의 질에서 유출되는 물질을 공급함으로써 제왕절개로 얻은 마이크로바이오타를 수정할 수 있다. 그러나 이러한 방식은 아직까지는 일상적으로 통용되지 않고 있다. 두 번째 요인은 장기적인 항생제 요법이다. 이는 기회주의자적인 미생물들에게 좋은 빌미를 줄 수 있다. 세 번째 요인은, 가장 예상치 못했던 요인이 될 텐데, 바로 '분유'의 사용이다. 이 우유는 지금 우리가 이야기하고 있는 관점에서 보자면 진짜 모유에 비해 훨씬 덜 좋다. 왜 그럴까?

모유 수유는 두 가지 방식으로 '좋은' 마이크로바이오타의 형성을 돕는다. 먼저, 젖꼭지 표면과 젖샘은 박테리아의 공급원이 된다. 모유 1밀리리터 당 많게는 100만 개의 박테리아가 들어 있는 반면, 살균된 우유와 멸균된 젖꼭지에는 이런 것이 전혀 없다. 하지만 가장 놀라운 기제는 모유에 호의적인 박테리아들의 먹이가 되는 성분이 함유되어 있다는 사실이다! 우리는 자주 모유의 항체에 대해서 이야기하는데, 이것은 실제로 아기의 마이크로바이오타의 구성을 좋은 방향으로 조절해준다. 그런데 우리는 모유의 또 하나의 중요한 구성 성분은 자주 잊어버리는 경향이 있다. 모유는 올리고당oligosaccharides을 풍부하게 함유하고 있는데, 이는 당류를 구성하는 분자 3~5개가 자기들끼리 결합하여 만들어내는 것으로, 올리고당은 유당lactose과 지방에 이어 모유의 세 번째 구성 요소로 당당히 이름을 올린다. 그런데 올리고당은 아기가 소화하지 못하기 때문에 사람들은 오래도록 그것의 생물학적 기능에 대해서 알지 못했고, 따라서 분유를 제조하는 과정에서 이를 첨가하지 않았다. 분유는 알다시피 소의 젖을 원료로 사용하는데, 여기에는 올리고당이 들어 있지 않다. 그런데 올리고당은 간접적으로 아기에게 매우 중요한 역할을 수행한다.

영양실조로 고생하는 산모들은 본의 아니게 올리고당의 역할을 일깨워주는 셈이다. 이들 산모들의 모유에는 이것이 상대적으로 덜 함유되어 있으며, 이 때문에 아기에게 호의적이지 않은 마이크로바이오타가 형성된다. 어린 무균 생쥐에게 영양 상태가 좋은 산모에게서 태어난 건강한 아기의 마이크로바이오타를 주입하면, 그 생쥐는 정상적으로 잘 자란다. 반면, 영양실조로 고생하는 아기의 마이크로바이오타를 주입하면 생쥐의 성장 발육은 늦어진다. 성장에 누가 되는 이러한 효과는 생쥐에게 다시 건강한 아기의 박테리아 또는 인간 모유에서 채취한 올리고당을 주입할 경우 역전될 수 있다. 올리고당을 주입할 경우, 마이크로바이오타의 구성 성분이 건강한 아기의 마이크로바이오타와 비슷해진다. 영양실조의 경우는 이와 반대되는 역학이 작용한다. 즉, 모유에 올리고당이 부족하므로 아기에게 덜 호의적인 마이크로바이오타가 정착하게 되는 것이다. 이렇듯 올리고당은 마이크로바이오타를 "수정해서 바로 잡는다". 요컨대 올리고당이 아기에게 호의적인 비피도박테리움과 젖산균류의 먹이가 되는 식으로 작용하는 것이다. 비피도박테리움과 젖산균류는 별 문제 없이 올리고당을 소화시킨다.

비피도박테리움 인판티스Bifidobacterium infantis는 이 올리고당을 포획하여 소화시키는 데 필요한 유전자들을 많이 지니고 있기 때문에 인간 모유에 쉽게 적응한다. 사실 비피도박테리아는 경쟁력이 강하고 모유로 키운 아이들을 더 잘 콜로니화한다. 이는 인간과 인간의 마이크로바이오타를 구성하는 미생물들 가운데에서 호의적인 일부 박테리아들 사이의 공진화, 즉 두 파트너 가운데 하나가 다른 하나를 조절하거나 그 역의 관계로 진행되는 진화의 놀라운 사례라 할 것이다. 몇몇 박테로이데스도 올리고당을 활용할 수 있다. 젖산균류는 올리고당을 분해하는 유전자는 없으나 이웃한 비피도박테리움이 만들어내는 올리고당 소화 물질을 활용해서 이를 소화할 수 있다. 재미있는 건, 우리가 20세기 초반부터 모유로 기른 아이의 대변에는 분유를 먹으면서 자란 아이들의 대변에 비해서 10배나 많은 비피도박테리움이 들어 있다는 사실을 잘 알고 있었으면서도, 그 이유와 그것이 지니는 긍정적인 효과에 대해서는 무지했다는 점이다. 올리고당은 프로바이오틱스(이로운 박테리아) 외에 우리의 마이크로바이오타를 조절하는 또 하나의 방식이 있음을 의미한다. 올리고당은 프리바이오틱스prebiotics, 즉 건강에 간접적으로 좋은 분자들로서 마이크로바이오타의 구성에 관여하는 방식으로 작용하는 분자들 가운데 하나다.

모유에 포함된 올리고당의 두 번째 역할은 첫 번째 역할에 비해 보다 직접적인 보호 역할이라고 할 수 있다. 일부 올리고당은 장 세포의 표면을 덮고 있는 분자들과 유사한 형태를 하고 있는데, 병을 일으키는 박테리아들은 자주 이 세포들에 달라붙어서 이를 공격한다. 그러므로 올리고당의 존재는 공격자의 "일손을 바쁘게 만듦"으로써, 그러니까 일종의 미끼가 되어 공격자들이 그들의 진정한 목표물에 달라붙는 것을 방해하여 결과적으로 보호하는 역할을 하는 것이다. 최근에는 분유에 올리고당을 다시금 첨가하는 추세다. 동물에서 얻은 것이건 식물에서 얻은 것이건 상관없다. 제일 좋은 건 당연히 모유에서 얻은 것이겠지만, 인간은 아직 모유에 함유된 올리고당을 합성하는 방법을 터득하지 못했다. 하지만 분유에 올리고당을 첨가해도 그 효과는 안정적이지 못하다. 때로는 긍정적이나 때로는 부정적일 때도 있기 때문이다. 그러므로 우리의 마이크로바이오타는 수유 과정을 통해서 공진화의 기류에 올라타게 되었다. 세계보건기구가 권장하는 대로 출생 후 6개월 동안 모유 수유를 하면 아기의 건강에도 좋고, 신체적, 인지적 발달에 도움이 되며, 기대수명도 늘릴 수 있다. 그런데 이런 대단한 효과를 내기까지에는 장내 미생물의 공이 크다! 태어난 순간, 어머니들은 우리에게 프로바이오틱스(질에 서식하는 박테리아로 우리의 최초의 마이크로바이오타가 여기에서 유래한다)와 모유의 프리바이오틱스를 제공한다.

젖을 떼는 시기에도 마이크로바이오타의 진화는 계속된다. 아이를 가진 부모들이라면 잘 아는 사실인데, 이유기가 되면 아이 대변에서 나는 냄새가 그 전과는 달라진다. 아이가 모유에 비해 아이의 소화 활동에 덜 최적화된 식품을 먹기 시작하면서 박테리아들은 보다 다양해진 찌꺼기들을 요리하게 되고, 그 과정에서 황과 질소를 함유한 분자들을 끌어들이기 때문이다. 앞에서도 여러 차례 말했듯이, 이것들은 악취가 난다. 아이가 새로운 물체를 입에 가져갈 때마다("입에 손가락 넣으면 못 써!"), 다시 말해서 음식을 먹거나 입을 맞춘다거나 어른들과 접촉한다거나 하는 행동을 할 때마다, 마이크로바이오타에는 새로운 구성요소가 첨가된다. 말이 나온 김에, 아이를 쓰다듬어줄 때 얼마나 많은 미생물들이 동원되는지 그 수준을 짐작해보라! 어쨌거나 장내 마이크로바이오타는 동요가 많은 편에 속한다. 어린아이들의 경우에는 시간에 따라 차이가 많이 나며, 그마저도 아이마다 편차가 심하다. 심지어 쌍둥이들도 예외가 아니다. 장내 마이크로바이오타는 두세 살은 되어야 안정성을 획득한다. 우리의 마이크로바이오타가 안정되기까지는 말하고 걷는 데 걸리는 것과 마찬가지의 시간이 필요하다! 마이크로바이오타는 그 후에도 성인이 될 때까지 계속 진화하지만, 동요하는 정도나 변화 폭은 그 이전에 비해서 훨씬 줄어든다. 성인이 되면 마이크로바이오타는 안정되며, 항생제 치료 요법이나 설사 같은 돌발 상황을 제외하고는, 아주 긴 기간을 두고 볼 때에만 식생활에 의해 조금씩 진화할 뿐이다. 나이가 들어감에 따라, 그러니까 60세가 지나면 마이크로바이오타는 "결국 어린 시절로 돌아가며", 그 구성요소도 아이 때 그랬던 것처럼 다시금 변화무쌍하고 혼돈스러워진다.

결론적으로 말하자면…

우리는 절대 혼자가 아니다. 박테리아와 인간의 공존은 아마도 우리가 생각하는 것보다 훨씬 더 내밀할 수도 있다. 박테리아 DNA의 발견으로 몇몇 박테리아는 인체의 아무 문제없이 건강한 조직에도 스며 있다는 사실이 밝혀졌다. 우리는 이러한 발견이 무엇을 뜻하는지 질문해볼 필요가 있다. 혹시 잘못된 신호인가? 이 의문에도 일리가 있다. 우리가 박테리아를 발견하게 되는 것은 주로 감염에 특히 민감하게 반응하도록 고안된 방식을 통해서이기 때문이다. 혹시 검사 방식에 따른 감도의 경계에서 박테리아가 발견되는 건 아닌지 의심을 가져보는 것이 마땅하다. 아니면 박멸 단계에 있는 침입자들의 신호는 아닐까? 혹은 일상적으로 슬그머니 통과하는 자들이 보내는 신호인가? 주목할 만한 사실은 일부 병자들에게서는 이들의 수가 증가하는 것으로 보인다는 점이다. 태아조차도 아주 약하게 콜로니화되어 있다. 초변 또는 배내똥에 몇몇 박테리아들이 섞여 있는 것으로 보아 그렇게 추측할 수 있다. 어쩌면 가까운 미래에 우리의 마이크로바이오타의 목록은 한층 더 길어질 수도 있을 것이고, 우리 몸의 내밀한 부위에 우리가 현재 믿는 것보다 훨씬 더 많은 박테리아들이 우글거릴 수도 있을 것이다.

다음 장에서 소화관 마이크로바이오타의 역할에 대해 좀 더 상세하게 알아보기에 앞서, 일단 이 하나의 목록은 마무리 짓도록 하자. 우리 몸은 표면에서부터 가장 깊숙한 내부 공간에 이르기까지 온통 매우 다양한 미생물들의 생태계를 이루고 있다. 뿐만 아니라 여러 문헌을 통해서 우리 몸 안에는 우리 몸을 이루는 세포 수의 10~100배에 이르는 박테리아들이 살고 있다는 사실을 접한다. 1970년에 발표된 하나의 추정치에서 시작된 이러한 생각은 최근에 재평가되었다. 키가 중간 정도인 사람은 장내에 10조 개(10^{13}), 피부에 1조 개(10^{12})의 박테리아를 가지고 있다는 것이다. 그리고 그 외 다른 여러 내부 강에 서식하는 박테리아의 총합은 1,000억 개(10^{11}) 정도 된다고 한다. 박테리아에 비해서는 적은 수일 테지만, 우리는 여기서 효모균까지는 굳이 세지 않으려 한다. 중키의 이 사람은 10^{13}개의 세포를 가지고 있는데, 여기에는 적혈구(적혈구는 매우 특별한 세포로서, 다른 세포들에 비해서 크기가 작으며 DNA가 없고 숫자는 매우 많아서 우리 몸의 전체 세포 수 가운데 85퍼센트를 차지한다)까지 포함된다. 그러니 숫자로만 보자면 거의 동등한 셈이지만, 이 동등함 자체만으로도 사실 놀라운 일이라 할 수 있다. 박테리아의 세포는 우리의 세포보다 훨씬 작아서 아주 작은 부피에서도 많은 개체들이 살 수 있기 때문이다. 반면, 적혈구를 제외하고 DNA를 가진 세포들만 다시 세어본다면, 인간 세포 1개당 박테리아 10개라는 계산이 나온다. 이 비율은 개인에 따라, 또 시간에 따라 변할 수 있다. 체구가 같다면, 여자들은 남자들에 비해서 적혈구 수는 적으나, 장의 크기는 비슷하다. 그러므로 수치상으로 볼 때 여자들이 더 많은 박테리아의 지배를 받는다고 할 수 있다. 극단적으로 콜로니화된 내용물을 배출하는 대변을 보고 나면, 우리는 일시적으로나마 박테리아에 비해 숫자적으로 우세해진다. 물론 곧바로 박테리아가 증식함으로써 일시적인 인간 세포의 우위는 금세 끝나버리지만 말이다.

자, 이제 우리는 9장에서 우리의 세포 각각이 내부에 100여 개의 박테리아를 함유하고 있음을 발견하게 될 것이다. 이 발견으로 우리는 우리 신체 내에서 수적으로는 완전히 열세해지겠으나, 사실 세포의 수는 우리 몸에 존재하는 박테리아의 다양한 종류에 비하면 덜 충격적이다. 우리 몸에서 서식하는 박테리아의 종류는 어림잡아 1만 가지가 넘는다. 이러한 다양성은 서양의 문화적 습관에 의해서 크게 손질되었고, 그 결과 우리들 각자는 이웃과 생태계로부터 고립된 섬과 같은 존재가 되어버렸다. 위생을 중시하는 문화는 마이크로바이오타의 콜로니화와 성장이라는 자연적인 기제로부터 멀어지게 함으로써 우리를 질병으로부터 보호하려 했다. 지나치게 공격적이면서 잦은 피부 씻기와 정화, 제왕절개 수술과 분유 소비, 항생제 치료 요법, 심지어 충수돌기 제거 수술까지, 우리는 자연보다 더 잘 할 수 있다고 확신했으며, 그 덕분에 많은 문제를 해결했다. 하지만 이제 그 부작용과 미생물에서 기인하는 후유증이 슬슬 고개를 들기 시작했다. 여기서 한 가지는 반드시 짚고 넘어가자. 항생제 처방이며 제왕절개 수술, 분유 섭취 등은 많은 경우에 꼭 필요하며, 개인적이고 치료를 위한 선택이기 때문에 싸잡아서 내쳐버릴 수 없다. 하지만 이러한 방책들은 마이크로바이오타에 대해서는 조금도 고려하지 않은 채 정비되어 왔다. 언젠가는 의사들이 (미)생물학자들에게 교육받을 날이 오기를 기대하게 되는 것도 다 그런 이유 때문이다. 어쩌면 내일이라도 지원 방식이 제시되어 미생물로 인한 부작용을 줄이게 될 수도 있을 것이다. 그날이 오기도 전에, 미국의 식약청에서는 2016년 20여 가지 살균 물질의 판매를 금지했다. 특히 2,000개가 넘는 상표의 항균 비누 제조에 사용되던 트리클로산triclosan과 트리클로카반triclocarban이 대표적이다.

우리는 이제 마치 정원을 가꾸듯 우리의 마이크로바이오타를 가꿀 수 있다는 가능성이 우리 눈앞에 제시되는 것을 보고 있다. 그리하여 우리가 바라는 종의 종자(프로바이오틱스)를 심고, 토양을 꾸준히 개량하며 비료(프리바이오틱스)를 주어 뿌린 종자가 무럭무럭 잘 자라나도록 노력을 기울인다. 더 일반적으로, 식이요법 유형은 프로바이오틱스의 일종이며, 이미 일상적으로 권장되는 행동 지침들이 있는데, 보다 합리적인 씻기와 항생제 사용에 토대를 둔 위생 상태와 식단이 그것이다. 우리는 섬유질을 반드시 염두에 둘 필요가 있는데, 평소 권장량의 절반 정도만 먹는다. 따라서 매일 과일과 채소를 최소한 다섯 가지는 먹어야 한다. 다음 장을 읽으면서 이 점을 확실히 기억해두시길!

병원체를 피하기 위해서 모든 미생물을 죽여야 하는 건 아니다. 우리는 이미 여러 세대 전부터 다른 미생물들의 도움을 받아 병원체의 활동을 약화시키고 그것들을 배출시키거나 그것들과 더불어 사는 법을 터득해왔다.

일정 수준의 '정상적인' 콜로니화는 유익하다는 사실은 앞으로도 여러 차례에 걸쳐서 반복 등장할 것이다. 나는 이를 가리켜 '깨끗한 더러움'이라고 표현한다.

미생물과 우리의 관계를 되찾아 회복시키는 일이야말로 앞으로 올 다음 세대들을 위한 도전이다. 서양인들에게는 이것이 더더욱 절실한데(이 문제에 대해서는 이 책의 결론 부분에서 다시 언급하려 한다), 거기에 우리 건강을 향상시킬 수 있는 희망이 걸려 있기 때문이다. 앞서 이야기한 내용들을 읽으면서 과도하게 구역질이 났다거나 불쾌한 마음이 들었다면, 당신 자신의 어떤 부분에 대한 부정이나 거부 때문은 아닌지 스스로 자문해보라. 아마도 문화적인 이유 때문일 공산이 크다. 미생물은 우리 몸과 우리의 생물학적 생김새에 이미 새겨져 있다. 그 점을 스스로에게 납득시키기 위해서 다시 수유 행위에 대해 이야기를 해보자. 얼핏 보기에는 지극히 내밀해 보이는 이 행위에 공진화를 통해 박테리아들이 슬며시 끼어들었고, 산모는 그 박테리아들에게도 양분을 공급한다. 아이와 엄마는 사실상 절대 혼자가 아니다!

우리 마이크로바이오타의 대략적인 윤곽은 이렇다. 뒤에 이어질 내용이 말해주듯이, 소화관의 마이크로바이오타는 숫자로나 역할로나 단연 지배적이며, 우리는 이론의 여지없이 구조적으로도 기능적으로도 몸 전체가 콜로니화되었다. 요즘 한창 유행하는 많은 접근법은 장에 집중함으로써, 그러니까 국지적인 현상에만 관심을 보임으로써, 도처에 서식하는 미생물들을 잠시 잊게 만든다. 마치 미생물이 우리 내부에 마련된 어떤 상자 같은 곳에만 제한적으로 들어 있기라도 한 것처럼 말이다. 그런데 미생물은 여기저기에서 마구 뒤섞여 우리 몸과 매우 밀접하게 결합되어 있으며, 식물들과 마찬가지로 우리 역시 미생물과 공동의 구조를 이루고 있다. 우리는 앞 장에서 동물의 생리를 특별하게 구조화하는 마이크로바이오타(뇌새김위, 영양체, 균류 재배)를 중점적으로 살펴보았다. 그런데 이처럼 고도로 특별한 부분 외에, 동물들 역시 피부며 몸 내부의 각종 강 등 온 몸 여기저기에서 미생물과 공동의 구조를 이루고 있다. 이제부터 우리가 찬찬히 살펴보게 되겠지만, 인간에게 있어서 가장 강력하게 인간의 생리를 구조화하는 마이크로바이오타는 틀림없이 장내 마이크로바이오타일 것이다.

8장

내가 살이 찌는 건 장내 미생물 때문이야
_ 전능한 마이크로바이오타

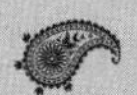

이 장에서 우리는 생쥐와 인간을 만날 것이다. 우리는 우리의 미생물을 통해서, 미생물과 더불어 소화를 한다. 우리의 마이크로바이오타는 장을 뛰어넘어 우리가 섭취해야 할 음식으로 우리를 인도한다. 우리의 마이크로바이오타는 우리를 보호하고 면역체계를 향상시킨다. 마이크로바이오타는 또한, 우리가 아파트의 가구를 바꾸고 집안 배치를 달리하듯, 서식처인 우리의 몸을 나름대로 신경 써서 변화시킨다. 마이크로바이오타는 몇몇 병증에 직접 개입하기도 하며, 우리의 성장에 필요한 존재로 기능한다. 심지어 우리의 행동 양식에서 존재감을 드러내기도 한다. 그리고 마지막으로, 이 장에서 우리 자신은 말하자면 마이크로바이오타의 꼭두각시에 불과하다는 사실도 깨닫게 될 것이다.

공생적인 소화 기관인 우리의 장

이날까지도 인간을 대상으로 마이크로바이오타의 역할을 직접 실험한다는 건 도저히 생각할 수 없는 일이다. 그러므로 이를 위해서는 다시 한 번 생쥐들이 대안이 되어줘야 한다. 특히 인큐베이터에서 미생물과의 접촉 없이 자란 무균 생쥐들을 통해서 이를 실험해보아야 한다. 무균 생쥐들은 대비를 통해서 특히 장내 마이크로바이오타의 역할을 잘 보여준다. 그러나 생쥐들이 음식을 소화하고 흡수하는 활동은 솔직히 그다지 효율적이라고 하기 어렵다. 무균 생쥐들은 일반 생쥐들에 비해서 먹이를 20~30퍼센트가량 더 먹으면서도 성장 속도는 동일한데, 기가 차게도 녀석들의 똥에는 제대로 활용되지 않은 먹이들이 훨씬 많이 들어 있기 때문이다! 무균 생쥐들의 장 세포벽은 두께가 얇고, 근육이 덜 발달한 데다, 혈액의 공급도 덜 활발하다. 또한 무균 생쥐들은 일반적인 생쥐들보다 선腺세포glandular cell*가 적기 때문에 분비되는 소화 효소의 양도 적다. 뒤집어서 생각하면, 그렇기 때문에 무균 생쥐들은 소화와 장의 구조화에 있어서 마이크로바이오타의 중요성을 입증해줄 수 있다.

인간에게 있어서도, 마이크로바이오타는 소화의 모든 과정을 함께 하는 연합 세력이다. 인간은 후장 발효 동물로, 우리의 공생생물들을 소화시킬 수 없다. 그것들이 위보다 뒤쪽에서 증식하기 때문이다. 하지만 우리는 그것들이 세포의 죽음을 전후로 우리의 장으로 배출하는 물질들의 덕

* 점액 등 특정한 물질을 만들어 분비하는 세포.

을 볼 수는 있다. 다른 많은 동물들의 경우와 마찬가지로(이들에 대해서는 4장과 6장에서 살펴보았다), 우리의 마이크로바이오타도 필수 아미노산들(특히 트립토판, 티로신, 히스티딘)과 비타민(K, B5, B_{12} 등)을 비롯하여 다른 중요한 물질들(엽산, 바이오틴, 티아민, 리보플라빈, 피리독신 등)을 만들어낸다. 게다가 박테리아들이 장내에 쏟아놓는 소화 효소들 또한 우리의 소화를 돕는다. 의간균류는 다양한 효소 역량을 발휘함으로써 단연 두각을 보인다. 가령 평범한 장내 세균인 박테로이데스 테타이오타오미크론Bacteroides thetaiotaomicron은 식물 세포벽의 수많은 혼합물들을 공격하는데, 그들의 공격이 아니라면 우리는 절대 그 식물들을 소화시키지 못할 것이다. 적조류를 자주 소비하는 일본인들은 이러한 조류의 세포벽에 고유한 다당류인 우뭇가사리, 김을 소화하는 박테로이데스 플레베이우스Bacteroides plebeius를 지니고 있다. 서양인들은 적조류를 소비한 적이 거의 없기 때문에 이 박테리아를 지니고 있지 않다. 따라서 이런 당류는 제대로 소화시키지 못한다.

일부 식품과 소화에 동원되는 일부 물질은 발효를 거치면서 그곳에 서식하는 박테리아들에게 유용하게 쓰인다. 그렇긴 해도, 우리는 발효의 찌꺼기를 휘발성 지방산 형태로 회수하며, 우리 몸은 이를 동화시킨다. 가령 뷰티르산은 장내 세포들 안에서 에너지를 만드는 데 쓰인다. 이들 세포들(혈액 속 산소로 접근이 용이하다)이 호흡을 위해 뷰티르산을 사용하기 때문이다. 프로피온산과 아세트산은 간에서 당류와 지방으로 바뀐다. 4장에서 살펴보았던 소와 마찬가지로, 우리도 역시 발효 과정에서 나오는 몇몇 기체를 회수하는 것이다! 하지만 우리 인간에게서 이러한 기체들은 전체 에너지 필요량의 5~10퍼센트(80퍼센트와는 거리가 멀다)만 담당한다.

담즙산염의 순환이라는 소화 기제는 지방의 소화 과정에서 생명체와 마이크로바이오타를 결합시킨다. 간은 담낭을 통해서 장으로 들어가는 입구에 담즙산염을 쏟아낸다. 우리가 닭이나 생선의 담낭을 터뜨렸을 때, 간은 물론 그 옆에 붙은 살까지도 씁쓸하게 만드는 것이 바로 이 혼합물이다. 담즙산염 혼합물은 반은 소수성(지방과는 잘 혼합되나 물과는 섞이지 않는다는 뜻) 스테로이드 물질, 절반은 친수성(물에 잘 용해된다는 뜻) 타우린 또는 글리신 무리로 이루어져 있다. 반은 친수성, 반은 소수성이니, 진정한 비누라고 할 수 있다! 이 생물학적 세제는 두 가지 효과를 낸다. 첫째, 설거지 세제가 기름기로 더러워진 접시에 작용하듯, 식품의 기름방울들을 분산시킨다. 소수성을 지닌 절반은 지방과 결합하는 반면, 친수성인 나머지 절반은 주변 액체들과의 상호작용을 용이하게 함으로써 이 혼합물을 용해할 수 있게 만든다. 이렇게 되면 지방도 소화 효소에게 접근할 수 있다. 둘째, 이 생물학적 세제는 주변에 포진하고 있는 미생물들을 제어하여 그것들의 증식을 통제한다. 왜냐하면 이 세제는 세포막의 지방분자들을 분산시킨다는 이유 하나만으로도 다수의 박테리아에게는 독성 물질로 인식되기 때문이다. 이에 대한 반응으로 박테로이데스, 클로스트리디움, 대장균 같은 박테리아들은 자기들의 효소와 더불어 친수성 부분과 소수성 부분을 격리함으로써 스스로를 방어한다. 이렇게 되면 씻어내는 성질이 사라져 이 박테리아들은 친수성 부분은 먹어버릴 수도 있게 된다! 장 내부로 조금 더 깊숙이 들어가면, 방출된 소수성 스테로이드 물질의 90퍼센트는 재흡수된다. 이것들이 다시 간으로 돌아가면, 간은 새로운 담즙산염을 합성하기 위해 이를 활용한다. 이렇듯 돌고 도는 순환 과정에서 각각의 스테로이드 분자는 하루에만 8회가량 장을 통과한다. 탁구공처럼 파트너들 사이를 오가는 이 행태는 박테리아들에게만 영향을 끼치는 것이 아니다. 박테리아에 의해 담즙산염에서 배출된 스테로이드 물질은 호르몬 역할도 수행하며, 담즙산염과 그것으로부터 파생된 물질들 사이의 균형이 지방과 당류의 신진대사를 조절한다(이 문제에 대해서는 뒤에 나오는 비만 관련 내용에서 좀 더 자세히 살펴보자). 뿐만 아니라 이 균형은 장내 면역 반응도 조절한다. 담즙산염의 순환은 마이크로바이오타와 면역력 사이의 복잡한 관계(이 문제에 대해서도 뒤에서 다시 언급할 예정이다), 마이크로바이오타와 인간의 생리 현상 사이에 존재하는 매우 강력한 기능적 동화 작용 등을 입증한다. 그도 그럴 것이 지방의 소화는 공생 관계 속에서 새로이 출현한 기제이기 때문이다.

그러므로 우리는 우리의 장내 마이크로바이오타와의 공생 덕분에 순조롭게 소화하며 산다. 그런데 장내 마이크로바이오타는 단순한 소화 작용을 뛰어넘어 섭생까지도 돕는다.

8장은 우리의 장이 지니는 미생물적 면모를 그 기능 면에서 탐사함으로써 앞에 나온 장을 연장한다고 할 수 있다. 사실 장내 마이크로바이오타는 서식처인 우리 몸마저 바꿔놓는다. 아무튼 우리는 이번 장에서, 당뇨병이나 비만 같은 기능 장애의 경우 마이크로바이오타의 변질이 어떤 역할을 하는지 상기시켜가며, 소화, 식품의 독성으로부터 우리를 보호하기, 우리 몸 안에 들어온 식품의 변모 등에 있어서 마이크로바이오타의 역할을 기술할 것이다. 우리는 마이크로바이오타가 공격자에게 직접적인 영향을 가함으로써 또는 우리의 면역체계를 성숙시키는 간접적인 방식을 통해 우리를 보호하는 데 얼마나 크게 기여하는지 살펴본 다음, 면역체계가 마이크로바이오타를 용인하면서 날선 반응을 보이지 않는 이유는 무엇인지에 대해 진지하게 의문을 가져볼 것이다. 마지막으로 장내 마이크로바이오타가 성장 전반은 물론 우리의 행동 양식과 심지어 사회성에까지 영향을 끼치는 문제도 다룰 것이다. 이 과정에서 자주, 그것이 반면교사 격으로 건강을 설명해줄 수 있다고 판단되는 경우, 질병으로 우회할 것이며, 실험이 필요한 경우라면 생쥐들이나 들쥐들의 사례를 참고로 할 것이다.

식품의 독성으로부터 우리를 보호해주는 공생 관계

앞에 소개한 장들에 등장하는 많은 동물들의 사례에서와 마찬가지로, 우리의 마이크로바이오타도 식품을 해독解毒한다. 그것이 비록 스스로를 보호하기 위해서라고 할지라도, 속셈이야 어떻든 아무튼 그렇다는 말이다. 그 한 가지 예가 바로 다이드제인에 대한 수용이다. 이는 적조류에 함유된 다당류의 소화처럼, 문화적인 차원까지도 내포한다. 콩에 들어 있는 이 플라보노이드는 발암물질로, 스테로이드 물질로 이루어진 우리 호르몬들 가운데 일부를 흉내 내며 세포의 기능을 변화시킨다. 요컨대 자연적인 내분비선 교란자다. 오래 전부터 있어온 콩 종류들은 아시아인들에게는 유익한 반면, 뜻밖에도 서양인들에게는 유해하다. 그런데 많은 아시아인들의 마이크로바이오타는 다이드제인을 S-이퀄로 바꾸는 박테리아를 함유하고 있다. S-이퀄 역시 플라보노이드처럼 우리의 호르몬을 흉내 내는 파생물질이지만 그보다 훨씬 긍정적인 효과를 낸다. 즉 암과 갱년기에 나타나는 여러 문제들, 그중에서도 특히 칼슘의 소실로부터 우리를 보호한다. 아시아인들(일본인, 한국인, 중국인)의 60퍼센트 이상이 이 박테리아를 지니고 있는 반면, 서양인들 가운데 이 박테리아를 지닌 사람의 비율은 25퍼센트에 지나지 않는다. 이 박테리아는 그것을 이미 지니고 있는 개체들과 함께 사는 경우에만 감염이 되기 때문이다.

하지만 마이크로바이오타에 의한 식품의 변화는 양날의 검이라고 할 수 있는데, 그 변화가 좋기만 하란 법은 없기 때문이다. 2008년 중국산 분유에서 멜라민이 검출된 소동이 그 서글픈 예라고 할 수 있다. 멜라민이라는 혼합물은 식품의 질소 함량을 기만적으로 높여주기 위해서 사용되는 물질로, 질소의 함량은 일반적으로 단백질의 함량을 반영한다. 그런데 유감스럽게도, 멜라민 때문에 신장에 작은 결정들이 침전될 수 있으며, 이는 어린 아기들과 허약한 사람들에게는 신장에 상처를 낼 수 있다. 이 작은 결정들은 멜라민 결정이 아니라 거기서 파생된 물질들 가운데 하나인 사이아누르산 결정으로, 사이아누르산은 민감한 사람들의 장에 들어 있는 폐렴막대균이 만들어내는 물질이다! 그러므로 멜라민의 독성은 박테리아에 의한 변화에서 기인한다고 봐야 한다.

좋지 않은 또 하나의 예를 들어 보자. 우리가 음식을 섭취할 때 두고두고 생각해보아야 할 이 사례는 심혈관 계통의 돌발적인 사고와 지나치게 영양이 풍부한 섭생 사이의 관계를 부분적으로나마 설명해준다. 일부 박테리아는 육류의 카르니틴과 지방의 레시틴을 트라이메틸아민으로 바꾸며, 그 트라이메틸아민을 간이 트라이메틸아민-N-옥사이드로 바꾼다. 트라이메틸아민-N-옥사이드는 순환기 계통에 지방이 축적되는 것을 돕는데(이것이 죽상경화증atherosclerosis이다), 이렇게 되어 혈관에 계속 지방이 쌓이면 심혈관 계통 사고가 일어난다. 자주 심혈관 계통 질환을 일으키는 혈통에 속하는 마이크로바이오타를 무균 생쥐에게 이식하자 한 가지 사실이 증명되었다. 즉 그 생쥐들에게 영양이 풍부한 식단 요법을 실시하면, 생쥐들은 트라이메틸아민-N-옥사이드 농도가 올라가게 되고, 이에 따라 죽상경화증세도 심화되었다. 반면, 똑같이 영양이 풍부한 식단이라도 무균 상태로 남아 있는 생쥐들에게는 그러한 증세가 나타나지 않았다. 마이크로바이오타와 숙주 생물체 사이의 상호작용에 의해 물질이 변형되는 이 사례는 '동시대사물질cometabolites'이라는 개념을 잘 드러내 보인다. 동시대사물질이란 공생관계의 파트너들이 공동으로 진행한 신진대사로부터 나온 물질을 가리킨다.

이렇듯 우리는 음식물을 우리 인간 고유의 신진대사뿐만 아니라 우리 마이크로바이오타의 대사를 위해서도 변형시키며, 이것이 마이크로바이오타가 만들어내는 파생물질을 결정한다. 이는 약품의 경우 매우 중요한 결과를 초래하는데, 마이크로바이오타에 의해 어느 정도 활성 물질로 변하기 때문이다. 흔히 이러한 파생물질들은 황산염 또는 당류가 첨가되는 반응으로 훨씬 용해가 쉬워지며, 이 때문에 소변을 통한 배출이 가속화된다. 그런 까닭에 몇몇 환자들은 다양한 심장 질환을 치료하기 위해 사용되는 심장 강화제 디곡신digoxine 처방에 아무런 반응을 보이지 않는다. 이들은 장내에 에그게르텔라 렌타Eggerthella lenta 박테리아를 지니고 있어서 그것이 디곡신을 비활성 혼합물로 바꾸기 때문이다. 이렇게 되면 이 혼합물은 물에 쉽게 용해되어 신속하게 몸 밖으로 배출된다. 약제 일람표와 개별화된 약 처방을 위해서도 마이크로바이오타는 반드시 고려되어야 한다. 그리고 이 점은 마이크로바이오타가 부분적으로라도 신진대사에까지 관여함으로써 얼마나 우리의 정체성을 형성하는 데 기여하고 있는지 다시 한 번 보여준다. 가까운 장래에는 약물 치료 과정에서, 어떤 유형의 물질을 어떤 분량으로 투약해야 환자 각자에게 적합할지, 그리고 미생물의 관점에서도 부작용이 없을지 결정하기 위해 환자 각자의 마이크로바이오타를 고려하게 될 것이다.

우리 몸속에 들어온 식품의 장래를 통제하는 마이크로바이오타

소화에서, 그리고 소화를 넘어서 섭취된 영양소의 장래에 대한 마이크로바이오타의 영향력은 현대 사회에 그늘을 드리우는 대사성 질환, 특히 비만과 당뇨병에 얼마나 관여하는지에 따라 부각된다. 마이크로바이오타와 대사성 질환의 관계에 관한 연구는 일반적인 소화 작용을 넘어서, 신진대사 일반을 조절하는 데 있어서 미생물의 역할을 강조한다.

비만은 대체로 구성원의 종류가 다양하지 못하며, 특히 후벽균과 의간균의 수가 크게 차이 나는 소화기 마이크로바이오타와 관련이 있다. 가령 비만인 사람들은 후벽균 대 의간균의 비율이 99 대 1인 반면, 정상 체중인 사람들은 이 비율이 90 대 10이다. 생쥐들에게서도 똑같은 현상이 관찰되는데, 생쥐들을 대상으로 한 실험은 비만과 마이크로바이오타의 역할이 인과관계를 이루고 있음을 보여준다. 무균 생쥐들은 정상적인 생쥐를 비만으로 만드는 식단을 처방받아도 체중이 거의 늘지 않거나 지방이 축적되지 않는다. 하지만 정상적이거나 비만인 생쥐의 마이크로바이오타에 감염시키면 녀석들은 다르게 반응한다. 동일한 식단에도 무균 생쥐들에 비해서 체중이 더 늘고 지방이 더 많이 축적되는 것이다. 당연한 말이겠지만, 이러한 반응은 정상인 생쥐보다 비만인 생쥐들의 마이크로바이오타를 접종했을 때 가장 뚜렷하게 나타난다!

비만을 유발하는 마이크로바이오타의 출현은 유전적 요인과 동시에 환경적 요인, 특히 지방과 당류가 너무 많은 식생활에서 기인한다. 게다가 비만인 사람도 살을 빼는 식이요법을 성공적으로 지키면 후벽균 대 의간균의 비율이 정상으로 돌아온다! 여기서 우리는 섬유질이 풍부한 식단의 이점을 다시금 깨닫게 된다. 섬유질을 많이 먹으면 칼로리 섭취량이 줄어들 뿐 아니라 무엇보다도 비만을 예방하는 마이크로바이오타를 형성할 수 있다. 가령, 프레보텔라 유형 엔테로타입(이 유형은 시골 거주민들에게서 많이 나타난다고 앞에서 설명했다)이 여기에 해당된다. 이 유형의 마이크로바이오타에 서식하는 박테리아인 패칼리박테리움 프라우스니치Faecalibacterium prausnitzii는 아프리카의 수렵-채집 생활 주민들에 비해서 서양인들에게는 10배나 더 드물게 관찰된다. 제왕절개로 태어난 아기들의 경우 소아 비만 위험이 2배가 된다는 통계 이면에는 미생물의 작용이 있으리라 짐작해볼 수도 있다. 이 경우 우리가 앞 장에서 보았듯이, 산모의 피부 마이크로바이오타에 보다 가까운 특별한 마이크로바이오타가 비만을 촉진하는 마이크로바이오타로 진행하도록 유도할 가능성을 배제할 수 없는 것이다.

비만을 촉진하는 마이크로바이오타는 식품으로부터 더 많은 에너지를 회수한다. 이는 대변에 함유된 남은 에너지가 적다는 사실로 입증된다. 이 마이크로바이오타는 특히 날씬하게 만드는 마이크로바이오타에 비해서 숙주 생물체에 의해 회수되는 휘발성 지방산을 더 많이 만들어낸다. 그런데 마이크로바이오타의 영향력은 단순히 소화와 관련한 효과나 양적인 효과를 넘어선다. 정상 체중인 사람들이 지니고 있는 마이크로바이오타는 그것이 만들어내는 휘발성 지방산을 통해 숙주 생물체 전체에 조절 효과를 갖는다. 섬유질이 발효되는 동안, 뷰티르산(낙산염)의 생산은 렙틴이라는 호르몬의 생성을 촉진시키는데, 이 호르몬은 포만감을 느끼게 함으로써 지방 비축과 식욕을 조절한다. 생물체는 식품이 도착하면 거기서 파생되는 박테리아성 대사산물들을 감지하면서 반응한다. 그러므로 식욕 조절과 여유분 비축은 숙주와 마이크로바이오타가 협업한 결과다. 적어도 비만이 아닌 사람들에게서는 그렇다. 이 '유익한' 발효 신호 체계 통로가 마이크로바이오타의 변화나 지나치게 양분 많은 섭생으로 변질되면, 생물체는 포만감을 느끼지 못하는 가운데 밀려들어오는 식품을 병적으로 비축하게 된다.

이와는 반대로, 비만을 촉진하는 마이크로바이오타에 의해서, 그리고 특히 기름기 많은 식품들을 만나면서 한층 더 많이 만들어진 아세트산은 직접 뇌에 작용하여 매우 차별적인 효과를 낸다. 아세트산이 뇌에서 미주

신경이라는 신경을 활성화시키면, 음식을 섭취하여 이를 저장하라고 촉구하는 호르몬이 분비된다. 예를 들어 미주신경은 위에서 식욕을 촉진하는 호르몬인 그렐린이 분비되도록 부추기며, 췌장에서는 인슐린을 분비하도록 하는데, 인슐린은 혈액 속을 돌아다니는 당류의 세포 내 비축을 자극하는 호르몬이다. 비만을 촉진하는 마이크로바이오타는 정상적인 경우라면 리포프로테인 리파아제에 제동을 거는 물질의 분비를 줄인다. 리포프로테인 리파아제는 혈액으로부터 나온 지방을 특히 지방 조직(우리의 '살덩어리') 속에 비축하는 효소다. 그러므로 비만을 촉진하는 마이크로바이오타는 리포프로테인 리파아제의 활동을 증가시킴으로써 지방 비축을 촉진하는 것이다.

마지막으로, 우리는 앞에서 마이크로바이오타의 효소들이 담즙산염으로부터 스테로이드 물질을 배출한다는 사실을 알았으며, 혈액 내부에서 담즙산염과 방출된 스테로이드 물질 사이의 균형이 당질glucide*과 지질lipid**의 대사를 바꾸어놓는 호르몬의 역할을 한다는 사실도 살펴보았다. 이 균형은 비만을 촉진하는 마이크로바이오타에 의해 축적을 부추기는 방향으로 바뀐다. 비만은 다른 증세들과도 결합되어 있는데, 특히 소화 기관의 염증이 대표적이다. 소화 기관 염증은 비만을 촉진하는 마이크로바이오타에서 만들어지는 박테리아 세포 외막의 지질다당류lipopolysaccharide*** 같은 물질들과 관련이 있다. 이렇듯, 질병 상태에서는 생물체의 모든 생리 작용이 변화를 입는다. 그런데 이러한 현상은 어떻게 마이크로바이오타가 생물체의 기능을 좌우하는지 보여준다고도 할 수 있다.

지난 50여 년 동안 목축업자들은 경험적으로 비만을 촉진하는 기제를

---

* 당을 주성분으로 하는 유기 화합물로, 흔히 탄수화물이라 부른다.

** 단백질, 탄수화물과 함께 생체를 구성하는 주요 물질. 지방질이라고도 한다.

*** 다당류에 지질 성분이 결합된 거대 분자.

활용해왔다! 이들은 축산 동물들에게 항생제를 소량 주입할 경우 성장이 촉진된다는 사실에 주목했다. 그런데 항생제 내성을 강화시킨다는 점 때문에 지탄을 받은 이러한 관행은 내내 풀리지 않는 수수께끼 같아 보였다. 건강과 관련한 경미한 효과를 넘어서, 그 정도 양의 항생제를 실험적으로 생쥐들에게 주입하면 마이크로바이오타가 비만을 촉진하는 방향으로 변했기 때문이었다. 후벽균이 더 많아지고, 대변에 함유되는 에너지 찌꺼기의 양이 줄었으며, 비축해놓는 양이 늘어났다. 목축업자들은 자세한 원리는 전혀 알지 못하는 가운데 비만을 촉진하는 마이크로바이오타 형성을 부추겼던 것이다! 우리가 앞 장에서 언급했듯이, 갓난아기들에게 프로바이오틱스를 공급하는 행동의 이면에는 이와 같은 기제가 깔려 있다. 성장을 촉진시켜주는 박테리아들이 비만을 촉진하는 마이크로바이오타처럼 기능(젖산균은 후벽균류에 속한다)하는 것이다. 게다가 그런 이유 때문에 일부 사람들은 아무런 규정도 없고, 장기적인 효과에 대한 아무런 자료도 없는 상태에서 아이가 먹는 식품에 무분별하게 프로바이오틱스를 첨가하는 것에 우려를 표시하기도 한다. 단기적으로는 자라나는 아이에게 좋을지 모르나 훗날 나이 들었을 때 혹시라도 부작용이 발생하지는 않을까? 비만을 촉진하는 박테리아와 기제를 강화함으로써 비만이라는 고질로 아이를 이끄는 건 아닌지, 그 누가 알겠는가? 논란은 달아올랐지만, 솔직히 지금 현재로서는 현안에 대해 거리를 두고 생각해보게 해주는 자료가 태부족이다.

변형된 마이크로바이오타와 관련된 다른 대사 장애들로는 제2형 당뇨병이 대표적인데, 이 병은 게다가 비만에 따른 합병증이기도 하다. 프랑스에서만도 거의 350만 명이 앓고 있는 이 유형의 당뇨병의 경우, 세포가 더 이상 인슐린에 반응하지 않으며, 따라서 혈당의 농축을 조절하지 못한다. 그리하여 다양한 기관들(눈도 포함된다)에 상처가 쌓이면서 치사율이 높아진다. 이 병의 경우에도 인간의 대변 이식 실험을 통해서 마이크로바이오타가 바뀔 수 있고, 따라서 마이크로바이오타가 중요한 역할을 한다는 사실이 입증되었다. 환자의 항문을 통해서 건강한 기증자(병에 걸리지 않은 친척일 경우가 대부분이다)의 마이크로바이오타를 주입한다. 환자에게는 이에 앞서서 항생제 요법을 실시하는데, 이는 몸속에 남아 있으며 바꾸고자 하는 마이크로바이오타와 새로 형성될 마이크로바이오타의 경쟁을 제한하기 위해서다. 건강한 친척의 마이크로바이오타를 제2형 당뇨병에 걸린 환자에게 이식하면 6주 후에 다시금 인슐린에 대한 반응이 나타나는데, 이는 일시적으로 생겨난 새로운 마이크로바이오타와 연관이 있다. 그러나 안타깝게도 이러한 현상은 지속되지 않는다. 당뇨병을 일으키는 마이크로바이오타가 1년 후에 되돌아오기 때문이다. 자연적인 것을 쫓아내 본들……. 그러므로 여기에는 가령 유전적 요인 같은 다른 요인들이 존재하나, 대표적인 증세를 드러내는 것은 마이크로바이오타라고 보아야 할 것이다.

마지막으로 매우 독특한 생리 현상인 임신은 당뇨병과 유사한 대사 상태를 촉발한다. 임신 기간이 길어질수록 모체는 인슐린 저항성이 증가한다. 이로 인하여 혈당도 높아지는데 이는 태아의 양분 섭취를 향상시킨다. '임신성' 당뇨병이라고 하여 임신한 여성의 10퍼센트는 정말로 당뇨병에 걸리기도 한다. 대개 아기를 출산하고 나면 증세가 호전되지만, 제2형 당뇨병으로 발전하여 지속되기도 한다. 더구나 임신 기간 중에는 지방의 양이 늘어나 태아와 수유를 위해 체내에 비축하게 되는데, 이때에도 마이크로바이오타는 변화를 동반한다. 구성 성분이 바뀌면서 임신개월 수가 찰수록 점점 더 당뇨병에 걸린 사람들의 마이크로바이오타와 비슷해지는 양상을 보인다는 말이다. 무균 생쥐에게 이식된 임신 3분기 차 마이크로바이오타는 임신 1분기 차 마이크로바이오타에 비해서 훨씬 더 뚜렷하게 지방의 양과 인슐린 저항성을 끌어올린다! 그러므로 마이크로바이오타는 임신에 따른 생리적 상태의 동요에 기여한다(첫째가는 요인까지는 아니더라도). 아니, 심지어 병적인 상태까지도 유발한다고 말할 수 있다.

이처럼 우리의 생리 현상과 우리의 장내 마이크로바이오타는 매우 강력하게 엮여 있으며, 이 사실은 질병 상태에서 자주 확인된다. 이러한 관찰은 또한 건강을 유지하는 데 있어서 마이크로바이오타의 역할도 드러내 보인다. 따라서 우리는 언젠가 마이크로바이오타를 통해서 병을 치료할 수 있으리라 기대해볼 수 있다. 하지만 그렇다고 해도 지나친 환상은 금물이다. 앞에서도 말했지만, 우리의 마이크로바이오타는 모든 것을 '결정하는' 결정자가 아니라, 그저 전도 벨트, 즉 매개자에 불과하기 때문이다. 환경과 유전학적 영역이 마이크로바이오타를 변화시키며, 그렇기 때문에 마이크로바이오타의 이식은 단기적인 효과만 낼 수 있다. 바꿔 말하면, 우리는 전적으로 마이크로바이오타에 의해 조종당하는 것은 아니지만, 쌍방 간에는 분명 상호작용이 있다. '우리의' 생리 현상은 공생 관계에서 새로운 것이 출현하듯, 이러한 상호작용의 토대 위에서 구축되는 것이다.

마이크로바이오타를 다스리는 치료법

비만과 당뇨병으로 말할 것 같으면, 적어도 두 가지 치료법이 우리도 모르는 사이에 마이크로바이오타와 관련된 처방 쪽으로 방향을 잡았다. 바로 메트포민과 위소매절제술인데, 글루코파지Glucophage라는 이름으로 상용화된 메트포민은 인슐린 저항성과 간에 의한 당류 제조를 약화시키는 물질이다. 그런데 이 물질은 소화관 마이크로바이오타와 그 기능을 변화시킨다.

특히 뷰티르산의 생산을 가속화하는 방향으로 변화시키는데, 뷰티르산이 포만감을 느끼게 함으로써 지방 덩어리 비축을 통제하는 효과를 낸다는 사실은 이미 위에서 살펴보았다. 생쥐들에게 메트포민은 신진대사나 마이크로바이오타 두 가지 모두에게 유사한 효과를 낸다. 메트포민은 특히 인간에게서도 관찰되며, 날씬한 생쥐의 마이크로바이오타에서는 훨씬 더 밀집한 형태로 서식하는 박테리아 아커만시아 뮤시니필라Akkermansia muciniphila에게 호의적이다. 생쥐들에게 아커만시아를 경구 투입하면 혈당 수치가 낮아지고 날씬해지는 효과가 나타난다! 그러므로 메트포민은 마이크로바이오타의 변화를 통해서 작용한다고 추정할 수 있을 것이다.

한편, 이른바 위소매절제술이라고 하는 치료법은 위의 3분의 2를 잘라냄으로써 외과적으로 비만을 치료하는 방식이다. 이 수술은 지방 덩어리를 축소시키는 것은 물론, 수술 후 몇 달 후에는 심지어 비만과 관련된 당뇨병의 기세도 약화시킨다. 오래도록 우리는 위의 부피를 80퍼센트가량이나 줄이면 음식물 섭취량도 줄어들 것으로 믿어왔다. 위절제술은 또한 장내 마이크로바이오타의 중요한 변화를 야기한다. 마이크로바이오타는 한층 다양해지고(비만을 촉진하는 마이크로바이오타는 날씬한 자들의 마이크로바이오타에 비해서 그 구성요소가 덜 다양했음을 상기하자), 보다 많은 로세부리아Roseburia를 함유하게 된다. 설치류를 로세부리아 박테리아로 감염시키면 체중 증가를 억제할 수 있다. 그러나 이보다 더 일반적으로, 수술은 숙주와 마이크로바이오타 사이의 교류를 완전히 바꾸어 놓는다. 우리는 벌써 앞에서 박테리아가 담즙산염을 스테로이드 물질로 바꾸며, 담즙산염과 스테로이드 물질의 비율이 지방과 탄수화물의 대사를 조절한다는 사실을 살펴보았다. 이러한 효과는 무엇보다도 서로 다른 조직들 속에서 담즙산염을 받아들이는 세포 수용체가 되어주는 단백질 덕분이다. 우리가 관찰한 내용을 비만 생쥐들에게 대입해보면, 비만 생쥐들이 위절제술을 받으면 과체중이 줄어드는 것으로 나타난다. 그런데 비만 생쥐들이 이 세포 수용체로 인하여 돌연변이를 일으키면, 수술을 해도 아무런 반응을 보이지 않으며, 녀석들의 마이크로바이오타에도 아무런 변화가 일어나지 않는다! 그러니 마이크로바이오타의 변화와 체중 감소 현상에는 단순히 위의 크기와 기능의 변화만으로는 설명되지 않는 보다 복잡한 원인이 있다고 보아야 한다. 위절제술은 박테리아의 활동에 영향을 주기 때문에 생물체의 기능에도 변화를 초래한다. 그리고 그 대가로 마이크로바이오타까지도 변화시킨다. 위절제술은 마이크로바이오타와 생물체 사이의 대화에 변화를 주며, 보다 유익한 기능을 창출해내는 것이다. 그러니 이 또한 공생 관계로 인한 새로운 능력의 출현이라 할 수 있다.

활용되는 기제를 완전히 파악하기도 전에 치료법을 적용하는 일이 불안해보일 수도 있다. 하지만 여하튼 이 두 가지 치료법은 장내 마이크로바이오타의 존재를 절대 무시할 수 없으며, 우리가 자신도 모르는 사이에 경험적인 관습에서 이러한 사실을 새삼 발견할 수 있음을 보여준다. 우리의 건강을 위해 마이크로바이오타는 한편으로는 병리적인 상태를 진단할 수 있는 가능성을 열어주고(증세가 나타나기도 전에 그렇게 할 가능성도 있다), 다른 한편으로는 미래를 위하여 우리가 취해야 할 행동의 지렛대가 되어준다. 인간의 경우에는 아직 걸음마 단계에 불과하지만(우리는 아직 마이크로바이오타의 이식을 통해 비만을 치료하는 단계에는 이르지 못했다), 병리 현상을 바로잡아주는 균주의 이식 또는 접종은 내일의 약제 처방에 속하게 될 것이다. 어찌되었든, 미국 식품의약청은 2013년에 정식으로 마이크로바이오타의 이식을 의약품으로 분류했다. 실제로 다른 모든 치료법처럼, 이식에도 분명히 병원체의 이동 같은 위험과 부작용이 따르므로 앞으로 계속 탐구해야 할 것이다. 뿐만 아니라, 우리는 선별 작업을 거쳐 실험실에서 미리 배양된 몇몇 종을 '확대된' 프로바이오틱스 활용법으로 정착시키게 될 날을 상상해볼 수 있다. 하지만 아직은 요원한 일이다. 현재 프랑스에서 단계를 밟아가며 진행되고 있는 계획은 항암 치료를 시작하기 전에 환자의 마이크로바이오타 표본을 채취하는 것이다. 마이크로바이오타에 큰 손상을 가하는 항암 치료가 끝나갈 무렵 환자에게 다시금 원래 마이크로바이오타를 주입하게 되기를 전망한다. 물론 마이크로바이오타를 의약품 꾸러미에 포함시키는 것이 이상적이고 유일무이한 치료법이라는 순진한 희망은 갖지 않는 것이 좋다.

미생물에 대항할 수 있는 보호 장치인 마이크로바이오타

그런가 하면 마이크로바이오타의 이식이 거의 일상이 된 분야가 있다. 특정 형태의 심각한 설사 치료 영역이다. 중증 설사 증세에는 건강한 개인의 마이크로바이오타가 가장 좋은 치료법으로 알려져 있으며, 그 때문에 마이크로바이오타의 중요성을 한층 더 공고히 해준다. 설사는 다양성이 부족하고 독성을 함유한 마이크로바이오타가 들어앉은 데에서 기인한다. 이러한 마이크로바이오타는 평소에 있던 독성 적은 마이크로바이오타와 경쟁하여 이를 제거(대개의 경우는 잠정적으로)한다. 설사를 일으키는 미생물은 정상적인 상황에서라면 존재하지 않았을 물질들을 빈번하게 사용한다. 이 물질들은 염증이나 평상시 마이크로바이오타의 부재로 인하여 생성된 것으로, 그러한 물질을 생산하는 것은 임시로 마이크로바이오타를 차지하게 된 이상 그 지위를 보다 굳건하게 지키려는 목적에서다. 예를 들어, 살모넬라균은 황을 함유한 물질인 테트라티오네이트tetrathionate를 이용한다. 테트라티오네이트는 염증 반응으로 생겨난 부산물로 살모넬라의 에탄올아민 호흡을 돕는다. 평소 마이크로바이오타의 구성원들은 에탄올아민을 사용하지 않는다. 그러니 살모넬라균은 평소 마이크로바이오타의 주인과는 경쟁을 벌이지 않는 셈이다. 그런데 경쟁이란 훌륭한 보호 전략이므로, 우리는 평소대로의 마이크로바이오타에 보충 식품을 공급함으로써 (말하자면 바통 터치 할 때 엉덩이를 밀어주듯) 설사를 예방하거나 치료할 수 있다. 이것이 바로 신생아에게 공급하는 프리바이오틱스의 역할로, 프리바이오틱스는 성인의 몸에서도 똑같이 작용할 수 있다. 자기들의 마이크로바이오타를 이국적인 공격자들과 맞닥뜨리게 해야 하는 관광객들, 다시 말해서 여행자 설사turista에 걸릴 위험이 있는 사람들을 위해서 평소 독성 적은 마이크로바이오타에 호의적인 다당류를 기본으로 하는 예방 요법이 존재한다.

클로스트리디움 디피실리균Clostridium difficile으로 인한 설사는 평소의 마이크로바이오타가 경쟁에서 이 균을 이기지 못하고 지지부진할 때, 건강한 마이크로바이오타를 이식하는 것이 어떤 이점을 갖는지 잘 보여준다. 이 종은 일반적으로 수량도 적은 데다 공격적이지 않은 형태로 존재하지만, 양이 늘어나게 되면 반복적인 중증 설사를 유발한다. 클로스트리디움 디피실리균은 외과적으로 절제를 해야 할 만큼 성인의 장을 손상시킬 수 있는데, 이는 이전 장에서 언급된 미숙아들의 괴사성 장염을 떠올리게 한다. 항생제 치료를 받아도 유감스럽게도 일시적으로만 차도가 있을 뿐 곧 다시 더 심하게 발병한다. 살아남은 클로스트리디움이 항생제 처방 이후 '비어버린' 장 속을 채울 태세를 갖추고 기회만 엿보기 때문이다. 그러니 궁여지책으로 2000년대에 들어와서는 마지막 항생제 처방 후 건강한 기증자의 마이크로바이오타 이식을 시도하기에 이르렀다. 마음의 정리를 하기 위해서였다고 해야 할까. 이식된 마이크로바이오타가 자리를 잡으면서 증세는 지속적으로 잦아들었다. 새로운 마이크로바이오타가 클로스트리디움 디피실리균에 맞서서 성공적으로 경쟁을 주도해나가기 시작한 것이다! 대변 이식은 현재로서는 가장 희망적인 회복 방식이다(항생제 치료 성공률은 40퍼센트에 불과한 반면 이 방식의 성공률은 95퍼센트다). 선별적인 미생물 재이식은 기관의 이식이자 미생물 접종인 동시에 생태계 복원이라는 복합적인 의미를 지닌다.

이는 우리의 마이크로바이오타가 미생물의 공격에 맞서 소화기관을 보호하는 데 얼마나 중요한 역할을 하는지 잘 보여준다. 앞에서 언급한 화학적 보호와 더불어 우리의 마이크로바이오타는 생물학적 공격(독자들은 이제 이 역할이 공생 관계에 동반되는 것임을 잘 알고 있을 것이다)에 맞서서 보호하는 기능을 수행한다. 그 기제는 매우 다양한데 그중에서 중요한 네 가지를 소개하겠다. 첫째, 마이크로바이오타는 병원체와 먹이를 놓고 경쟁한다. 이와 반대로, 우리는 어째서 항생제 치료법이 우리의 마이크로바이오타를 축소시킴으로써 결국 기회주의자 공격자들에게 자리를 내어주게 되는지 그 연유를 이해할 수 있다(소화관을 채우기 위해서는 요거트를 먹어야 한다). 우리는 여기서 하나의 규칙을 또 다시 발견할 수 있다. 생태학에서는 잘 알려진 이 규칙에 따르면, 다양성이 클수록 공격자들은 그들을 몰아내는 경쟁자를 만나게 될 위험이 크다. 다양화된 마이크로바이오타가 더 효과적으로 잘 보호한다. 그런데도 뭘 모르고 과도하게 위생 타령하느라 서양에서는 마이크로바이오타를 빈곤하게 만든다니, 사정은 딱하지만 어쩌겠는가! 둘째, 직접적인 항생제 효과가 무수히 많이 존재한다. 일부 대장균의 균주는 예를 들어 콜리신colicin이라는 물질을 만드는데, 이것은 세포막에 구멍을 뚫어서 다른 박테리아를 죽이는 작은 단백질이다. 셋째, 마이크로바이오타는 직접적으로 병원체의 공격 기제에 개입할 수 있다. 일부 비피도박테리아는 장내 세포로서, 세균성 이질균*Shigella dysenteriae*의 독소가 침입하는 것을 막는다. 세균성 이질균은 세포 내부에 병을 일으키는 박테리아로, 피가 섞여 나오는 설사(이질) 증세를 유발한다.

우리의 면역체계를 교육하고 숙성시키는 마이크로바이오타

무균 생쥐들은 멸균 상태의 생태계에서 꺼내면 소화기 감염에 대한 감응성이 부쩍 증가하는데, 이것이 바로 보호의 네 번째이자 마지막 기제를 드러낸다. 이들의 장내 면역체계는 실제로 위축되어 있다. 일반적으로, 면역세포의 80퍼센트가량이 장내 세포벽에서 군집을 이루고 있으면서 침입자가 있을 경우 개입할 태세를 갖추고 있다. 무균 생쥐들은 소화관의 면역 조직들이 덜 발달되어 있으며 림프구가 거의 없이 비어 있는 반면, 이웃한 림프절은 미성숙한 상태다. 면역 관련 유전자들, 가령 분비된 장의 점액을 보호하기 위해 분비된 항체의 유전자들은 거의 발현되지 않는다. 그런데 이러한 특성들은 수정될 수 있다. 적어도 어린 생쥐들은 마이크로바이오타에 의해 또는 박테로이데스 프라길리스*Bacteroides fragilis*나 대장균 같은 단 하나의 종을 접종할 경우 가능하다. 정상적인 생물체에서 마이크로바이오타의 정착은 마무리 단계인 면역체계의 성숙을 알린다. 이를 알려주는 신호는 다양하다. 이외에도 무균 생쥐의 면역체계는 죽은 박테리아나 미생물 세포막 물질인 지질다당류의 영향을 받아서도 성숙해진다. 미생물 대사에서 만들어진 뷰티르산을 포함한 휘발성 지방산 같은 물질들도 활성화된다.

마이크로바이오타에 의한 숙성을 단순한 면역 반응과 혼동해서는 안 된다. 왜냐하면 이 숙성이라고 하는 것은 단순히 활성화가 아니라 훨씬 높아진 반응성을 기준으로 삼게 되는 것을 의미하기 때문이다. 요컨대 숙성화 단계를 거친 생명체는 보다 신속하고 강력하게 공격에 반응할 수 있는 역량을 갖추게 된다. 2장에서 소개한 식물들을 떠올려보자. 식물 뿌리에서 공생하는 생물들이 보다 반응성 높은 면역력을 보였음을 기억해보라! 식물들과의 유사성은 이보다 훨씬 더 확대될 수 있다. 모든 경우에서 미생물의 영향력이 보여주는 두 가지 양상이 발견되기 때문이다. 첫째, 미생물의 영향력은 생명체 전체로 확장된다. 재再콜로니화되었거나 박테로이데스속의 지질다당류를 수용하는 무균 생쥐들을 분석한 결과를 보면, 공격이 있을 경우 해당 부위뿐만 아니라 몸의 도처에서 림프구가 증식하는 역량이 향상되었음을 알 수 있다. 둘째, 이 영향력은 일부 능력을 활성화시키기도 하지만 몇몇 반응은 억제하기도 한다. 무균 생쥐들은 '자연 살해 세포natural killer'라고 불리는 염증 활성화 림프구를 굉장히 많이 함유하고 있는데, 이것들은 장에, 그리고 폐 같은 기관에도 가벼운 염증을 일으키는 데 일조한다. 그런데 이것들의 반응성은 마이크로바이오타가 어린 무균 생쥐를 콜로니화하게 되면서 줄어든다. 그러므로 마이크로바이오타가 단순한 활성화에 그치지 않고, 복잡한 조절 기제와 '어른스러운' 면역체계 기능을 수행한다고 결론 내릴 수 있다. 그런데 이러한 역량은 공생 관계에서만 얻을 수 있다.

면역체계를 성숙하게 만드는 데 있어서 마이크로바이오타의 역할은 알레르기나 자가면역질환들처럼 면역 관련 질병들이 출현함으로써 뜻하지 않게 현대 사회에 드러났다. 자가면역질환은 면역체계가 생명체를 공격하면서 나타나는 병으로, 유전적인 구성 요소를 가진 일부 개인들이 걸릴 가능성이 높으나, 마이크로바이오타 또한 관련이 있다. 예를 들어, 크론병(소화기관에 염증이 생기나, 염증이 다른 기관으로 번질 수도 있다) 또는 과민성 장 증후군(복통을 동반한 소화 장애가 일반적이나, 간혹 두통과 피로감, 심지어 우울증 증세를 보이기도 한다)은 변형된 마이크로바이오타와 연관이 있다. 이러한 질병에 걸린 사람들 가운데 25퍼센트 정도에서는 건강한 마이크로바이오타를 이식했을 때 증세가 일시적으로 완화되었다. 지엽적인 사실이긴 하지만, 한 실험에서 두 명이 마이크로바이오타를 기증했는데, 한 명의 마이크로바이오타는 아무 환자도 치료하지 못했고, 다른 한 명의 마이크로바이오타는 기증받은 사람들 중 40퍼센트에서 긍정적인 반응을 끌어냈다. 그러므로 아마도 가까운 미래에는 '좋은' 마이크로바이오타를 기증하는 자들은 따로 있다는 생각이 자리 잡을 수도 있지 않을까.

알레르기는 천식과 마찬가지로 20세기에 서양 사회에서 널리 퍼졌다. '알레르기'라는 용어 자체도 1906년이 되어서야 처음으로 사용되었다! 알레르기는 면역체계가 사소한 자극에도 과도하게 반응하는 것이다. 그런데 알레르기로 인한 사고는 개발도상국에서는 발생 빈도가 눈에 띄게 낮다. 또한 서양 사회의 경우, 시골에서는 도시에 비해서 어린이들의 알레르기 질환 발생 빈도가 3배나 낮다. 개를 기르면 개가 다양한 미생물 감염의 요인이 되므로, 유아 알레르기 발생률을 낮춘다. 위에 서식하는 박테리아 헬리코박터 파일로리의 존재는 천식에 걸릴 위험을 절반 이상 줄여준다. 실험적으로 천식 반응을 일으키게 만든 생쥐들 가운데 헬리코박터 파일로리를 접종시킨 생쥐들은 천식 감염 정도가 훨씬 약했다.

보다 일반적으로 말하자면, 마이크로바이오타는 림프구를 자극하여 염증 반응의 강도를 약화시키며, 염증을 활성화시키는 다른 림프구들은 제거한다. 바로 위에서 언급한 자연 살해 세포들은 여기에 해당된다. 천식과 자가면역질환들은 마이크로바이오타에 의해 작동되던 브레이크 장치가 고장 난 데서 기인하는 것으로 여겨진다. 요즘 각광받는 위생 가설에 따르면, 현대 도시의 위생은 면역체계의 적절한 발달을 가로막는다. 서양 사회는 지나치게 살균화된 삶을 살고 있는 까닭에, 소화관의 미생물 콜로니화 양상이 덜 다양하며, 그나마도 시기적으로 늦게 콜로니화가 이루어지는 데다 항생제에 의한 방해까지 받고 있다. 그 결과 마이크로바이오타는 돌이킬 수 없을 정도로 미숙하거나 왜곡된 상태에서 고착되어 기능하게 된다. 살아가는 과정에서 자연스럽게 면역체계가 형성되고 원활히 발달하던 이전 시대의 삶의 조건과 현대 사회의 삶의 조건은 더 이상 어울리지 않는다. 그 결과 우리의 몸은 이 새로운 조건에 적절한 방식으로 반응하지 못하는 것이다. 이는 명백한 사실이다.

위생 가설은 실제로 여러 가지 효과적인 치료법을 촉발했다. 핀란드에서는 임신한 여성들과 태어난 아기들에게 락토바실러스 카제이Lactobacillus casei를 처방하는 유명한 실험을 통해서 두 살배기 아이들의 습진 발생 빈도를 가짜 약(플라시보) 처방을 받은 아이들에 비해 50퍼센트나 줄였다. 우리의 지나친 위생은 가축들에게도 이어진다. 예를 들어, 흙바닥이 아닌 곳에서 자란 돼지들은 자연에서 자란 돼지들에 비해 염증이 더 자주 생기며 지방 대사 장애도 더 심각하게 나타난다. 반면, 자연에서 자란 돼지들은 다양한 환경에 노출된 덕에 마이크로바이오타가 훨씬 다양하며, 특히 보호 작용을 하는 젖산균이 풍부하다. 그러므로 위생 가설은 '깨끗한 더러움' 개념과 일맥상통한다. 어느 정도의 감염은 면역체계의 원활한 발달과 순기능에 반드시 필요하다는 말이다.

장내 마이크로바이오타의 직접적인 방어기제에 더해져서, 면역체계 발달 조절이 마이크로바이오타의 보호자로서의 역할을 완성하며, 이를 생명체 전체로 확산시킨다. 이는 바로 앞 장에서 살펴본 피부 보호 기제와 2장에서 소개한 식물들의 면역 관련 기제들을 상기시킨다. 모든 경우에 있어서, 직접적인 효과와 숙주의 변화가 효율적으로 결합하여 물샐 틈 없는 보호 작용을 수행한다.

우리는 어떻게 해서 공생 관계의 마이크로바이오타에 거부반응을 보이지 않는가?

마이크로바이오타의 숙성은 면역체계의 반응도를 향상시키는 동시에 장내 마이크로바이오타 존재 자체에 대한 관용을 방해하지 않는다. 잠시 아직 불완전한 상태에 머물러 있는 이 같은 내밀한 허용에 대해 관심을 기울여보자. 길이가 7~8미터에 이르는 장은 250평방미터짜리 미생물 왕국의 국경이라고 할 수 있다! 마이크로바이오타를 용인한다는 것은 미생물과 적당한 거리를 둔다는 것을 함축한다. 우선 장내 점막 세포들이 만들어내는 점액은 장 속으로 깊이 들어갈수록 그 두께가 두꺼워지는데, 이 점액에 의해 미생물들은 이 세포들로부터 격리된다. 점액질의 표면으로 보자면, 마이크로바이오타와 닿은 면은 거의 무해하거나 유익한 박테리아들, 예를 들어 비피도박테리아나 패칼리박테리움 프라우스니치처럼 점액질을 먹는 종류(점액질은 위에서 언급한 모유의 소당류와 화학적으로 유사성을 보인다!)에 의해 콜로니화되어 있다. 이 박테리아들은 두 가지 효과를 낸다. 한편으로는 점액질 바깥쪽으로 막을 형성하여 주로 병을 일으키는 원흉인 다른 박테리아들의 침입을 막고, 다른 한편으로는 이 점액질의 표면을 발효시킴으로써 뷰티르산을 배출한다. 뷰티르산은 앞에서 언급한 긍정적인 효과 외에도 점액의 분비를 강화한다. 그런 점에서 이 박테리아들은 직접적으로 분비 세포들을 자극하는 박테로이데스 테타이오타오미크론Bacteroides thetaiotaomicron과 공통점을 갖는다. 무균 생쥐는 적절한 자극이 없는 관계로 점액이라고는 거의 없다. 그러므로 점액은 마이크로바이오타가 점액을 유도하고 그 점액이 마이크로바이오타의 먹이가 되는 선순환 관계에서 유래한다. 박테리아는 이 점액을 과도하게 소비해서는 안 되는데, 과하게 소비하면 보호 작용이 사라진다. 여기서 우리는 섭생에 있어서 섬유질의 중요성을 다시 한 번 확인할 수 있다. 미생물막의 박테리아들 또한 이를 섭취하기 때문이다. 그러므로 섬유질은 점액이 얇아지는 것을 막아준다. 반대로 섬유질이 풍부하지 않은 식단은 장내 점액질에 세균성 손상을 입힐 위험이 있다.

장 세포들에 가까이 가면, 점액 가장 깊숙한 부분에서는 박테리아를 완전히 배제하는 작업이 진행된다. 박테리아에게 유독한 작은 단백질 및 항체 IgA가 분비되어 적대적인 환경의 무인지대를 만들어 제아무리 용감한 박테리아들이라도 멀리 밀쳐버리기 때문이다. 인간이 만들어내는 항균 단백질들 중에서도 디펜신defensin은 미생물 세포의 세포막으로 들어가 한데 뭉쳐 하나의 관을 형성한다. 그렇게 되면 미생물 세포가 죽으면서 대장균의 콜리신처럼 내용물이 그 관을 통해 빠져나간다. 그러므로 장 점액은 당근(표면에서 보호 역할을 하는 미생물 세포막에 영양을 공급한다)과 채찍(장 속 깊은 곳에서 겁 없이 덤비는 박테리아들을 죽인다)을 동시에 휘둘러가면서 장 점막을 보호한다고 말할 수 있다.

우리는 또한 왜 이 점액 반대쪽의 면역체계가 항시 경계 태세를 취하지 않는지도 이해할 필요가 있다. 미생물이 출현했을 때 반응하도록 구축된 면역체계는 장에서 유래한 세균성 대사산물에 의해 활성화되어야 한다. 다시 말해서 항시적으로 염증 상태에 있어야 한다. 그런데 학습과 국지적 완화라는 두 가지 기제가 이러한 반응의 완급을 조절한다. 첫째, 면역체계는 학습 능력이 있다. 우리의 어린 시절에 면역 세포들은 목 아래쪽에 위치한 가슴샘thymus에서 부적절하게 생명체에 반응하는 세포들을 제거하는 중요한 일을 학습한다. 두 번째 학습은 장의 세포벽에서 진행되는데, 여기서는 마이크로바이오타의 비공격적인 미생물들이 배출하는 물질들에 반응하는 세포들을 죽이는 학습(우리 자신의 미생물 덩어리인 부분에서의 학습)이 이루어진다. 게다가 우리의 충수돌기는 아마도 이와 같은 학습의 특혜를 받는 장소 중의 하나일 것이다. 둘째, 면역 반응은 맥락의 문제다. 소화관의 세포벽에서는 마이크로바이오타와 숙주 생물의 합의에 따라 국지적인 완화 현상이 발생할 수도 있다. 박테로이데스속의 지질다당류는 가령 조절 기능을 가진 면역 세포들을 활성화시킨다. 숙주 또한 국지적으로 비슷한 효과를 내는 작은 조절 단백질들(사이토카인cytokine)을 분비한다. 패칼리박테리움 프라우스니치 같은 일부 박테리아는 자기들이 만들어내는 뷰티르산을 통해 직접적으로 염증 반응을 억제한다. 그러나 조직 속으로 깊숙하게 들어가면, 식세포작용(또는 식작용phagocytosis)*이 감히 점막을 넘어서려는 침입자들을 기다리고 있다가 실제로 침입이 일어날 경우 병원체에 맞서 진정한 의미에서의 면역 반응을 보인다. 장은 이렇게 해서 장내 마이크로바이오타와의 접촉을 통해 쓸데없는 염증 반응을 일상적으로 제한한다.

마이크로바이오타를 허용하도록 이끄는 기제들은 지금까지 정확하게 알려지지는 않았으나, 공생 관계에 따른 기능으로 보인다. 점액 생산 조절, 학습, 반응의 국지적인 조절과 같은 활동들은 공생생물들 사이의 상호작

* 생존하는 식세포가 체내의 이물질, 세균 등을 섭취하여 이를 제거하는 활동.

용에서 기인한다. 따라서 우리는 이제 병원체 거부라는 좁은 틀에 가둬두었던 면역체계를 다른 관점에서 바라보아야 한다. 국지적으로 볼 때, 장에서, 아니 마이크로바이오타가 형성된 곳이면 어디에서나, 면역체계는 (공격자가 아니라) 미생물 떼를 지키고 돌보는 목동이며 경비원이다. 미생물들은 실제로 회피해야 할 대상이 아니며, 면역체계는 공생 관계에 있는 마이크로바이오타를 선별하고 허용하는 데 있어 중요한 역할을 한다. 같은 방식으로, 미생물에서 유래한 물질들이라고 해서 항상 공격적인 건 아니다. 예를 들어 세포 피해가 있음을 알려주는 다른 물질들이 있는 경우, 미생물에서 유래한 물질들이 방어 반응을 유도하기도 한다. 그렇지만 가령 면역체계의 숙성이나 조절 같은 다른 맥락에서는 그저 대화하는 역할 정도만 수행할 수도 있다. 그러므로 미생물 신호는 항상 부정적이라고 할 수 없으며, 우리가 미생물과 맺는 관계 또한 방어 차원에만 한정되는 것도 아니다.

생쥐의 성장과 행동 양식에 영향을 주는 미생물들

좋아, 면역체계가 부분적으로는 마이크로바이오타에 의해 구축된다, 이런 말이지. 하지만 따지고 보면 이건 아주 논리적이야. 왜냐하면 미생물을 관리하는 일이 바로 마이크로바이오타의 기능이니까. 독자들은 이렇게 말할지도 모르겠다. 그런데 현실에서 마이크로바이오타가 성장에 미치는 효과는 이보다 훨씬 복잡하다. 그러니 다시 한 번 생쥐들에게 돌아가보자. 행동 양식 실험을 위해서 두 개의 패널을 십자가 모양으로 교차시켜 높은 곳에 놓아둔 다음 생쥐 한 마리를 거기에 올려놓는다. 한 패널의 양쪽 팔은 높은 가림막으로 둘러싸여 있기 때문에 그 안에 펼쳐진 환경은 보이지 않으며,

나머지 패널의 양쪽 팔은 텅 빈 공간을 향해 열려 있다. 생쥐들은 일반적으로 자유롭게 활짝 펼쳐진 팔은 피하는 경향을 보인다. 하긴 남의 눈을 피해 응달에서 숨어 사는 녀석들이니 이해할 만하다. 그런데 무균 생쥐는 자유롭게 어디든 돌아다닌다! 공간의 절반 정도에 그늘이 드리운 장소에 놓이면, 무균 생쥐들은 정상적인 생쥐들에 비해 환한 곳에서 더 많은 시간을 보낸다. 녀석들을 돌보는 사람들은 이들의 독특한 행동 양식을 잘 알고 있다. 활동량이 늘어나고, 수줍음, 불안감, 기억 장애 등이 줄어드는 것이다. 그런데 정상적인 마이크로바이오타가 어린 무균 생쥐들을 콜로니화하도록 내버려두면, 녀석들의 행동은 정상적인 생쥐들의 행동 양식을 닮아간다. 이러한 변화는 성년이 된 무균 생쥐들에게서는 관찰되지 않는다. 이것을 통해 둘의 차이는 마이크로바이오타에서 기인하며, 마이크로바이오타가 일찍부터 성장에 영향력을 행사한다고 짐작할 수 있다.

사실 무균 생쥐들의 경우 신경체계가 기능하는 방식에서 특히 많은 차이를 보인다. 무균 생쥐들에게서는 다른 생쥐들에 비해서 훨씬 일찍 시냅스라고 불리는 접촉 지대에서 뉴런들 사이에 정보 전달을 가능하게 해주는 신경전달물질이 손상된다. 뇌 속에서 많은 유전자들의 발현이 마이크로바이오타의 부재로 인하여 변화를 겪는데, 그중 일부는 불안감과 관련이 있거나, 시냅스를 구축하고 안정화시키는 역량을 담당하는 유전자들이다. 여기에서도 어린 나이에 박테리아에 의한 재콜로니화가 이루어지면, 신경 계통에 관한 한 무균 생쥐를 정상적인 생쥐처럼 만들 수 있다. 그러나 성년이 된 무균 생쥐는 그것이 불가능하다. 무균 생쥐의 신경체계에 관한 효과는 보편적이면서 모호하다. 예를 들어 무균 생쥐의 후각 조직은 냄새에 비정상적으로 반응한다. 그러므로 무균 상태의 삶은 매우 다르며, 마이크로바이오타는 면역체계와 소화체계를 넘어서 성장 일반에 개입한다.

마이크로바이오타는 또한 이보다 훨씬 소소하고 가역적인 행동 양식을 변화시키는 데에도 관여하는데, 지금부터 두 가지 사례를 소개하겠다. 항생제 요법은 마이크로바이오타의 변화와 더불어 생쥐의 행동 양식을 바꿔 놓을 수 있다. 항생제를 투여받은 생쥐들은 무균 생쥐들처럼 모험심이 많아지고 겁이 없어진다. 이러한 차이는 항생제 투입을 끝마치는 것과 동시에 사라진다. 항생제 효과에서 해방되기 위한 또 다른 접근법은 마이크로바이오타의 이식이다. 각기 다른 여러 계보에 속하며 행동 양식에 있어서 차이를 보이는 생쥐들(수줍음 잘 타는 녀석들이 있는가 하면 모험심 강한 녀석들도 있다)의 마이크로바이오타를 모두 한 계보에서 나온 무균 생쥐들에게 이식했더니, 콜로니화가 일어난 후 무균 생쥐들의 수줍음 정도가 다양해졌는데, 이는 접종된 마이크로바이오타의 임자 생쥐들과 일치하는 양상을 보였다! 마이크로바이오타의 원래 성질이 생쥐들의 행동에 영향을 끼치는 것이다.

마이크로바이오타는 어떻게 해서 신경체계의 기능과 발달에 영향을 끼치는 걸까? 적어도 세 가지 경로가 가능하다. 첫 번째는 호르몬과 유사한 물질 혹은 신경전달물질처럼 신경체계를 조절하는 물질을 직접적으로 만들어내는 방식이다. 예를 들어 많은 경우에 조절 장치 역할을 하는 물질인 세로토닌은 마이크로바이오타에 의해 다량으로 합성된다. 세로토닌은 여러 가지 정서와 행복감(각종 마약, 프로작 같은 의약품이 이러한 감정을 만들어낸다)을 관장한다. 무균 생쥐가 마이크로바이오타를 거느리게 되면 혈중 세로토닌 비율이 3배나 높아진다! 그 원인은 두 가지인데, 한편으로는 마이크로바이오타에 의한 콜로니화가 세로토닌을 만들어내는 세포의 기능을 자극하기(이 세포들은 90퍼센트가 소화관에 위치한다) 때문이고, 다른 한편으로는 몇몇 박테리아가 스스로 세로토닌을 만들어서 그것이 생명체 안으로 들어가기 때문이다. 소화관에 서식하는 미생물들이 만들어내는 호르몬과 혼합물들로서 잠재적으로 신경체계에 작용할 수 있는 물질들의 목록은 상당히 길다. 멜라토닌, 아세틸콜린, 도파민, 감마아미노뷰티르산 등. 아무튼 신경체계에 홍수를 일으킬 만큼 많은데, 이렇게 많은 미생물 생산품의 효과가 장에 의해 합성되는 물질이 지니는 효과에 더해지게 된다. 이처럼 직접적인 영향과는 별개로, 신경체계와 면역체계 사이에는 많은 상호작용이 오간다. 우리는 앞에서 면역체계가 마이크로바이오타에 의존적임을 이미 살펴보았다. 이 면역체계가 바로 두 번째 경로인데, 아직 탐사가 제대로 이루어지지 않은 상태로 남아 있는 이 경로를 통해서 교류의 일부가 전달될 것으로 여겨진다.

세 번째 경로는 생쥐들을 통해서 밝혀졌는데, 생쥐들은 락토바실러스 람노서스Lactobacillus rhamnosus가 있을 경우 덜 우울해한다. 사실 설치류가 우울한지 아닌지 알기 위해 질문을 하는 것은 불가능하다. 때문에 익사 가능성에 대면한 생쥐의 투쟁력을 평가하는 '강제 헤엄' 테스트를 활용한다. 생쥐는 물을 가득 채운 유리 실린더 속에 들어가 빠져나갈 수 없는 상황에 처하게 되는데, 이때 녀석이 투쟁을 하지 않고 보내는 시간을 잰다. 진정제 또는 항우울제를 처방함에 따라 짧아지는 이 소극적인 시간이 말하자면 실험 대상 동물의 우울증 정도를 평가하는 척도가 되는 셈이다. 락토바실러스 람노서스를 투여받은 생쥐들에게서는 그 시간이 줄어든다. 이 생쥐들은 스트레스 호르몬을 덜 분비하는 데다, 녀석들의 뇌신경체계는 신경전달물질인 감마아미노뷰티르산을 인지함에 있어서 변화를 보인다. 그러나 녀석들의 소화관을 뇌와 이어주는 신경인 미신경을 자르면 감염된 생쥐들에게서는 더 이상 행동 면에서나 화학 작용 면에서 아무런 반응도 관찰되지 않는다! 박테리아 대사산물들은 생쥐의 장에 분포된 500만 개(우리 인간은 2

억 개!)의 뉴런들에게 영향을 줄 수 있으며, 그를 통해서 메시지를 미신경에 이르도록 할 수 있다. 미신경은 그 메시지들을 중앙신경체계로 이어준다.

위에서 보았듯이 비교적 대담해지게 하거나 모험심을 강하게 하는 등, 무균 생쥐의 행동 양식을 변화시키는 수많은 마이크로바이오타의 이전은 미신경이 끊어지면 아무 효과도 내지 못한다. 소화를 공부하는 과정에서 우리는 미신경을 박테리아 활동의 타겟처럼 바라보았는데, 미신경은 박테리아 활동의 매체이기도 한 것처럼 보인다. 그러므로 장내 마이크로바이오타와 중앙신경체계 사이의 풍부한 소통, 우리가 장-뇌 축gut-brain axis이라고 부르는 이 정보 고속도로는 생쥐들에게 있어서 화학적인 길과 신경의 길을 동시에 통과한다고 할 수 있다.

미생물이 우리 인간의 행동 양식에도 영향을 준다?

그렇다면 이 모든 것들 속에서 인간은 어떻게 되는 걸까? 인간에게도 역시 장-뇌 축이 있으며, 이제야 조금씩 그걸 밝혀내는 일에 시동이 걸리고 있다. 이것은 틀림없이 신경체계의 발달, 기질과 행동 양식 등에서 중요한 역할을 할 것으로 짐작된다. 물론 실제로 그 내용을 테스트하여 검증하기란 매우 어려운 일이지만 말이다. 우울증에 걸린 인간의 마이크로바이오타를 들쥐에게 감염시키면 녀석들의 행동 양식이 바뀌며 녀석들은 한층 더 우울해진다(그 유명한 강제 헤엄 테스트 결과에 따르면 그렇다). 우울증에 걸리지 않은 개인의 마이크로바이오타가 아무런 효과를 내지 않는 것과는 대조적이다. 박테리아의 영향을 뒷받침하는 증거로, 보건 위생의 관점에서는 재앙이나 다름없었던 한 사건으로 박테리아들이 기질을 바꿀 수 있으리라는 가능성이 제시되었다. 2000년, 캐나다의 워커타운을 휩쓴 재앙적인 홍수 때문에 주민들은 더러운 물을 마셔야 했다. 어느 정도 심각한 장 질환을 겪은 주민들 가운데 많은 사람이 그 후 몇 년 동안 우울증과 불안감을 보였는데, 이는 실제로 겪은 충격과는 아무 상관이 없었다. 그래서 사람들은 이것이 박테리아 감염, 특히 캄필로박터 제주니Campylobacter jejuni에 의한 감염 때문이라고 생각한다. 이 박테리아는 우울증 증후군과 관련이 있으며, 생쥐들에게 이 박테리아를 투입할 경우 생쥐의 강제 헤엄 역량이 줄어든다.

일부 박테리아는 이와 반대로 진정시키는, 심지어 행복한 기분이 들게 하는 역할을 하기도 한다. 세로토닌 합성에서 박테리아의 역할을 기억한다면 이는 그다지 놀라운 일도 아니다. 첫 번째 연구는 여성들에게 젖산간균을 포함한 다양한 발효 박테리아를 요거트 형태로 하루에 두 번씩 한 달 동안 먹도록 했다. 그런 다음 화난 얼굴 또는 겁먹은 얼굴들을 보여주면서 이들의 뇌 활동을 관찰했다. 가짜 약을 받은 여성들과 비교해볼 때, 프로바이오틱스 처방을 받은 여성들은 정서, 통증과 관련된 뇌 부위의 활동이 적었다. 두 번째 연구에서는 비피도박테리아 처방을 받은 남성들에게 스트레스와 기억력 테스트를 실시했는데, 이들은 가짜 약 처방을 받은 남성들에 비해서 스트레스 호르몬인 코르티솔 분비량이 적었다. 뿐만 아니라 시각 기억력까지 향상되었다. 세 번째 연구에서는 락토바실러스 헬베티쿠스Lactobacillus helveticus와 비피도박테리움 롱굼Bifidobacterium longum의 조합을 흡수함으로써 생쥐들(강제로 헤엄쳐야 했던 생쥐들)과 건강한 인간들이 진정 활동을 한다는 사실을 보여주었다.

우리는 여전히 행복을 촉발한다거나, 위에서 열거한 관찰들을 가능하게 하는 기제를 파악하기에는 역부족이다. 그렇지만 호르몬과 마찬가지로 우리의 마이크로바이오타도 분명 우리의 역량, 우리의 심리 상태, 우리의 세계관에 영향을 끼친다. 이러한 까닭으로 마이크로바이오타를 이식하는 데 따르는 '심리적' 부작용의 가능성도 열어두어야 한다. 그렇기 때문에 바이크로바이오타 이식 요법을 활용하려면 그 전에 수많은 실험을 거쳐야 하는 것이다. 박테리아에 의해 뇌와 기질이 어떻게 기능하는지를 제대로 설명하기에는 아직 시기상조이나, 심리적인 변화를 가능하게 하는 프로바이오틱스에게는 이미 '사이코바이오틱스psychobiotics'라는 이름이 붙었다.

마지막으로, 인간관계와 사회성도 마이크로바이오타의 영향을 받는다. 사회생활이 우리의 마이크로바이오타에 영향을 끼친다면(앞 장을 보라), 그 역 또한 성립한다. 다시 한 번 동물이라는 우회로를 통해서 보면, 동물들에게서는 마이크로바이오타가 개체 간의 관계에 뚜렷한 변화를 가져온다. 무균 생쥐들은 정상적인 생쥐들에 비해서 그들의 보금자리를 찾은 방문객 생쥐에게 관심을 덜 보인다. 정상적인 생쥐들은 모르는 방문객에게 상당히 호기심을 느끼나, 무균 생쥐들은 방문객이 아는 생쥐건 모르는 생쥐건 시종일관 똑같이 심드렁한 태도로 대한다. 마이크로바이오타는 또한 개체 간의 관계를 조절하는 물질인 페로몬도 만들어낸다. 페로몬은 보통 동물들이 직접 생성한다. 많은 동물들이 코뿔소나 여우, 족제비과 동물들처럼 배설물의 냄새를 이용해서 자기 영역을 표시하며, 자기 정체성을 표시하기 위해 마이크로바이오타가 생산하는 물질까지도 부분적으로 동원한다! 곤충들의 경우, 부분적으로 미생물이 만들어낸 물질이 결집, 즉 무리를 형성하는 활동을 조절한다. 사막메뚜기Schistocerca gregaria는 어찌나 엄청난 집단을 이루어 이동하는지 북아프리카와 중동 지역(이집트의 10가지 재앙 가운데 하나)에서는 농사를 위협할 정도인데, 이 어마어마한 메뚜기 떼는 페로몬의 일종으로 소화기관에 서식하는 박테리아가 만들어내는 과이아콜guaiacol 효과로 결집한다. 이와 유사하게, 나무에 기생하는 초시류(6장에서 살펴보았듯이 소나무좀에 속하는 덴드록토누스Dendroctonus와 입스Ips)는 결집을 방해하는 호르몬인 베르베논(곤충의 굴을 콜로니화한 효모균의 기생으로 침엽수의 수지가 변형되면서 만들어진다)을 발산해서 이미 나무에서 기생하고 있는 조무래기들을 쫓아낸다. 초파리들의 경우, 마이크로바이오타는 페로몬을 통해서 성적性的 파트너의 선택에까지 개입한다. 당밀을 먹고 자란 초파리들과 전분을 먹고 자란 초파리들을 섞어놓으면, 녀석들은 같은 먹이를 먹고 자란 녀석들끼리 짝을 짓는다. 이러한 선호 경향은 항생제 요법 후에는 사라져 버리나, 무균 초파리에게 다른 초파리의 대변을 접종하면 다시 이런 경향을 보인다. 말하자면 이때 사용된 대변의 근원이 성적 선호도를 결정하는 셈이다! 전분을 소비하는 젖산간균(유산균속)은 짝짓기 때 파트너를 유인하는 페로몬을 변하게 하는 것으로 보인다. 이 사례에서, 각기 다른 먹이를 먹고 자란 초파리들을 번식을 위해 갈라놓으면 일정 시간이 지난 후에 각기 다른 종들이 태어날 수 있으며, 이들은 서로 교배하지 않는다. 그러므로 마이크로바이오타에 의한 개체 간의 관계 변화는 대단히 중요한 의미를 갖는다.

인간의 경우는 마이크로바이오타가 인간관계에 미치는 영향이 아직 그다지 뚜렷하게 밝혀졌다고 할 수 없다. 그럼에도 관계와 관련한 행동이 특히 문제시되는 자폐증의 경우, 마이크로바이오타와 연관이 있을 것으로 추정된다. 자폐증 환자들의 마이크로바이오타는 그 구성이 특별한지 자주 장 관련 질환을 유발하는데, 항생제를 투여하면 부분적으로 자폐증의 일부 증세까지도 완화된다. 여기서도 이러한 상태 호전은 일시적일 뿐이다. 이는 마이크로바이오타가 유일하게 제일 중요한 원인은 아닐지라도, 몇몇 증상을 고착시키는 데에 기여하고 있음을 암시한다고 하겠다. 미생물이 자폐증에 어떤 식으로건 기여한다면, 요즘 들어 부쩍 자폐증 환자가 증가하고(지난 30년 동안 10배나 늘었다) 있다는 사실을 위생 가설을 통해 설명할 수 있을 것이다. 성장을 돕는 박테리아들의 불충분하고 때늦은 콜로니화가 뇌와 마이크로바이오타의 평상시와 다른 기능을 그 상태 그대로 고착시켜버렸으리라고 짐작해볼 수 있지 않겠는가. 특히 변질된 마이크로바이오타는 장 점막을 투과 가능하게 만들어 자기가 만든 발효 물질들이 마음대로 통과할 수 있도록 한다. 이것이 바로 퀴놀린산과 키뉴레닌의 사례인데, 이 둘은 뇌 기능에 장애를 가져온다. 이 물질들을 생쥐들에게 주입할 경우 생쥐들은 자폐증 증상을 떠올리게 하는 행동 장애를 일으킨다. 마이크로바이오타와 자폐증의 연관성, 그리고 더 나아가서 보다 일반적으로 사회적 행동 양식과의 연관성은 앞으로 검증되어야 할 것이다. 하지만 만일 그것이 사실로 입증된다면, 기생 미생물에 대해 우리가 아는 내용에 비추어볼 때 그다지 놀라운 일도 아닐 것이다.

그도 그럴 것이 몇몇 기생 미생물들은 실제로 우리의 행동 양식을 조종하기 때문이다.

일반적으로는 고양이류와 설치류에게 톡소플라스마병 증세를 야기하는 원생동물 톡소플라스마원충Toxoplasma gondii이 이를 확실하게 입증한다. 이 단세포 생물은 평소 자기를 퍼뜨려주는 일을 담당하는 설치류 동물의 반응성을 떨어뜨리고 고양이 소변 냄새에 끌리게 한다. 설치류 동물의 신경체계 안에 잠입한 이 미생물은 수컷들이 이 냄새에 대해 보이는 반응을 성적 흥분으로 인식하도록 '재프로그래밍'한다! 이렇게 해서 이 미생물에 감염된 설치류는 고양이 오줌 냄새를 싫어하지 않게 되고, 따라서 고양이 입장에서는 이들을 보다 쉽게 사냥할 수 있게 된다. 미생물 입장에서도 고양이들을 쉽게 감염시킬 수 있으니 증식의 기회가 늘어난 셈이다. 인간이 톡소포자플라스마원충에 감염되면 별다른 증세가 없으나, 임신한 여성의 경우는 예외다. 인간의 신경체계 속에 남아 있게 된 기생충은 어차피 고양이에게 되돌아갈 수 없는 신세가 되었으니, 그 안에서 야금야금 아주 미묘한 변화를 가져온다. 가령 경계심을 늦추고(톡소플라스마원충에 감염된 사람들 가운데 교통사고를 당하는 자들의 비율이 비감염자에 비해서 더 높다), 고양이 소변에 대한 거부감도 줄인다. 설치류에게 끼치는 영향을 상기해보라! 더 나아가서, 톡소플라스마원충은 우울증과 조현병 위협을 (약간) 증가시키며, 어린아이의 운동 신경 발달 속도를 늦춘다. 관계와 관련한 행동으로 말하자면, 심리테스트 결과 이 기생충은 남성을 보다 더 지배적(틀림없이 녀석이 테스토스테론의 합성을 증가시키기 때문일 것이다)으로, 여성은 보다 더 남을 신뢰하고 배려심 깊게 만드는 것으로 드러났다.

이 예는 일반적이고 평범한 마이크로바이오타에게 모든 가능성을 열어준다. 분명 호의적인 영향력도 얼마든지 행사할 수 있을 것이다. 우리가 어느 정도까지 조종당하고 있는지에 대한 약간 도발적인, 그러나 완전히 열린 몇 가지 질문으로 이 장을 마무리 지을까 한다. 소화에 장애를 일으켜서 젖먹이들을 울게 만드는 이 박테리아들은 혹시 부모가 아기에게 먹을 것을 주도록 그들의 주의를 끄는 건 아닐까? 비만이나 포만감을 느끼지 못하는 증상을 유발하는 박테리아들은 자기들이 더 잘 먹기 위해서 우리를 조종하는 건 아닐까? 사회성을 함양하는 박테리아들은 혹시 인간들 사이에 자기들의 자손을 더 많이 퍼뜨리기 위해 그렇게 하는 건 아닐까? 마이크로바이오타에 의한 인간 조종의 정확한 수준을 평가하기까지는 아직 멀고도 멀었지만, 그래도 몇 가지 단서는 벌써 확보된 상태다.

결론적으로 말하자면…

우리의 장내 마이크로바이오타는 오래도록 '편리공생 미생물군microflore commensale('함께'를 뜻하는 라틴어 cum과 '식탁'을 뜻하는 mensa가 결합한 말)으로 인식되었다. 편리공생commensalism이라는 말은 파트너들 가운데 하나에게는 영양가가 있으나 나머지 파트너에게는 아무런 소득이 없는 관계를 함축한다. 이럴 수가! 앞 장에서 살펴본 바와 같이 수많은 미생물의 존재감에는 그에 상응하는 효과가 따르게 마련이며, 이는 우리의 생리 현상과 밀접하게 결합되어 있다. 영양 섭취, 면역은 물론 성장과 행동 양식, 심지어 사회성에 이르기까지, 병이 들었을 때나 건강할 때나 구분 없이 우리를 지탱하는 대부분의 기능은 우리 마이크로바이오타의 영향력 하에 있다. 현재 이렇듯 밀접하고 다양한 영향에 대한 연구들이 가히 폭발적으로 쏟아져 나오고 있다. 권위 있는 학술지《네이처》지나《사이언스》지에는 이 주제를 다루는 중요한 논문이 한두 편 실리지 않는 호가 없을 정도다! 우리는 너무도 광범위하게 영향을 받고 있는 지라 우리의 생리 현상은 공생 관계가 빚어낸 새로운 출현이라고까지 말할 수 있다. 더구나 우리는 언제까지고 '우리와 우리의 미생물들'이라고 써도 좋은 걸까? 솔직히 그 미생물이라는 녀석들이 벌써 오래 전에 우리와 하나가 되었는데 말이다. 게다가, 내가 '나'라고 말할 때, 과연 말하는 주체는 누구일까?

인간과 생쥐가 우리에게 들려주는 이야기는 다른 모든 동물들에게도 유효하다. 그들의 생리 현상 역시 마이크로바이오타에 의해 구축되었으므로. 그러니 우리는 그 모든 동물들의 사례, 아직 잘 알려지지도 않은 그 사례들을 개별적으로 세세히 다루지는 않을 것이다. 그렇더라도, 우리 인간 역시 다른 동물들과 다르지 않다. 인간의 동물성을 넘어서 우리는 식물 편에서도 살펴본 것처럼(식물들도 몸 전체가 미생물에 의해 콜로니화되고 그들로 인하여 구축되었다), 미생물로 인해 야기된 효과까지 발견하게 된다. 우리의 소화관과 식물의 뿌리권 사이에서는 놀라운 유사성이 발견된다. 이 두 경우 모두, 생태계에서 걸러진 극도로 다양한 마이크로바이오타가 숙주에 의해 구축된 환경 속에서 살아가고 있으며, 이 미생물들은 숙주의 영양 섭취나 면역체계를 바꿔 놓기도 한다. 그뿐 아니라 원거리에서 생명체 전체에 영향력을 행사함으로써 미생물들은 숙주의 성장과 번식까지도 변모시킨다. 식물이든 동물이든, 모든 생명체는 자기 몸 안에 미생물의 숲을 품고 있으며, 결국 그 미생물의 권한에 따라 움직이는 꼭두각시에 지나지 않는다.

이 강력하면서 부분적으로는 아주 현실적인 이미지를 떠나서, 우리는 합리적이어야 할 필요가 있다. 마이크로바이오타에 대해서 말하건대, 이제껏 우리 생명체가 자율적인 존재인 양 믿게 만들었던 오류를 반복해서는 안 된다. 마이크로바이오타 역시 자율적이라고 할 수 없다. 마이크로바이오타 또한 혼자 먹이를 찾아 먹는다거나 혼자 힘으로 스스로를 보호하기란 불가능하기 때문이다. 영향은 어디까지나 상호적이다. 우리가 우리의 유전자적 특성, 행동 양식(특히 섭생), 그리고 문화에 따라 미생물을 선택하고 분류하기 때문이다. 우리는 미생물에게 서식처와 먹이를 제공한다. 파트너 각자가 서로에게 의지하며, 각자가 엮어가는 공생 관계처럼 대칭을 이룰 수 있는 상호작용을 고려해야 한다.

인간에게 마이크로바이오타는 자신을 둘러싸고 있는 생태계에 적응하면서 살아갈 수 있도록 도와주는 근사한 도구함이다. 우리의 마이크로바이오타에 초대받은 존재들의 유전자를 다 합하면 우리를 구성하는 게놈의 100배가 넘는다. 그러니 그 많은 존재들은 우리가 그들과 힘을 합해 결성한 연합체의 기능과 속성을 놀라울 정도로 바꿔놓을 수 있다. 우리는 우리의 파트너를 취사선택함으로써 다양한 유전자 결합의 가능성에 접근할 수 있으며 그것들 가운데 일부는 적용 가능하다. 우리는 몇몇 박테리아들이 어떻게 김을 소화하고, 콩의 다이드제인을 해독하는지 살펴보았다! 마이크로바이오타는 정말이지 인간의 확대된 유전자 표현형을 구축한다. 그중 몇몇 양상은 동시대사물질처럼 상호작용에서 새롭게 출현하는 것이라고 할 수 있다.

그러므로 우리의 상당 부분은 미생물 생태체계에 의해 구축되었다고 할 수 있다. 우리의 생리 현상은 그 안에서 진행되는 생태 기제에서 유래한다. 어린이들에 있어서 연속적인 콜로니화, 매 순간마다, 특히 설사를 할 때마다 벌어지는 경쟁, 항생제 치료 후 또는 여행지에서 음식을 바꿔 먹을 때 겪게 되는 생리학적인 동요 등. 일부 치료법은 이러한 생태계의 생태학을 동원하는 것으로 시작하기도 한다. 생태학은 생리학, 발달 과정, 번식 등을 모두 배운 다음, 다시 말해서 생명체의 생물학을 완전히 익히고 난 다음에나 접근할 수 있다는 핑계로, 생태학을 학습 과정의 제일 뒤쪽에서 다루려고 고집하는 자들에게는 참으로 끔찍한 교훈이 아닐 수 없다. 미생물들 사이의 상호작용 또는 미생물과 숙주 생물 사이의 상호작용은 복잡한 생태학으로서, 생명체를 다루는 생물학의 한 부분을 당당하게 차지하고 있다. 생태학은 이제 더 이상 생명체의 생물학에 종속되지 않는다. 닭이 먼저냐 달걀이 먼저냐의 문제처럼 이 학문들은 서로가 서로를 함축한다. 그러므로 나이가 어린 사람들일수록 서둘러 생태학에 입문시켜야 할 때가 되었다!

박테리아가 어쩌면 아주 가까운 미래에 소화기 문제, 염증, 세균성 또는 알레르기성 질병뿐만 아니라 우리의 기질, 심지어 사회성까지 치료하게 될 수도 있다. 지금부터라도 우리는 앞장에서 소개한 '깨끗한 더러움', 그러니까 위생에 따른 건강 이득은 인정하면서, 좋은 미생물을 다시금 우리 삶에 받아들임으로써 기왕 얻은 건강을 보완하자는 개념을 상상하고 실천에 옮겨야 한다. 그 점이 바로 위생 가설이 알레르기와 자가면역질환 또는 자폐증을 설명하면서 암시하고자 하는 내용이다. 깨끗한 더러움을 허용하자 함은 우리의 장이 날이면 날마다 미생물과 관련하여, 위의 산도, 장 점막, 담즙산염, 미생물 내 갈등, 면역 기제(이건 제일 나중에 고려하는 기준) 등을 감안하여, 쭉정이들 사이에서 좋은 알곡을 골라내는 자의적인 작업에도 호응한다. 이렇듯 솎아내는 일상의 몸짓들 가운데에는 식품 선택(섬유질이 든 식품, 너무 과도하지 않고 적당한 수준의 살균을 선택하는 것이 중요하다), 아이가 더러움과 일시적으로라도 접촉할 수 있도록 어느 정도의 자유를 허용하기, 지나치지 않을 정도로 청소하기, 적절하게 항생제 복용하기 등이 포함된다. 내일은 아마도 이식과 관련해서든(건강한 기증자의 마이크로바이오타), 투여와 관련해서든(프리바이오틱스 또는 프로바이오틱스), 오늘과는 다른 종류의 조작이 출현하게 될 것이다.

밀려들어오는 미생물의 침입을 받고 있긴 하나, 우리는 아직 우리 안에 존재하는 미생물들을 다 파헤치지 못한 상태다. 제대로 파악하려면 아직 멀었다. 동물과 식물의 가장 깊숙한 세포 속에서 이제부터 전개될 내용은 한층 더 심층적인 미생물과의 의존성, 공진화의 유구한 연륜을 생각하게 한다.

9장

우리 세포 안에 미생물이 들어 있다고?

_ 호흡과 광합성의 근원을 찾아서

이 장에서는 이 세상이 녹색인 것은 식물들이 녹색 박테리아를 함유하고 있기 때문이라는 사실을 깨닫게 될 것이며, 우리가 숨을 쉬는 것도 박테리아 덕분임을 이해하게 될 것이다. 또한 우리의 세포와 식물의 세포들이 공생 상태에 있다는 것도 밝혀질 것이다! 우리의 세포 속에서 번식해나가는 박테리아들의 극단적인 의존성, 다시 말해서 공생때문에 거의 멸종 상태에 이른 이들의 의존성도 살펴볼 것이며, 공생을 통해서 진핵생물들 사이에 광합성이 최대한 다양한 형태로 보급되고 있는 현상도 다룰 것이다. 궁극적으로 공생이 어떻게 새로운 종, 예를 들어 우리 인간 같은 종을 창조해내는지도 들여다볼 것이다! 이 점이야말로 생물이 결코 혼자일 수 없음을 인정해야 하는 또 하나의 이유가 아닐까.

세상은 왜 이토록 녹색일까

식물을 상징하는 녹색은 도처에서 존재감을 뽐낸다. 이 지배적인 색상은 광합성이라는 지상 식물들의 중요한 특성을 반영한다. 실제로 식물들은 태양의 백색 광선을 받아서 녹색 파장만을 반사할 뿐이다. 바꿔 말하면, 파랑이나 특히 빨강 같은 다른 나머지 파장들은 모두 흡수한다는 말이다. 이처럼 선별적인 흡수의 책임자 격인 물질은 잘 알려져 있으며 우리는 이 물질을 엽록소라고 부른다. 수중 환경에서 엽록소는 조류에도 함유되어 있으나 일부는 다른 빛깔을 띠기도 하는데, 그건 다른 파장의 색상들을 흡수하는 보충 색소들도 동시에 지니고 있기 때문이다. 가령 5장에서 산호 속에 많이 함유된 존재로 상세하게 언급된 산텔라의 오렌지색 카로티노이드 같은 것이 이러한 보충 색소에 해당한다. 이제 엽록소를 비롯한 다른 색소들이 세포의 어디에 깃들어 있는지 좀 더 꼼꼼하게 살펴보자.

녹색이 어디에나 고르게 분포되어 있는 것은 아니다. 녹색은 우리가 엽록체 혹은 색소체라고 부르는 1밀리미터의 100분의 1에 지나지 않는 작은 알갱이 속에 밀집되어 있으며, 이 알갱이들이야말로 광합성을 실현하는 주역이다. 엽록소 또는 다른 색소를 통해 흡수된 빛 에너지 덕분에 효소들은 이산화탄소를 당분으로 변화시킨다. 이렇게 형성된 당분은 세포의 나머지 구성 요소들이 필요에 따라 활용하거나, 수액을 통해 다른 세포들, 응달진 곳에 자리 잡은 세포들, 특히 줄기 한가운데나 뿌리에 있는 세포들에게도 보내진다. 19세기부터 벌써 학자들은 색소체를 관찰하여 아주 독특한 특성을 발견했다. 색소체가 세포 속에서 자발적으로 형성되는 것이 아니라 항상 이미 존재하는 색소체가 둘로 분열되면서 생겨난다는 사실이었다. 이 사실은 박테리아의 세포 분열을 떠올리게 한다! 1883년, 독일의 식물학자 안드레아스 심퍼Andreas Schimper(1856-1901)는 "색소체가 난자세포[씨앗을 발생시키는 세포] 속에서 새롭게 형성되는 것이 아닌 게 결정적으로 확실하다고 할 때, 세포 내부에서 색소체의 상황은 공생식물의 세포 상황을 연상시킨다. 어쩌면 녹색식물이란 무색 생물과 엽록소 색소를 함유한 미생물의 결합에 지나지 않을 수도 있다"고 주장했다. 러시아 생물학자 콘스탄틴 메레슈코프스키Constantin Mereschkowsky(1855-1921) 역시 그의 주장을 이어받아 1905년에 발표한 저서에서 그 같은 이론을 일반화했다. 자신의 저서에서 그는 공생에 의해 식물을 발생시키는 이와 같은 기제를 "공생발생symbiogenesis(세포 내 공생설)"이라고 명명했다. 그의 이러한 주장은 당시에는 대체로 호의적으로 받아들여졌으나, 그 후 진화론에서는 별다른 주목을 받지 못했다.

여기서 잠깐 다른 생물체 속에서 살아가는 조류(5장을 보라)에 관해서는 이미 당시에도 연구가 이루어지고 있었음을 짚고 넘어갈 필요가 있다. 스코틀랜드 출신 생물학자이자 사회학자인 패트릭 게데스Patrick Geddes(1854-1932) 경은 1879년에 이미 녹조류를 함유하고 있는 작은 지렁이Symsagittifera roscoffensis에 대한 연구 결과를 출판했다. 그런가 하면 독일 출신 동물학자 카를 브란트Karl Brandt는 1883년경 말미잘과 산호의 산텔라에 관한 글에서 그것들이 동물의 양분 섭취에도 관여하고 있으리라는 점을 시사했다. 요컨대 세포 안에 서식하는 조류들의 존재는 당시에도 벌써 활발하게 연구되고 있었던 것이다!

우리는 지금까지 미생물 없이는 식물이나 동물이 살아갈 수 없다는 점을 강조하고 이를 입증해보이고자 노력했다. 9장에서는 식물과 동물 세포 자체의 심오한 본질을 제시함으로써, 다시 말해서 그들이 어떻게 박테리아를 자기들의 내적 구성 요소로 받아들여 기능하도록 하는지를 밝힘으로써 이제까지보다 한 단계 더 앞으로 나아가볼까 한다. 우리는 색소체들이 박테리아에 의한 광합성을 내적 공생을 통해 식물 세포에 제공하며, 동물들을 비롯하여 수많은 생물체들의 호흡이 내적 공생 박테리아들로부터 기인한다는 사실을 발견하게 될 것이다. 20세기로 넘어와 이러한 생각의 느리고도 현기증 나는 도약을 따라가면서, 우리는 세포 깊숙한 곳에 서식하는 이 내적 공생 박테리아들이 자취를 감출 정도로 퇴행적이며 의존적인 모습으로 진화해가는 과정을 묘사할 것이다. 이어서 우리는 진화 과정에서 수많은 색소체들이 출현하여 식물들을 정립시킬 뿐 아니라, 수많은 조류 집단과 광합성 작용을 하는 단세포 생물들을 쏟아내는 현상을 함께 하게 될 것이다. 마지막 단계에서 우리는 이 내적 공생 박테리아의 유전자들이 자기들에게 서식처를 제공하는 세포들과 결합하는 방식(식물 또는 동물 세포들을 진정한 의미에서의 키메라로 만든다)을 보게 될 것이다.

세상은 어떻게 호흡하는가

일반적으로 통용되는 의미대로라면, 호흡한다는 것은 공기를 들이마시는 것이다. 하지만 생화학에서 호흡이란 이보다 명확하게 공기 중에서 채집된 산소를 이용해 세포 내부의 당분을 산화시키고 그 과정에서 에너지를 발생시켜 세포들이 제대로 기능하도록 하는 일련의 과정을 의미한다. 움직임이나 다른 물질의 합성, 생장 등은 호흡을 통해 당분으로부터 얻어지는 에너지 없이는 불가능하다. 수많은 생명체들이 호흡을 한다. 동물, 균류, 아메바 같은 단세포생물, 뿐만 아니라 식물이나 조류, 특히 그늘에서 자라는 조류 등 모두가 호흡 작용을 한다. 이러한 생명체들은 진핵생물Eucaryotes(그리스어에서 '진정한'을 뜻하는 eu와 '매듭 또는 핵'을 의미하는 caryon이 결합한 용어)에 속한다. 핵이라고 불리는 세포의 한 부분에 이들의 DNA가 들어 있기 때문이다. 이 점에서 진핵생물은 넓은 의미의 박테리아와는 차이를 보인다. 박테리아의 DNA는 미분화 상태의 세포액 속에 들어 있기 때문이다. 간단히 말해서, 진핵생물은 '비非 박테리아'이며, 이들의 가장 큰 특징은 말하자면 자신의 DNA를 포장하는 방식인 것이다.

진핵세포, 즉 균류나 식물 또는 동물의 세포에 있어서 호흡은 세포의 다른 소기관인 미토콘드리아mitochondria(그리스어에서 '끈, 실'을 뜻하는 mitos와 '알갱이'를 뜻하는 chondros가 결합된 용어로, 실제로 미토콘드리아는 겉은 낟알을 닮고 속은 끈을 말아놓은 것 같은 모습을 하고 있다)에 의해 이루어지며, 이 미토콘드리아는 크기가 1밀리미터의 1,000분의 1 정도다. 미토콘드리아는 1890년 리하르트 알트만Richard Altmann(1852-1900)이라는 독일 출신 의사가 발견했는데, 이때만 해도 우리 인간은 이들의 역할에 대해 전혀 알지 못하는 상태였다. 리하르트 알트만은 미토콘드리아를 세포의 "영구적인 주민"으로 묘사하면서 이것들이 유전자 관점에서나 신진대사 관점에서나 자율성을 지닌다고 보았다. 게다가 색소체와 마찬가지로 미토콘드리아 역시 개별적인 요소들이 세포 내에서 결합하여 생성되는 것이 아니라, 이미 존재하는 미토콘드리아가 박테리아의 분열과 같은 방식으로 둘로 분열되어 얻어진다. 때문에 19세기부터 내내 몇몇 사람들이 알트만이 표명한 회의적인 반응에도 불구하고, 미토콘드리아를 박테리아로 간주했다고 해도 그리 놀랄 일은 아니다.

프랑스 출신 생리학자 폴 포르티에Paul Portier(1866-1962)는 1900년 무렵에 샤를 리셰Charles Richet와 공동으로 과민증anaphylactic shock을 발견했다. 과민증이란 급성 알레르기 반응으로, 이 두 생리학자는 개들에게 으깬 산호를 접종함으로써 이를 발견했다. 포르티에는 1918년 이와는 전적으로 다른 주제에 관한 책을 출간했는데, 『공생생물Les Symbiotes』이라는 제목의 이 책에서 그는 "모든 생명체는 […] 결합, 즉 각기 다른 두 존재를 끼워 맞추는 방식으로 구성된다. 살아 있는 세포 각각은 세포학자들이 '미토콘드리아'라는 이름으로 부르는 기관을 지니고 있다. [미토콘드리아는] 내가 보기에 공생 박테리아, 즉 내가 공생생물이라고 부르는 것과 다를 바 없는 듯하다"고 주장했다. 다시 한 번 말하거니와, 당시에는 아직 이들의 기능에 대해서 무지했음을 잊어서는 안 된다.

그러므로 박테리아들이 동물이나 식물 세포의 구성 요소일 수 있다는 가능성은 매우 일찍부터 제기되었다고 볼 수 있다. 그건 그렇고, 이제 몇십 년 정도를 건너뛰어 보자. 1925년에 나온, 가히 세포생물학의 교본이라 할 만한 명저 『세포의 발달과 상속The Cell in Development and Inheritance』의 3판에서 저자인 미국 출신 에드먼드 윌슨Edmund Beecher Wilson(1856-1939)은 미토콘드리아의 박테리아적 본성에 관한 가설은 전혀 근거가 없으며 "그 같은 사고"는 "존경할 만한 생물학자들 사회에서 거론되기에는 지나치게 허구적"이라고 지적했다. 그러면서도 그는 "그렇긴 하나, 언젠가 그러한 생각들이 보다 더 진지하게 취급될 가능성도 없지 않다"고 덧붙였다. 다만 20세기로 넘어온 후에도 그러한 생각들은 제대로 표명되지 못하고 지지부진한 상태에 머물러 있었다.

다시 또 몇십 년을 건너뛰자. 1980년대 말 내가 대학 입시를 준비하고 있을 무렵, 생물 선생님은 생물학에 대한 나의 관심을 감안하여 이 가설에 관한 대중적인 논문 한 편을 은밀하게 건네주시면서 "당돌한 가설이니 비판적인 입장에서 읽어 보고, 면접관 앞에서는 이에 대해 거론하지 말라"고 덧붙이셨다. 나는 그때까지 한 번도 들어보지 못했지만 그 무렵 다시금 표면화되기 시작한 이 주장에 완전히 매료되고 말았다! 도대체 20세기 초에 무슨 일이 있었으며, 이제는 누구 말을 믿어야 한단 말인가?

하나의 가설에 드리운 불운

19세기에 미생물학은 미생물, 특히 질병을 일으키는 병원균을 배양하기 시작함으로써 놀라운 혁명을 이룩했다. 인공적인 배양으로 사실상 이것들을 연구하고 구별할 수 있게 되었으니 말이다. 뿐만 아니라 코흐의 가설도 검증할 수 있게 되었다. 코흐의 가설에 따르면, 미생물을 건강한 숙주에게 재주입하면 그 미생물의 구조 혹은 이 미생물이 야기시킬 것으로 짐작되는 증세를 재현할 수 있어야 한다. 거기에 더해서, 그 미생물을 다시금 분리시킬 수도 있어야 한다. 그래야만 숙주가 실제로 그 미생물에 감염되었음을 입증할 수 있다는 것이다. 그런 건 아무래도 좋으니, 연구자들은 일단 색소체와 미토콘드리아의 배양을 시도했다. 포르티에 같은 많은 학자들이 실제로 미토콘드리아를 배양한다고 주장했으며, 색소체 분리에 성공했다고 주장하는 자들도 없지 않았다. 그러나 곧 밝혀졌지만 그것들은 유감스럽게도 모두 오염체contaminant에 지나지 않았다! 수백만 년 전부터 세포 깊숙한 곳에서 서식해오는 동안, 미토콘드리아와 색소체는 독자적으로 자유롭게 사는 역량을 상실해버린 것이다. 뿐만 아니라 미토콘드리아는 세포 밖으로 분리되는 순간, 생태계와의 수분 교류를 조절하지 못해 말 그대로 터져버린다. 그러니 앞으로도 절대 혼자 살 수 없는 처지가 되어버린 것이다.

프랑스에서 포르티에의 저서는 파스퇴르 계승자들의 대대적인 거부 반응을 일으켰다. 기술적으로 말하자면 이들이 옳다. 포르티에의 배양은 엉망으로 오염된 상태였기 때문이다! 따라서 미토콘드리아를 따로 분리할 수 없는 한, 그리고 그 때문에 미토콘드리아를 함유하지 않은 세포에 분리된 박테리아를 재주입할 수 없는 한, 코흐의 가설을 검증하기란 불가능할 수밖에 없었다. 그런데 실제로 이는 실험실에서 배양할 수 없는 생명체에 관한 이 가설의 한계를 보여준다고 보아야 한다. 아무튼 당시에는 회의주의가 팽배했다. 특히 포르티에 저술의 결론 부분이 다소 성급한 감이 있으며 근거 또한 빈약하다는 의견이 대세였다. 포르티에는 미토콘드리아가 사실상… 비타민이라고 생각했다. 그는 우리가 비타민을 필요로 하는 것은 생명체가 재생을 위해 생태계 내에서 정기적으로 미토콘드리아를 채취해야 하기 때문이라고 믿었다. 당연한 말이지만, 오늘날에 이러한 시각은 완전히 부인된다! 논란은 1920년대 초에 포르티에의 연구 결과를 인정해줄 수 없다는 쪽으로 결론지어졌다. 포르티에 자신도 그 사이에 논란의 여지가 적은 분야로 연구 방향을 틀었다. 결과적으로 파스퇴르 연구소 소속 학자들의 거부는 박테리아가 건강한 동물 세포와 조화롭게 살 수 있다는 생각 자체를 문제 삼음으로써 보다 공격적이고 광범위한 논란에 불을 지폈다고 할 수 있다. 이들의 압력 때문에 마송 출판사는 포르티에 저서의 재판 출간을 포기했다. 1919년, 출판사는 그의 저서 대신 뤼미에르 형제 가운데 한 사람이자 생물학에 열정을 보인 오귀스트 뤼미에르Auguste Lumière(1862-1954)가 쓴 『공생생물의 신화Le Mythe des symbiotes』를 출판했다. 이 책에서 오귀스트 뤼미에르는 포르티에의 주장을 격렬하게 비판했다.

그러나 다른 과학적 접근 방식들도 출현하면서 머지않아 1920년부터 1950년 사이에 미토콘드리아와 색소체의 세포로서의 역할이 서서히 밝혀지기 시작한다. 독일 출신 의사 한스 크렙스Hans Krebs(1900-1981)는 1937년에 호흡의 근간이 되는 미토콘드리아의 생화학적 순환을 밝혀냈으며, 덕분에 거기에는 그의 이름이 붙었다. 한편, 미국의 생화학자 멜빈 캘빈Melvin Calvin (1911-1997)은 1950년대에 이산화탄소가 당분으로 바뀌게 되는 과정을 발견하여 이를 자신의 이름으로 명명하는 영예를 얻었다. 두 사람 모두 자신들의 발견으로 1953년과 1961년에 각각 노벨상을 수상했다. 이들은 무엇보다도 세포의 기능적 단일성을 내세웠다. 크렙스와 캘빈의 순환 과정에 의하면, 비록 각각이 미토콘드리아와 색소체 내부에서 이루어지기는 하나, 그 과정에서 수많은 분자들이 세포 전체와 교류한다. 이 세포를 위해서 미토콘드리아와 색소체는 없어서는 안 될 필수적인 존재라고 할 수 있다!

이러한 발견은 식물 세포이건 동물 세포이건 모든 세포의 기능적 단일성을 입증해준다. 이러한 발견은 그 같은 단일성이 캡슐에 담긴 박테리아를 중심으로 부차적으로 형성되었음을 배제하지는 않는다. 그러나 이와 같은 생화학적 발견이 이루어지는 순간, 미토콘드리아와 색소체가 원래는 박테리아였으리라는 매혹적인 가설은 박테리아만을 따로 분리할 수 없는 관계로, 그 기발함과 유용성을 상실하였다. 20세기 중반 무렵 이러한 가설을 옹호하는 자들은 매우 드물었다. 그런데 어떻게 해서 이 이론이 그 같은 불운에서 벗어나게 되었을까?

린 마굴리스와 진핵세포의 세포내 공생 기원설의 명예회복

이 가설의 명예회복은 1970년대에 가서야 이루어졌다. 1980년대 중반에 학생이었던 내가 들었던 강의 내용이 증명해주듯이, 교육계에서는 이보다 더 늦었다. 미국의 미생물학자 린 마굴리스Lynn Margulis(1938-2011)는 오늘날 모든 생물학자들로부터 지지를 받고 있는 가설과 관련하여 이미 1966년부터 매우 설득력 있는 논거들을 수집했다. 독보적인 개성의 소유자로, 자유분방하고 거침없는 언변에 세심한 교수법, 미생물계에 대한 해박한 지식으로 무장한 린 마굴리스는 세포내 공생설을 불운으로부터 구해냈다. 세포의 몇몇 구성 성분은 수백만 년 전부터 지속적인 세포내 공생 상태에 있는 박테리아가 분명하다는 사실을 밝혀낸 것이다.

린 마굴리스는 저서 『진핵세포의 기원Origin of Eukaryotic Cells』(1970)에서 20세기부터 발표되기 시작한 세포내 공생생물의 존재를 확인해주는 수많은 연구 자료들, 예를 들어 파울 부흐너의 동물에 관한 연구(6장 참조) 등을 토대 삼아 이와 같은 주장을 개진했다. 그리고 더 나아가서, 전자현미경 덕분에 얻을 수 있었던 보다 높은 화소의 이미지 자료들까지도 제시했다. 특히 세포내 공생을 제한하는 세포층은 두 개의 막으로 이루어져 있다. 뿌리혹의 박테리아, 산호의 산텔라 또는 곤충의 세포내 박테리아 등은 모두 그 자체의 막 외에 세포 내부로 들어가는 입구 주변에 식작용으로 생겨난 보충 차단막에 의해 분리되는 것이다. 그런데 미토콘드리아와 색소체 또한 모두 두 개의 연속적인 막에 의해 가로막혀 있다!

발전을 거듭하는 생화학 덕분에 린 마굴리스는 자신의 가설에 설득력을 더해줄 만한 요소들을 제시할 수 있었다. 가령, 미토콘드리아와 색소체를 둘러싸고 있는 막들은 세포의 나머지 부분에는 포함되지 않은 성분(미토콘드리아의 경우는 카디오리핀, 색소체의 경우는 갈락토리피드와 술포리피드)을 지니고 있다는 사실 등이 여기에 해당된다. 그런데 이러한 물질들은 일반적으로 박테리아의 막을 구성하는 성분이다! 뿐만 아니라, 20세기에 들어와 발표된 미생물 신진대사에 관한 연구 결과물들은 색소체와 미토콘드리아의 신진대사(즉 광합성과 호흡)가 독자적으로 자유롭게 생활하는 박테리아에서도 존재한다는 사실을 밝혀냈다. 광합성 역량을 지닌 다양한 박테리아들 중에서 시아노박테리아(남세균, 남조세균)는 엽록소(대체로 색소체와 매우 유사하다!)를 비롯하여 빛을 포획하는 데 필요한 장비들을 갖추고 있다. 알파프로테오박테리아에 속하는 수많은 박테리아들은 미토콘드리아와 마찬가지로 산소를 이용해서 호흡한다. 3장에서 살펴보았듯이, 콩과식물 내부에서 질소를 고정하는 뿌리혹 박테리아가 대표적이라고 할 수 있다. 광합성과 호흡은 박테리아의 신진대사에 대한 무지가 계속되는 한 식물 또는 동물의 신진대사로 간주되었다. 1970년대에 들어와서야 순수하게 '진핵세포적인' 신진대사라는 개념(안타깝게도 몇몇 생화학 강의에서는 암묵적으로 통용되었으나)은 더 이상 유지될 수 없게 되었다.

결정적인 논거는 미토콘드리아와 색소체 안에 들어 있는 DNA로, 1960년대에 발견되었다. DNA라는 물질은 유전의 매체로 유전자들을 품고 있다. 그런데 당시에는 모든 유전자들이 염색체에 골고루 분포되어 있으며, 염색체는 우리가 핵이라고 부르는 세포의 한 부분에 들어 있다고 생각했다. 적어도 미국이 낳은 저명한 유전학자 토마스 모간Thomas Morgan(1866-1945)의 주장(오늘날의 관점에서 보자면 그다지 기발하다고 할 수 없는 착상이지만)을 요약하자면 그랬다. 그는 1920년에 세포의 나머지 부분은 "유전학적으로 볼 때 무시되어도 좋다"고 주장했다. 그 후 일어난 일들은 이 주장이 잘못되었음을 말해준다. 미토콘드리아와 색소체 또한 유전자들과 자신들의 활동과 관련된 게놈을 품고 있기 때문이다.

미토콘드리아와 색소체의 게놈은 박테리아 기원설의 보충적인 증거가 된다. 우선 원형의 폐쇄 회로 같은 DNA와 유전자 구조는 전형적인 박테리아의 구조를 보인다. 다음으로, 동류성을 찾기 위해 색소체와 미토콘드리아의 형태를 독립 생활하는 박테리아의 형태와 비교하는 것 자체가 근거 없는 환상에 불과할 정도로 전자는 세포내 생활로 인하여 변화된 반면, 유전자들을 살펴보면 현재의 가장 독립적인 동족을 알아낼 수 있다. 이렇게 하여 시아노박테리아들 가운데에서 색소체의 원조가, 알파프로테오박테리아들 가운데에서 미토콘드리아의 원조가 각각 밝혀졌다. 미토콘드리아와 색소체는 세포내에서 공생하는 박테리아다. 일부 생물학자들은 간혹 이러한 명제에 분연히 반기를 들면서, 차라리 그것들을 '세포소기관Organelle'(핵처럼 진핵 세포의 부분 부분을 일컫는 명칭에서 유래한 용어)으로 부르는 편을 선호한다. 그런데 내가 보기에 이러한 행태는 기능과 기원의 분리를 제대로 이해하지 못하는 태도로 여겨진다. 그것들이 실상 세포소기관으로 기능한다고 할지라도, 미토콘드리아와 색소체는 박테리아에 기원을 두고 있다.

린 마굴리스는 또한 몇몇 세포들(인간의 정자가 대표적인 사례)을 전진하게 하는 편모, 또는 진핵세포의 미세한 구성 요소들인 퍼옥시좀(마이크로바디, 용해소체) 또한 세포내 공생 박테리아였음을 입증하려 노력했다. 하지만 그 문제에 있어서는 오늘날까지도 증거가 충분하지 않다는 사실을 인정해야 한다. 이러한 문제들과 관련해서는, 이 같은 구조물들이 세포 자체의 고유한 진화에 따라 출현하게 되었으며, 따라서 오늘날의 복잡성이 정착하는 데 기여했다는 입장이 지지를 얻고 있다. 하지만 세포의 또 다른 부분들은 분명 공생에 그 기원을 두고 있으며, 너무도 세포 속에서 잘 동화된 나머지 그것들의 근원을 제대로 알아차리는 데 기나긴 시간이 필요했다. 이처럼 매끈하게 정리하기 어려운 역사에서는 세 개의 연속적인 단계마다 연구방법이 결론에 지대한 영향을 미치는 것이 사실이다. 광학현미경이 세포내 공생설의 견인차 역할을 했다면, 생화학이 한동안 그 이론을 가렸다가, 전자현미경과 DNA 생물학이 다시금 그 이론을 정착시켰다고 볼 수 있으니 말이다. 여기서 우리는 활용 가능한 기술이 우리의 결론에 얼마나 지대한 영향력을 행사하는지 실감할 수 있다. 그 심각성은 우리의 예상을 훨씬 뛰어넘는다.

진핵세포의 기원이 세포내 공생에 있다는 이론은 생물체의 형성과 진화에 있어서 공생의 중요성을 다시 한 번 강조해준다. 우리의 깊숙한 내부에 박테리아가 존재하고 있다는 사실은 충분히 매혹적이다. 이는 게다가 〈스타워즈〉 창작자들에게 미디클로리언midichlorian이라는 생명체에 대한 영감을 불어넣지 않았던가? 제다이 마스터 콰이곤 진에 따르면, "미디클로리언들은 모든 살아 있는 세포 안에 깃들어 있는 작은 형태의 생명이자 포스와 소통하는 존재들"이다. 색소체와 미토콘드리아(그리고 미디클로리언)는 다른 세포 안에서 살아가는 세포들이 진화해나가는 길이, 산호의 산텔라나 곤충의 세포내 공생 박테리아들에 앞서서 이미 여러 차례 주파되었으며, 제일 오래된 사례들만 놓고 보더라도, 흔히 있을 뿐 아니라 상당히 깊숙하게 동화된 공생 상태에 도달했던 길임을 보여준다! 그러니 이제 미토콘드리아와 색소체를 낳은 그 유서 깊은 길을 함께 주파해보자.

태곳적부터 존재해왔으며 앞으로도 영원히 존재할 미토콘드리아

미토콘드리아와 가장 가까운 친척은 알파프로테오박테리아들 가운데에서 찾을 수 있다. 그 친척들은 독립적으로 생활하지는 않으나, 공생하는 세포 안에서 이들의 존재는 미토콘드리아에 비해 덜 우호적이다. 이들 가운데에는 동물들, 특히 인간에게 병을 일으키는 존재들이 적지 않다. 치사율이 무려 20퍼센트에 이르는 발진티푸스 같은 질병의 원인이 되는 리케차, 초기 감염 증상이 독감 증상과 유사하며 심각한 합병증을 야기할 수 있는 에를리히아Ehrlichia와 아나플라스마Anaplasma 등이 여기에 해당된다. 굳이 비교하자면, 마지막 그룹은 거의 가벼운 손상만 일으킬 뿐 무해한 편이다. 월바키아Wolbachia는 곤충과 선형동물Nematode 무리에 속하는 지렁이들을 감염시키는데, 주로 그 자신이 많이 전달되어 나갈 수 있는 방식으로 이들의 번식을 조절한다. 실제로 월바키아는 난자를 통해서, 그러니까 정자를 통하지 않고 모친으로부터 알로 전달된다. 몇몇 쥐며느리들은 월바키아로 인해서 수컷이 암컷으로 변하기도 하며, 일단 감염된 모든 생물체들, 다시 말해서 진짜 암컷과 암컷화된 수컷들에게서 수정 과정 없이 후손 번식이 가능하도록 만든다. 난자는 직접 배아로 발달하는데, 이 박테리아들은 수컷을 제거함으로써 단순히 전달을 최적화했다고 할 수 있다. 제법 웃기는 방식(적어도 관찰자들에게는)에 따라, 전적으로 수정 없이 번식 가능한 암컷들로만 이루어진 일부 군집의 개체들은 항생제를 투여하면 수컷으로 변한다!

요컨대, 미토콘드리아의 가장 가까운 친척은 정확하게 말하자면 그다지 호의적이라고 할 수 없는 공생생물이다. 이들은 모두 세포 내부에 서식한다는 공통점을 지니고 있다. 우리는 미토콘드리아의 조상이 원래는 질병을 일으키는 병원균이었는데 요행히 '잘 풀려서' 미토콘드리아 계통으로 발전해왔는지, 아니면 조상 때부터 상리공생 상황에서 살아오다가 미토콘드리아와 가까운 병원균이 출현하게 되었는지 아직 잘 알지 못한다. 이 계통 전체의 가장 가까운 친척도 먼 조상 시대의 상황을 칼같이 밝혀내는 일을 도와주기에는 역부족이다. 플랑크톤의 대양에서 박테리아 골라내기, 사막에서 바늘 찾기 식이기 때문이다!

물적 증거라고는 전혀 뒷받침되지 않으면서 순전히 사변적이기만 한 시나리오가 자주 언급되곤 하는데, 내용인즉 이런 식이다. 지구 역사에서 산소는 초기 시아노박테리아의 광합성이 낳은 부산물로, 아주 서서히, 점진적으로 출현한다. 그런데 산소는 강력한 산화제이므로 거기에 적응하지 못하는 세포들에게는 유독할 수도 있다. 미토콘드리아는 세포 속의 산소를 소비하면서 처음에는 진핵세포의 조상 내부에서 산소의 독성을 제거하는 일을 돕다가 다른 역할까지도 하게 되었으리라는 추측이 가능하다. 이 사변적인 시나리오에 따르면, 미토콘드리아는 일종의 '득이 되는 병원균'이었을 수 있다. 이와 유사한 상황이 오늘날의 단세포 진핵생물에서도 발견되는데, 바로 이들 단세포 진핵생물이 산소를 견디지 못한다는 사실이다. 섬모충류인 스트롬비디움 푸르푸레움Strombidium purpureum은 세포내에 공생하는 박테리아인 로도슈도모나스Rhodopseudomonas와 결합한다. 로도슈도모나스는 호흡을 통해서 섬모충을 산소가 있는 생태계 내에서 보호한다.

아무튼 한 가지는 확실하다. 현재 알려진 모든 진핵생물들은 미토콘드리아적인 공생이 낳은 자손들이라는 점이다. 내가 아직 학생이던 시절, 몇몇 진핵생물들은 미토콘드리아가 없는 것으로 알려졌다. 이는 상당히 논리적으로 보였는데, 그도 그럴 것이 이들은 산소라고는 없는 환경(물밑의 개흙, 동물의 소화관 등)에서 살므로 호흡을 할 가능성이라고는 없기 때문이었다. 한동안 그것들이 미토콘드리아 공생 이전 진핵생물 조상들의 직접적인 후손이라는 믿음이 힘을 얻기도 했다. 하지만 웬걸! 가장 최근에 발표된 연구 결과들은 그것들이 서로 친척이 아닐 뿐 아니라, 미토콘드리아에서 파생된 구조를 지니고 있음을 속속 밝혀주었다.

산소 없는 환경 속에서 사는 몇몇 진핵생물들에게는 두 개의 막에 의해

한정된 작은 공간이 있어서 거기서 세포를 위한 발효 작용, 즉 수소 찌꺼기 같은 것으로 약간의 에너지를 만들어내는 과정이 진행된다. 때문에 이 세포소기관을 하이드로게노솜hydrogenosome이라고 부른다. 우리는 또한 산소가 함유된 환경에서 사는 몇몇 생명체들의 전형적인 미토콘드리아에서 이루어지는 신진대사에 대해서도 잘 알고 있다. 산소가 있는 환경에서는 생명체들에게 산소가 공급되지 않을 경우 발효 작용이 활성화된다. 뿐만 아니라, 이러한 하이드로게노솜은 가령 헴heme(헤모글로빈을 구성하는 몇몇 화학적 결합 중의 한 가지) 같이 세포의 생존에 필수적인 다양한 물질의 합성에도 관여한다. 세포의 생존에 필수적인 물질들은 일반적으로 미토콘드리아에서 만들어진다. 하이드로게노솜은 소의 되새김위에 서식하는 균류, 짚신벌레와 가까운 단세포 섬모충류, 또는 산소 없는 대양 깊은 곳에 사는 작은 동물인 동갑동물Loricifera 등에서도 발견된다.

산소가 없는 환경에서 서식하는 다른 진핵생물들은 이보다 더 작은 기관을 지니고 있다. 이 기관은 에너지 관점에서는 아무런 역할을 하지 않으나, 세포를 위해 위에서 언급된 물질들을 합성하며, 이 소기관을 일러 미토솜mitosome이라고 한다. 예를 들어 동물의 세포에 기생하는 균류인 미포자충류Microsporidia, 또는 인간의 장에 기생하는 육질충류인 적리아메바Entamoiba histolytica처럼 소화기관에 기생하는 원생동물 등, 다양한 단세포 진핵생물 무리가 미토솜을 가지고 있다. 일부 종이 완전히 미토콘드리아를 상실했음에도 하이드로게노솜이나 미토솜도 갖지 않은 무리로는 흰개미와 몇몇 척추동물의 소화관 마이크로바이오타에 속하는 원형동물 첨예편모충류Oxymonad가 유일하게 알려져 있다. 이처럼 여러 차례에 걸쳐, 미토콘드리아는 진핵생물의 발자취를 따라가면서 산소 없는 환경에 적응해갔다. 매번 미토콘드리아는 호흡이 부재한 신진대사에 의해, 또한 형태까지 단순화됨으로써 알아볼 수 없게 변화했다.

사실, 하이드로게노솜과 미토솜의 미토콘드리아적인 본질을 이해하는 일이 지체된 것은 무엇보다도 그 기관들이 DNA라고는 전혀 지니고 있지 않기 때문이었다. 이것들의 게놈이 완전히 사라져버렸으니까! 도대체 무슨 일이 있었던 걸까?

세포 한가운데에서 일어난 유전학적 조난

지금부터는 미토콘드리아와 색소체 한가운데 위치한 박테리아 게놈의 크기를 검토하고 수량화해보도록 하자. 먼저, 위에서 소개한 바 있는 독립적으로 생활하는 '표준적' 박테리아 대장균의 됨됨이에 대해 다시 한 번 정리해보자. 500만 쌍의 염기(이 염기들의 사슬이 DNA를 구성한다)로 이루어진 대장균은 대략 5,000개의 유전자를 품고 있다. 이에 비해서 미토콘드리아와 색소체는 유전학적으로 보자면 퇴행을 한 셈이다. 인간의 미토콘드리아 게놈은 불과 1만 6,000개의 염기쌍과 37개의 유전자로 이루어져 있다! 식물의 미토콘드리아 게놈으로 넘어가면, 이 숫자들이 약간 커져서(배추과에 속하는 작은 식물인 애기장대는 36만 7,000개의 염기쌍과 60개의 유전자를 지니고 있다), 최대 유전자 수가 97개(담수에 사는 단세포 진핵생물의 한 무리인 자코바류Jakobid의 사례)까지 올라간다. 따라서 '평범한' 미토콘드리아 게놈은 독립 생활하는 박테리아 역량의 1퍼센트만 보존하고 있을 뿐이다! 그나마도 하이드로게노솜과 미토솜에서 보듯이, 모든 DNA의 흔적과 더불어 완전히 사라져버리지 않았을 경우라면 그렇다는 말이다. 이는 6장에서 살펴본 곤충들의 세포내 공생 박테리아들 가운데 가장 작은 게놈(180개의 유전자)에 비해서도 엄청나게 작은 숫자인데, 이는 모든 세포내 공생에서 동일한 유전학적 퇴행이 이루어지고 있는 경향을 드러내 보인다고 할 수 있다.

실제로 이와 같은 게놈의 퇴행은 색소체에서도 동일하게 관찰된다. 독립 생활하는 작은 시아노박테리아, 가령 시네코시스티스속Synechocystis의 플랑크톤과 공생하는 시아노박테리아는 350만 개의 염기쌍으로 이루어진 게놈을 보유하고 있는데, 이는 3,200개의 유전자에 대응한다. 하지만 녹색식물의 경우, 색소체의 게놈은 약 14만 개의 염기쌍으로 이루어졌음에도 거기에 대응하는 유전자는 120개, 그러니까 바로 앞에서 예시한 시아노박테리아의 게놈 크기의 5퍼센트에 불과하다! 이 역시 일부 기능이 퇴행하면, 가령 식물이 더 이상 광합성을 하지 않게 된다면, 그 크기가 줄어들 수 있다. 우리는 1장에서 엽록소가 없어서 뿌리에서 공생하는 균류에 의해 양분을 공급받는 식물들에 대해서 언급했다. 우리 연구팀은 프랑스의 숲에 서식하는 이러한 유형의 난초인 호설란(유령란)Epipogium roseum에서 1만 9,000개의 염기쌍만으로 이루어진 게놈을 관찰했다. 이 게놈에 대응하는 유전자는 30개 미만으로, 이는 표준적인 녹색식물 색소체 게놈에 대응하는 유전자 수의 4분의 1에 지나지 않는다. 이렇듯 세상의 영예는 지나간다Sic transit gloria mundi. 얼마 지나지 않아 우리는 엽록소 없이 아시아의 열대밀림에서 자라는 나무들의 뿌리에 기생하는 식물에게서 완전한 축소 현상을 발견했다. 크기가 엄청 크면서 좋지 않은 냄새를 풍기는 꽃으로 잘 알려진 라플레시아Rafflesia는 여전히 색소체는 지니고 있다. 이 색소체들은 엽록소가 없는 모든 식물들에서와 마찬가지로, 여러 가지 부차적인 역할까지 도맡아 수행한다. 예를 들어 숙주 세포를 위하여 유기물을 합성(아미노산, 카로티노이드 등)하는가 하면, 세포의 창고 형태라 할 수 있는 전분 비축 공간을 만들기도 한다. 그런데 라플레시아의 색소체들은 하이드로게노솜과 미토솜과 마찬가지로, 전혀 DNA를 지니고 있지 않으며 따라서 게놈도 없다!

어째서 이러한 유전학적 좌초가 발생하는가? 게다가 때로는 완전한 침몰에 이르는가? 6장에서 곤충의 내생공생 박테리아에 대해 언급하면서 살펴보았듯이, 독립 생활 시절에는 반드시 필요하던 상당수 유전자들이 세포 내 생활에서는 더 이상 요구되지 않는다. 예를 들어 산텔라와 뿌리혹박테리아는 세포 내부에 위치하면 벽이나 편모 등이 사라진다. 이러한 퇴행은 일정 부분의 시간을 세포 밖에서 지내기 때문에 일시적일 수 있으나, 세포 밖으로 나오는 일이 없는 미토콘드리아와 색소체의 경우에는 영구적이 되어 결국 벽과 편모를 만드는 데 필요한 유전자들은 도태되고 만다. 그렇지만 이 같은 퇴행 기제가 모든 것을 다 설명해주지는 않는데, 거기에는 두 가지 이유가 있다. 첫째, 다양한 기능들이 라플레시아의 하이드로게노솜, 미토솜 또는 색소체에서 수행되고 있기 때문이다. 그 기능들은 단백질 같은 효소들에 대응하는데, 각각의 효소와 관련한 유전 정보를 지닌 유전자가 적어도 하나는 된다. 그렇다면 각각의 효소에 대응하는 유전자들은 다 어디로 갔을까? 둘째, 미토콘드리아나 '일반적인' 색소체의 각기 다른 단백질들을 검사하면, 우리는 그것들이 국지적인 게놈 속에 들어 있는 유전자들에 비해서 20 내지 100배나 더 많음을 확인할 수 있다. 그러므로 미토콘드리아 혹은 색소체의 게놈의 크기가 어떻든 간에, 이 기관 안에 들어 있는 단백질들에게는 다른 원천이 존재한다는 말이 된다. 그렇다면 그것들을 생산하는 유전자들은 도대체 어디에 자리 잡고 있단 말인가? 짐작 가는 곳이 있긴 하지만…….

극도의 의존성에 이르게 된 사연

바로 숙주 세포의 게놈이 바통을 이어받은 것이다. 색소체 또는 미토콘드리아 내부의 유전 정보를 지니지 않은 단백질들은 핵에, 다시 말해서 숙주 세포의 염색체 속에 들어 있는 유전자들 덕분에 만들어진다. 그렇기 때문에 세포 밖에서는 미토콘드리아와 색소체를 배양할 수 없는 것이다. 20세기 초에 이루어진 배양 시도가 실패로 끝난 것도 이 때문이다! 유전학에 있어서 미토콘드리아와 색소체는 절반의 자율성만 지닐 뿐이며, 단백질의 상당 부분(아니, 전체일 수도 있다)은 외부에서, 다시 말해서 숙주 세포에 의해 만들어진다. 이렇게 만들어진 단백질들은 색소체 혹은 미토콘드리아를 제한하는 막 속에 삽입되어 있는 단백질 체제에 따라 내부로 다시 흘러들어간다. 이 단백질 체제는 외부에서 갓 합성된 단백질을 두 개의 막을 통해 이동시킨다. 이 같은 체제에 따른 단백질은 물론 자유롭게 생활하던 미토콘드리아와 색소체의 조상들에게는 존재하지 않았음을 상기하자. 그러므로 이러한 단백질은 공생으로 인하여 새로운 기능, 다시 말해서 새로운 유전자가 출현했음을 의미한다. 따라서 세포내 공생은 단순히 일부 기능의 퇴행만이 아니며, 그 기능들은 게놈이 위축되는 동안에도 다양화될 수 있는 것이다.

우리는 여기서 고도로 복잡하게 얽힌 파트너들의 관계를 접하게 된다. 그러한 밀접한 관계 속에서 한쪽 파트너는 상대 파트너를 기능하게 만드는 많은 유전자들을 보유하게 된다! 6장에서 우리는 곤충의 내생 공생 박테리아들과 더불어 이러한 가능성을 엿보았다. 이 박테리아들은 숙주 세포의 일부 단백질을 '수입'하지 않았던가 말이다. 그런데 여기서는 단백질의 일부 정도가 아니라 거의 전부를 수입하는 실정이다. 분명 그 정도로 높은 의

존 관계는 두 파트너의 공생 역사가 그만큼 긴 나머지 공진화의 최고 정점에 이르렀다는 식으로 설명할 수 있을 것이다. 하지만 그럼에도 우리는 전율하지 않을 수 없다. 왜냐? 몇몇 경우에는 이러한 과정이 일부 미토콘드리아와 색소체의 완전한 소멸을 초래하기 때문이다! 어떤 의미에서, 세포내 공생은 몇몇 박테리아를 유전학적 멸종으로 이끄는 것이 사실이다. 그런데 그 박테리아들은 과연 완전히 소멸하는가? 이 질문은 우리에게 생명체 내부엔 게놈만 있는 것이 아니라는 사실을 상기시킨다.

실제로 라플레시아의 색소체, 하이드로게노솜, 미토솜은 물리적으로 살아남는다. 전형적으로 미토콘드리아와 색소체를 둘러싸고 있는 두 개의 막으로 제한된 구형낭球形囊, saccule이라는 형태로 명맥을 이어가는 것이다. 이 구형낭은 전신인 미토콘드리아와 색소체와 마찬가지로, 아무것도 없는데 뜬금없이 새로 형성되는 것이 아니다. 그것들은 후손을 번식하기 위해 분열이라는 과정을 거쳐 형성된다. 그러므로 구형낭은 대단히 퇴행한 형태의 생명체라고 할 수 있다. 이 유전학적 좀비들이 우리에게 주는 교훈이라면, 우리들이 여러 앞선 세대의 DNA만을 물려받는 것이 아니라는 사실이다. 세포를 제한하는 막 또한 이러한 유산의 일부에 해당하니 말이다. 세포의 각 세대는 구성요소들을 첨가함으로써 이 막의 표면적을 확장하여 세포가 둘로 분열할 수 있을 만큼의 공간을 확보한다. 그런데 이 일은 기존에 이미 존재하던 막의 면적을 넓힐 뿐, 없던 막을 창조해내는 것은 아니다. 여기서 우리는 염색체의 경우를 떠올리게 된다. 염색체 또한 새롭게 창조되는 것이 아니라 기존에 있던 것을 복제하여 세포 분열로 태어난 두 개의 세포를 유전학적인 내용물로 채우는 것이다. 그러므로 일부 미토콘드리아와 일부 색소체들과 더불어, 고유한 게놈과 DNA라고는 없이 그저 일개 막으로 환원되어버린 기관들을 마주하는 것은 매우 짜릿한 경험이 아닐 수 없다!

더구나 이 막이 의심할 여지없이, 이들이 그럼에도 불구하고 생존해야 하는 이유라면 더욱 그러하다. 이 막이 세포의 나머지 부분들로부터 각종 화학적 반응을 막아주거나 국지적으로 필요한 물질들을 합성하게 해주는 역할을 하니 말이다. 구형낭이라는 형태로 살아남은 박테리아의 유령은 숙주 세포의 원활한 기능을 위해서 매우 소중한 존재다. 궁극적으로 이 낭은 우리가 첨예편모충류의 미토콘드리아의 사례에서 보았으며 뒤에 소개되는 색소체의 사례에서 보게 되듯이 사라지기도 한다. 바꿔 말하면, 박테리아는 완전히 무로 돌아가기도 한다.

이제 숙주 세포의 핵 속에서 단백질에 정보를 새기는 유전자들에게로 가보자. 이 단백질들은 미토콘드리아나 색소체로 전달된다. 이 유전자들은 누구이며, 어디에서 오는가?

진핵세포 : 공생이 낳은 키메라

이 유전자들을 연구한 결과, 경우에 따라 두 개의 기원이 있음이 확인된다. 우선 일부는 순수하게 진핵생물이다. 대응하는 단백질이 숙주 세포에서와 같은 기능을 수행하며, 이러한 유전자들은 짧은 시간에 미토콘드리아나 색소체 안에서 이러한 기능, 혹은 여기에서 약간 벗어난 기능을 수행할 수 있는 역량을 지니게 되었다. 두 번째 기원은 이보다 훨씬 뜻밖이어서 놀라움을 선사한다. 이들 유전자의 절반 정도는 색소체와 미토콘드리아에서 발생한 박테리아의 유전자인 것이다! 예를 들어, 숙주 세포로부터 애기장대의 색소체로 수입된 2,300가지의 단백질 가운데 1,300가지는 사실상 시아노박테리아의 유전자에 대응하는 것으로 알려진 것들이었다. 그러므로 이것들은 색소체로부터 생성되어 공진화 과정에서 핵 속으로 재유입된 것이라고 할 수 있다.

우리는 여기서 공생으로 인해 공존 기간이 연장되는 경우 야기되는 중요한 결과와 대면한다. 다름 아니라 인접한 상태를 이용하여 유전자들이 하나의 게놈에서 다른 게놈으로 이동한다는 사실이다! 이렇듯 미토콘드리아와 색소체의 게놈이 좌초하게 된 데에는 핵의 게놈이 눈부시게 힘을 얻은 것도 한몫했다. 핵의 게놈은 자기 고유의 유전자는 물론, 진화 과정에서 자기에게로 옮겨오게 된 유전자들로부터 시작해서 멋지게 치고 올라온 것이다.

이제 숙주 세포의 고유한 게놈에 대해서 생각해보자. 이 게놈은 세포 내에 공생하는 박테리아 때문에 유전학적으로 변형되었다고 볼 수 있다. 핵 속으로 진입한 일부 유전자들은 미토콘드리아나 색소체를 위하여, 물론 그 기관이 존재할 경우에만 해당되는 말이겠지만, 모종의 역할을 계속한다. 하지만 핵에 도달한 유전자들 가운데 일부는 세포의 다른 부분에서 새로운 역할을 하도록 투입된다. 식물의 경우, 색소체로부터 나온 수백 개의 유전자들(애기장대의 경우 1,000개가 족히 넘는다)이 이 길을 따랐으며, 그 결과 숙주 세포에게 여러 기능을 보태주었다.

색소체로부터 옮겨온 유전자들이 어느 정도로 식물 세포의 현재 기능을 구조화했는지 보여주는 두 개의 예를 보자. 첫 번째 사례는 주변의 빛을 지각하여 사용 가능한 빛에 따라 식물의 유전자 발현, 신진대사, 생장 등을 조절하는 단백질인 피토크롬phytochrome 유전자다. 만일 당신이 바닥에 박혀 있는 돌멩이를 들어 올려 거기서 빛을 받지 못해 말라비틀어지고 누리끼리한 데다 잎사귀도 거의 없는 식물줄기를 발견한다면, 그것이 바로 피토크롬이 지각한 빛이 충분하지 못했기 때문에 나타난 결과다. 반대로, 빛을 받음으로써 그 줄기가 녹색으로 변하면서 잎사귀들이 활짝 펴진다면 그 또한 피토크롬 덕분이다. 피토크롬은 시아노박테리아가 물려준 유산으로, 빛의 밝기에 따라 세포질 또는 세포핵에 자리를 잡는다. 피토크롬은 광합성이 용이해지면서, 생장을 하고 원활하게 기능하기 위해 빛 신호를 지각하는 것이 필수적이 되자 숙주 세포에 의해 재활용된 것이다. 두 번째 사례는 세포벽을 형성하는 셀룰로오스를 합성하는 단백질에 정보를 새기는 유전자다. 광합성 역량이 없었던 숙주 세포의 조상은 세포벽이 없었을 가능성이 높다. 왜냐하면 그 조상은 식작용에 의해 양분을 섭취했을 것이기 때문이다. 그 조상은 사실 이 과정에서 색소체를 얻게 되었을 것이다. 하지만 일단 색소체를 얻자, 세포 내부에서 먹이를 섭취할 수 있게 되어 식작용은 더 이상 필요하지 않게 된다. 세포벽은 물리적인 충격, 삼투압으로 인한 충격 등에 대비해서 효율적인 방패 역할을 한다. 심지어 일부 포식자들을 상대로 맞서기에도 세포벽은 유용하다. 식작용의 필요성이 사라짐과 동시에 세포벽이 신속하게 선택되었다. 실제로 색소체를 가진 거의 모든 진핵생물들이 세포벽을 지니고 있다. 식물의 세포벽은 독립생활을 했던 시아노박테리아의 조상들의 세포벽에 사용되었을 것이 거의 확실한 구성요소를 재사용한다. 셀룰로오스를 합성하는 단백질을 식물의 세포를 에워싸는 막 속에 재배치한 덕분에 셀룰로오스는 식물의 세포벽에 위치하게 된다.

숙주 세포의 핵 속으로 전달되어 색소체, 미토콘드리아 혹은 다른 기관 속에서 활동하는 유전자들은 때로는 여러 개의 복제 속에 끼어들어간다. 그 결과 식물 세포핵 게놈의 10개 유전자 가운데 하나는 시아노박테리아에서 기인하게 된다. 즉 유전자의 10분의 1에 해당하는 부분이 수거되어 재활용되고 게놈 속에서 여러 개로 복제 번식되며, 이따금씩 핵의 다른 유전자들과 결합하여 새로운 유전자를 만들어내기도 하는 것이다. 이렇듯 유입물이 색소체 혹은 다른 기관에서 예전부터의 기능 또는 새로운 기능을 담당한다. 진핵세포의 핵 속에 남아 있는 미토콘드리아의 유산을 평가하기란 훨씬 어려운데, 그건 기술적인 이유 때문이라 여기서는 상세하게 다루지 않겠다. 아무튼 추정치만 보자면, 한 자리 수 퍼센트에서 거의 50퍼센트에 이를 정도로, 매우 다양한 비율로 게놈을 물들이고 있다! 이처럼, 말 그대로 세포내 공생 박테리아 유전자의 비가 진핵생물의 게놈 위로 쏟아지며, 그 비는 오래도록 계속된다. 미토콘드리아 또는 색소체(그 기관들이 남아 있다면)로부터 최근에 도착한 많은 DNA 파편들을 핵의 게놈에서 발견할 수 있으니 말이다. 그러므로 우리는 나이 들거나 손상되어 숙주 세포에 의해 분해되는 중인 미토콘드리아와 색소체들이 그러한 이동의 원천일 것으로 생각할 수 있다. 어떤 기제에 따르는 것인지는 확실하지 않지만, 정상적으로는 두 개의 막에 의해 봉인되어 있어야 할 DNA 조각들이 밖으로 나와 핵을 향해 이동하는 것이다. 이러한 이동이 우발적인 것이라 할지라도, 시간이 지나면서 그러한 우발적 사고가 반복적으로 일어나 누적되면서 숙주 세포의 게놈을 입맛대로 조종하는 데 한몫 거든다.

오늘날, 우리는 진핵세포를 일종의 키메라로 간주할 수 있다. 그것이 세포내 공생 박테리아를 포함하고 있기 때문이기도 하거니와, 그보다 더 내밀하게는 공생이 핵의 게놈을 아예 유전학적 혼합 존재로 만들어버렸으며, 도처에서 다양한 출처에서 만들어진 단백질을 혼합하고 있기 때문이기도 하다.

중고 색소체 : 2차적 세포내 공생

이제 마무리도 지을 겸 색소체의 역사적 발자취를 따라가 보자. 색소체의 역사는 진핵세포에 이르러 그야말로 파란만장한 연대기가 되어 펼쳐진다. 독자들은 이 책을 읽는 동안 벌써 알게 되었을지도 모르겠으나, 아무튼 육상식물 외에도 매우 다양한 종의 조류들이 존재한다는 사실을 확실히 깨달았을 것이다. 육상식물의 가까운 친척뻘인 녹조류(예를 들어 갈파래)도 있고, 오렌지 빛깔의 단세포 조류인 와편모충류(5장에서 살펴본 산호의 산텔라는 여기서 유래했다)도 있으며, 김 같은 적조류, 심지어 석화 밑에 깔아 굴을 조금이라도 신선하게 보관하기 위해 사용되는 푸쿠스(또는 바닷말) 같은 갈조류도 있다. 그런데 엽록소가 빛을 포획할 수 있도록 돕는 물질의 종류에 따라 색이 변하는 이 부류의 진핵생물들은, 진화적인 관점에서 보면 서로 그다지 가까운 사이라고 단정 짓기 어렵다. 이것들은 각기 구분되는 조상들에게서 파생되었다. 그렇다면 그것들이 모두 색소체를 가지고 있다는 사실은 어떻게 설명되는 걸까?

갈조류의 색소체를 살펴보자. 전자현미경으로 관찰한 결과 전혀 예상하지 않았던 구조가 드러났다. 색소체를 에워싸고 있는 건 두 개가 아닌 네 개의 막이었던 것이다! 그런데 하나의 박테리아가 세포 안으로 들어올 때, 우리는 본래 박테리아 세포가 지니고 있는 막 외에 식세포 작용을 위한 하나의 막만을 기대한다. 그렇다면 도대체 어떻게 된 일일까? 네 개의 막 한가운데 자리 잡은 색소체 내부에는 시아노박테리아의 작은 게놈이 있는데, 이는 식물이나 녹조류의 색소체와 매우 가깝다. 그 게놈은 어떻게 해서 그곳에 있게 되었을까? 더구나 네 겹으로 단단히 에워싸인 채 말이다. 우리는 5장에서 수많은 식물형 동물들plantanimaux과 다양한 단세포 생물들이 어떻게 해서 주로 진화의 과정에서 조류들과 세포내 공생 관계를 맺게 되었는지 살펴보았다. 그것들의 역사는 우리에게 갈조류로 가는 여정의 과도기 상태를 설명해준다. 갈조류의 조상은 틀림없이 광합성을 할 역량이 없으면서 조류를 세포내 공생 형태로 받아들인 생물체였을 것이다. 우리는 하나의 세포가 간접적으로 다른 세포, 그 세포의 원래 숙주 역할을 한 세포의 색소체를 회수하면서 얻어지는 러시아 인형 같은 형태(큰 인형 속에 작은 인형이 들어 있는 형태가 반복되어 나타나는 인형)를 가리켜 2차적 세포내 공생이라고 표현한다.

2차적 세포내 공생이 대물림되자, 2차적 숙주 세포 속에 박혀 있는 1차적 숙주, 즉 원래 숙주는 세포내 공생 박테리아들과 마찬가지 방식으로 유전학적 좌초를 시작했다. 이런 식으로 당연히 핵과 염색체를 지니고 있었던 그것의 게놈이 사라지기 시작한 것이다. 쓸모가 없어진 몇몇 유전자가 자취를 감추자, 2차적인 숙주 세포의 핵은 자기 고유의 유전자로 일부 기능을 대체했으며, 원초적 숙주로부터 유래한 유전자들을 받아들였다. 이러한 과정의 말미에 원초적 숙주의 핵은 완전히 사라졌다. 그렇다면 이 원초적 숙주, 아주 오래 전 과거에 세포내 공생을 시작한 이 숙주에게서는 무엇이 남았을까? 고작 막만 남았다. 이는 현재 색소체를 에워싸고 있는 네 개의 막을 설명해준다. 같이 세어보자. 우선 식세포 작용을 통해 2차적 숙주 속으로 진입함으로써 생겨난 분리막, 원초적 세포가 지니고 있는 막, 그리고 시아노박테리아의 내생화에서 발생한 색소체가 지니고 있는 두 개의 막. 하이드로게노솜과 미토솜의 사례에서와 마찬가지로 원초적 숙주 세포는 여기서도 역시 내용물을 포장하는 막으로서만 남아 있을 뿐이며, 그 막에 더 이상 고유한 유전자라고는 없다.

그렇긴 하나 네 개의 막을 지닌 색소체로 무장한 일부 조류(갈조류와 매우 가까운 작은 플랑크톤 무리인 은편모조류, 갈색편모조류 등)에는 지금까지도 아주 작아서 난쟁이 급이라고 할 만한 핵이 남아 있다. 퇴행한 것이 분명하나 그래도 존재감을 풍기는 이 핵의 존재는 원초적 숙주가 분명 존재했음을 입증한다고 할 수 있다. 이 핵이 지닌 작은 게놈은 진핵생물의 게놈 중에서 이제껏 알려진 가장 작은 크기로, 50만 개의 염기쌍과 500개의 유전자가 3개의 염색체에 분포되어 있다. 이는 대장균의 게놈에 비해서 10배나 작은 크기다! 다른 계통의 경우, 이러한 유적 같은 핵은 완전히 자취를 감춤으로써 공생에 의한 멸종과 2차적 숙주의 핵에 전적으로 의존하는 다른 사례를 보여준다. 이 경우, 2차적 숙주는 시아노박테리아 뿐만 아니라 원초적 숙주에서 유래한 유전자들까지도 회수함으로써 다수의 키메라로 환생한다!

색소체의 현란한 왈츠와 주춤거리는 진화

이렇듯 흡사 러시아의 마트료시카 인형을 상기시키는 공생은 새로운 숙주로 하여금 원초적 숙주가 획득한 세포내 공생 시아노박테리아들을 회수하게 해주는데, 이러한 공생이 진화의 역사에서 여러 차례에 걸쳐 일어났다. 반면, 시아노박테리아를 두 개의 막을 지닌 색소체로 만드는 원초적 세포내 공생은 우리가 알기로 두 번 밖에 일어나지 않았다. 첫 번째는 일반 대중들에게는 거의 알려지지 않은 단세포 아메바 집단인 파울리넬라속Paulinella의 조상들에서 일어났고, 두 번째는 육상식물과 녹조류, 적조류(김과 같은 조류) 등을 포함하는 집단, 즉 다양화했으나 알고 보면 같은 원초적 세포내 공생생물의 후손들이라고 할 수 있는 집단의 공통적인 조상에서 일어났다.

그 후, 이 집단에 속하는 일부 조류가 2차적 세포내 공생 관계에 돌입한다.

2차적 세포내 공생은 적어도 세 차례에 걸쳐서 진정한 색소체를 발생시켰다. 다시 말해서 세포내 공생 관계에 있는 진핵생물의 단백질이 전부 혹은 일부가 숙주 세포로부터 유래하므로 이 진핵생물이 절반쯤 자율성을 얻었다는 말이다. 첫 번째, 적조류는 갈조류의 조상에게 색소체를 주었으며, 갈조류의 조상은 와편모충류(산텔라도 여기에 속한다)와 위에서 언급한 은편모조류의 조상이기도 하다. 두 번째, 녹조류는 편모를 가진 작은 단세포 생물인 유글레나Euglena의 색소체를 제공했다. 세 번째, 또 다른 녹조류는 작은 클로라라크니오강Chlorarachniophyte이라는 어려운 이름을 가진 작은 수중 아메바의 색소체가 되었다. 우리가 5장에서 보았듯이, 좀 더 미숙한 단계의 세포내 공생, 즉 의존도와 기능적 동화가 훨씬 덜 진전된 상태의 공생 형태가 세포내 공생 조류를 지닌 식물형 동물들과 다양한 단세포 생물들에서 존재한다. 그러나 이것들은 진정한 의미에서의 식물이 되지는 않았다. 진정한 식물이라는 용어는 세포내 공생자가 반(半)자율적일 때, 다시 말해서 진정한 색소체가 되었을 때에 한해서 사용한다.

결국 편모충류가 말미잘 또는 단세포생물 안에서 산텔라가 되는 것은 3차적인 세포내 공생이라고 할 수 있으며, 이는 아마 지금까지도 진행 중이라고 보아야 할 것이다. 더구나 우리는 벌써 3차적인 세포내 공생으로 색소체를 얻게 된 단세포생물들의 소규모 집단도 알고 있으며, 이들은 세포내 공생에 따른 광합성 역량 획득이라는 진화의 시행착오 사례를 풍성하게 해준다. 그런데 어째서 그러한 시행착오가 일어나는가? 그건 확실히 출발이 평범했기 때문인 것으로 보인다. 우리가 식물형 동물에 관해 다루면서 위에서 언급했듯이, 시작은 대단히 잔혹했을 것으로 짐작된다. 조상들이 식세포활동을 통해서 자기들 세포 내부에서 시아노박테리아나 단세포 진핵

조류들을 내재화한 후 이들을 소화하여 그것으로부터 양분을 취했을 것이다. 아메바, 짚신벌레 등, 현재 생존하고 있는 많은 생물들이 이런 식으로 양분을 섭취했으며, 일부 동물들의 소화 세포들 또한 이런 식으로 기능한다. 세포의 입구를 통과하고 나면, 효소로 가득 찬 작은 주머니들이 분리막과 결합하여 소화가 시작된다. 사정이 이렇다 보니, 안정적인 세포내 공생이란 사실상 소화불량에서 시작되었다고 해도 과언이 아닐 것이다!

모든 것은 소화되지 않은 조류에서 시작되었으나, 하테나hatena(일본어에서 '수수께끼 같은'을 뜻하는 말)라고 하는 희한하고 자그마한 바다 단세포생물이 보여주듯, 그것만으로는 충분하지 않다. 하테나는 무색이거나 녹색인데 그 이유인즉 다음과 같다. 흰색 개체들은 식세포 활동을 통해서 단세포 녹조류인 네프로셀미스Nephroselmis를 획득할 수 있다. 그런데 하테나는 이것들을 소화하지 않으며, 따라서 녹조류는 광합성을 통해 만들어낸 산물로 하테나를 먹여 살린다. 불행하게도 이 세포내 공생 녹조류는 분리막에서 분열을 하지 않는다. 때문에 둘로 분열하는 하테나는 하나는 녹조류를 보존하고 있는 녹색 세포로, 다른 하나는 무색 세포로 나뉠 수밖에 없다. 무색의 하테나는 그날그날 먹을거리를 찾아다녀야 하며, 양식이 되는 녹조류를 찾아낼 때까지는 무색으로 남는다.

그러므로 세포내 공생생물은 공생이 다음 세대 세포로 전달되도록 하려면 '나포된 상태에서 번식을 해야' 한다. 이러한 특성이 소화되지 않는 조류에서도 나타나면, 진화가 한 단계 더 진행될 수 있다. 세포내 공생생물이 반半 자율적인 상태를 거쳐 진정한 색소체가 될 수 있기 때문이다. 한편 숙주 세포도 색소체의 영향으로 변화를 겪는다. 우리가 언급했듯이 숙주 세포는 보호막을 얻게 된다. 새로이 획득한 색소체가 세포 내부에서 양분을 공급함으로써 식세포 활동을 불필요하게 만들기 때문이다. 그러나 이러한 보호는 제약으로 작용할 수도 있다. 세포가 더 이상 찌꺼기를 외부로 배출할 수 없게 만들고, 이렇게 되면 배출되지 못한 찌꺼기들이 언제까지고 세포와 벽 사이에 남아 있기 때문이다. 그러므로 벽은 항상 액포, 즉 자신의 막으로 둘러싸인 세포의 중심을 차지하는 커다란 공간을 동반하게 마련이며, 이 액포가 세포 부피의 90퍼센트를 차지한다. 진정한 의미에서 세포 내부 쓰레기통이라고 할 수 있는 이 액포는 찌꺼기를 축적한다. 뿐만 아니라 세포의 형태를 조절하는 데에도 기여한다. 가령 자신의 압력으로 창자처럼 벽을 부풀게 할 수도 있다. 그런가 하면 비축분을 저장하기도 한다. 그러므로 획득된 세포들은 액포 덕분에 확대되어 크기가 더 커진다. 그러나 광합성 작용의 에너지 효율은 이동에는 그다지 유리하지 않다. 적어도 생물체의 크기가 클 때는 확실히 효율이 떨어진다. 게다가 먹잇감을 찾아다닐 필요도 없다. 제일 크기가 큰 광합성 생물들이 이동하지 않고 한 자리에 붙박이 상태로 생활하는 것도 다 이런 연유에서라고 보면 된다.

이러한 유사성(광합성, 벽, 액포, 붙박이 생활)은 대체로 색소체와 숙주 세포의 공진화에서 비롯되며, 이 유사성은 어떤 친척 관계도 없는 몇몇 집단 사이에서 관찰된다. 이렇듯 결과로서 얻어진 닮음은 반대로 계통 분류학자들에게는 진정한 함정으로 작용하기도 한다! 19세기까지만 해도 세포가 크면서 색소체와 벽, 액포를 지닌 생물들은 모두 광범위하게 식물이라고 부르는 것으로 분류되었다(수중에 사는 것들은 물론 조류로 분류되었다). 오늘날 우리는 식물들(그리고 조류들)은 그들 사이에, 근사성convergence(우리가 여러 차례에 걸쳐서 보았듯이, 공생 관계에서 자주 관찰되는 진화의 한 현상)을 제외하면 아무런 유사성도 없는 무리들까지 모두 포함하고 있음을 알고 있다. 시아노박테리아와의 다소 직접적인 세포내 공생이 식물들로 하여금 여러 개의 유사한 단계로 이루어져 있으면서 수많은 유사성으로 이끌어가는 수렴진화의 길을 가도록 했기 때문이다!

결론적으로 말하자면…

우리 인간을 포함하여 진핵생물들은 절대 혼자가 아니다. 진핵생물들은 그들의 에너지와 관련된 중요한 신진대사 역량을 그들이 세포 안에서 나포해버린 박테리아로부터 획득했으며, 이렇게 얻은 역량을 대물림하기까지 한다. 진핵생물들의 식세포작용을 통한 내재화 역량(박테리아들은 구사하지 못하는 기제)은 그들로 하여금 박테리아를 체포하여 그것들의 대사 능력까지 자기 것으로 만드는 진화로의 길을 열어주었다! 진핵생물들의 호흡은 말하자면 미토콘드리아로부터, 상당히 초기 단계에서 (분명 이 둘의 공통 조상 때부터) 힌트를 얻었다고 할 수 있다. 그러다가 몇몇 집단이 2차적으로 색소체를 이용한 광합성 방법을 학습했을 것이다. 내 친구 한 명이 언젠가 색소체에 대해서 언급하면서, 식물들은 이를테면 "시아노박테리아 수족관"이라는 재미난 표현을 한 적이 있다. 그런 식으로 말하자면, 우리 자신은 우리 안의 미토콘드리아를 위해 조성된 택지인 셈이라고 해야 하려나.

공생 상태에서의 공진화는 파트너들을 바꿔놓았다. 세포내 공생생물들은 심각한 유전학적 퇴행을 겪으면서 절반만 자율성을 지니게 되었으며, 이 상태에서 그것들은 단백질 합성을 위해서라면 상당 부분 숙주 세포의 게놈에 의존하게 되었다. 이러한 퇴행은 때로는 일부 박테리아를 그저 몇몇 생화학적 반응이 일어나는 단순한 소낭으로 변신시킬 정도로 전면적이다. 숙주 세포 쪽에서 보자면 생태계가 바뀌는 셈이다. 색소체는 벽과 액포의 출현을 허용함으로써 세포 구조의 진화 내지는 혁명을 가능하게 한다.

무엇보다도 진핵세포의 게놈은 세포내 공생 관계에 있는 박테리아들로부터 유출된 유전자들을 동화시켜 재활용하고 번식시킨다. 공생이란 원래 개체들을 가깝게 만드는 지속적인 공존인 까닭에 유전자들의 교류를 가능하게 하며, 유전자들은 어떤 의미에서 세포내 공생이 형성하는 게놈 전체를 넘어서는 동시에 이를 완성한다. 진핵세포 내에서 공생은 내밀하며, 공진화는 합병 수준이다!

미토콘드리아와 진핵세포는 거의 한 번도 떨어져본 적이 없는 커플의 서로에 대한 오랜 충성심을 보여준다. 반대로 색소체는 감염에 따른 파란만장한 삶을 살았다. 수렴 진화의 일환으로 광합성 역량을 다른 진핵 생물 집단으로 확산시키는 2차적 세포내 공생 덕분에, 색소체들은 다른 세포들에 의해 재활용되었다. 수렴 진화는 적어도 다섯 차례에 걸쳐 일어났다. 우리는 색소체의 기구한 운명의 한 자락을 장식하는 이혼의 사례도 알고 있다! 실제로 버림받은 색소체는 상흔을 남긴다. 세포의 핵에 도달한 본래 시아노박테리아 출신 유전자들이 바로 그 상흔이다. 이 자취를 따라가보면, 현재는 광합성을 하지 않는 일부 시아노박테리아들이 광합성을 하던 조상들에게서 나왔음을 발견하게 된다. 파동편모충Trypanosoma은 체체파리가 옮기는 수면병 기생충들처럼 광합성을 하는 조상을 두었는데, 이 조상은 유글레나의 조상이기도 하다. 식물의 노균병과 부패의 원인이 되는 균류인 난균류Oomycetes는 갈조류와 조상이 같으며, 이 조상 역시 광합성 역량을 지니고 있었다. 파동편모충과 난균류의 조상은 각각 하나는 기생 생활 쪽으로 진화하면서 색소체를 상실했고, 다른 하나는 광합성을 포기했다. 이는 우리에게 진화에서 불가역적인 것은 없음을 상기시켜준다. 복잡성이 점점 더 증가한다는 법칙도 없으며, 퇴행 또한 엄연히 존재하는 것에서 알 수 있듯이, 진화에는 일방통행이란 없다.

세포내 공생설을 부활시킴으로써 린 마굴리스는 진핵세포에 대한 우리의 인식을 완전히 새롭게 바꿔놓았으며, 미생물 공생의 중요성을 확고하게 부각시켰다. 우리는, 그러니까 식물이나 동물이나 모두 공생생물이며, 그것도 특히 세포 공생생물이다! 그런데 지의의 이원성을 발견함으로써 두 종을 구별하게 되었음에도, 각각의 진핵생물을 동일한 종으로 간주하는 습관은 현재까지도 계속되었다. 아무도 색소체나 미토콘드리아에 고유의 이름을 붙여줄 생각조차 하지 않았는데, 여기에는 나름대로 그럴 만한 이유가 있었다. 인간 또는 옥수수를 하나의 독자적인 종으로 간주한다는 것은 너무도 밀접해진 세포내 공생 박테리아와의 혼재 정도를 인정하는 것이므로, 공생생물들을 구분하여 따로 이름을 붙이는 것이 실제로 별 의미가 없는 일이 되어버린 탓이었다.

하지만 이러한 관점을 수용한다는 것은 공생, 그중에서도 특히 세포내 공생이 우리가 생각하는 대로 새로운 종을 만들어낸다는 것을 의미한다. 언젠가 나의 조상은 박테리아와 독립적인 원시proto-진핵생물이었는데, 그 뒤 그것들이 공생 관계를 맺었고, 지금은 그 공생 관계가 너무도 밀접해져서 나로서는, 아무리 합리적으로 생각하더라도, 더 이상 둘이 아니라 하나, 즉 그저 인간으로만 보인다. 이것이 공생이 지닌 2차적인 또 다른 얼굴이다. 공생은 새로운 종을 출현시키는 기제이기도 한 것이다. 그리고 이는 두 가지 점에서 다윈의 고전적인 개념을 뛰어넘는다. 첫째, 과정에 있어서 그렇다. 다윈에게 변화를 동반한 후손이란 두 개의 종을 발생시키기 위한 하나의 종인 반면, 여기서는 그와 반대로 두 개의 종이 하나로 합쳐지고, 그것들이 심지어 진핵세포 속에서 서로 뒤섞이는 것이다! 둘째는 기제라는 관점에서 그렇다. 책머리에서 말했듯이, 여기서는 다윈의 비전을 구조화하는 경쟁과 포식을 초월한다. 여기서는 종들이 경쟁하지 않고 협력하며, 상리주의가 진화의 원동력이 된다.

다윈적 관점이 학계를 지배하는 풍토에 불만을 품은 마굴리스는 어떤 의미에서는 그 이론에 반기를 든 셈이다. 마굴리스는 1970년에 발표한 역저 『진핵세포의 기원』에서 그녀의 장기인 직설적이고 허심탄회한 어조로 다윈의 연구는 "모든 생물을 의인화하는 경향이 있으며, 따라서 그 의미가 제한적"이라고 평가했다. 그녀의 이러한 입장은 진화론이 쉼퍼, 메레슈코브스키, 포르티에, 심지어 부흐너의 생각에 대해 얼마나 무관심했는지를 기억하면서 린 마굴리스가 관점의 변화를 호소했음을 떠올리면 충분히 이해가 된다. 그렇긴 해도 마굴리스의 견해 역시 그에 못지않게 지나친 감이 있다. 다윈의 생각은 진화의 상당 부분을 관찰한 결과를 토대로 삼고 있다. 린 마굴리스는 이와는 다른 면을 설명한다. 현재 통용되는, 이른바 '신다윈주의적' 진화론에서 세포내 공생과 최근 발견된 다른 몇몇 기제는 다윈의 생각과 맥을 같이 하며 이 생각을 한층 더 풍성하게 만들어준다. 공생은 현재 새롭게 출현하는 종을 정착시키는 기제들 가운데 하나로 인정되고 있다.

그러므로 우리는 각자 무수히 많은 미토콘드리아들과 동행한다. 내가 지닌 10조 개의 세포는 각각이 평균적으로 100개의 미토콘드리아를 함유하고 있다. 그러므로 '나'는 10조 x 100개의 미토콘드리아이기도 하다! 이 많은 미토콘드리아들의 각각이 여러 개(10개에서 100개)의 게놈 복제본을 가지고 있으므로, 세포 하나 속에 들어 있는 복제 유전자 수의 비율은 핵의 유전자가 1이라고 할 때, 미토콘드리아 유전자는 1,000 내지 1만에 해당된다! 그렇다면 '내'가 의견을 발표할 때, 말을 하는 자는 누구일까? 지금 이 글을 쓰는 자는 또 누구란 말인가? 우리는 방금 마이크로바이오타니 뭐니 하는 말을 떠나서, 본질적으로 왜 '내'가 절대 혼자가 아닌지 확인했다.

10장

고독과 기생의 나락 언저리에서
— 공생을 유지하는 기제

이 장에서 우리는 영원한 정절 또는 반복적이고 거듭되는 혼인을 통해 고독을 피하고 공생을 대물림하는 법을 익히게 될 것이며, 동시에 그 어떤 것도 완벽한 해결책은 되지 못한다는 사실을 이해하게 될 것이다. 또한 어째서 협력이라고 하는 것이 생각처럼 늘 당연한 건 아닌지 새삼 깨닫게 될 것이며, 공생생물의 전수 방식이 상리주의의 안정성에 영향을 끼칠 수 있음도 알게 될 것이다. 이 장에서는 또 속임수를 쓰는 협잡꾼에 대해서도 언급할 것이며, 파트너 선택, 상벌, 공진화에 대해서도 다룰 것이다. 대변과 소변 같은 찌꺼기 문제도 다시금 대두될 것이며, 가장 덜 호의적인 생태계가 협력에는 가장 호의적이 되는 역설도 다룰 것이다. 그리고 마지막으로, 각기 다른 종들이 어떻게 상호 영향력을 행사하는 진화를 통해 함께 살아나가는지에 대해서도 살펴볼 것이다. 그 과정에서 우리는 붉은 여왕 가설도 접하게 될 것이다.

이 책의 첫머리부터 우리는 동물과 식물은 서로에게 이익을 제공하며 공존하는 파트너들이 등장하는 수많은 공생 관계를 통해 구조화된다는 사실을 접했다. 그러니 여기서 그 파트너들이 어떻게 여러 세대를 이어가면서 공생을 유지하는지 알아둘 필요가 있다. 공생은 어차피 상호 이익을 추구하는 공존(상리공생)이므로 이는 두 가지 양상으로 전개된다. 한편으로는 어떤 기제가 결합을, 그러니까 매 세대마다 파트너들의 공존을 보장하는가? 다른 한편으로는 어떤 기제가 상리주의, 즉 참가자 모두가 이익을 얻는 방향을 장담해주는가?

10장은 이 두 가지 질문에 대한 생물학적 답을 제시한다. 우리는 간단한 문제부터 시작해보려 한다. 즉 세대를 면면히 이어가면서 공존이 유지되는 비결을 먼저 알아볼 것이다. 우리는 그것이 두 가지 방식으로 실행된다는 사실을 알게 될 것이다. 그 두 가지란 부모에게 물려받는 상속과 생태계에서 새로 획득하는 것을 가리키며, 후자와 관련한 장단점도 살펴볼 작정이다. 그런 연후에 상리주의라는 미묘한 문제에 접근하려 한다. 그것이 진화에 있어서 내재적으로 안정된 것이 아니며, 그 과정에서 속임수를 쓰는 자들이 출현할 수 있음을 드러내 보일 것이다. 하지만 그 같은 속임수를 미연에 방지하도록 도와주는 몇몇 기제가 분명 존재한다. 우리는 먼저 부모에게 물려받는 상속이 상태를 안정시키는 요인으로서 역할을 수행한다는 사실을 보여준 다음, 이어서 그와 반대로 새로운 획득이 지니는 잠정적 불안정화 요인으로서의 역할, 속임수를 쓰는 자들에게 가해지는 처벌의 중요성, 비용이 전혀 들지 않는 교류의 존재(그렇기만 하다면 속임수를 써서 얻을 수 있는 이익이란 없는 셈이다!)에 대해 언급할 것이다. 그리고 끝으로 어려운 조건들이 어떻게 상호부조를 부추기는지도 살펴볼 것이다.

고독을 무찌르기(1) : 절대 서로를 떠나지 말라

이미 우리는 앞에서 몇 가지 사례들을 통해 우리에게 진화에서 공생이란 불가역적인 현상이 아님을 알았다. 가령 3장에서는 몇몇 식물들이 균류 공생생물체 균근을 상실하는 경우를 보았다. 이 균근이야말로 그 식물들의 조상이 육상 생태계를 정복할 수 있도록 이끌어준 원동력이었는데 말이다. 또 바로 앞 장에서는 일부 진핵생물들이 색소체를 상실(흔히 기생생물이 되면서 이렇게 된다)하거나, 이보다 드문 경우이긴 하나 미토콘드리아를 상실(산소 없는 환경에서 살면서 이렇게 된다)하는 경우도 접했다. 생활 방식 또는 주변 환경의 변화로 공생이 문제될 수도 있다. 하지만 대부분의 공생 관계는 역사가 오래되었으며, 세대를 거듭하면서 한층 더 효율적으로 재생산된다. 취균류 균근은 4억 년 이전부터 존재해왔다. 아티니족 개미와 버섯 재배 흰개미들은 각각 5,000만 년과 3,000만 년 전부터 균류를 재배해왔다. 부크네라와 진딧물이 결합된 공생은 적어도 1억 5,000만 년 전부터 시작되었을 것으로 추정되며, 멸구와 술시아를 묶어주는 공생은 2억 7,000만 년 전에 출현했다. 진핵생물 미토콘드리아의 출현 시기는 10억 년은 쉽게 넘을 것으로 추정된다! 결과적으로, 여러 기제가 세대를 이어 공생이 전수되도록 작동하고 있으며, 우리는 그것들을 밝혀내야 한다. 아니, 적어도 가능한 여러 가설들을 분명하게 정리라도 해두어야 한다. 그도 그럴 것이, 그것들 가운데 더러는 우리가 이미 언급했던 것들이기 때문이다.

식물과 동물 모두에게 아주 중요한 생장 단계가 바로 새로운 세대로 교체되는 단계다. 그 단계는 부모 각각으로부터 유래하는 생식세포의 개입이라는 중대한 사건을 함축한다. 정자와 하나의 암컷 생식세포가 수정란이라는 한 세포로 융합되는데, 이 세포가 그 후 분열하면서 생물체가 발생하게 된다. 이 단계에서 고독이 시작될 수 있다. 그 무엇도 이 수정란에게 공생생물을 강제하지 않으니까…….

먼저 공생생물과의 결합이 수정란 상태에서부터 혹은 수정 직후 부모로부터 유래되는 사례들을 살펴보자. 한쪽 또는 양쪽 부모의 공생생물들이 생식세포 단계에서 콜로니화하거나, 혹은 교체 세대의 발달 초기에 콜로니화하면 부모에게 공생생물을 전달받아 공생이 유지된다! 이 같은 기제는 세포내 공생생물들 입장에서는 물론 가장 단순한 기제라고 할 수 있다. 이 기제 덕분에 가령 미토콘드리아와 색소체 또는 곤충들의 많은 세포내 공생 박테리아들이 대를 이어가며 전달될 수 있는 것이다. 이 기제는 또한 일부 세포내 공생 조류들까지도 전달한다. 이렇게 해서 말미잘과 가까운 친척으로 담수에 사는 녹색 히드라는 세포내 공생 녹조류를 지니고 있으며, 이것이 수정 무렵에 난자를 콜로니화하고, 그 후 다음 세대에게 전달된다. 산텔라를 지닌 다른 말미잘의 경우, 온대 지역 해안에 서식하는 뱀타래 말미잘 Anemonia sulcata처럼, 그 과정이 훨씬 더 직접적이라고 할 수 있다. 난자 자체가 산텔라에 의해 이미 콜로니화된 세포들에 의해서 형성되기 때문이다.

세포내에서 이루어지는 것은 아닐지라도, 부모 세대 공생 미생물들이 시간이 약간 흐른 뒤, 그러나 아직 너무 늦지는 않았을 때, 뒤미처 파트너들을 '따라잡기'도 한다. 2장에서 우리는 네오티포디움처럼 식물을 보호해주는 일부 내생 공생 균류들이 모체 식물에서 발달 중인 씨앗을 '따라잡아' 이를 콜로니화하는 과정을 살펴보았다. 6장에서는, 균류와 결탁한 곤충의 암컷들이 콜로니를 형성하는 과정에서 균류를 운반해주기도 한다는 사실을 발견했으며, 특별한 운반낭을 지닌 것들이 그 운반낭을 알 가까이에 놓아둔다는 사실도 접했다. 소화관 공생생물들 역시 그와 같은 전달 방식에 기꺼이 동참하는데, 이들은 대변을 통해서 쉽게(자발적으로) 밖으로 이동할 수 있기 때문이다. 식변(맹장에서 유래한 박테리아들이 가득 들어 있는 특별한 변)을 생산하고 이를 다시 섭취하는 척추동물들에게 있어서, 자식 세대로의 전달은 다른 것이 아닌 바로 이 식변을 통해서 이루어질 수 있다. 식물 재배에 피해를 입히는 빈대 무당알노린재Megacopta punctatissima는 암컷이 알 곁에 자기 소화관에서 나온 작은 캡슐을 놓아두는데, 이 캡슐은 알이 성장하는 데 필요한 박테리아들로 채워져 있다. 알에서 태어난 새끼들이 제일 처음으로 하는 내재적인 몸짓은 바로 알 껍질 곁에 놓여 있는 캡슐을 먹어치우는 것이다. 한편 코알라들의 경우, 미생물들이 앙증맞고 귀여운 새끼 코알라들을 '따라잡는' 방식을 보면 예민한 사람들은 크게 충격을 받을 수도 있다. 코알라들은 로네피넬라 코알라룸Lonepinella koalarum이라는 장내 박테리아를 지니고 있는데, 이것들은 유칼립투스의 타닌 성분을 제거하는 데 도움을 준다. 알다시피 유칼립투스는 코알라의 유일한 양식이지만, 특별한 처리 과정 없이는 소화할 수 없다. 어린 코알라들이 육아낭에서 나와 유칼립투스 잎사귀를 먹기 시작하면 엄마 코알라는 점액질의 물기 많은 검정색 변을 배출하는데, 여기에는 엄마 코알라의 소화관에 서식하는 보호 박테리아들이 풍부하게 들어 있다. 어린 코알라들은 엄마 코알라의 털에 붙어 있는 이 끈적끈적하고 수상쩍은 점액질을 핥아먹는다. 그러면서 어린 코알라들은 엄마의 장내 세균에 감염되고 젖 떼는 훈련에 들어간다!

공생생물들 사이의 재합병이 이보다 훨씬 늦은 시기에 이루어질 수도 있는데, 그 이유는 단순히 어린 자식 세대가 부모 곁에서 살기 때문에 부모로부터 자연스럽게 감염되기 때문이다. 흔히 수유(우리는 7장에서 여기에 해당되는 사례를 보았다) 또는 자식 세대와의 접촉, 핥아주는 방식 등을 통해서 공생생물이 전달된다. 특히 되새김 동물의 경우는 되새김위의 마이크로바이오타가 규칙적으로 입을 들락거리기 때문에 더욱 그러하다! 식물들에 있어서는 부모 세대의 뿌리에 공생하는 생물들이 근처에서 발아 중인 새싹을 콜로니화할 수 있다. 더구나 우리는 1장에서 성체가 된 식물에 의해 양분을 공급받는 균근류들이 어떻게 부모 세대의 이웃에서 발아 중인 새싹의 정착을 돕는지 살펴보았다.

고독을 무찌르기 (2) : 자주 재혼하라

반면, 다른 부류의 공생에서는 각 세대가 늘 새로움, 신선함 등을 추구할 수도 있으며, 번식 과정에서 형성되는 새로운 공생생물 커플들이 이를 확인해준다. 세대 간 직접적인 전달이라고는 전혀 없는 결합의 경우, 공생 파트너들은 만나서 새로 결합해야 한다. 파트너들 가운데 한쪽은 적어도 새로운 결합이 형성되기 전까지 얼마간의 시간 동안 혼자 살 수 있는 역량을 구비해야 한다는 말이다.

이는 특히 식물의 뿌리에서 이루어지는 공생(균류, 뿌리혹박테리아, 뿌리권 박테리아)의 경우에 해당되는데, 이는 분명 씨앗으로부터 뿌리와 토양까지의 거리가 너무 먼 탓에 직접적인 전달 기제가 출현할 수 없기 때문일 것으로 짐작된다. 그 결과, 어린 식물은 얼마간 혼자 살아남아야 하며, 어린 식물의 첫 뿌리와 토양이 접촉한 다음에야 공생 파트너들과 만날 수 있다. 이때 만나게 되는 파트너라면 이미 다른 식물에 자리를 잡은 균류로, 어린 식물이 이미 균사, 또는 토양에서 대기 중인 포자를 스친 적이 있을 것이다. 콩과식물의 경우라면, 얼마 전에 죽어가는 뿌리혹으로부터 방출되어, 토양에 함유된 죽은 물질들을 먹어가며 살아남은 뿌리혹 박테리아일 수도 있다. 최초의 접근은 어디까지나 우연히 시작된다고 하나, 시작 단계를 지나고 나면, 파트너들끼리 주고받는 신호들 덕분에 보다 효율적으로 결합이 이루어진다.

콩과식물의 뿌리혹들이 자리를 잡는 동안, 독립적으로 자유롭게 사는 뿌리혹 박테리아는 몸에 달린 편모 덕분에 토양 속에서 이리저리 옮겨 다닌다. 뿌리에서 생성되는 물질인 식물성 플라보노이드flavonoid와 베타인betaine은 뿌리혹 박테리아를 뿌리 쪽으로 유인한다. 이러한 신호에 대한 반응으로 작은 세균성 물질이 합성되는데, 이 물질이 뿌리에 뿌리혹 박테리아의 존재라는 정보를 알리고 이 정보를 널리 전파한다. 이 물질을 '뿌리혹 생성 인자nod factor'라고 한다. 이러한 이름이 붙게 된 까닭은 경험적으로 볼 때, 뿌리혹 박테리아가 부재해도 이 물질의 존재만으로도 충분히 뿌리혹 형성을 유발하기 때문이다. 비록 외부에서 형성되었다고는 하나, 뿌리에 의해서 호르몬의 형태로 인식되는 뿌리혹 생성 인자들은 세포 분열을 재개시키며, 그 결과 뿌리혹이 형성된다. 게다가 이 뿌리혹 생성 인자들은 특별히 뿌리혹 속에서 발현된 유전자들, 가령 색상, 과도한 산소에 맞서서 질소 고정 대사 보호를 책임지는 헤모글로빈 유전자(3장 참조)를 활성화시킨다. 뿌리혹 박테리아는 또한 뿌리 내부에, 표면에서 시작하여 세포와 세포 사이를 지나 한창 성장 중인 뿌리혹 중심에까지 이어지는 긴 통로가 만들어지도록 촉발한다. 이 통로가 감염 통로로, 뿌리혹 박테리아가 이곳을 통해 들어가서 뿌리혹을 형성하기 때문에 붙여진 이름이다. 이 단계에서는 뿌리혹 박테리아가 자유롭게 이동하면서 세포벽과 식물 조직 사이에서 벌이는 정찰 기제 덕분에 통로의 콜로니화가 가능하다. 뿌리혹 박테리아는 통로의 제일 끝, 뿌리혹의 중앙에 위치한 세포에 다다를 때까지 감염통로를 거슬러 올라간다. 거기서 녀석들은 식세포 활동을 통해 숙주 세포 속으로 들어간다. 일단 들어가고 나면 박테리아들은 편모와 벽을 상실하게 되고, 이렇게 무장해제가 되고 나면 이내 질소고정을 시작한다(3장 참조).

뿌리혹 박테리아는 사실 다양한 양상의 진화에 기반한 일련의 박테리아들로서, 모두 진화 과정에서 두 가지 기능을 코딩하는 유전자를 품고 있는 DNA 파편을 획득했다. 그 두 가지 기능이란, 첫째는 질소고정, 둘째는 뿌리에 닿게 해주는 진정한 의미의 열쇠인 뿌리혹 생성 인자 합성 유전자 고정이다. 이 뿌리혹 생성 인자들은 키틴(곤충과 균류에 공통적으로 들어 있는 물질인데, 뒤에서 보게 되겠지만 이 두 부류에 공통적으로 들어 있는 건 결코 우연이 아니다)의 작은 파편들로서 토양에서 확산된다. 이렇듯 여러 단계에 걸친 대화가 혼인을 결정한다. 우선 주어진 식물의 뿌리에서 보내는 신호는 일부 뿌리혹 박테리아들만 지각할 수 있다. 주어진 하나의 식물이 모든 뿌리혹 박테리아를 전부 식별할 수 있는 건 아니다. 이들의 뿌리혹 생성 인자들은 뿌리혹 박테리아가 어떤 줄기세포에서 유래했느냐에 따라 고유한 화학적 집단을 이루기 때문이다. 그런 다음, 감염 통로 내부에서의 접촉을 통한 식별 단계에서도 모든 접촉이 성공에 이르는 건 아니다. 결국 각각의 식물은 자기에게 고유하며 양립 가능한 일단의 뿌리혹 박테리아를 거느리게 되며, 이 사정은 뿌리혹 박테리아의 입장에서도 마찬가지다.

뿌리혹 박테리아와 콩과식물 사이에 오가는 대화는 1990년대부터 알려진 반면, 취균류와 식물 뿌리를 맺어주는 대화는 훨씬 최근에야 알려졌다(더구나 이 대화는 다른 유형의 균근에서는 여전히 알려지지 않은 채로 남아 있다). 여기서도 뿌리가 방출하는 물질인 스트리고락톤strigolactone이 균류로 하여금 뿌리의 위치를 찾도록 돕는다. 재미나게도, 스트리고락톤이라는 물질은 1980년대부터 이미 알려졌다. 다른 식물의 뿌리에 기생하는 초종용속 orobanche이나 스트라이가striga 같은 식물들에게 알려져 있었기 때문이다. 이 기생생물들은 스트리고락톤 덕분에 숙주 식물 뿌리의 자리를 잡아주며, 스트라이가는 특히 이 물질에 자기의 이름까지 붙여주는 영예를 얻었다! 따라서 우리는 무엇이 식물들로 하여금 이렇듯 "내 뿌리 여기 있다"고 만천하에 '고하도록' 부추기는지 질문하게 된다. 그런데 지금 이렇게 제일 먼저 묘사하는 역할은 따지고 보면 부차적인 역할에 지나지 않는다. 우리는 이제 스트리고락톤이 뿌리 내부에서 호르몬 같은 역할을 할 뿐 아니라, 더 나아가서 스트리고락톤을 토양에 뿌려주는 것이 '취균류를 불러 모으는' 길이라는 사실도 알고 있다. 취균류는 균사를 조밀하게 뻗으면서 뿌리 방향으로 성장함으로써 스트리고락톤에 화답한다. 뿌리를 만나면 취균류는 토양 속에서 신호를 보내는데, 이를 'myc 인자'라고 한다. myc 인자는 뿌리혹 생성 인자와 유사한 방식으로 뿌리의 수용성과 균근화에 관여하는 식물 유전자의 발현을 유도한다. 요컨대 그 인자들은 균류가 뿌리로 진입하도록 길을 열어주는 것이다. 그런데 myc 인자란, 뿌리혹 생성 인자와 아주 비슷하게도, 키틴의 작은 입자들이다! 이렇게 해서 우리는 뿌리혹 박테리아들이 콩과식물들과 공모하여 지상에 식물이 살기 시작한 이래 아주 오래 전부터 이어져온 식물과 균류 사이의 대화를 흉내 내서 새롭게 짜 맞췄음을 뒤늦게나마 발견하게 된 것이다.

서로 거리를 두고 떨어져 있는 파트너들 사이에 이루어지는 공생의 재구성은 동물의 세계에도 존재한다. 양분 섭취는 인간에게도, 부모 세대로부터 조류를 상속받지 않는 식물형 동물들에게도 파트너들과 만나는 기회가 된다(5장 참조). 실제로 많은 산호 또는 바다편형동물 로스코프 벌레 Symsagittifera roscoffensis가 각 세대마다 그러한 방식으로 독립생활을 하는 조류들 가운데에서 자기들에게 필요한 파트너를 조달한다. 비록, 역설적으로 들릴 수도 있겠으나, (조류가 우글거리는) 바다 속에서 독립생활을 하는 (조류) 파트너를 찾아내는 일이 때로는 매우 어려운 일이라 할지라도 말이다. 이런 과정을 거쳐 대단히 이국적인 신진대사를 구현하는 박테리아(역시 5장 참조)를 통해 양분을 얻는 심해 밑바닥 서식 동물들의 공생도 다음 세대로 전달된다. 이러한 생태계에서 편형동물과 연체동물은 공생생물들이라고는 동반하지 않은 작은 애벌레들을 생산하며, 이 애벌레들은 헤엄을 치며 생활한다. 그러다 정착하게 되면서 소화관 또는 아가미의 공생생물을 획득한다. 갈라파고스민고삐수염벌레는 성체 상태에서는 소화관이 없을지라도 애벌레일 때에는 소화관을 지니고 있다. 민고삐수염벌레 애벌레의 소화관은 초기 생존을 보장하고 공생생물의 진입로 역할을 함으로써 일시적인 양분을 확보하는데, 이는 균류와 결합하기 전까지 뿌리털들이 양분을 빨아들이는 것과 유사하다고 할 수 있다. 민고삐수염벌레의 소화관은 그 후 폐쇄적 공생 기관인 영양체로 발전한다. 그러므로 공생의 재구성은 대부분의 경우 매우 복합적인 과정으로, 공생과 관계된 기관 또는 혼합 구조물의 발달을 함축한다.

많은 유전자들의 활약을 함축하는 공생 기관의 생성은 흔히 공생생물의 도착과 연결되어 있다. 되새김 동물들에게 있어서 되새김위는 첫 번째 박테리아와 접촉하고난 후에야 비로소 자리를 잡는다. 게다가 이때 한 종류의 박테리아만으로는 충분하지 않다. 수십여 종의 박테리아가 뒤섞인 칵테일이 있어야 되새김위의 형성이 촉발되는 것이다. 우리는 이 책의 서두에서 발광 박테리아에 의해서 복부에서 빛을 발하며, 덕분에 그림자를 만들지 않는 하와이짧은꼬리오징어를 만났다. 이 경우에도 뿌리혹과 마찬가지로 공생으로 인한 발광 기관이 파트너들끼리의 대화가 진행된 후 구조화된다. 박테리아들은 어린 동물의 피부 일부에서 분비하는 점액질에 이끌린다. 이 같은 점액 분비는 박테리아가 콜로니화를 시작하면 한층 더 활발해지는데, 이는 세포벽의 파편, 즉 펩티도글리칸peptidoglycan의 영향 때문이다. 피부의 콜로니화는 진행될수록 안정화된다. 점액질이 박테리아를 유인하는 데 유용할 뿐 아니라, 그것들에게 양분까지도 제공하기 때문이다. 이렇듯 이끌린 박테리아는 인접한 통로로 들어가며, 이 통로가 미성숙한 상태의 발광 기관 형태를 갖추게 된다. 이 단계에서, 방금 말한 펩티도글리칸을 비롯하여 박테리아 세포벽의 여러 가지 혼합물이 공생 기관의 마지막 발달 단계를 주도하게 되면 마침내 박테리아들이 번성하게 된다. 이렇게 진행되는 과정에서 피부의 점액 분비 세포는 죽음을 맞이하게 되며, 이로 인하여 콜로니화의 전 과정은 마무리된다. 민고삐수염벌레의 소화관이나 오징어의 점액 분비 세포처럼, 세포와 조직의 죽음은 공생 관계를 재획득하는 데 있어 파트너들끼리의 대화에 의해 야기되는 수정과 조절 작용의 중요성을 일깨워준다. 뿌리혹, 영양체 또는 발광 기관 등의 생성은 숙주 생물의 기관 발달에 있어서 미생물의 역할을 확인시켜주는 보충 사례라 하겠다.

상속이든 재획득이든, 어느 쪽도 고독을 무찌르기 위한 완벽한 해결책은 되지 못한다

우리는 진화의 과정에서 파트너들 간의 결합을 유지하기 위해 이토록 다양한 기법들이 동원된다는 사실에 놀라지 않을 수 없다. 상상 가능한 모든 시나리오가 존재한다고 보면 과히 틀리지 않는다. 즉, 엄밀한 의미에서의 부모로부터 물려받기(이에 대해서 수직 전달이라고도 하는데, 이 책에서는 상속

유산이라는 표현을 쓰려 한다), 생태계에서 만난 새로운 공생생물로부터 물려받기(수평 전달 또는 재획득), 부모 세대의 공생생물이 마지막 순간에 생태계에서 자식 세대에 의해 회수되는 사례에 이르기까지 그야말로 너무도 다양한 양태가 펼쳐진다. 이 모든 것은 생물학적 시의적절함에 적당량의 임기응변이 더해진 결과일까? 각각의 공생 성공 요건과 관련한 제약과 시의적절함을 넘어서, 극단적인 시나리오들은 상속이건 재획득이건 상관없이, 열이면 열 모두 장점과 단점을 지니고 있다.

부모 세대의 공생생물을 상속받으면 당연히 훨씬 안정적이고 공고한 공생 관계가 지속된다. 반대로, 생태계에서 공생생물을 재획득하는 경우는 훨씬 위험 부담이 크다. 실제로 번식이란, 식물은 씨앗을, 동물은 애벌레나 어린 개체를 최대한 퍼뜨리는 것과 밀접한 관계를 맺고 있다. 이 결정적인 단계를 거침으로써 생물은 새로운 생태계를 콜로니화하고 부모 세대와의 경쟁을 피하게 되니(우리는 다음에 이어지는 장에서 부모로부터 멀어져야 하는 미생물 관련 이유를 살펴보게 될 것이다!) 말이다. 그렇긴 해도, 새로운 생태계가 이상적인 파트너를 제공하지 못할 수도 있다. 우리는 열대 우림에서 외생균근을 상실한 소나무들이 겪어야했던 '당황스러운' 상황을 앞에서 이미 소개했다. 일부 콩과식물들의 경우, 언제나 자기들에게 안성맞춤인 뿌리혹박테리아를 만나는 건 아니다. 우리가 사는 유럽 온대 지역에서는 대두의 파트너가 되는 뿌리혹박테리아(아시아에 주로 서식한다)가 겨울을 잘 견디지 못한다. 때문에 시장에서 거래되는 대두 종자들은 흔히 적절한 뿌리혹박테리아를 표면에 접종시킨다. 또한 짝이 되어줄 공생 박테리아나 조류를 찾지 못해 죽어가는 바다 동물 애벌레들은 얼마나 많은가! 그러니 어떻게 상속을, 다시 말해서 파트너에 대한 충실함을 예찬하지 않을 수 있겠는가. 이번에는 그보다는 지조 면에서 약간 더 바람기를 보이는 재혼에 대해 알아보자.

공생이라는 관점에서 파트너를 바꾸는 것은 새로운 환경에 적응해야만 하는 기회가 주어졌다는 뜻이다. 더구나 종자가 확산되고 난 후 도착한 장소에 서식하는 미생물에게는 이미 그 장소에 적응할 시간이 있었다. 우리는 공생에 최적화하는 이 기제를 앞에서 여러 차례에 걸쳐서 살펴보았다. 각기 다른 균근들이 다소 오염된 토양을 보호하는가 하면, 각기 다른 종류의 산텔라가 각기 다른 종류의 빛이 있는 환경을 성공적으로 활용하고, 깊은 바다에 서식하는 일부 심해 대형 홍합들Bathymodiolus의 경우, 각기 다른 박테리아들이 각기 다른 구성요소들로 이루어진 액체들, 메탄이 풍부하거나 황화수소가 풍부한 액체들을 활용한다. 그런데 종자를 확산한다는 원칙은 달리 말하면 부모 세대로부터 멀리 떨어진 생태계에 도달하는 것으로, 그곳에서 만나는 최적화된 파트너가 반드시 이전 세대의 파트너와 일치하는 건 아니다. 요컨대, 이건 누구나 겪게 되는 보편적인 어려움이다. 우리는 우리 조상이 선택받은 조건에는 적응했으나 현재 우리가 처한 새로운 조건에도 적응하란 법은 없다는 말이다. 이 원칙은 공생생물에게도 똑같이 해당된다. 어쩌면 공생생물을 바꾸는 편이 더 나을 수도 있는 것이다! 이런 의미에서 보자면, 공생생물이 제공하는 잠재성이 우리 유전자가 지닌 잠재성보다 유연할 수 있다. 단 공생 관계가 재획득에 의해 이루어지게 될 때에만 그렇다.

안타깝게도 파트너의 충성심과 파트너를 선택할 수 있는 권리, 이 두 가지를 동시에 극대화하기란 불가능하다. 때문에 당연하게도, 그 두 가지를 절충하는 식의 시나리오도 존재한다. 가령 부모 세대, 그러니까 부모의 공생생물까지도 함께 서식하는 생태계에서 공생생물을 재획득하는 식으로 말이다. 대체로 어린 동물들이 여기에 해당되는데, 엄마 소와의 접촉을 통해서 되새김위를 생성하는 송아지가 그 좋은 예라고 할 수 있다. 하지만 이 절충적인 방식은 엄밀한 의미에서 두 가지 기준 모두를 최적화하지 못한다. 두 가지 기준이란 첫째, 부모 세대의 공생생물들 가운데에서 선택할 경우 파트너의 다양성(후천적으로 재획득하는 경우가 갖는 장점은 단연 다양성이다)을 확보함에 있어서 크게 새로울 것이 없으며, 둘째, 부모의 공생생물 모두를 전수(이건 상속의 장점)받을 수 있다는 확실한 보장도 없다. 일부 미생물은 다음 세대로의 이동에서 빠질 수도 있기 때문이다. 요컨대 상속과 재획득이라는 두 가지 전략도, 그 두 가지 전략 사이에 위치시킬 수 있는 여러 절충안도 모두 허점이 있다는 말이다. 생물학에서는 자주 그렇듯이, 여러 가지 시나리오가 공존할 경우 이상적인 최적 상태는 다수의 변수에 달려 있으며, 이 변수들은 사실상 동시에 최적화될 수 없다.

순진함은 금물!

이제 파트너들이 지속적으로 공존하게 되었으므로, 이번에는 공생이 주는 혜택으로 넘어가서, 이번 장의 두 번째 주제인 상리주의mutualism의 면면을 살펴보자. 서로에게 득이 되는 관계를 유지하기란 보기보다 간단하지 않다. 얼핏 훑어보아도, 역사상 다수의 생물학자들(그리고 지금 이 대목까지 이 책을 읽은 독자들)이 모두에게 확실히 득이 되니까 협력한다는 식으로 생각한 것이 사실이다. 20세기 초에 등장한 한 저술이 그러한 개념, 즉 협력이 경쟁이나 약탈보다 나으므로 협력 관계는 자발적으로 정착할 수 있다는 입장을 제시했다. 이는 다윈의 주장에 명시적으로 반대되는 입장이었다. 이러한 주장을 한 사람은 러시아 출신 생물학자로, 후에 철학자이자 무정부

주의 사상가로 이름을 떨친 표트르 크로포트킨Pierre Kropotkine(1842~1921)이었다. 그는 1902년에 출판되어 제목만으로도 벌써 어느 정도 정치적 분위기를 풍기는 저서 『상부상조 : 진화의 한 요소L'Entraide, un facteur de l'évolution』에서 "상부상조는 상호 투쟁만큼이나 동물 세계에서 통용되는 법칙이나, (…) 진화의 요소로서 말하자면, 그것이 (…) 종의 보존과 성장에 우호적이라는 점에서, 전자가 틀림없이 훨씬 더 중요성을 갖는다. 상부상조는 또한 에너지 소모가 적어 각 개체에게 훨씬 더 큰 복지와 향유를 제공한다"고 주장했다. 협력이 기능면에서 더 나은 건 의심할 여지없이 확실하다! 그런데 진짜 문제는 다른 곳에 있다. 속임수를 쓰는 자들이 자기만의 이익을 위해서 그처럼 좋은 순기능을 망쳐버릴 위험을 배제할 수 없다는 점이야말로 상부상조가 안고 있는 진짜 문제인 것이다.

진화의 역사에서는 후손을 가장 많이 낳은 종들이 살아남는다. 그런데 많은 공생 관계에서는 한쪽 파트너가 사용할 수 있는 양분의 일부가 상대 파트너에게로 가게 된다. 예를 들어 어떤 식물은 자신이 광합성 작용으로 만들어낸 산물의 10에서 40퍼센트 정도를 균근에게 제공하며, 콩과식물의 경우 이 산물을 뿌리혹에 투자하는 비율이 20에서 30퍼센트에 이른다. 그렇다면 각 개체가 매번 파트너에게 평소보다 약간씩 덜 준다면, 그 개체는 자신의 씨앗이나 자신의 생존에, 그러니까 자신의 번식 기간을 연장하는 데 좀 더 많이 투자할 수 있다는 말이 된다. 그렇게 되면 결국 자신의 후손을 불려나갈 수 있으니 말이다! 그러므로 우리는 지배적인 힘, 즉 후손의 수를 최대화하려는 힘이 파트너들 사이의 협력을 배제하는 선택을 하게 되리라고 예측할 수 있다. 그러므로 속임수를 쓰는 협잡꾼(이는 상리주의를 악용하는 기생생물에게 아주 진지하게 붙여준 이름이다)은 모습을 드러낼 때마다 선택을 받는다. 협력하는 생물체에 비해서 자신의 후손 번식에 훨씬 더 열을 올리기 때문이다. 이 대목에 이르면 사람들은 자주 나한테 반문한다. 그런 태도는 결과적으로 이용당하는 파트너를 망가뜨릴 위험이 있지 않겠느냐고 말이다. 사실 그렇다. 하지만 그게 무슨 상관인가. 기생주의는 엄연히 존재하며, 지금까지 막무가내식으로 진화해왔다! 마지막 파트너의 마지막 양분까지도 상리주의자보다 협잡꾼에게 득이 될 테니까. 자손의 개체수라는 관점에서 보자면 그렇다는 말이다. 아무튼 사정이 이러하니, 파트너들은 언제라도 멸종할 수 있는 위험성을 안고 사는 셈이며, 이는 선의의 공생 생물이나 속임수를 쓰는 협잡꾼에게 공통적으로 해당된다. 그들이 다른 숙주 생물을 선택할 여지가 없다면 어쩔 수 없는 것이다. 그러므로 우리가 해결해야 할 역설은 바로 협잡꾼들의 공격으로 오래지 않아 와해될 수밖에 없으리라는 순진한 예견에도 불구하고, 어떻게 상리주의가 오래도록 살아남을 수 있는가의 문제다. 어떻게 해서 상리주의가 기생주의의 나락으로 빠지지 않을 수 있는지, 그 연유를 이해하는 것은 곧 그것을 진화론과 양립 가능하도록 만드는 것이다.

공생이 두 파트너의 기능을 향상시킨다고 하더라도, 공생은 그 자체로 선택되는 것이 아니며 파트너들에게는 어떠한 형태로든 이기주의가 존재한다는 관측 결과가 있다. 양분이 풍부한 환경에서라면, 뿌리 공생은 쉽게 자리를 잡지 못한다. 나는 젊은 시간강사 시절, 실험 준비를 위해 파리 인근 뱅센 숲으로 균근과 뿌리혹을 찾아 나섰을 때 이것을 직접 경험했다. 미생물에 의한 뿌리의 콜로니화는 유감스럽게도 아주 미미한 정도였다. 뱅센 숲을 찾는 수많은 산책객들은 적지 않은 유기물 찌꺼기(특히 피크닉 후의 쓰레기)를 숲에 그대로 버리는 경향이 있었으며, 그 찌꺼기들은 토양을 기름지게 만들었다. 이렇게 되자 숲에 서식하는 식물들은 그 기름진 토양에서 자기들이 필요로 하는 무기물질을 혼자 힘으로도 거뜬히 찾아냈다. 토양의 질산염이나 인산염을 충분한 양만큼 얻을 수 있는 경우라면, 그것들을 직접 동화시키는 편이 애써 뿌리혹을 만들거나 굳이 균근에게 양분을 공급하는 것보다 탄소를 훨씬 덜 필요로 한다! 그러므로 공생생물과의 결합 여부는 모든 경우에 체계적으로 이루어지는 것이 아니라, 오직 생존 조건에 따라 결정된다. 그러니까 결합이 꼭 필요한 경우에 한해서, 즉 토양이 척박할 경우라면 필수적이 될 수도 있고 그렇지 않을 수도 있다고 보아야 한다. 현실적으로, 인심이 야박한 파트너들이 항상 공생의 비용을 최소화할 수 있는 곳, 심지어 전혀 비용을 들이지 않을 수 있는 곳이라면 어디에서나 더 많은 후손을 퍼뜨렸기 때문이다.

그렇다면 파트너들의 이기주의를 부추기는 선택 앞에서 상리주의는 어떻게 명맥을 유지할 수 있는가? 다윈 자신은 1859년에 발표한 저서 『종의 기원』에서 "자연선택은 주어진 하나의 종에서 오로지 다른 종에게만 득이 되는 그 어떤 변화도 일으킬 수 없다"고 단언했다. 예를 들어 A라는 종이 지닌 어떤 특성이 B라는 종에게 도움이 된다면, 당연히 B는 더 잘 번식할 수 있다. 그렇지만 A의 후손이 이 기제에 의해서 향상되지 않는다면, A가 지닌 그 특성은 선택되지 않는다. 다윈은 뒤에서 다음과 같이 덧붙인다. "어떤 종의 구조가 오로지 다른 종의 복지만을 위하여 형성되었음을 입증할 수 있다면, 그건 나의 이론을 무력화할 것이다. 왜냐하면 그런 일은 자연선택에서는 일어날 수 없기 때문이다." 아닌 게 아니라 그 말은 곧 하나의 특성(B를 도와줄 수 있는 A의 역량)이 선택된다고 해서 그 특성이 유별나게 잘 번식이 되는 것은 아님을 뜻한다! 다윈의 이 구절은 틀림없이 크로포트킨처럼 다른 학자들이 공생을 연구하면서 협력을 강제하는 법칙의 존재를 믿을 때, 진화론자들은 상리주의라는 불안한 지대에 거의 발을 들여놓으려 하지 않았음을 설명해준다. 다윈이 예견하지 않은 영역인 만큼 위험 부담이 많은 주제였을 테니 말이다.

그런데 나는 다윈의 두 구절을 인용하면서 모두 "오로지"라는 단어를 강조했는데, 그건 모든 것이 그 단어에 집약되어 있기 때문이다(다윈이 매번 별다른 이유 없이 그 단어를 사용했을 리가 없다). 오늘날, 이 역설을 해결하고, 파트너들의 이해관계를 조절하기 위해 학자들은 몇 가지 기제를 제안했다. 어떻게 A 안에 있는 것이 B를 돕는 동시에 A도 도울 수 있는지, 좀 더 정확하게 말하자면 A의 자손의 수를 늘려주는지를 이해하는 것이 관건이다. 이런 조건에서라면, B를 도움으로써 A 또한 선택을 받게 될 것이다. A와 B의 선택 이유는 유사할 것이다. 그러므로 어떻게 해서, 왜 공생이 오로지 상대를 위한 도움이기만 한 것이 아니라 아주 단기적으로는 스스로를 돕기 위해서도 필요한 것인지를 이해해야 한다. 그러니 유일한 단 하나의 해결책이 있으리라고는 기대하지 말라! 그보다는 오히려 상리주의가 지속되도록 부추기면서 기생주의의 나락으로 추락하지 않도록 해주는 조건과 기제를 눈여겨보자.

잡았다고 생각하는 자가 사실은 잡히는 것이다

우리는 자주 천진하게도 파트너가 상대 안에 갇혀 있으면 그가 예속 상태에 있으며 제한을 받고 있을 거라고 지레 짐작한다. 그 생각은 사실 어느 정도는 맞다. 예를 들어, 아직 잘 알려지지 않은 요인들 때문에 세포내 산텔라는 투과성을 갖는데, 이러한 특성은 독립적으로 자유롭게 생활하는 산텔라에서는 나타나지 않는다. 하지만 자꾸 우리의 선입견이라는 눈높이에서 갇히거나 폐쇄되어 제한당하는 경우는 생각하려 하지 말자! 뿌리혹 속에 박혀 있는 뿌리혹박테리아 또는 식물 속에서 보호 역할을 하는 내생공생 균류를 상상해보자. 녀석에게도 최소한의 양분이 필요할 텐데, 숙주가 이 양분을 줄이거나 갇힌 상태의 녀석에게 해를 입힐수록 숙주는 기대했던 이득, 즉 질소 또는 항초식성抗草食性 독소toxine anti-herbivore를 덜 얻게 될 것이다. 반면 내재화된 파트너로 말하자면, 녀석은 더 많은 것을 뜯어내거나 상대에게 덜 줄 수 있다. 아니, 아예 아무것도 제공하지 않을 수도 있다! 그러니 갇힌 녀석이 잠재적으로는 오히려 주도권을 쥔 셈이다.

여기서 우리는 종신 유폐와 일시 유폐를 구별해야 한다. 우선 전자부터 살펴보자. 파트너가 절대 외부로 나오지 못하며, 위에서 언급한 대로 엄밀한 의미의 상속 기제에 의해서 자식 세대에게 전달된다고 상상해보라. 이 기제는 한 쪽의 후손이 나머지 쪽 후손과 결합되어 있으며, 두 파트너는 늘 함께 일정 수의 후손을 얻는다는 사실을 함축한다. 예를 들어, 식물의 내생공생생물에게 후손의 수는 자기에게 서식처를 제공해주는 식물 종자의 수를 뜻한다! 그러니 두 파트너 가운데 한쪽이 상대의 번식 능력에 해를 입힐 경우, 이는 곧 자기의 후손에게도 해를 입히는 것과 다르지 않다. 우리의 사례를 계속 밀고 나가보면, 숙주 식물을 위한 양분까지 자기 것으로 만들 정도로 지나치게 욕심이 많은 내생공생생물은 식물 종자 생산에 손해를 끼치게 되며, 따라서 제대로 번식하지 못한다. 균류의 도움 없이 종자를 만드는 식물은 고독한 후손을 낳는 것이다. 상속만이 내생공생생물을 전달하니 말이다. 상속에 의한 공생의 경우, 새로운 파트너에게 접근할 수 없기 때문에 후손에게 피해를 주지 않으면서 이미 보유하고 있는 파트너들에게 해를 입히는 것은 금지된다.

실제로 우리는 2장에서 네오티포디움이 식물을 보호하는 수많은 우호적 효과를 지니고 있다는 것을 언급하면서 상속이 지니는 미덕을 이미 짚어보았다. 다양한 식물들에게 유용한 특성이 네오티포디움에서 하나씩 하나씩 차례로 선택되는 과정을 살펴보았다는 말이다. 이는 공진화, 즉 한 파트너의 존재가 상대 파트너의 진화를 수정하는 것으로, 이번 경우는 상리공생 쪽으로 가는 공진화에 해당된다.

이러한 예측을 열대 연안에 서식하면서 촉수에 산텔라를 지니고 있는 작은 해파리 집단(산호와 말미잘에 가까운 무리)을 대상으로 실험해보았다. 그 결과 업사이드다운해파리Cassiopea xamachana는 배를 뒤집은 채, 그러니까 촉수를 태양 쪽으로 향한 채 사는 양태가 관찰되었다! 이 해파리들은 산텔라를 지니고 있지 않은 후손을 생산하는데, 이 자손들은 어린 시절 양분을 섭취하는 과정에서 다시금 콜로니화한다. 실험실에서는 이 해파리의 애벌레들에게 자발적으로 성체 해파리의 몸에서 빠져나와 수족관 물속에 부유하는 산텔라(이는 생태계로부터의 재획득, 즉 자연적인 방식에 해당된다) 또는 부모의 촉수를 으깨서 얻어진 산텔라를 양분으로 공급했다(상속에 의한 강제적 전달). 우리는 해파리 3대에 걸쳐 같은 조작을 반복한 다음, 방금 설명한 두 가지 방식 각각(재획득, 상속)에 따라 얻어진 조류의 특성을 비교했다. '재획득'된 산텔라는 숙주의 몸 밖으로 빠져나올 확률이 상속된 산텔라에 비해서 3배나 높았다. 이는 상당히 논리적인데, 전자는 바로 그 특성 때문에 선택되었기 때문이다. 산텔라는 숙주의 몸에서 증식하는 속도가 1.5배 빠르다. 반면, 재획득된 산텔라는 숙주에게 덜 우호적이어서, 숙주의 성장 속도는 2배 정도 느리며 번식률도 상속된 산텔라와의 공생에 비해서 30퍼센트 정도 뒤진다. 말미잘에게 덜 우호적인 이러한 결과는 틀림없이 재획득된 산텔라가 자신의 후손을 증식시키는 데 더 많이 투자한 대가일 것이다. 어차피 모든 걸 다 할 수는 없는 노릇이니까! 재획득된 산텔라는 상속된 산텔라에 비해서 훨씬 속임수를 많이 쓴다. 숙주를 바꾸면서 자신에게 유리하도록 그 순간의 숙주에게 해를 입히기 때문이다. 그렇다고 뒷일을 미리 다 예견하고 그러는 건 아니지만…….

숙주를 바꾸는 것은 숙주에게 해가 되어서는 안 된다는 요구를 잠시 느슨하게, 자기에게 유리하도록 해석하는 것이다. 곧 다른 상대를 만나게 될 테니 말이다. 그러므로 재획득은 속임수라는 변칙으로의 문을 열어주는 셈인데, 반면 이 변칙은 상속에 의해 전달된 것들 가운데에서 기계적으로 역逆선택counter-selection된 것들이다! 재획득에 있어서 상리주의를 안정화시키는 것에 대해 좀 더 구체적으로 알아보기에 앞서, 상속에 의한 전달은 자주 완벽하지 않다는 사실에 주목하자. 엄밀한 의미의 상속에서 편차를 보이는 사례들을 이제 소개하려 하는데, 이것들은 상속 과정에서의 아주 사소한 왜곡이 어떻게 파트너들 사이에 진화와 관련한 갈등으로 번지는지 잘 보여준다.

커플의 갈등

공생생물의 상속은, 식물을 꺾꽂이 할 때처럼 전적이고 총체적이라고 할 수 있다. 꺾꽂이는 세포의 색소체와 미토콘드리아까지도 그대로 유지하기 때문이다. 지의를 꺾꽂이 할 때도 조류-균류 등과의 결합이 그대로 유지된다. 말미잘도 돌기 모양의 기관에 색소체가 고르게 분포되어 둘로 분열하면 마찬가지 결과가 나타난다. 그런데 세대교체 때 공생생물의 유전은 대체로 부모 가운데 한쪽, 좀 더 정확하게는 주로 모계의 산물인 빈도가 높다. 이는 우선 모계가 두 개의 생식세포 중에서 더 큰 쪽(동물의 난자)을 만들어내기 때문이다. 크기가 크다보니 더 많은 색소체나 미토콘드리아, 곤충의 내생공생 박테리아, 또는 산호의 산텔라 같은 공생생물을 포함하고 있는 게 당연하다. 거기에 더해서, 암컷은 흔히 후손과 한 몸처럼 지내거나 혹은 아주 가까운 곳에 붙잡아둔다는 사실도 여기에 한몫한다. 거리가 가까우니 아무래도 훗날이라도 콜로니화가 한결 수월하기 때문이다. 예를 들어 내생균에 의한 씨앗의 감염이나 모체 마이크로바이오타에 의한 어린 동물의 감염 같은 것이 여기에 해당된다.

이보다 미묘한 다른 요인들이 한 부모에 의한 유전이 우세한 현상을 설명해준다. 가령, 인간을 포함한 동물의 대부분은 어머니의 미토콘드리아만 물려받는다. 정자 또한 난자까지 헤엄쳐서 가기 위해서 많은 에너지를 소모해야 하는 탓에 미토콘드리아로 가득 차 있는데도 말이다! 왜 그런 일이 벌어질까? 그건 간단하다. 정자의 미토콘드리아들은 난자 안으로 들어가지 못하고, 오직 핵만 들어가기 때문이다. 반면, 몇몇 경우(일부 홍합)에는 수컷이 미토콘드리아와 심지어 색소체(일부 소나무들과 그 외 침엽수들이 여기에 해당하는데, 이들의 경우 꽃가루가 색소체를 운반한다)까지도 전달한다. 펠라르고늄속 식물 같은 일부 식물들은 두 개의 세포가 수정 시에 하나로 융합하여 색소체를 제공하며, 따라서 한쪽 부모가 아니라 양쪽 부모의 것이 모두 유전될 수 있다. 작은 단세포 녹조류인 클라미도모나스Chlamydomonas의 경우, 두 개의 부모 세포가 하나로 융합하면서 색소체와 미토콘드리아를 제공하고, 이어서 한쪽 부모의 미토콘드리아와 나머지 한쪽 부모의 색소체는 파괴된다! 한 부모의 것만 유전되는 빈도는 상당히 높은데, 이것은 반드시 각 성의 역할 차이에서 비롯되는 것은 아니다. 이러한 적극적인 기제는 때로는 한 쪽 부모의 공생생물마저 제거해버릴 정도인데, 이러한 기제를 자리 잡게 한 자연선택으로 인해 이러한 일이 일어난다고 보아야 한다. 왜 그럴까? 이 질문에 대해서 우리는 정확하게 동일한 역할을 수행하는 양쪽 부모의 공생생물들이 혼합되면서 그들 사이에 공통의 보금자리, 즉 그들이 공존하는 세포를 차지하려는 경쟁이 일어난다고 생각한다. 실제로 이들의 후손은 경쟁 관계에 있으며, 가장 많은 후손을 번식하는 쪽이 가장 많은 차세대 세포들을, 궁극적으로는 모든 세포들을 독점적으로 차지하게 되어 있다. 이러한 경쟁은 가령 독소의 생산처럼(이는 내생공생생물의 일부에 피해를 입힘으로써 양분의 더 많은 소비 내지는 낭비를 초래한다) 상대방의 계통에 피해를 입힐 수 있는 기제를 선택하게끔 유도할 것이다. 부모 세대 공생생물의 혼합을 막는 기제가 선택될 수도 있을 것이며, 이 경우 두 부모의 공생생물들이 미토콘드리아(심지어 색소체까지도)를 제공하는 경우임에도 한쪽 부모의 미토콘드리아만 살아남는 현상에 대한 설명이 될 것이다. 그런데 여기서 한 가지 주의해야 한다. 혼합을 막는 이 기제는 공생생물들이 어느 정도 차이나는 기능을 수행할 경우 또는 각기 다른 장소에 서식할 경우라면 해당되지 않는다. 예를 들어 다수의 균근이 동일한 뿌리체계를 콜로니화할 경우, 언제나 실재하는 경쟁의 위험은 각기 다른 역량과 제공물이 주는 이익에 의해서 상쇄되거나, 뿌리의 각기 다른 부위에 위치함으로써 최소화될 수 있다.

부모 가운데 오직 한쪽만을 통한 유전이 흔하게 관찰된다고는 하나, 이는 엄밀한 의미의 상속에 의한 전달이라는 관점에서 보자면, 어디까지나 일종의 왜곡 또는 위반이다. 왜냐하면 부모 중 한쪽(대체로 수컷)이 공생생물을 물려주지 않기 때문이다. 수컷이 자기 후손을 번식하기 위해 소비하는 모든 에너지가 결국 공생생물의 후손 번식을 위해 쓰였으니 버려진 거나 마찬가지며, 이는 부분적으로 파트너들 사이의 득실 정렬을 흩어놓는다. 예를 들어서, 꽃가루 알갱이나 동물 수컷 속에서 활약하는 미토콘드리아들은 모두 후손이 없다. 진화 과정에서 멸종당한 것이다! 그것들이 번식 기능에 필요한 에너지를 만들어준다고 해도 그렇다(아, 얄궂은 운명이여!). 독자들은 그 점을 이해했는가? 남자는 미토콘드리아에게는 희망 없는 감옥, 가혹한 협잡꾼이다. 반면 여자들은 그보다는 훨씬 온화하다.

이 현상을 몇몇 미토콘드리아의 자살 행위로 볼 수도 있는데, 이 미토콘드리아들은 가해자의 자매들이 생산한 후손들 속에서 살아남게 된다. 그런데 미토콘드리아가 일단 그 같은 운명을 피하는 데 성공하면, 그 미토콘드리아는 더 많은 후손을 얻게 된다. 식물들은 일반적으로 자웅동체 상태이므로, 미토콘드리아는 때로 꽃을 여성화하는 해결책을 사용하기도 한다. 그렇게 되면 꽃가루의 생성을 막을 수 있다. 가령 박하나 타임의 군락을 관찰해보라. 몇몇 줄기는 수술이 도드라진 커다란 꽃을 달고 있는 반면, 다른 줄기들은 수술 없는 작은 꽃만을 달고 있다. 후자의 경우는 이른바 '수컷을 불임으로 만드는' 미토콘드리아에 의해 변화된 것으로, 이 미토콘드리아는 꽃밥의 조직 속에서 호흡을 변질시킴으로써 꽃이 꽃가루를 만들어내지 못하도록 한다. 꽃가루 생산을 거르게 되면 그만큼 난자와 씨앗 생산이 증가할 수 있으며, 미토콘드리아는 더 많은 후손을 얻게 되는 것이다!

우리는 수컷을 불임으로 만들고 다른 동료들에 비해서 후손을 많이 생산하는 미토콘드리아가 모든 군락을 침범하게 되면 무슨 일이 일어날 우려가 있을지 짐작할 수 있다. 꽃가루가 없으므로 전멸한다! 우리는 여기서 파트너의 속임수와 관련된 멸종 위기와 만난다. 그렇지만 다수의 기제들이 멸종에 앞서 몇몇 군락은 살릴 수 있다. 제일 첫 번째 기제는 핵의 염색체에 미토콘드리아로 인한 재앙적인 결과에 대비하여 꽃가루 생산을 복원시키는 유전자가 출현하도록 손을 쓰는 것이다. 거의 전적으로 암컷들만 남은 군락에서 돌연변이 인자를 가진 개체는 많은, 아주 많은 후손의 아버지가 되며… 이 수컷화 시키는 유전자는 빠르게, 아주 굉장히 빠르게 선택된다.

꽃가루를 생산하는 수많은 식물들이 사실상 미토콘드리아로 인한 불임성을 감추고 있는데, 이는 핵을 회생시키는 유전자에 의해 2차적으로 숨겨져 있기 때문이다. 정상적인 교배에서는 아무것도 드러나지 않으나, 이종과의 교배에서는 은닉 장치가 사라져버린다. 잡종은 언제나 부모로부터 필요한 유전자를 모두 물려받은 것이 아니기 때문이다. 이로써 잡종들에서 흔히 관찰되는 꽃가루 생산 결함이 설명된다.

두 번째 응급 구조 기제는 꽃가루의 독자적인 번식을 골자로 한다. 여기에는 두 가지 변이가 가능하다. 수상발아viviparity*와 무수정無受精생식이다. 수상발아의 경우, 꽃들은 미토콘드리아를 포함하여 모체 식물과 동일한 식물을 생산하는 작은 싹들로 대체된다. 일부 벼과식물들이나 파피루스 계열의 식물들에서 내생균류인 네오티포디움(이 역시 씨앗에 의해 전달된다)이 수상발아로 가는 통로를 촉발한다. 네오티포디움은 후손 번식을 돕기 위해 수컷 기능을 제거하며, 이렇게 해서 태어난 후손은 이 균류를 확산시킨다. 두 번째 변이는 무수정생식apomixis(그리스어에서 '-으로부터 멀리'를 뜻하는 apo와 '혼합'을 뜻하는 mixis가 결합한 말로, 여기서 혼합은 수정을 의미한다)이라고 불리는 것으로, 이 경우 난자는 생성되나 정자와의 수정을 거치지 않고, 난자가 직접 동일한 공생생물을 품은 씨앗으로 발달한다. 꽃가루도 수정 과정도 요구되지 않는다. 무수정생식의 경우 모체는 미토콘드리아까지 포함하여 동일하게 생산된다. 수상발아와 무수정생식, 이 두 경우 모두 공생생물이 승자다. 상속에 의한 전달이 이루어지니까. 수컷의 기능, 수정 과정을 배제하는 이러한 조작은 앞 장에서 살펴본 순수 기생 박테리아 월바키아를 떠올리게 한다. 미토콘드리아와 가까운 월바키아는 예를 들어 쥐며느리 수컷을 여성화시켜서 다음 세대에 보다 효율적으로 전달되도록 한다.

---

* 종자가 이삭에 붙은 채로 싹이 나는 것.

무수정생식은 가령 나무딸기나 다양한 민들레 종류에서 자주 볼 수 있다. 30개가 넘는 식물 집단에서 반복적으로 일어나는 것으로 알려진 무수정생식은 미토콘드리아가 꽃가루를 없앤 식물 군락들에게는 비상 탈출구가 되어주었다. 유감스럽게도 이는 수정이 제공하는 유전자 쇄신을 포기하는 대가를 치러야 얻어지는 탈출구다. 무수정생식으로 태어난 후손들은 모체와 동일하기 때문이다. 실제로 무수정생식 집단은 모두 상당히 최근에야 출현했는데, 그건 분명 무수정생식이 장기적으로 생태계 변화와 주변 생물들에게 적응하는 역량을 방해하기 때문일 것으로 여겨진다. 언젠가는 무수정생식으로 생겨난 계통이 변화가 닥쳤을 때 적응에 실패할 수도 있을 것이며, 반면에 수정을 할 수 있는 종들은 유전학적으로 훨씬 다양한 후손들을 생산한 만큼 그 같은 변화에도 살아남을 것이다.

그러므로 모든 불완전한 상속은 속임수를 쓰거나 이기주의적인 일탈의 토양이 되며, 공통적으로 자손 생산의 차이에서 이해관계의 갈등이 발생한다. 잠재적으로 파트너들에게 해로울 수 있는 이러한 갈등은 그 어떤 법칙도 직접적으로 협력 자체를 선택하지 않는다는 사실을 보여준다. 오직 후손의 수만이 진화에서의 성공을 보장한다. 비록 그 성공이 단기적이고, 먼 미래까지 기약하지는 못한다고 하더라도 말이다. 그러므로 독자들은 세대를 거듭할 때마다 재획득해야 하는 공생생물 때문에 염려가 될 것이다! 파트너의 변화는 속임수를 더욱 많이 허락하기 때문이다. 지금부터는 재획득에 의한 전달에 있어서 속임수를 구사하는 자들을 구속하는 몇 가지 기제를 차례로 알아보자.

제재와 생물학적 시장

이제 또 다시 각 세대마다 공생생물을 재획득해야 하는 뿌리혹박테리아로 돌아가보자. 이 뿌리혹박테리아에 대해서는 역설적으로 자기들에게 양분을 제공해주는 뿌리혹 한가운데에서 자유롭게 속임수를 구사한다고 묘사한 바 있다. 숙주 식물에게 질소를 공급해주지 않으려는 이들의 속임수가 실제로 가능하기는 한가? 이 문제의 답을 얻기 위해 뿌리혹박테리아에게 인위적으로 비협력을 강제하는 실험을 실시했다. 실험을 위해서 우리는 우선 개자리속 식물이 완전히 상리주의적인 질소고정 뿌리혹박테리아와 더불어 뿌리혹을 형성하도록 한 다음, 그 뿌리혹들 가운데 일부를 성분을 변화시킨 공기 주머니(질소가 아르곤으로 교체되었다) 속에 고립시켰다. 그러자 질소고정이 불가능해지면서 공기 주머니 속 뿌리혹에 붙어 있던 뿌리혹박테리아들은 본의 아니게 속임수를 쓸 수밖에 없게 되었다. 얼마간의 시간이 지나자 속임수를 쓰는(본의 아니게) 자들이 서식하는 뿌리혹은 정상적인 대기 중에 사는 뿌리혹에 비해서 크기가 작아졌으며, 전체적으로 박테리아 수가 3에서 4배 정도 줄어들었다! 따라서 숙주 식물은 이러한 속임수를 쓰는 뿌리혹박테리아에게 양분을 덜 공급했다. 게다가 식물은 이 뿌리혹박테리아들을 약간 질식시키기까지 했다. 속임수를 쓰는 균들이 서식하는 뿌리혹의 표면은 산소 투과율이 훨씬 더 낮아졌다. 우리는 여기서 속임수를 쓰는 자들에게 양분 공급을 제한하는 적극적인 기제를 가리켜 '제재 sanction'라고 한다. 이렇듯 제아무리 뿌리혹박테리아가 자신의 후손을 위해 양분을 보다 효율적으로 활용한다고 해도, 일단 활용 가능한 양분이 줄어들고 그 결과 전체적으로 볼 때 상리주의자들에 비해서 적은 수의 후손을 생산하게 된다!

이번에는 균근 공생의 경우를 살펴보자. 여기서는 어떤 파트너도 상대의 내부에 유폐되어 있지 않다. 토양 속에서 각 식물과 각 균류는 다수의 파트너에게 접근할 수 있다. 그러나 앞의 사례와 상당히 유사한 기제가 여기서도 드러난다. 어떤 식물이 식물에게 제공하는 무기질의 양이 다른 두 가지 균류에 의해 균근 공생 상태가 될 경우, 그 식물은 둘 가운데 자신에게 더 많은 양분을 주는 쪽에 더 많은 당분을 전달한다. 이 경우, 이 기제는 상호적으로 작용한다. 둘 중 하나의 균류에게 두 개의 뿌리로 접근할 수 있게 해보자. 그런데 두 뿌리 중에서 하나는 실험실 조작에 의해 균류에게 당분을 제공하지 못하도록 조치를 취해둔다. 그렇게 되면 균류는 보다 더 상리주의적인 태도를 취하는 뿌리에게 무기질을 공급하는 편을 선호한다! 이러한 상황은 머릿속으로만 그려지는 개념적인 것이 아니다. 우리는 1장에서 벌써 주어진 어떤 식물이 있을 때 일부 균류는 숙주 식물의 성장을 돕지 않으며, 심지어 성장을 저해한다는 사실을 관찰했다. 마찬가지로, 주어진 어떤 균류는 여러 가지 식물과 접촉하게 될 때 그 식물들 각각과 더불어 언제나 균일한 성장을 보이지 않는다. 이렇듯 토양 속에서 식물이건 균류건 각자 질적 수준(특히 속임수를 쓰는 정도)이 다양한 파트너들과 만나게 된다. 때문에 다양한 상호작용을 시도해본 끝에 생리적으로 안정된 파트너와 결합하기에 이르며, 가장 협력적인 파트너를 선택함으로써 상리적인 작용을 하게 되는 것이다. 결과적으로 균근류가 식물의 성장을 저해하는 결합이 있다면, 이는 어느 정도 인위적으로 조성된 상황이라고 볼 수 있다. 실험실에서는 다른 어떤 선택지도 불가능하도록 이와 같은 상황을 강제할 수 있지만, 자연 상태에서는 분명 상당히 드문 상황이라 하겠다.

상호적인 제재, 다수의 잠재적인 파트너들을 맞아 가장 상부상조적인 태도를 보이는 파트너와 지속적인 결합을 선택하는 행위에 '생물학적 시장biological market'이라는 다소 은유적인 명칭을 붙이려 한다. 시장에서 고객들이 가장 좋은 상품을 진열해놓은 매장, 장사꾼들이 제일 좋은 상품을 단골고객에게 제공하는 매장을 선택해서 그곳으로 몰리는 것과 똑같은 이치이기 때문이다. 독자들은 아마도 제재와 생물학적 시장에서의 선택을 빌미로 일종의 조화로운 형태가 2차적으로 구축되는 것이 아닐지 궁금해할 수도 있다. 상속에 의한 전달이 내재적인 속임수를 피하게 해준다면, 재획득에 의한 전달은 파트너의 선택이라는 기제를 통해서 역시 속임수를 피하게 해준다. 그렇다고는 해도, 그것이 최상의 상태, 완벽한 균형을 보장해주는 건 아니다.

우선 이러한 장치는 공생의 비용을 끌어올린다. 여러 차례의 상호작용이 개입되어야 하고, 혼합 구조를 구축해야 하며(예를 들어 뿌리혹 또는 균근), 거기에 양분을 투입한 후에야 생리적 반응을 테스트하고 속임수 성격이 짙은 상호작용을 걸러낼 수 있기 때문이다. 기능적으로는 확실히 질이 우수하지만, 그럼에도 재획득에 의한 공생은 자리 잡기까지 상리적인 파트너들끼리의 접촉을 넘어서서 수많은 추가 비용과 테스트를 필요로 한다! 이러한 사실로 미루어 우리는 왜 몇몇 생물은 때로 공생생물의 도움 없이 자신만의 고유한 진화를 통한 구조와 기능만을 고집하는지 이해할 수 있다. 우리는 거기에 해당되는 사례들, 그러니까 혼자 힘으로 질소를 고정하고, 지의 공생의 형태를 실현하는 실제 예들을 3장에서 벌써 살펴보았다. 이 경우, 과정이 공생생물과 결합할 때에 비해서 훨씬 더디지만, 적어도 속임수를 쓰는 상대로 인한 비용과 그러한 상대를 걸러낼 수 있는 장점은 기대할 수 있다. 아무튼 제재와 선택은 비용 면에서 볼 때 결코 최선이라고 하기 어렵다.

다음으로 선택과 제재 또한 진화하는 과정임을 이해해야 한다. 여기에서는 파트너들이 '앞으로 잘 될 것'이라는 확신이 없는 상태에서, 다시 말해서 상부상조가 살아남을 수 있으리라는 믿음이 없는 가운데 서로에게 영향을 주게 된다. 먼저 선택과 제재는 속임수를 쓰는 자들의 영향 때문에, 진화에서 2차적으로 출현했다는 사실을 기억해야 한다. 뿌리에 서식할 파트너를 선택하거나 제재를 가할 역량을 구비하지 못한 식물들은 자기들이 이용을 당하는 쪽이었으므로, 점차로 역선택을 하기 시작했다. 틀림없이 이들 식물들의 번식력이 파트너에게 제재를 가하거나 마음에 드는 파트너를 선택할 역량을 갖춘 식물들(이런 식물들은 일찌감치 선택을 받았다)에 비해 뒤떨어졌기 때문일 것이다. 속임수를 쓰는 협잡꾼들은 그러므로 어떤 의미에서는 선택과 제재를 선택한 셈이다. 이 기제가 자리를 잡게 되자 언뜻 보기에는 문제가 해결된 것처럼 보였다. 파트너 각각이 속임수를 쓰지 않는 상대 파트너에게 호감을 보였으니 말이다. 그런데 선택과 제재 기제에서도 새로운 유형의 협잡꾼들을 선택할 수 있다. 예를 들어 1장에서 보았듯이, 엽록소가 없는 일부 식물들은 (심지어 몇몇 녹색식물들도) 균근 공생 중인 균류로부터 무기질뿐만 아니라 당분도 획득한다. 이러한 식물들은 우리가 알지 못하는 어떤 방식을 통해서 제재 기제를 뛰어넘는다. 균류는 정상적이라면 당분을 제공하지 않거나 주어도 아주 조금만 주는 식물들을 피하기 마련이니 말이다. 결국 선택과 제재 기제 또한 항구적인 불안정성 속에서 나름대로 새로운 방식의 속임수를 선택한다고 보아야 한다. 내재적인 안정성이라고는 전혀 확보하지 못한 상태이므로 항상 쫓고 쫓기며 살아야 하는 것이다! 그런 상황이라면 인간 자신도 잘 알고 있다. 인간의 마이크로바이오타 역시 면역체계의 철저한 감시(공격이 있을 때에는 8장에서 보았듯이 관용과 방어를 오간다)를 받고 있으니 말이다. 그렇다고 해서 독소를 함유한 마이크로바이오타가 때로 틈새를 발견하고 침투(설사, 비만, 당뇨병 등)하는 걸

늘 막아내는 것도 아니지 않은가! 그러므로 전체적으로 볼 때, 공생에서는 원활해 보이는 겉모습과는 달리 최적도, 균형도 보장되지 않는다. 공생은 완벽한 것이라고는 없는 세상에서 그럭저럭 살아남는 여러 가지 방법들 가운데 하나일 뿐이다.

그러므로 파트너 각각은 그 방향이야 어찌되었든, 상속 또는 재획득을 통해서 공생생물이 전달되도록 상대의 진화에 영향을 준다. 다시 말해서 공생에서는 공진화가 맹위를 떨친다. 공진화는 또한 바로 위에서 논의된 것처럼 식물과 식물의 미토콘드리아 사이의 복잡한 역학에서도 빠지지 않는다. 공진화는 공생 기능을 최적화하는 데 개입할 뿐 아니라 속임수 방지에도 한몫한다.

찌꺼기는 완벽한 합의의 토대인가?

지금까지 전개한 우리의 논리는 예외 없이 파트너를 유지하는 데에는 비용이 든다는 전제를 토대로 삼고 있다. 주고받는 상거래가 경제를 지배하는 문화 속에 몸담고 있는 서양인으로서, 우리는 대번에 이 세상에 공짜는 없다, 특히 자선 같은 건 있을 수 없다고 생각한다. 위에서 소개한 '생물학적 시장'이라는 은유가 우리의 이와 같은 세계관을 잘 대변한다. 하지만 그럼에도 자연에서 이루어지는 종들 간의 교류에서는 대가를 바라지 않는 선의도 있을 수 있다! 우리는 한쪽 파트너가 상대 파트너에게 베푸는 선의에 전혀 비용이 들지 않는 사례를 많이 보았다. 예를 들어 잎사귀를 닦아주면서 거기 붙은 작은 기생생물들을 잡아먹음으로써 양분을 취하는 공생 진드기(2장 참조)는 식물에게는 아무런 비용도 청구하지 않으면서(그 정도가 아니라 오히려 그 반대다!) 자신도 이득을 취한다.

독자들이 반복적으로 거론된 몇몇 대변 관련 세부 사항, 소를 비롯한 초식 척추동물, 산호, 또는 곤충과 관련하여 자주 언급되는 똥, 발효 가스, 오줌 등으로 인하여 느꼈을 역겨움을 최대한 긍정적으로 재조명해보자. 몇몇 경우에 있어서는, 파트너에게 제공할 것이라고는 어차피 몸 밖으로 배출해야 할 찌꺼기밖에 없을 수도 있다. 아니, 찌꺼기 정도가 아니라 몸에 쌓이면 독이 되는 것일 수도 있다. 물론 그것이 공생을 완전히 안정화 국면으로 접어들게 해주는 요소는 아니다. 교류의 또 다른 부분에서 비용이 발생할 수도 있으니 말이다. 가령 자기의 소변과 이산화탄소로 산텔라를 먹여 살리는 말미잘의 세포에게 산텔라는 자기에게 유용할 수 있는 물질(글리세롤, 아미노산 등)을 양보한다. 요산으로 되새김위를 풍부하게 만드는 소에게 미생물들은 자신들의 일부(장으로 이동하여 그곳에서 먹이가 되어주는 세포들)를 기꺼이 제공한다. 진드기의 먹이가 되어주는 것들이, 진드기가 청소해주는 식물 입장에서 보자면 전혀 비용이 들지 않는다고 하나, 그것들을 유인하기 위해 솜털을 뭉쳐 도마티아를 구축하는 데에는 분명 비용이 든다. 일부 교류가 무상으로 이루어진다고 해서 모든 것이 다 무상으로 해결되는 건 아니라는 말이다. 하지만 무상으로 이루어지는 교류가 있음으로써 적어도 이해관계로 인한 갈등의 일부는 완화시켜주는 것이 사실이다.

이러한 무상성은 미생물 파트너, 그중에서도 특히 박테리아들을 활용하기 때문에 가능해진다. 박테리아의 신진대사와 영양 관련 요구는 때로 일반 식물이나 동물과는 현격하게 다르기 때문이다. 너무 다르기 때문에 파트너들 가운데 한쪽에서 배출한 찌꺼기가 다른 한쪽에게는 질 좋은 양분이 되기도 한다. 미생물 대사의 찌꺼기인 휘발성 지방산이 소의 양분(그보다 정도는 덜 하지만 인간에게도 양분이 된다)이 되고, 동물이 배출하는 질소를 함유한 찌꺼기가 많은 공생 미생물들에게 유용하게 사용되는 것처럼 말이다. 미생물들의 신진대사는 그 양상이 너무도 다양하기 때문에 비용이 그다지 들지 않는 합의를 쉽게 찾아낼 수 있다.

미생물들 사이에는 아예 비용이 전혀 들지 않는 공생도 존재한다. 이 같은 완벽한 합의들 가운데 하나가 산소 없는 환경에서 메탄을 발생시키는 원인이 된다(고인 물 또는 범람한 토양). 우리가 흔히 도깨비불이라고 부르는 현상이 그런 환경에서 주로 관찰되는 것은 메탄의 자연발생적인 연소로 설명할 수 있다. 이처럼 완벽한 합의는 소화관에서도 찾을 수 있는데, 그곳에서도 역시 되새김 동물들에 의해서 만들어진 메탄을 만날 수 있다! 박테리아들은 유기물질을 발효시킬 때 수소를 찌꺼기로 배출하기도 한다. 유감스럽게도 수소는 박테리아의 발효 대사에는 해로운 독성을 지니고 있다. 때문에 박테리아들은 다른 집단에 속하는 미생물, 즉 고균(이 고균에 대해서는 이 책에서는 거의 다루지 않을 것이다)들과 함께 살지 않았다면 그 독성에 중독되어 버렸을 것이다. 고균들은 수소와 이산화탄소를 이용해서 자기들만의 유기물질을 만드는데, 이때 부산물로 메탄도 만들어진다. 여기서는 어떻게 속임수가 작용하는 걸까? 만일 박테리아가 고균에게 해를 입힌다면 박테리아는 스스로 중독될 것이고, 고균이 박테리아에게 해를 입힌다면 고균은 먹이를 제대로 먹지 못해 허기질 것이다. 한쪽 파트너에게는 유독한 찌꺼기를 다른 파트너에게 양분의 형태로 제공하는 방식의 공생을 보여주는 사례들은 풍부하다. 완벽한 합의의 또 다른 예는 토양 속과 물속에서 찾을 수 있다. 여기서 몇몇 박테리아들은 암모니아가 맹독성의 아질산염으로 산화하는 과정에서 필요한 에너지를 획득한다. 이 박테리아들은 다른 박테리아들, 즉 이 아질산염을 질산염으로 산화시키는 과정에서 필요한 에너지를 획득하는 박테리아들과 결합한 상태로만 산다. 이러한 결합으로 질화작용, 즉 식물의 생산성을 높이는 데 중요한 질산염을 재생하는 생태학적 기제가 가동된다. 찌꺼기에 토대를 두면서 비용 부담이 전혀 없어서 모든 속임수를 무력화시키는 완벽한 합의를 뭉뚱그려 영양공생syntrophy(그리스어에서 '함께'를 뜻하는 syn과 '먹여서 기르다'를 뜻하는 tropheín이 결합한 말로 파트너들이 함께 서로를 먹여 살린다는 의미)이라고 한다.

스트레스와 배고픔 만세!

상리주의를 응원하는 마지막 요인은 생태계 자체에서 유래한다. 사실 어려운 조건이나 스트레스 많은 환경은 공생을 용이하게 만든다. 아니, 공생을 요구한다고도 말할 수 있다. 반면 우호적인 환경에서라면 공생의 필요성이 훨씬 줄어든다.

이 책의 서두 부분에서 우리는 조수가 드나드는 지대에서 사는 리키나 피그마이아에 대해 언급했다. 이 지의는 공생관계에 있는 시아노박테리아 덕에 겨울이나 엄청나게 건조한 시기에도 살아남을 수 있다. 균류는 파트너 없이는 살 수 없다. 균류에게는 선택지가 없는 것이다. 한편 조류는 균류가 있어야만 혹독한 환경에서 견딜 수 있다. 만일 혼자 살아야 한다면, 조류는 홀씨 형태로 겨울을 나다가 여름이 되어야 너무 건조하지 않은 곳에서 성장을 시작한다. 사실 공생생물들은 생태계의 몇몇 자원을 두고 경쟁 관계에 놓이는 일이 잦다. 이 지의의 경우, 공간이라거나 인 또는 질소 같은 자원들이 두 파트너 모두에게 필요하기 때문이다. 그런데 다른 생리 화학적 요인들, 여기서는 간조 때의 건조함이나 겨울의 낮은 기온 등이 두 파트너 모두의 성장을 제한할 경우, 활용 가능한 자원들만으로도 파트너 각자의 성장을 뒷받침해주는 데 충분하다. 바이오매스 증가량 자체가 얼마 되지 않기 때문이다. 말하자면 누구에게나 돌아갈 몫이 있는 것이다. 따라서 경쟁이 드러나지 않으며, 반면 스트레스에 맞서서 서로가 서로를 보호하는 국면이 두드러지게 된다. 더구나 과학사 전문가들은 이와 같은 현상이 어째서 대표적인 두 인물, 메레슈코브스키나 크로포트킨처럼 19세기 말에 활약한 다수의 러시아 과학자들이 생물계에서의 협력에 유난히 민감했는지 설명해준다는 해석을 제시하기도 했다. 이들을 둘러싼 주변 생태계는 경쟁, 생물체의 생장 등 다른 어떤 기제들보다 추위에 의해서 적대적으로 변하기 쉽다. 인간의 생존은 서로를 보호하고 먹을거리를 장만하기 위해 협력하는 집단에서만 가능하다. 경쟁하는 것보다 상부상조 정신이 더 필요한 이런 삶의 조건이 확실히 몇몇 러시아 출신 과학자들의 세계관에 작용했을 것이라고 짐작된다.

자원이 너무 많으면 이와 반대의 현상이 나타난다. 배고픔은 주변 생물들을 하나로 단결시키는 반면, 풍요는 공생을 해체한다. 우리는 위에서 식물들이 풍요로운 환경, 특히 뱅센 숲처럼 유동 인구가 많은 지역에서 어떻게 뿌리 공생생물들을 제거하는지 살펴보았다. 식물들을 생산성이 점점 좋아지는 토양에 노출시켜보자. 뿌리 공생생물들은 척박한 토양에서는 대단히 우호적이므로, 공생생물을 거느리지 않은 식물들에 비해서 공생생물을 거느린 식물들의 성장세가 향상된다. 그러나 일정 수준의 생산성을 넘어서면 이들의 영향력이란 미미하다! 식물은 상호작용을 축소하는데, 토양의 취균류를 유인하는 물질인 스트리고락톤의 생산량 감소라는 방식이 특히 두드러진다. 하지만 비용은 많이 들면서 쓸 데라고는 없는 '잔여 집락화 residual colonization'가 성장 자체를 억제할 수도 있다! 더구나 우호적인 조건이다 보니 식물의 많은 계열이 이미 공생생물을 상실한 상태로 살아간다. 우리는 난균류나 파동편모충처럼 병의 원인이 되는 미생물들에 대해서도 언급했다. 이들은 기생생물이 되면서 그들의 조상을 먹여 살리던 색소체를 상실했다. 일부 식물들은, 가령 배추과에 속하는 십자화과Brassicaceae 식물들, 마디풀과Polygonaceae처럼 흑밀과의 몇몇 종, 비름과Amaranthaceae(예전에는 명아주과Chenopodiaceae)처럼 무류에 속하는 식물들은 비옥한 토양에 적응하는 과정에서 균근류를 상실했다. 토양 미생물이 단시간에 유기물질에서 질산염을 생산해내는 열대 밀림에서는 나무 형태의 많은 콩과식물들이 2차적으로 뿌리혹을 생성하는 역량을 상실했다. 뿌리혹이야말로 이 콩과식물들의 두드러진 특징인데도 말이다.

이와 비슷한 현상이 바로 우리 눈앞에서, 그러니까 농부가 토양을 비옥하게 만들어 식물의 생장을 촉진시키는 것이 대세인 현대 농업에서도 벌어진다. 밭갈이는 물을 투입함으로써 땅 속에 묻혀 있는 무기질들을 지표면으로 올라오게 한다. 퇴비, 그리고 산업적으로 생산된 비료들이 토양을 비옥하게 만드는데, 이 방면에서는 전자보다 후자가 훨씬 효율적이다. 그러므로 식물은 균근 또는 뿌리혹 없이도 얼마든지 생장할 수 있다. 지난 세기 이후로 그 같은 토양, 즉 엄청 비옥한 토양에 적합한 품종들을 선택함으로써 인간은 이제 식물들이 공생 미생물을 활용하는 역량 따위는 더 이상 관리하지 않게 되었다. 역사적으로 전해 내려오는 품종, 다시 말해서 약간 비옥한 토양을 위해 선택된 종과 20세기에 선택된 품종, 그러니까 매우 비옥한 농토에 적합한 품종을 비교해보면, 공생을 염두에 둔 선택은 상당히 느슨해졌음을 알 수 있다. 최근에 선택된 곡물 품종의 상당수는 더 이상 취균류가 있는 환경에 긍정적으로 응답하지 않는다. 비옥하다고 말하기 힘든 토양에서조차, 일부 변종들은 균근의 정착을 위해 필요한 균류와 접촉하기 위해 사용되는 유전자가 이미 돌연변이를 일으켰음을 보여준다! 지난

60년 사이, 가장 최근에 나온 콩의 변종들은 이미 속임수를 쓰는 뿌리혹박테리아와의 상호작용에서 효과적으로 제재를 가하는 역량을 상실했다. 이렇듯 비옥한 생태계는 그러한 생태계에 살도록 선택된 농업 품종들로 하여금, 생물학적 시장과 파트너 선택과 관련하여, 조상 대대로 이어져 내려오던 노하우를 상실하게 만들었다.

현재 통용되는 서구의 농업 방식은 이러한 특성, 즉 토양의 비옥화로 인해 더 이상 쓸모가 없어진 두 특성을 잣대로 삼던 선택을 저버렸으며, 식물과 균류의 공진화를 내팽개쳤다. 긍정적으로 보면, 그러한 농법이 서양을 먹여 살렸다고 할 수 있다. 그러나 그러는 사이 균근이 퇴행하면서 보호 효과는 사라졌으며, 그 때문에 제초제 의존도가 높아졌다. 거기에 더해서 일부 식물 건강제품들*이 균근류에 끼치는 영향도 무시할 수 없으므로(글리포세이트 같은 제초제는 일부 취균류에게는 독소로 작용한다!), 이들 또한 균근과의 상호작용을 축소하는 데 일조했다고 하겠다. 결과적으로 식물은 이전보다 훨씬 더 인간이 제공하는 비료에 의존하게 되었으며, 이렇게 되자 균근과의 상호작용은 한층 더 약화되었다. 이것이 바로 제초제와 인간이 발명해낸 각종 농업 개입 양상이 빚어낸 의존의 악순환이다.

게다가 현재의 농법은 환경에 지대한 영향을 끼치는 결과를 낳았으며, 요즘 들어와서야 우리는 그 영향을 억제하고 싶어 한다. 비료로 인한 오염은 식물을 덜 비옥한 토양, 그러니까 질소와 인을 지하수층이나 하천, 연안으로 덜 확산시키는 토양에서 재배함으로써 균근과 뿌리혹 생성을 활성화시켜 어느 정도 제한할 수 있을 것이다. 그런데 안타깝게도 취균류(심지어 뿌리혹박테리아까지도) 접종을 통한 이득은 오늘날 매우 제한적이다. 현대 품종들이 위에서 지적했듯이 거기에 적합하지 않기 때문이다. 거기에다가

* 식물의 질병을 예방하거나 치료하기 위해 사용되는 제품들.

앞으로도 여전히 여러 해 동안 비료가 풍부하게 남아 있을 토양, 과거에 해온 관행으로 지나치게 비옥한 상태이므로 공생에는 적당하지 않은 토양이라는 요인을 더하면……. 그럼에도 균근류를 접종하는 방식은 비료의 기여도와 식물의 선택 작용이 그다지 활발하지 않은 생태계, 가령 1장에서 언급한 숲 같은 곳에서는 유용했다. 하지만 이를 농업이라는 맥락으로 그대로 이동시켜서 적용하기란 불가능하다. 그럼에도 언젠가는 척박한 토양에서의 경작에 토대를 둔 공생 체제를 새로이 재창조함으로써, 화학적 농업 생산 요소들의 활용과 부작용을 제한할 수 있으리라는 희망을 가져야 하는 건 두말할 필요도 없다. 그렇게 함으로써 우리는 4억 년 식물의 역사와 다시금 연결될 수 있을 것이다. 그렇지만 그러기 위해서는 아직도 여러 해 동안 연구가 계속되어야 하며, 과거의 품종이나 야생종들 가운데에서 새로이 재배할 품종을 재선택하는 과정을 거쳐야 할 것이다!

이러한 현안은 비옥한 생태계가 어떻게 공생을 배척하는지 적나라하게 보여준다. 또한 반대로 스트레스와 생태계의 척박함이 어떻게 공생에 호의적인지도 은연중에 드러내 보인다.

결론적으로 말하자면…

"어째서 절대 혼자일 수 없는가"에 관한 우리의 연구는 세대를 거듭하면서 이어지는 공생의 항구성과 관련한 두 가지 극단적인 양상을 보여준다. 지속적인 충절심이냐, 반복적인 재획득이냐. 부모 세대의 공생생물을 상속받는 건 가장 확실한 방법이다. 우선 이 상속이라는 기제가 속임수를 쓰는 협잡꾼을 자체적으로 거르기 때문이다. 실제로 속임수를 쓰는 생물들은 숙주를 골탕 먹이면서 이들의 번식력을 축소시켜 자기들의 후손에게마저 해를 입힐 염려가 있다. 반면 이 경우, 공생생물을 바꾼다는 건 말도 안 된다. 이와 다른 또 하나의 양상은 차세대에 의해 주변 생태계에서 자유롭게 독립생활을 하거나 부모가 아닌 다른 성체 생물에 의해 운반되는 생물들 가운데 새로운 공생생물을 재획득하는 것이다. 이는 첫 번째 방식에 비해 덜 확실하다. 공생생물들이 없을 경우, 이 기제는 다른 종류의 결합으로 이끌 수도 있다. 다른 생태계에 적응하거나 가장 속임수를 덜 쓰는 파트너를 골라야 하는 난관에 봉착할 수도 있기 때문이다. 이렇듯 한 계열의 식물이나 동물은 어떤 의미에서는 붐비는 만원 열차와도 흡사하다. 몇몇 미생물들은 출발 지점에서부터 열차에 올라탄 반면, 바로 다음 역에서 올라타거나 내리는 미생물들도 있는데, 어찌되었든 열차는 미생물들로 붐비니 말이다!

공생은 기생이라는 나락의 경계에서 아슬아슬 줄타기를 한다. 완벽하게 전달되지 않았거나 재획득된 공생생물이 알고 보니 재앙일 수도 있기 때문이다. 식물 수컷을 불임으로 만드는 미토콘드리아 또는 숙주 식물에게는 거의 도움이 되지 않는 균근류 등이 그 같은 속임수 섞인 비정상적 공생의 예에 해당된다. 그렇지만 일부 상리주의는 진화의 오랜 기간 동안 줄기차게 살아남았다. 많은 조건들이(때로는 그것들이 하나로 결합되어 나타나기도 한다) 그렇게 되도록 허용했기 때문이다. 속임수를 금지하는 상호작용 기제, 교류의 성격과 비용, 속임수를 쓰는 파트너에게 보여주는 반응의 진화, 척박하거나 스트레스 많은 생태계……. 이렇게 다양한 변수들이 절대적이고 지속적이거나 유일한 규칙이라고는 없는 가운데, 상호작용을 안정화시켜나간다. 그때그때 필요에 따라 조정되는 진화의 조건과 여정이 공생생활로 하여금 기생이라는 나락의 경계에서 줄타기를 하게 만들지만, 그럼에도 결코 그 나락으로 떨어지는 법은 없다.

이러한 기제는 파트너 각각이 상대의 자연선택에 영향을 끼치는 진화 역학, 즉 공진화를 함축한다. 속임수를 쓰는 파트너들이 상속 기제에서 배제되도록 하는 것도 바로 이 공진화다. 공진화는 제재 또는 선택 기제가 어떻게 해서 출현하게 되었으며 그 후 어떻게 해서 이를 교묘하게 빠져나가는 방식을 낳게 되었는지 설명해준다. 상리주의, 특히 공생에 있어서의 상부상조적 태도는 확신 속에서 얻어진 것이 아니다. 이것은 어디까지나 상호적이고 위험스럽기까지 한 진화 역학에 해당된다. 많은 생물 계열이 속임수를 쓰는 불성실한 공생생물들로 인하여 분명 멸종했을 텐데, 그건 그 생물들이 협잡꾼에 대비할 수 있는 방어책을 적시에 찾아내지 못했기 때문이다. 공생에서 살아남은 종들은 우리에게 어떻게 파트너들이 선택에 의해 서로 게놈을 가지치기하고 다듬었는지 그 이야기를 들려준다. 하지만 현재 우리 눈에 보이는 그들의 원활한 생활의 이면에는 상호작용을 최적화하지 못해 멸종한 개체와 군락들의 서글픈 과거사가 숨어 있다. 역사와 마찬가지로 생물학도 승자의 기록이다. 그러므로 현재 세계를 관찰하면서 진화의 역사, 그중에서도 특히 공진화의 역사에서 샛길로 떨어져 나간 모든 생물들을 상상하기란 쉬운 일이 아니다.

이렇듯 생물학적 상호작용은 진화하도록 강제한다. 물리적 환경이 바뀌지 않을 때라도 그렇다. 그런데 우리를 둘러싸고 있는 생명체의 진화는 우리의 물리적 환경의 진화보다 훨씬 지속적이고 속도가 빠르다. 그러므로 생물학적 상호작용은 진화의 가속 장치다. 우리는 흔히 기생생물을 살피는 과정에서 이런 사실을 이해한다. 기생생물에 대해서는 끊임없이 적응해야 하기 때문이다. 하지만 이번 장에서 우리는 상리주의 또한 선택을 강요하는 압력의 원천(그들이 속임수를 통해서 항구적인 기생생물로 진화한다는 이유만으로도 그렇다)이라는 사실을 깨닫게 된다. 미국의 진화론자 리 반 베일른Leigh Van Valen(1935-2010)은 화석이 된 종의 목록을 정리해가면서 다양한 생물 집단의 멸종에 대해 연구했다. 그는 멸종이 지질학 시대를 가로지르는 동안 내내 지속적으로 발생했음에 주목했다. 심지어 물리적 환경이 전혀 바뀌지 않았을 때에도 멸종은 계속되었다는 것이다. 그는 공진화가 낳은 시체더미의 단서를 찾아낸 것이다!

반 베일른은 상호작용 중인 생명체의 진화는 냉혹한 선택의 압력에 따른 것이라고 주장했다. 이를 설명하기 위해 그는 '붉은 여왕'이라는 은유를 사용했다. 루이스 캐럴이 쓴 『이상한 나라의 앨리스』의 후속인 『거울의 반대쪽』에서 따온 표현이다. 체스 게임에서 붉은 여왕은 앨리스의 손을 잡고 함께 달리자고 한다. 그런데 두 사람이 달리는데, 게다가 점점 더 빨리 달리는데도 풍경은 꼼짝도 하지 않고 멈춰 서 있다. 이 현상은 직관적으로 알아차릴 만하지 않거니와 은유 또한 간접적이다. 하지만 잘 생각해보면, 두 개의 종, 그러니까 여기서는 앨리스와 붉은 여왕으로 상징되는 두 가지 서로 다른 종은 상호작용하면서 진화한다. 두 사람은 각자의 진화(두 사람 각자의 달리기)에도 불구하고 두 사람의 관계(붉은 여왕의 손에 잡힌 앨리스의 손)가 유지되도록 하기 위해 계속 진화해야(달려야) 하며, 주변(물리적 환경)이 움직이지 않을 때조차도 계속 그렇게 해야만 한다. 이처럼 모든 종들은 다른 종들 때문에라도 진화를 계속한다. 공진화는 공생의 최적화와 관련 있는 기제일 뿐 아니라 생존을 향해 항구적으로 나아가야 할 길이기도 하다.

공생적인 상호작용은 기생과의 경계 쪽으로 자꾸 끌려간다. 기생 생활의 나락으로 떨어지지 않는 건 이 상호작용 덕분이다. 하지만 공생과 기생의 관계는 보기보다 훨씬 복잡하다. 우리는 미생물 공생이 어떻게 해서 생태계 내부에서 때로는 부정적이고 기생적이거나 경쟁적인 상호작용의 도구가 될 수 있는지 이해하기 위해, 지금부터 생태학에 대해 알아볼까 한다.

11장

멀리 떨어져 있어 예상하지 못했던 연합세력

_ 한쪽의 질병은 어떻게 생태계를 가꿔나갈까

이 장에서는 효모와 짚신벌레가 서로를 죽이고, 토양 미생물이 그 땅에서 자라야 할 식물들을 결정하는가 하면, 열대 지역을 통과하면서 생태계 내에서 미생물의 다양성과 희귀성의 관건이 되는 요인을 발견하며, 어떻게 어느 한 편의 적들이 다른 편의 우군이 될 수 있는지 알게 될 것이다. 또한 미생물이 서식하는 식물군의 변화를 주도하는 사례를 접하게 될 것이며, 미생물 관련 이유 때문에 아메리카 대륙의 발견을 원망하게 될 것이다. 이번 장에서는 또한 공생을 무기로 남을 공격하는 현상도 발견하게 될 것이다. 그리고 종들 사이에는 부정적인 상호작용만 있는 것이 아님을 입증한 후, 어떻게 해서 공생이 마치 일부 부정적 상호작용의 도구처럼 보일 수 있는지도 다뤄볼 것이다!

생명을 죽이는 효모

조상들에게 전수받은 고전적인 방식으로 와인을 발효시켜보자. 그 방식이란 지하 창고나 포도에서 저절로 얻어진 효모들이 양조 통에 접종되도록 하는 것이다. 발효는 제법 신속하게 시작되나 예기치 못한 방식으로 멈춰버리기도 한다. 그러다가 며칠 지나면 다시 재개되는데, 그 사이에 안타깝게도 원치 않는 다른 발효 또는 산화 작용이 일어나 맛이 이상하게 변질될 수도 있다. 업계에서는 이 문제를 일찌감치 간파했으며 그 기제를 이해했다. 루이 파스퇴르가 미생물학에 첫발을 내딛은 것도 바로 이 문제 때문이었다. 제자들 가운데 한 명의 아버지였던 프랑스 노르 지방 술 제조업자로부터 발효 문제로 인한 애로 사항을 들은 그는 발효의 매개체가 지닌 미생물적 특성을 밝혀냈다. 파스퇴르는 효모의 알코올 생산 활동을 알아냈으며, 효모가 착상하는 데 애를 먹으면, 발효 과정에서 당분이 박테리아의 손에 들어갈 때 원치 않는 신맛을 발생시킨다는 사실 등을 발견했다. 하지만 효모의 착상 문제, 알코올 생산의 일시적인 중지 현상 등을 제대로 설명하게 된 건 그보다 훨씬 뒤의 일이다. 2장에서 우리는 미생물 자신이 때로는 자기보다 몸집이 작은 것들의 보호를 받기도 한다고 간략하게 언급했다. 와인 발효 과정에서도 바로 그 같은 현상이 발생한다. 발효를 재개한 주역이 '좋은 바이러스'를 포획한 효모들로서, 이 효모들은 '킬러 요인killer factor'이라는 왠지 불길한 이름으로 알려져 있다.

이 바이러스를 함유한 킬러 효모들은 독소를 만들어낼 수 있으며, 이 독소는 다른 효모들을 죽일 수 있다. 이 바이러스에 감염된 몇몇 효모들이 와인 발효 통 속에 들어와 있으면서 이제 막 증식하기 시작한 다른 효모들을 죽인다. 그리고 킬러 효모들이 증식을 시작할 때까지 약간의 휴지기가 지나고 나면, 킬러 효모들 덕분에 발효가 다시 시작된다. 사실 킬러 효모 속에는 두 종류의 바이러스가 들어 있는데, L-A라는 이름을 가진 덩치 큰 녀석은 직접적인 영향력이 없으며, M이라는 작은 녀석은 독성을 지니고 있다. 이 M은 동료 L-A가 없으면 생존도, 증식도 불가능하다. M 바이러스는 또한 자기가 만들어내는 독소에 대한 저항력도 제공한다. 우리는 적어도 M 바이러스의 세 가지 변종을 알고 있는데, 이것들은 만들어내는 독소에서 차이를 보인다. 이 독소들 가운데 한 가지는 저항력이 없는 세포들의 막에 구멍을 뚫는데, 이렇게 되면 세포의 내용물이 자취를 감추게 된다. 또 다른 독소는 세포 속으로 들어간 다음 핵으로 진출해, 거기서 DNA 합성을 방해하면서 세포 파괴를 야기한다. 오늘날, 산업 현장과 포도 재배업자들은 모든 형태의 취약성을 피하기 위하여 킬러 콜로니만을 사용한다.

많은 단세포생물들이 이렇듯 보호 미생물을 자신의 내부에 받아들여 스스로를 보호하는 체제를 보유하고 있다. 보호 바이러스와 공생 효모의 수많은 종들이 그 대표적인 예다. 공생생물 때문에 저희들끼리 싸움을 벌이는 다른 단세포 생물들 가운데에서 꼭 알아두어야 할 만한 예를 한 가지만 소개하겠다. 일부 짚신벌레들에서 나타나는 일종의 '위천공'으로 인한 사망 사례다. 짚신벌레는 작은 섬모들로 뒤덮인 단세포생물로, 이동이 가능하며 세포들을 포획하여 식세포 활동을 통해 소화시킨다. 이러한 일련의 과정은 대체로 먹잇감을 붙잡아둔 소낭vesicle과 세포의 리소좀lysomoe과의 융합을 통해서 이루어지는데, 여기 들어 있던 산성이 강하고 효소가 풍부한 내용물들이 소화를 시작하는 것이다. 몇몇 짚신벌레들은 카이디박터

속Caedibacter 내생 공생 박테리아 덕분에 동료들을 제거한다. 짚신벌레들은 세포 속에서 이 박테리아를 소화시키지 않고 증식시킨 후 조금씩 생태계로 풀어놓는다. 이 박테리아들이 공생생물 없는 천진한 짚신벌레들에 의해서 식세포 활동을 당하면, 산성 소화액이 순식간에 박테리아의 내부 골격 형태를 바꾸어버린다. 그 결과 박테리아는 긴 리본 모양이 된다. 형태가 달라진 박테리아는 리소좀의 망을 뚫어버리고, 이렇게 되면 짚신벌레는 자신의 소화액 때문에 사망에 이르게 된다. 킬러 짚신벌레로 말하자면, 자신의 박테리아를 잡아먹지 않으므로 치명적인 위천공을 일으킬 위험이 없으며, 공생생물에 감염되지 않아 카이디박터에 민감하게 반응하는 짚신벌레들에게는 저승사자나 다름없다.

물론 공생은 종 내부에서의 경쟁을 위해 활용되는 여러 수단들 가운데 하나에 불과하다. 하지만 보다시피 많은 경우, 공생은 군집을 강력하게 구조화할 수 있다. 이러한 예는 공생과 경쟁, 기생 또는 포식 같은 부정적 상호작용을 화해시키는 양상들 가운데 하나일 뿐이다. 바꿔 말하면, 서로에게 득이 되는 두 생명체들 사이의 협력은 이들에게 제3자를 공격하거나, 이들의 이익을 위해서 제3자에게 해를 입힐 수 있는 역량을 선사해준다는 말이다.

11장에서는 주로 미생물 공생의 생태학적 함축에 대해서 알아본다. 미생물 공생에서는 군락population(동종 생명체들의 집단), 공동체community(이종 생명체들의 집단), 생명체들 사이의 관계가 부분적으로 공생 미생물들의 보이지 않는 영향력 아래에 놓이게 된다. 이러한 과정에서 일부 생물들의 공생은 자주 남에게 해가 된다. 우리는 우선 어떻게 해서 토양 미생물들이 각기 다른 식물 종들 사이의 경쟁에서 중요한 역할을 하는지 알아보고, 식물의 분포와 그것들의 희귀성 또는 풍부함, 그리고 시간에 따른 식물군의 변화를 동시에 설명해볼 것이다. 이어서 종 내부에서의 경쟁으로 돌아와(위에서 소개한 미생물들의 사례처럼), 미생물들이 동물들 사이에서는 어떻게 경쟁에 간섭하는지 살펴보고, 인간을 예로 들어 서로 다른 문명들 사이에서는 또 어떻게 작용하는지 들여다볼 것이다! 마지막 단계에서는 어떻게 일부 공생이 기생과 포식의 보조자로 작용할 수 있는지도 드러내 보일 것이다.

토양의 의사 결정자

공생생물들은 파트너의 생리학에 있어서 대단히 중요한 존재들로서, 당연히 파트너의 생태학적 성공, 경쟁 역량 확보에 있어서도 무시할 수 없는 비중을 차지한다. 지금부터는 식물 종들 사이의 경쟁에서 이들의 역할에 주목해보자. 2장에서 우리는 미국과 오스트레일리아 전역을 차지한 켄터키31이 알고 보니 그 안에 공생하면서 초식동물들로부터 이것들을 보호해주는 네오티포디움 없이는 거의 경쟁력이 없음을 확인했다. 여러 번의 실험을 통해서 뿌리 공생생물들이 공존하는 다른 종들 사이의 균형을 위해 이와 유사한 역할을 하고 있음이 드러났다.

유럽의 석회질 토양에 심은 잔디에서의 취균류의 역할을 연구하기 위해 이것들을 조작한 실험을 소개해보겠다. 식물 열두어 종, 일반적으로 균근 공생을 하거나 그렇지 않은 식물들의 씨앗을 살균 처리된 토양에 심는다. 몇몇 경우에는 토양에 직접 씨를 뿌리고, 또 다른 몇몇 경우에는 살균 소독 후 취균류균을 주입한다(총 4개의 균주가 따로 따로 사용되었다). 그리고 마지막으로, 토양에 4개의 균주를 동시다발적으로 주입한다. 생장이 끝났을 때, 각각의 종에 의해서 형성된 바이오매스의 크기는 각각이 거둔 성공의 정도, 그리고 주입된 균류에 따라 완전히 다른 특성을 지닌 식물 공동체들이 생겨났음을 보여주었다. 일반적으로 균근 공생을 하는 식물들(그중에서 더러는 토끼풀처럼 균류 없이는 거의 자라지 못한다)은 균류가 있을 때 훨씬 잘 자라는 반면, 균근 공생을 하지 않는 식물들은 균류가 없을 때 더 잘 자란다. 분명 균근을 요구하는 식물들과의 경쟁을 피할 수 있기 때문일 것이다. 그런데 더 특기할 만한 점은, 주입된 균류에 따라 각기 다른 종들은 각기 다르게 성장하는데, 바이오매스 크기로 보자면 2배까지도 차이가 났다는 점이다. 4개의 균주를 동시다발적으로 주입한 경우 결과가 제일 차이가 많이 났는데, 따로따로 주입했을 때의 결과를 가지고는 예측조차 할 수 없을 정도로 엄청난 차이를 보였다! 요컨대 토양 속 동반자가 누구냐에 따라 경쟁력은 달라지는 것이었다. 토양 속 동반자는 누가 어느 정도까지 성장할 것인지를 결정하는 데 일조하며, 따라서 식물 공동체가 어떤 모양새를 지닐지도 거기에 따라 결정된다.

물론 이 결과는 균류가 일부 식물의 영양 섭취에 긍정적인 효과를 보인다는 사실을 함축한다. 하지만 그 기제란 때로 생각보다 훨씬 복잡하며, 여기에는 균류를 통한 식물과의 간접적인 상호작용까지 내포되어 있다. 한편으로는 기장panic(벼과식물)과 질경이plantain의 상호작용, 따른 한편으로는 그것들과 공생 관계에 있는 균근류들 가운데 세 가지 균류 사이의 상호작용에 관한 또 다른 실험의 결과가 이를 입증해준다. 기장은 눈에 띄게 두 종류 균류의 성장을 돕지만, 이 두 종류는 기장의 성장보다는 질경이의 성장에 훨씬 더 긍정적인 효과를 보인다! 그런가 하면 질경이는 세 번째 부류의 균류를 편애하면서도 두 식물의 성장에도 우호적이다. 이러한 체제에서, 질경이는 점차적으로 이쪽저쪽의 호의를 얻는 반면 기장은 점점 밀려난다. 거기에 다른 종의 식물들까지 첨가하면 상황이 훨씬 더 복잡해질 테지만, 이 상태만으로도 이미 이중적인 메시지가 도출된다. 먼저, 여기에는 분명 각각 분리된 파트너에 대한 균류의 영향 이상의 효과가 있다. 균류를 통한 식물들 사이의 교차 효과가 더해지는 것이다. 그리고 다음으로는 거울 효과 또한 존재한다. 식물들은 몇몇 균류를 강화시키거나 불리하게 만든다. 그리고 마지막으로 어떤 한 장소에 자리 잡은 식물 공동체는 미생물 공동체를 반영하며, 그 역도 물론 성립한다.

크게 기대하진 않았으나, 식물 사이의 경쟁에 대한 미생물의 효과를 살필 땐 질병의 원인이 되는 미생물들도 당연히 고려의 대상이 된다. 잠시 아직 개발의 손길이 미치지 않은 캐나다 북부 광대한 숲 쪽으로 눈을 돌려보자. 그곳 원시림에는 침엽수들로 이루어진 짙은 녹색 임관층이 동질하게 펼쳐진다. 그렇지만 군데군데 그보다 옅은 빛깔의 거대한 원형 지대도 눈에 띈다. 이 원형 지대의 지름은 때로 수백 미터에 이르기도 한다. 그곳에서는 비교적 밝은 빛깔 잎사귀를 달고 있는 단풍나무와 자작나무들이 지배적인 수종이다. 도대체 무슨 일이 있었기에 이렇게 된 걸까? 이러한 수종의 새싹들은 응달을 견디지 못하며, 따라서 울창한 숲에서는 자라나지 못한다. 반대로, 침엽수들의 새싹들은 오히려 응달을 필요로 하므로, 단풍나무와 자작나무 그늘 아래서 싹이 튼 후 이것들은 점차적으로 단풍나무와 자작나무를 대체한다. 그러므로 예상을 뛰어넘는 단풍나무와 자작나무 서식지대는 토양에 기생하는 균류인 뽕나무버섯Armillaria이 만들어낸 작품인 것이다. 뽕나무버섯은 뿌리로부터 침엽수들을 공격하여 이들을 죽인 다음 그 목재를 먹는다. 얼마 동안 공격받아 죽은 나무의 줄기와 뿌리를 열심히 먹은 뽕나무버섯은, 해가 나면 단풍나무와 자작나무의 발아를 허락한다. 이들 나무들은 뽕나무버섯에는 반응을 보이지 않는다. 이렇게 지내다보면 뽕나무버섯은 결국 먹을거리인 침엽수가 사라져서 굶어죽게 된다. 그러면 침엽수들은 다시금 단풍나무와 자작나무 그늘 아래에서 발아하여 원래 숲의 모양으로 돌아간다.

여기서 우리는 어느 한쪽에게는 병을 일으키는 존재가 다른 한쪽에게는 우호적인 존재가 되는, 보다 간접적인 상호작용을 만난다. 이와 같은 상호작용은 공생에 관한 저술에서 자주 만나는 사례는 아니지만, 독자들은 나름대로 이러한 작용의 중요성을 판단할 수 있을 것이다. 뽕나무버섯은 빛을 둘러싼 이종 간의 경쟁을 조절한다. 정상적이라면, 숲에서 빛은 새싹 단계에서는 침엽수에게 유리하다. 우리가 잠시만 생각해보아도 이 질병 유발 균류는 단풍나무와 자작나무에게 긍정적인 효과를 제공하고 있음을 알 수 있다. 단풍나무와 자작나무는 이 균류가 아니었다면 자라나지 못했을 테니 말이다. 더구나 그 나무들은, 비록 양분이라는 관점에서 직접적인 상호작용은 없다고 하더라도, 같은 장소에 산다. 또한 단풍나무와 자작나무의 그늘은 후에 침엽수가 귀환할 수 있게 도와주며, 침엽수들은 나중에 다른 뽕나무버섯들의 먹이가 된다. 이로써 서로에게 도움이 되는 상호작용의 고리는 완벽하게 마무리된다. 여기에 참여하는 생물들은 서로가 서로에게 우군이 되는 것이다. 여기서 우리는 우리가 정의한 대로의 공생의 언저리를 맴도는 셈이다. 대단히 밀접한 공존은 아니더라도, 이 사례는 상부상조적인 반응으로 촘촘하게 엮여 있지 않은가 말이다.

나는 이 대목에서 독자들에게 일부 미생물들이, 식물이 반드시 직접적으로 그들에게 받은 호의에 대한 대가를 치르지 않더라도(그러므로 위에서 방금 묘사한 사례와는 약간 차이를 보인다. 앞의 사례에서는 병을 일으키는 미생물들과 활엽낙엽수들 사이에 실질적인 협력이 존재한다는 사실을 기억해보라), 식물들에게 호의를 베푸는 기제를 설명하기 위해, 조금만 더 공생의 언저리에서 맴돌아도 좋다는 허락을 구하려 한다. 이제부터 소개되는 사례는 A는 B에 호의적이지만 B로부터 A를 향한 상호적인 반응은 없다. 즉 엄밀한 의미에서의 상리주의 효과는 없는 '호의 제공' 상호작용을 보여준다. 그러니까 우리는 상리주의의 경계에 있는 셈이 될 것이다. 그럼에도 미생물들이 어떻게 우리가 거대 생물들이라고 하는 것들을 보는 방식을 결정짓는지를 보여줌으로써, 이 책이 의도하는 바를 충실하게 새겨볼 수 있을 것이다.

열대 밀림이 보여주는 극도의 다양성

열대 밀림을 연구하는 식물학자는 자주 그곳에 서식하는 수종의 다양성에 놀라지만, 각기 다른 나무들의 신분을 확인하기란 쉬운 일이 아니다. 더구나 임관층이 멀리 떨어져 있는 데다, 많은 빗물을 최대한 신속하게 떨구기 위해 잎사귀도 길쭉한 타원형에 끝이 뾰족하여 비슷비슷한 생김새를 하고 있으니, 이 나무 저 나무를 구분하기란 정말이지 어려운 노릇이다. 따라서 식물학자는 어쩔 수 없이 칼로 나무껍질을 째서 드러나는 나무의 속살을 보고 나무의 정체를 결정하는 방식을 택한다. 나무의 속살이 보여주는 다양한 색상이 어느 정도 수종을 구분하는 데 도움을 주기 때문이다. 그래도 헥타르 당 적어도 수백 종의 나무들이 있다! 그런데 이러한 생물 다양성 앞에서 생태학자는 식물학자보다 더 곤혹스러움을 느낀다.

실제로 생태학에서는 흔히 '경쟁 배타의 원리' 혹은 가우스의 법칙이라고 하는 원리가 존재한다. 정확하게 같은 생태적 보금자리를 공유하는 두 종이 있을 경우, 그러니까 두 종이 생태계에서 기대하는 모든 양상(물, 무기질, 토양에서 또는 임관층에서의 정확한 위치, 채광 등)을 두고 경쟁하는 관계에 있을 경우, 이 두 종이 지속적으로 공존하기란 불가능함을 뜻한다. 그러니 어느 하나가 나머지 하나에 비해 경쟁력이 떨어져서 차츰 배제되거나,

둘 다 경쟁력이 만만치 않아서(거의 있을 법하지 않은 상황), 둘 중 하나가 세대를 거듭하는 과정에서 우연히 제거되기 마련이다. 극단적인 수종의 다양성은 관찰자를 곤혹스럽게 하는데, 열대 밀림 1헥타르에 불과한 공간에 그토록 다양한 삶의 방식(그러니까 그만큼 많은 생태적 보금자리)이 존재한다는 사실은 솔직히 상상하기조차 어렵기 때문이다. 특히 가령 온대 지역의 숲처럼, 다른 지역의 숲은 그에 비해 10배에서 100배는 단순하다는 사실을 고려한다면 더욱 그렇다!

이러한 식물들의 생리에 대한 우리의 지식은 현재까지 그 식물들이 정확하게 어떤 점에서 다른지를 구분할 수 있을 정도로 섬세하지 않을 수 있다. 그렇기 때문에 우리가 그것들의 생태계를 활용함에 있어서 그 미묘한 차이를 모를 수 있다. 실제로 식물들이 이토록 다양하다면, 이루 헤아릴 수 없을 정도로 많은 생태계들이 존재할 것이다. 1970년대 초, 미국 출신 생태학자들인 다니엘 잔젠Daniel Janzen(1939년 출생)과 조셉 코넬Joseph Connell(1923년 출생)은 거의 동시에 새로운 가설을 제시했다. 이 가설에는 두 사람의 이름이 붙었다. 도식적으로 말하자면, 포식자들 혹은 각 종마다 특별한 질병이 이들의 생장을 가로막는다면, 그 종들이 동시에 목표로 삼는 공통의 자원들은 비록 그것들이 공존하며 서로를 배척하지 않는다고 하더라도 완전히 활용되지 못한다는 것이다. 잔젠-코넬의 가설은 새싹들이 동종 생물의 성체 가까이에서는 오히려 성장이 부진하더라는 관찰에 토대를 두고 있다. 그러니까 어떤 한 종이 자리를 잡게 되면 그 종은 병원체들을 끌어들이고, 그렇게 되면 같은 종에 속하는 개체들이 그곳에 정착하는 것을 제한하게 된다. 이렇게 되면 같은 생태 보금자리를 차지하고 있으나 같은 병원체는 지니고 있지 않은 다른 종에게 그 자리가 넘어가게 된다! 어떤 한 종이 개체 수가 많아지면, 그 종은 어느 새 불리해져서 자기 자리를 남에게 내어

주어야 하며, 그 역도 성립한다는 말이다. 어떤 한 종에게 고유한 병원체들은 다른 종에게는 우군 세력이므로 그 병원체들은 이 다른 종에게 호의적이다!

북아메리카 온대 지역에 서식하는 세로티나벚나무*Prunus serotina*는 잔젠-코넬 가설의 특성을 잘 보여준다. 한편으로는 어미 나무에서 멀어질수록 확산되는 씨앗의 양이 줄어드는 (특히 체리를 먹는 동물들에 의한 확산) 양상을 보이며, 다른 한편으로 식물이 뿌리를 내리는 첫 해에 발아하는 수는 씨앗의 양과는 반대로 어미 나무로부터의 거리가 멀수록 늘어난다! 이는 어미 나무로부터 멀어질수록 생존율이 좋아지기 때문이다. 16개월 후 생존 가능성은 5미터 미만일 경우 20퍼센트 미만에서, 30미터 이상일 경우 90퍼센트로 훌쩍 뛴다. 때문에 북아메리카에서는 나란히 선 두 그루의 세로티나벚나무를 보는 일이 매우 드물다. 이곳에서 성년이 된 두 나무의 평균 거리는 30에서 50미터 정도다.

어른이 된 두 나무가 자라는 토양을 채취하여 비교함으로써 각 나무 밑에 축적된 병원체의 역할을 실험해볼 수 있다. 온전한 토양, 그러니까 미생물을 함유한 토양과 살균 처리된 토양, 즉 미생물 없는 토양 각각에서의 새싹의 생장(또는 생존율)을 비교함으로써 우리는 각각의 토양에서 병원체가 하는 역할을 평가해볼 수 있다. 세로티나벚나무의 경우, 살균 처리된 토양에서 새싹의 생장과 생존율은 동일하거나 꽤 높았다. 살균 처리 되지 않고 어른 나무로부터 멀리 떨어져 있는, 그러니까 병원체가 별로 없는 토양에서의 생장과 생존율도 괜찮았다. 그런데 살균 처리 되지 않았으며 어른 나무 바로 아래서 채취된 토양에서는 새싹의 생장과 생존율이 모두 현저하게 떨어졌다. 여기서 두 가지 결론이 도출된다. 첫째, 미생물이 제거되면 토양의 비옥도는 크게 차이가 나지 않는다. 둘째, 어른 나무 곁에서 성장하는 미생물들은 어린 나무의 생장을 제한한다. 물론 미생물들은 어른 나무들이 그곳에 정착할 때에는 거기에 없었다. 어른 나무의 존재가 발아하는 데 치명적인 병원체들에게 양분을 공급하고 점차적으로 병원체를 축적해서 종의 경쟁력을 국지적으로 제한한 것이다. 사실 이 미생물들은 서서히 확산되므로 양분이 없는 한, 대번에 어른 나무에서 떨어진 곳에 존재할 수는 없다. 그것은 시간이 어느 정도 지나야 가능한 일이다. 자연 상태에서 이루어진 다른 연구들은 식물의 지상에 드러난 부분을 초식생물로부터 보호해도 잔젠-코넬 효과가 지속되는 것으로 보아 지배적인 역할을 하는 건 토양 속의 병원체임을 드러내보였다. 아무튼 성장에 책임이 있는 매개체는 토양 속 균류에 속하는 무리, 즉 피시움속Pythium에 속하는 난균류다. 이 난균류에게 특별한 처리를 하면 어른 나무 가까이에서 채취한 토양의 억압 효과가 사라지기 때문이다.

많은 연구들이 열대 밀림 속에서 잔젠-코넬 효과가 일반화되어 있음을 보여준다. 이 연구들은 이 효과를 어른 나무들 외에 발아의 밀도라는 다른 요인으로도 확대 적용했다. 브라질산 나무 플레라데노포라 롱기쿠스피스Pleradenophora longicuspis(파라고무나무와 유포르비아속의 대극과 식물)를 대상으로 한 실험에서는 파종 밀도가 높을수록 종자들이 살아남는 확률이 낮아진다. 즉 궁극적으로 새싹을 조금 얻게 된다는 사실이 확인되었다! 여기에서도 살진균제를 처방할 경우 이러한 효과는 사라졌다. 새싹의 밀도는 확실히 병원체를 끌어 모으고 이를 확산시킴으로써 중요한 역할을 한다고 볼 수 있다. 밀도가 높을수록 뿌리가 새싹들과 접촉할 확률이 높아지기 때문이다. 다른 식물들의 발아이건 어른 나무의 발아이건, 잔젠-코넬의 효과란 병원체의 세력 확장을 통해 밀도에 비례해서 부정적인 영향이 커지는 효과인 것이다. 그런데 과연 어떤 점에서 이 기생적이고 유해한 효과가 공생에 한껏 집중하고 있는 우리의 관심을 끈단 말인가?

식물 다양성의 숨은 주역, 희귀성에서 침공으로

밀도의 부정적인 효과는 사실 이웃에서 경쟁하는 종들에게 득이 된다. 이들은 동일한 보금자리를 필요로 하지만 문제의 병원체에는 반응하지 않기 때문이다. 이 병원체들이 대부분 어떤 종에만 고유하므로 이 종들만 이를 축적하고, 경쟁관계에 있는 나머지 다른 종들은 거기에 대해서 거의 무덤덤하다. 이 경쟁자들에게 있어서 축적된 병원체들은 정해진 자리에서 어쩔 수 없이 이들의 우군으로 행동하는데, 그렇다고 해서 이 행동이 어떤 이익을 얻겠다는 타산적인 행동인 것은 절대 아니다. 말하자면 어쩌다 보니 호의를 보이게 되는 것에 불과하다.

파나마의 한 밀림에 서식하는 180종의 묘목 3만 주 이상을 관찰하는 야심찬 연구 결과, 같은 종의 어른 나무 혹은 묘목이 있을 경우, 정도의 차이는 있으나 자주 부정적인 효과가 나타난다고 보고되었다. 다른 종의 어른 나무나 묘목의 존재는 아무런 영향을 끼치지 않는데 말이다. 이는 다른 종에 속하는 식물과의 자원을 둘러싼 경쟁이 같은 종의 이웃한 나무에 서식하는 병원체들에 비해서 부정적인 효과가 덜하다는 뜻이 된다. 또한 경쟁은 이웃한 다른 종 나무에 서식하는 병원체(병원체의 특화)의 영향을 받는 것이 아니라는 사실도 확인시켜준다. 경쟁력은 이미 같은 종의 개체들이 포진한 곳보다 포진하지 않은 곳에서 더 높게 나타나며, 각 종의 양적 확산은 병원체에 의해 급속하게 제한되는 경향을 보인다. 어떤 한 종의 양적 확산이 제한되면 그 자리는 경쟁 관계에 있는 다른 종의 차지가 된다. 이렇듯 잔젠-코넬 효과는 경쟁의 배타적인 효과를 제한함으로써 열대 밀림에서 관찰되는 극단적인 다양성에 일조한다. 주어진 한 장소에 자리를 잡은 종은 이내 다른 종에게 자리를 내주어야 한다! 달리 표현하면, 잠재적으로 경쟁 관계에 있는 종들의 개체는 경합이 실질적이 되기(다시 한 번 되풀이하지만, 물과 무기질 자원, 토양에서 혹은 임관층에서의 정확한 위치, 채광 등도 경합의 중요한 요소들이다)에 충분한 만큼의 밀도에 도달하기 전까지는 축적될 수 없다는 말이다. 열대 생태계라고 해서 반드시 더 많은 수종이 서식하는 건 아닐지 모르겠으나, 아무튼 거기서 자주 관찰되는 잔젠-코넬 효과 덕분에, 이 나무들은 기를 쓰고 서로를 제거하지 않아도 된다.

우리는 미생물이 있는 토양과 살균 처리된 토양(그러니까 축적된 미생물이 없는 토양)에서 자란 어른 나무 각각의 생장을 비교함으로써 잔젠-코넬 효과의 강도를 수량화할 수도 있다. 생장의 비교는 흔히 토양 미생물 피드백이라고 부르는 것, 즉 역할과 상관없이, 병을 일으키건 상부상조적이건 개의치 않고 모든 미생물을 다 합해서 이들이 내는 효과를 측정하는 것이다. 이러한 비교는 자주 부정적인 피드백, 다시 말해서 미생물이 있을 때 생장이 더뎌지는 경향을 드러낸다. 그렇기 때문에 토양 속에 공생생물이 있는 경우라도 병원체들이 가장 뚜렷한 효과를 낸다(조금 뒤에 예외적인 사례도 보게 될 것이다). 뿐만 아니라, 미생물 피드백의 강도는 식물 종의 빈도에 따라 달라진다. 희귀한 종들은 매우 부정적인 피드백을 보이는데, 평범한 종들이 보이는 부정적 피드백에 비해 그 정도가 훨씬 심하다. 그러므로 피드백의 강도는 희귀성을 유지하게 하는 반면, 평범한 종들은 토양을 적대적으로 만드는 정도가 훨씬 덜 하다. 이 종들은 자리를 잡음에 있어서 미생물들로 인한 불리함이 훨씬 덜하다. 이처럼 공생 미생물과 관련한 경쟁력의 조절에 더해서, 종에 따른 고유한 병원체의 축적 또한 식물 공동체의 형성에 일조하며, 서식하는 종의 희귀성 또는 빈발성을 설명하는 데에도 한몫한다.

열대 지역에 관한 최초의 연구를 시작으로, 잔젠-코넬 효과가 온대 지역에서도 나타나고 있음이 밝혀졌다. 온대 지역에서 이 효과는 일부 초지와 일부 수종들(북아메리카의 세로티나벚나무도 여기에 해당된다)의 군락 공동체를 형성하는 데 영향을 끼친다. 이 생태계에서도 역시 종의 희귀성은 토양의 부정적 미생물 피드백의 강도와 상관관계를 맺고 있다. 하지만 이러한 피드백이 덜 부정적인 생태계와 온대 종들도 존재한다. 심지어 긍정적인 피드백(병원체들보다 더 강력한 상리주의자들의 정착)을 보이기도 한다. 우리가 사는 지역의 숲들이 여기에 해당되는데, 이 숲들은 열대 밀림과는 반대로 나무의 종류는 그다지 많지 않으나(참나무, 너도밤나무, 전나무 등), 각 종들마다 개체수는 많다. 온대 지역 숲에서는 토양에 뿌리내리는 상리주의자들의 효과가 더 강력한 나머지 잔젠-코넬 효과를 긍정적인 효과로 전복시킨다. 우리는 1장에서 벌써 '탁아소 효과effets de pouponnière'라는 이름으로 어른 나무들이 자기들 후손에 호의적인 미생물들을 재배하는 예들을 살펴보았다. 그렇긴 해도, 상리주의자들의 지배를 받건(가끔) 병원체들의 지배를 받건(자주), 토양 미생물의 피드백은 어디에서나 식물 공동체를 조절하는 역할을 한다.

긍정적인 토양 미생물 피드백은 일부 이국적 식물들의 공격적인 특성을 설명해준다. 상업, 농업, 원예 등 각 분야에서의 교류로 다른 곳의 식물들이 활발하게 유입되었으며, 이들은 왕성하게 번식하여 토종 식물들의 자리까지 침범한다. 프랑스에서 호장근*Fallopia japonica*이나 미국자리공 또는 아메리카 포도*Phytolacca decandra*와 물앵초*Ludwigia peploides* 등이 활개 치는 것처럼 말이다. 토종 식물에 비해서 이들 이국적 식물들이 보여주는 강력한 확산력과 뛰어난 경쟁력을 결정하는 요소들에 대해서는 열띤 논의가 진행되었고, 십중팔구 복합적인 요인들이 작용하는 것으로 추정된다. 토양 미생물 피드백 역시 그 요인들 가운데 하나로, 이 피드백이 원래 서식지에서보다 새로 유입된 곳에서 덜 부정적이기 때문에 이들 식물이 새로운 서식지를 빠른 시일에 잠식해나가는 것으로 여겨진다! 무엇보다도, 그 피드백은 토종 식물에 비해서 훨씬 덜하며, 덕분에 새로 유입된 식물들이 상대적으로 우월한 경쟁력을 과시하게 되는 것이다. 이런 까닭에 원산지인 아메리카 토양에서는 부정적 피드백이 상당히 강하여 개체들 사이의 거리가 30미터 이상 되는 세로티나벚나무가 우리가 사는 곳에서는 대단히 공격적으로 서식지를 잠식하는 식물이 된 것이다. 유럽에서 세로티나벚나무에 대한 토양의 피드백은 거의 제로에 가깝다! 유럽 뿌리권에서 유리된 피시움속은 원래 토양에서 유리된 같은 미생물들보다 뿌리를 공격하는 비율이 1에서 5배 정도 떨어진다. 사실 이 종은 고유한 병원체 없이 남의 땅에 상륙했다! 심지어 몇몇 경우에는 세로티나벚나무에 대한 피드백이 긍정적으로 나타나기도 한다. 이 벚나무가 특히 역방향 상리공생 미생물 축적에 호의적이며, 따라서 마이크로바이오타와의 진정한 상리적 상호작용에 관여한다는 것이다. 열대 지방에서 소나무들이 그토록 공격적인 존재가 된 건 새로이 서식하게 된 지역에서 병원체보다는 상리적인 미생물들을 축적하는 역량 덕분이었다. 우리가 1장에서 보았듯이, 외생균근류를 함께 유입함으로써 매우 강력한 공생 잠재력까지 확보하게 되자, 나머지 토종이건 외래 유입종이건 모든 병원체들에게 승리를 거둘 수 있었다. 미생물 입장에서 보자면, 토종 식물들에 대한 토양의 부정적 피드백과 유관한 미생물들이 간접적으로 유입종의 성공에 일조한 셈이 된다. 토종 식물을 억압함으로써 이 미생물들이 외래 유입 식물들의 객관적인 우군이 되어버렸기 때문이다.

그러므로 거의 침공 수준이라고 할 정도로 공격적이 되는 유입 식물들은 운이 좋아서 토종 병원체들을 만나지 않은 식물들이며(이거나), 고유한 병원체들을 원래 서식하던 토양에 털어버린 식물들이다. 또 새로운 토양에서 그곳 토종의 상리적인 미생물을 만난 식물들일 수도 있으며(있거나), 원래 서식하던 토양에서 상리적인 미생물들을 그대로 데려온 식물들일 수도 있다. 이러한 상태는 오래 지속될 수 없는데, 공격적인 식물들이 많아짐에 따라 점차적으로 그것들에게 고유한 병원체들이 선택되기 때문이다. 이 병원체들은 원래 서식하던 토양으로부터 뒤늦게 유입되었거나 토종 병원체들의 진화를 통해서 생겨난다. 뉴질랜드에서는 식민지 개척자들에 의해 유입된 식물군의 상당 부분이 공격적이 되었으며, 덕분에 시대별로 들여온 외래 유입종들의 환상적인(재앙적인) 관측소 역할을 한다. 그런데 유입된 지 오래된 식물일수록 토양 피드백이 부정적으로 나타나며, 따라서 희귀종이 되어간다. 외래 유입종과 그의 고유한 병원체들 사이의 공진화가 유입 순간 잠시 깨어지고 중단되었다가 서서히 재개되는 것이다.

이처럼 몇몇 미생물들은 어떤 곳에 정착한 종을 불리한 상태로 몰아넣음으로써 새로 유입될 종의 자리를 마련하고, 그들의 객관적인 우군이 된다. 생태계 차원에서 보자면, 잔젠-코넬 효과와 그 효과를 만들어내는 미생물들은 식물 공동체라는 모자이크 공간을 구축하고 거기서 살아갈 종들의 밀도와 생물다양성을 결정하는 데 중요한 역할을 한다.

식물 생장 역학에 있어서 미생물의 존재

식물 공동체는 시간이 지나면서 변화하는 양상을 보이는데, 이와 같은 변화에는 미생물도 한몫한다. 방치된 초지에는 삽시간에 관목들이 들어서서 풀을 대체하며, 이어서 키 큰 나무들도 등장한다. 나무들은 관목들이 드리우는 그늘 아래서 보호를 받으며 싹을 틔우다가, 결국 관목들을 제치고 숲을 형성한다. 이와 같은 역학은 단풍나무와 자작나무들이 침엽수의 새싹들에게 그늘을 만들어줌으로써 이것들이 그 자리에 뿌리를 내려 정착하도록 도와준 캐나다 북부에서도 그대로 작동했다. 단풍나무와 자작나무들은 그 후 침엽수들로 대체되었다. 생태계에서 작동되는 이 과정, 종들이 출현했다가 다른 종들로 대체되는 이 과정을 가리켜 천이遷移, succession라고 한다. 그런데 어떤 생태학적 기제가 천이를 설명해줄 수 있을까?

이를 이해하기 위해서 생태학자들이 즐겨 사용하는 모델 가운데 하나로, 이 책에서 우리의 관심을 끄는 것이 있다. 바로 모래 많은 연안의 해안에 모래가 축적됨에 따라 진행되는 해안 사구의 콜로니화 현상이다. 천이의 연속적인 단계는 사구를 해안 쪽에서 내륙 쪽으로 주파할 때, 즉 가장 최근의 것에서 가장 오래된 것으로 이동할 때 고스란히 드러난다. 북유럽의 경우, 사구 지대는 처음에는 아무것도 없이 헐벗은 상태였다가 차츰 유럽모래사초Ammophila arenaria에서 시작하여 포복붉은김의털Festuca rubra, 이어서 아일랜드모래사초Carex arenaria, 그리고 마지막으로 구주개밀속 엘리무스 아테리쿠스Elymus athericus 천지가 된다. 그러고는 그보다 훨씬 지속적이고 다양한 식물군이 등장해서 점점 덤불 모양으로 자라나다가 마침내 숲의 형태를 이루어간다.

이로 인한 첫 번째 효과라면 제일 먼저 도착한 종들이 식물의 정착을 용이하게 한다는 사실이다. 이것들의 잔해가 토양에 유기물질을 제공하며, 다음에 오는 식물들, 특히 어린 새싹인 시절에 광선과 바람, 물보라 등을 피할 수 있는 은신처가 되어준다. 또한 식물들이 모래를 품고 있으므로 바람에 의해 뿌리가 노출되는 것도 방지할 수 있다. 이처럼 전반적으로 상태를 향상시키는 효과는 미생물 공생을 매개로도 발생할 수 있다. 대기 중의 질소고정 박테리아들이 질소를 함유하지 않은 사구의 모래에 점차적으로 질소를 제공하는데, 식물과 결합한 박테리아들은 이보다 훨씬 효과적으로 질소를 고정할 수 있다. 이들은 광합성 자원에 의지할 수 있기 때문이다. 몇몇 콩과식물들에게 기대할 수도 있지만, 유기물질이 풍부한 다른 식물들의 뿌리권도 질소고정에 호의적이다. 유럽모래사초의 뿌리권은 1그램 당 800만 개 정도의 질소고정 박테리아(뿌리혹박테리아속)를 품고 있는데, 이는 주변 모래에 비하면 100배나 더 많은 양이다. 게다가 처음 이곳에 도착한 식물들은 처음 도착한 균근류에게 먹이를 제공하고 뒤이어 도착하는 식물들이 접속할 수 있는 네트워크를 형성한다. 이렇게 해서 무기질의 활용이 시작된다. 실제로 앞에서 언급한 식물들(유럽모래사초, 포복붉은김의털, 아일랜드모래사초, 엘리무스 아테리쿠스 등)을 화분에서 키워보라. 화분에는 각기 다른 지역에서 채취한 살균 처리된 사구 토양을 넣는다. 그러면 나중에 형성된 토양이 담긴 화분 속 식물들일수록 잘 자란다. 그러므로 토양의 생산성은 천이와 더불어 증대된다고 말할 수 있다. 그리고 이는 부분적으로는 살균 처리되기 이전에 그 토양에 살았던 미생물의 작용 덕분이다!

하지만 이러한 기제는 독자적으로는 작동하지 않는다. 왜냐하면 천이 과정에서 종들이 사라지는 현상에도 설명이 필요하기 때문이다. 어떻게 해서 새로 도착한 하나의 종이 앞서 도착한 다른 종을 대체하게 되는가? 그 다른 종으로 말하자면, 경쟁자이기는 하지만 그럼에도 뿌리 같은 곳에 먼저 정착했다거나 하는 식으로 선발주자로서 프리미엄을 누리는데 말이다. 여기서도 일종의 잔젠-코넬 효과가 끼어든다. 아닌 게 아니라 방금 언급한 화분에 식물 키우기 예를 다시 생각해보자. 그런데 이번에는 토양의 생산성과 그 안의 미생물이 결합된 효과를 보기 위해 살균 처리하지 않은 토양을 사용해보자. 그러면 각각의 식물이 그 식물이 지배적이었던 단계 이후의 토양에서 비교적 잘 자라지 못하는 것을 알 수 있다! 예를 들어 유럽모래사초는 해안의 모래 또는 그것이 최근 콜로니화한 토양에서는 잘 자라지만, 그 이후의 토양에서는 눈에 띄게 덜 자란다. 다른 예도 보자. 포복붉은김의털은 해안이나 유럽모래사초가 콜로니화한 토양에서는 잘 자라지만 그 이후 단계의 토양, 그러니까 아일랜드 모래사초나 엘리무스 아테리쿠스가 지배적인 단계의 토양에서는 잘 자라지 못한다. 그러므로 각각의 종은 토양에서 병원체를 축적하는 경향을 보이며, 이 병원체들은 각각의 종에 고유하고 그 종이 사라져도 살아남아(대기 중인 형태, 즉 예를 들어 포자나 낭포 상태) 그 종을 위해 증대시켰던 토양의 생산성을 무효화한다. 이 병원체들은 주로 박테리아나 균류 등의 미생물들이나, 때로는 뿌리에 기생하는 작은 지렁이 같은 선형동물일 수도 있다. 선형동물은 미생물은 아니지만 미생물 매체의 보이지 않는 힘과 결합한다.

종합적으로, n이라는 종은 생태계를 n+1이라는 종에게 유리하도록 만드는데(무엇보다도 공생생물들 덕분이다), 이 과정에서 고유의 병원체를 축적한다. 이 같은 부정적 피드백은 n+1에 맞서는 n의 경쟁력을 약화시키며 점차적으로 n+1이 n을 대체하는 데 호의적으로 작용한다. 바꿔 말하면, 천이는 두 가지 이유에서 비롯된다. 첫 번째 이유는 어떤 한 식물을 다른 종에 비해서 선호하게 되는 효과로, 이는 공생생물 때문이다. 숲을 정비하는 과정에서는 때로 '간호사'라고 부르는 식물들(아프리카에서는 아카시아, 지중해 지역에서는 라벤더 등)을 활용하는데, 이 식물들은 그곳에서 자라주었으면 하고 바라는 식물(자발적으로 그곳에 도착한 식물일 수도 있고 의도적으로 심으려는 식물일 수도 있다)이 뿌리내려 정착하도록 돕는다. 두 번째 이유는 미생물에 의한 것으로, 적의 적은 결국 내 친구라는 인식을 가리킨다. 먼저 도착한 종에게 고유한 병원체는 그 뒤에 도착하는 종에게 간접적으로 호의를 베푼다. 미생물에 의한 호의 베풀기 기제는, 다시 한 번 말하거니와 공생의 언저리를 맴도는 기제다. 거기에 개입된 미생물들이 그들의 호의 덕분에 정착에 성공한 식물들로부터 직접적인 어떤 대가를 받지 않기 때문이다. 대가를 받기는커녕 오히려 그 반대로 은혜를 입은 식물들은 이들을 다른 것으로 대체해버림으로써 전혀 도움을 주지 않는다. 하지만 전체적으로 식물 생장의 역학은 미생물들에 의해 토양 내부에서부터 훨씬 활성화된다!

그러므로 이 이야기를 마무리 지으면서 우리는 식물의 두 가지 극단적인 유형을 구분해볼 수 있다(이 두 가지 사이에 모든 중간 단계의 식물들이 포진한다). 우선 그다지 치명적이지 않은, 아니 어쩌면 긍정적일 수도 있는 토양 미생물 피드백의 혜택을 보는 식물들이 있다. 밀도 높고(거나) 지속적인 군락을 형성할 수 있는 식물들이다. 다음으로는 이와 반대로, 매우 부정적인 피드백의 피해를 고스란히 당하는 식물들이 있다. 이들은 식물 공동체 내부에서 천이가 이어지는 가운데 희귀종으로 남거나 과도기적인 종이 된다. 세로티나벚나무 같은 식물이 우리가 사는 온대 지역에서는 개체수가 많은 침공형 식물이지만 아메리카에서는 그다지 많이 볼 수 없다는 사실로 미루어, 식물은 토양 미생물에 따라 이 두 유형 가운데 하나에 속하게 되며, 미생물들이 식물 공동체 내에서 한 식물이 이렇게도 되고 저렇게도 되게끔 막강한 영향력을 행사하고 있음을 알 수 있다.

인간에게도 역시 적의 적은 친구

이제는 군락 내에서의 경쟁, 다시 말해서 같은 종끼리의 경쟁, 본래 효모와 킬러 짚신벌레의 예가 있는 그 수준으로 눈을 돌려보자. 동물들에서도 역시 질병은 군락들끼리 경쟁할 때 우군 역할을 하는 생물들로부터 올 수 있다. 그 문제에 관해서라면 인간 종은 벌써 역사상 여러 차례에 걸쳐서 서글픈 경험을 했다. 실제로 생물학적 전쟁은 그다지 새롭지 않은 일이다. 우리가 미생물의 존재를 인식하기 훨씬 전부터 감염된 대변, 죽은 동물 사체 등이 포위당한 도시의 우물이나 수로에 사용되었고, 더 나아가서 화살 같은 무기를 한층 더 위협적으로 만들기 위해서도 사용되었다. 같은 이유로 인간의 질병이 활용되기도 했다. 예를 들어 중국인들은 포위 공격 때 흑사병에 걸려 죽은 자들의 사체를 장벽 너머 적진으로 던졌으며, 14세기에 몽고족은 서구인들에게 이러한 아이디어를 전수했다. 아이디어와 함께 몇몇 박테리아도 물론 함께 전해졌다. 1346년, 몽고족은 제노바 소유의 흑해 중심 항구를 포위했다. 현재 페오도시야라고 불리는 이곳의 당시 이름은 카파였다. 그 무렵 아시아에 창궐 중이었던 흑사병 때문에 전전긍긍하던 몽고족은 죽은 병사들을 도시의 장벽 너머로 던졌다. 이렇게 되자 페스트균Yersinia pestis이라는 박테리아에 의해 발병하는 흑사병이 페오도시야에 번지고, 양쪽 모두 싸울 병사들을 잃은 탓에 전투는 끝나고 말았다. 휴전 기간을 이용해서 살아남은 제노아인들이 다시 왕래를 시작하면서 그들도 모르는 사이에 이 박테리아는 유럽으로 유입되었다. 항구에서부터 번져나가기 시작한 이 전염병으로 자그마치 2,500만 명(당시 유럽 인구의 3분의 1)이 목숨을 잃었다. 이런 사건이 아니었더라도 흑사병은 아시아로부터 유럽을 향해 전진했을 테지만, 이 이야기는 어떻게 해서 경쟁 상황 속에서 박테리아가 우군으로 활용될 수 있는지를, 더구나 그것을 우군이라고 알아보는 사람이 전혀 없는 상황에서도 그럴 수 있는지를 웅변적으로 보여준다!

또 다른 유명한 일화는 편지라는 증거에 의해서 확인된다. 1753년 프랑스가 캐나다를 영국에 넘겨주었을 때, 아메리카 인디언들은 영국인들이 강요하는 엄격한 무역 조건에 반대하며 시위를 벌였다. 그들은 혼인과 평화 공존으로 점철되었던 프랑스와의 평온한 교류를 못내 그리워했다. 저항이 고조되면서 영국인들의 통제가 제대로 먹혀들어가지 않자 시위 세력은 승승장구했다. 오늘날의 피츠버그 가까운 곳이었던 포트피트는 포위당했고, 그 안에서 500명 남짓한 분대를 이끌던 대령은 아메리카 인디언들을 천연두에 감염시키려는 계획을 세운다. 영국군 장교로 식민지 총독이었던 제프리 애머스트Jeffery Amherst(1717-1797)의 편지를 보면, 새로이 이곳을 점령한 식민주의자들이 이전 식민주의자들과 어떻게 다른지 극명하게 보여주는 다음과 같은 말로 그가 대령에게 이를 허락했음이 드러난다. "귀하는 모포[병원체에 감염된 모포]라는 수단을 통해서 인디언들을 감염시키면 좋겠군요. 이 끔찍한 종족을 뿌리 뽑을 수만 있다면야 그 외에 다른 어떤 방법도 시도해볼 수 있겠죠." 이 같은 지시는 포트피트에 전달되었고, 천연두에 감염된 환자들이 쓰던 모포 두 장과 손수건이 델라웨어 인디언 부족의 전령에게 선물로 전달되었다. 이것으로 인한 피해를 어느 정도까지 특정할 수 있는지 우리는 알 수 없다. 왜냐하면 그 무렵 천연두는 이미 다른 곳의 아메리카 인디언들 사이에서도 무섭게 번지고 있었기 때문이다. 그 이유는 곧 알게 될 것이다. 아무튼 이 일화는 자발적으로 병원균 확산을 획책한 아주 드문 사례 가운데 하나로 기억될 것이다. 그도 그럴 것이, 비록 오늘날에도 여전히 생화학 무기들이 제조된다고는 하나, 그것들이 실제로 사용된 사례는 다행스럽게도 현재까지 아주 드물기 때문이다. 더구나 천연두 바이러스는 잠재적인 생화학 무기 가운데 하나로 여겨진다. 천연두 바이러스는 1980년대에 인간 사회에서는 완전히 사라졌다지만 실험실 등에서는 여전히 보관중이다.

이처럼 어느 한 쪽만 미생물을 보유한 경우, 그쪽은 그것을 갖지 않은 다른 한 쪽보다 우위를 선점하기가 수월하다. 우리는 영국이 낳은 작가 H. G. 웰스Herbert George Wells(1866-1946)가 쓴 유명한 소설 『세계전쟁The War of the Worlds』(1898)의 마지막 장면을 기억한다. 그 장면에서 화성인들은 전광석화처럼 지구를 공격한 뒤 지구의 미생물들에 감염되어 갑자기 죽는다. 말하자면, 인간이 질 뻔한 전쟁을 미생물들이 승리로 이끄는 것이다. 유감스럽게도 이 소설은 현실의 맛이 물씬 나는 데다 이전에 나온 모든 것을 가뿐히 뛰어넘는다. 그 뒤로 이어지는 일은 의지적이거나 의식적인 행동에서 기인하지 않는다. 우리가 이제부터 발견하게 될 것은 참혹함 속에서 미생물들에 의해 맺어진 고통스러운 문명 경쟁이다.

역사상 가장 대대적인 생물학적 갈등 : 잘 알려지지 않은 대학살

15세기 말 매독이 유럽에 출현했을 때, 이는 그때까지 전혀 알려지지 않은 끔찍한 증세를 보이는 질병이었다. 이 질병은 아메리카에서 전해진 것으로, 콜럼버스의 항해에 동행한 선원들에 의해 유럽으로 들어와 스페인에서 나폴리 항구로 전파되었다. 그리고 거기서부터는 1493년 나폴리를 점령한 프랑스 국왕 샤를 8세의 군대가 이 병을 '나폴리 병'이라는 이름으로 유럽 전역에 퍼뜨렸다. 그런데 최초의 항생제가 나올 때까지 맹위를 떨쳤던 매독은 사실 아메리카에서 벌어진 이보다 훨씬 끔찍한 후일담에 비하면 유럽인들이 치른 아주 하잘 것 없는 대가에 불과했다. 유럽인들의 아메리카 상륙으로 그곳에는 끔찍한 전염병들까지 함께 상륙했는데, 이는 아메리카 인디언들에게는 전혀 알려지지 않은 병들이었다. 천연두 역시 거기에 포함되었으며, 그 외에도 유행성 이하선염, 결핵, 홍역, 티푸스, 백일해, 독감 등 수없이 많은 다른 질병들이 아메리카 대륙의 원주민과 그들이 이룩한 콜럼버스 발견 이전 시대의 문명을 속절없이 무너뜨렸다. 스페인이 기록한 연대기는 15세기에 멕시코에 무시무시한 전염병들이 연이어 창궐했다고 전하고 있다. 이 병을 옮기는 미생물 매개체의 정체는 밝혀지지 않았으나, 아무튼 정복자들보다는 원주민들의 피해가 훨씬 컸으며, 정복자들은 이 같은 증세는 일찍이 듣도 보도 못했다고 한다.

유럽인들에게 묻어 간 미생물은 실제로 총칼보다 더 많이, 그리고 더 짧은 시간에 원주민들을 죽음으로 몰아갔는데, 이는 때로 유럽인들이 미처 들어오기도 전에 전염병이 먼저 산간 오지까지 번져나간 탓이었다! 이렇게 해서 북아메리카에서 서쪽으로 세력을 확대해 나가던 앵글로색슨족은 19세기에 미시시피강과 오하이오강 계곡을 따라 흙으로 만든 거대한 인공 언덕들이 세워져 있는 광경을 발견했다. 이 언덕들 가운데 유명한 오하이오의 서펀트 마운드Serpent Mound는 길이가 무려 400미터에 이른다. 그런가 하면 높이가 30미터를 훌쩍 넘어서는 언덕들도 있다! 식민주의자들은 처음에 그 언덕들이 자기들과 땅을 놓고 전쟁을 벌이는 유목민들의 조상이 세웠다는 사실을 상상조차 하지 못했다. 그 정도로 인공 언덕 조성은 아주 복잡한 사회 조직을 전제로 하는 대규모 공사였다. 그래서 이들보다 훨씬 오래 전에 신비스러운 부족 마운드 빌더Mound Builder(언덕 건설자)가 살았을 것이라고 추측했으며, 초인간적인 크기의 뼈 무덤이 발견되었다는 주장을 빌미로 키가 무려 3미터에 가까운 거인들의 존재를 상상하기도 했다. 19세기 말이 되어서야 사람들은 그 언덕을 세운 자들은 그저 현재 거기 사는 사람들의 조상일 뿐이라고 결론지었다. 더구나 스페인 사람들은 16세기에 이루어진 간헐적인 접촉 때 이들에 대한 묘사를 남겼고, 18세기에는 프랑스가 스페인의 뒤를 이었다. '언덕을 세우는' 이들의 문명은 5,000년이나 지속되어온 것으로, 유럽인들이 가져온 질병으로 말미암아 인구가 줄어들면서 이 문명이 남긴 마지막 잔재는 19세기를 맞이하지 못하고 무너지고 말았다.

남아메리카 역시 우리가 얼핏 주마간산식으로나마 제대로 보기도 전에, 대륙 전체의 문명이 사라진 경우에 해당된다. 아마존강 유역은 원래 다양한 종족이 나라를 이루고 살면서 굉장히 다양한 농사 전통을 자랑해왔다. 담배, 파인애플, 마니옥, 카카오 등은 모두 이들이 우리에게 전수해준 것이다. 오늘날 고고학 연구가 우리에게 이러한 과거와 잘 알지 못했던 이 식물들의 근원을 알려주고 있다. 가령 밀림 여기저기에서 사람들이 부락을 건설하고 살았으며, 한쪽에서는 각종 식물을 재배했고, 관개 시스템도 존재했으며, 그 반대쪽에는 기아나에서 보듯이 폭이 수 미터에 이르는 널찍한 흙길을 만들어 통행했다는 식이다. 최초로 그곳을 관찰한 자들이 남긴 몇몇 묘사는 널리 알려지지는 않았으나 그와 같은 사실을 확인해준다. 1542년 최초로 아마존 탐험에 나선 스페인 원정대의 기록은 주민들이 마을과 도시를 이루어 살면서 제법 높은 인구 밀도를 자랑하던 강 연안과 섬들을 묘사한다. 그런데 이 아마존강 일대는 모두 사라졌다. 유럽에서 유입된 미생물들 때문에 원래 주민들이 순식간에 사라져버리고, 살아남은 몇몇 부족들은 북아메리카에서와 마찬가지로 대부분 수렵 채집 시절로 돌아갔다. 서양인들과 혼혈인들이 현재 아마존 유역을 개간하고 그곳의 자원을 활용하게 된 건(우리는 그들이 얼마나 과도하게 개발에 전념하는지 알고 있다) 유럽 미생물들이 자기들의 경쟁 상대들을 대부분 몰아낸 뒤에나 가능해진 일이다.

유럽인들에 의해서 도입된 전염병의 영향을 정확하게 평가하기란 어렵다. 콜럼버스가 그곳에 도착하기 이전(또는 도착했을 당시)의 자료가 전혀 없기 때문이다. 몇몇 지역에서는 불과 20년 동안 70에서 90퍼센트의 주민이 모두 죽었으리라고 추정된다. 아무튼 남아메리카에서는 4,000만에서 9,000만 명 정도가 전염병으로 목숨을 잃었을 것으로 보이며, 멕시코의 아스텍족은 스페인 정복자들과 매우 가깝게 접촉한 탓인지 한 세기 만에 주민 수가 2,500만 명에서 100만 명으로 쪼그라들고 말았다. 북아메리카의 경우는 '대발견' 이전까지만 해도 약 700만 명 정도로 추산되던 주민 수가 1870년에 37만 5,000명으로 집계되었는데, 이는 식민주의자들까지도 포함된 숫자다! 한 마디로 인류 역사상 가장 대대적인 떼죽음으로, 이는 흑사병으로 인한 희생이나 그 외 비교적 최근에 있었던 대학살들을 통틀어 단연 으뜸가는 참사였다. 주민들과 그들의 사회 구조가 완전히 와해되면서 새로 도착하는 자들에게는 그만큼 많은 자리가 생겼고, 이들은 넓은 땅과 권력을 손에 쥐게 되었다. 유럽인들은 아메리카에서, 특히 북아메리카에서 강력하게 자신들의 존재와 자신들의 문명을 부각시켰으며, 이제 그곳에서 콜럼버스 이전 시대가 이룩한 문명의 유산은 미미할 뿐이었다. 리우데자네이루, 샌프란시스코처럼 유럽화한 도시들과 그 도시들을 품은 나라들은 공간과 자원, 문화 전승, 유럽에서 건너온 식민주의자들이 쟁취한 권력 등(이 모든 것은 그들에게 묻어온 질병들 때문에 어쩌다 보니 얻어진 것들이었다)을 둘러싼 경쟁의 상징이 되었다. 유럽적인 질병에 대한 동일한 감수성이 주민들, 그러니까 아마존 연안의 '외지인과 접촉하지 않은' 부족들에게서도 끈질기게 지속되었는데, 이들이 세계화 따위는 전혀 모르는 상태였음은 두말할 필요도 없다. 수십 개의 부족들 가운데 한 부족만 예로 들어보자. 페루의 아마존 연안에 사는 난티Nanti족은 1970년대 처음으로 기독교 선교사들의 방문을 받았고, 그 뒤를 이어 벌목 회사 또는 광산 개발 회사 사람들과 접촉했다. 그로부터 얼마 지나지 않아 전염병이 찾아왔다. 호흡기 질환, 내장 질환 등으로 말미암아 원주민 상당수는 목숨을 잃었다. 2000년부터 2010년 사이에 난티족의 30에서 50퍼센트가 죽었을 것으로 추정된다. 이와 유사한 많은 사례들로 인하여 아마존강 연안 국가들에서는 '비접촉' 정책을 채택하기에 이르렀다. 브라질에서는 국립 인디언 재단FUNAI이라는 행정기관이 이 정책의 실행을 담당했다. 그런데 이 이야기에 관해서는 어떤 생물학적 설명이 가능할까? 어쨌거나 감염된 자들은 처음 접촉 시점에서는 분명 환자가 아니었다. 게다가 어째서 유럽인들은 매독만 걸렸는데, 아메리카의 대다수 주민들은 떼죽음을 당하는 비대칭적인 결과가 발생한단 말인가?

유라시아에서는 두 가지 요인이 우리에게 질병을 안겨줘서 우리는 거기에 적응해야 했다. 첫째, 이 질병들의 대부분은 그곳에 널리 분포된 가축들로부터 기인했다. 결핵과 천연두, 홍역 등은 소, 티푸스, 백일해, 디프테리아는 농장의 작은 동물들, 독감은 새와 돼지들(간헐적으로 뉴스에 등장하는 강력한 변종들은 바이러스가 이 같은 동물들을 거치는 과정에서 생겨난다)로부터 발생한다. 또 고양이들은 우리에게 톡소플라스마병을 옮긴다. 그런데 아메리카에서는 이와 반대로 가축이라고 할 만한 동물이 별로 없었는데, 그건 완두콩과 옥수수 위주의 균형 잡힌 섭생이 가능했기 때문이었다. 따라서 아메리카에서는 경작을 위해 동물들의 힘이 필요할 때만 가축화의 필요성이 대두되었다(매독이 라마들로부터 옮겨졌다는 주장도 있었지만, 이를 뒷받침할 만한 증거라고는 제시되지 않았다. 어떻게 해서 라마로부터 인간에게 전달되었을지 그 방식을 상상할 수 있겠는가!) 둘째, 유라시아는 엄청나게 광대하고 그런 만큼 거기 사는 인구도 많은 곳이므로 질병의 교류도 빈번하다. 우리는 위에서 흑사병이 아시아에서 유럽으로 유입되었음을 확인했다. 따라서 이 대륙의 어디에선가 출현한 질병은 얼마 지나지 않아 유라시아 대륙 전체에서 발견된다. 아메리카 대륙의 주민은 이에 비해 뚜렷하게 수적으로 열세이며, 밀집해서 살기보다는 드문드문 흩어져서 살았으므로 새로운 질병에 걸리거나 이를 전파할 기회가 적었다. 그리고 이곳 주민들은 애초부터 유라시아에서 일어나는 광범위한 교류에서는 벗어나 있었다. 셋째 요인으로는 공진화를 꼽을 수 있는데, 이 공진화는 유럽에서 막강한 영향을 끼쳤다. 다른 사람들보다 유난히 민감한 개인들은 이미 오래 전에 병에 걸려 제거되었으므로, 질병은 출현 빈도가 높아짐에 따라 저항력이 강한 사람들, 심지어 보균 상태이면서도 아무런 증세를 보이지 않는 자들까지 선택하기에 이르렀다! 그런 까닭에 유럽 출신 건강한 보균자들은 자기들의 의사와는 무관하게, 그러나 매우 효과적으로 아메리카 인디언들을 감염시켰던 것이다. 그러므로 이들은 유라시아에서는 수천 년에 걸쳐 순차적으로 출현한 질병들을 눈 깜짝할 사이에 자연선택하게 되었고, 그 때문에 인구의 대재앙을 맞이하게 되었다고 설명할 수 있다.

자, 이것이 바로 아메리카 정복에서 미생물이 차지하는 (암울한) 몫이다. 아메리카 정복은 유럽인들에게는 더 이상 충격적인 힘을 쓰지 못하게 된 미생물들의 도움으로 이루어졌다. 유럽인들은 이들 미생물들에게 전혀 무방비 상태인 숙주들을 제공함으로써 잔치를 열어주는 대신 자기들은 일종의 문명 경쟁에서 승리를 거두었다. 이 상호적인 이득은 유럽인들의 질병이 어떻게 해서 역사의 이 서글픈 단계에서, 그들의 공생생물이 되었는지를 잘 보여준다.

기생하여 죽이기 위한 공생

우리의 여정을 부정적인 상호작용, 즉 경쟁과 기생, 포식 등의 단계를 밟아가는 가운데 이루어지는 공생의 역할을 살펴보는 것으로 마무리 짓도록 하자. 제3자를 공략함에 있어서 공생 관계에 있는 두 생물의 협력에 관해서라면 우리는 어떤 의미에서는 이미 상당히 광범위하게 살펴보았다. 미생물들이 초식동물을 위해서 녀석이 뜯어먹은 풀의 조직을 소화시켜줄 때가 말하자면 그런 경우에 해당되니 말이다.

일부 공생 곤충들은 공생 관계에 있는 균류 덕분에 공격당한 식물 조직을, 아니 더 나아가서 아예 식물 전체를 죽일 수 있다. 우리는 6장에서 딱정벌레와 벌목에 속하는 곤충들이 균류를 보조자로 이동시킴으로써 어떻게 나무를 공격하는지 관찰했다. 일부는 그 후 균류를 잡아먹기도 하지만, 나머지들은 공격받은 식물을 약화시키기 위해 감염시키는 선에 머문다. 예를 들어 느릅나무가 걸리는 병들 중에는 딱정벌레가 자기의 털북숭이 몸 위에 공생 균류를 확산시켜서 걸리게 되는 병도 있다. 이 균류는 곤충과는 공생 관계를 맺고 있지만 공격 대상으로 삼은 나뭇가지에는 치명적이니, 이 경우 균류는 공격의 보조자 역할을 하는 셈이다.

공생생물의 도움으로 감행되어 결국 서서히 상대를 죽음으로 몰아가는 아주 잔인한 공격들 중에서, 벌목에 속하는 몇몇 곤충들은 리들리 스콧Ridley Scott의 영화 〈에일리언〉에서처럼, 세상으로 나오기 위하여 바이러스의 도움을 받는다. 포식 기생생물이라고 일컬어지는 이 곤충들은 다른 곤충들의 애벌레 속에 알을 낳는다. 따라서 기생 애벌레는 숙주 애벌레를 희생시키면서 성장하는 형국이며, 숙주 애벌레는 이 같은 침입자에도 불구하고 살아남는다. 그러다가 숙주가 성체가 되기 전에, 포식 기생 애벌레들은 그 동안 자기들을 먹여 살려준 숙주 애벌레를 죽이고 그의 몸 밖으로 빠져나온다. 일부 포식 기생생물들은 독자적으로 공격을 감행하기도 하지만, 대개는 박각시나방 애벌레Manduca sexta에 얹혀사는 고치벌류인 코테시아 콩그레가타Cotesia congregata처럼 폴리 DNA 바이러스 덕에 공격에 성공한다. 이 바이러스는 포식 기생생물의 게놈 안에서 한 몸처럼 살면서 암컷의 생식기관 내 특화된 세포 안에 바이러스 입자들을 생산해낸다. 이 입자들은 먹잇감 안으로 주입될 때 알을 뒤덮는다. 실험적으로, 바이러스 입자로 덮이지 않은 알 또는 자외선으로 비활성화시킨 입자들로 둘러싸인 알을 주입할 경우, 숙주는 이를 거부하는 반응을 보인다. 바이러스는 사실상 숙주의 면역세포를 공격하여 방어 작용을 억제시켜 포식 기생생물이 안전하게 정착하게 함으로써 숙주를 파괴하는 것이다. 바이러스는 또한 숙주 애벌레의 호르몬 균형을 교란시키기도 한다. 그래서 숙주의 애벌레는 성장하기는 하나 완전한 성체가 되지 못한다. 성체가 되면 기생생물 입장에서는 마땅하지 않기 때문이다. 이렇게 해서 먹이 보관 창고의 생명은 연장된다! 이 바이러스는 엄격하게 말해서 포식 기생 곤충에 속한다. 왜냐하면 공격을 당해 이들을 품어주어야 하는 숙주 곤충 속에서는 증식하지 않기 때문이다. 이 바이러스들은 오직 포식 기생 곤충의 후손에게만, 마치 단순한 유전자처럼 전달된다. 폴리 DNA 바이러스는 우리가 6장에서 보았듯이 '추가 기능'의 절정으로, 곤충들은 이를 통해서 곡예 같은 생태학적 틈새에 기막히게 적응한다. 여기서 바이러스의 추가 기능은 먹이 보관 창고의 면역 방어기제에 작용한다! 폴리 DNA 바이러스들은 두 차례에 걸쳐서(각각 고치벌과Braconidae, 맵시벌과Ichneumonidae에 속하는 벌들) 포식 기생 중인 벌들과 공생에 들어갔다. 이처럼 밀접한 공생은 사실 벌목에 속하는 수많은 종류의 포식 기생생물들과 바이러스 변이체들(이것들로 말하자면 자유로운 상태를 유지한다) 사이의 다양한 여러 가지 형태의 협력 양상들(이 양상들이란 솔직히 하나 같이 잔인하면서 빈번하다) 가운데 가장 동화된 형태일 뿐이다. 이런 경우, 바이러스는 포식 기생생물의 몸 밖에서 증식하며, 포식 기생생물은 느슨한 공생 관계에서 이를 전달하여 숙주를 약화시키는 역할로 만족할 뿐, 대번에 숙주를 죽이지는 않는다. 균류의 지원을 받아 나무들을 공격하는 곤충들의 경우와 마찬가지로, 진화는 시차를 두고 두 차례에 걸쳐서 진행된다. 우선 헐렁하고 기회주의적인 결합이 이루어진다. 그 후 그 결합으로부터 출발해서 한층 동화되고 상호의존적인 커플이 회를 거듭하면서 반복적으로 탄생하게 된다.

몇몇 공생 관계는 진정한 포식까지도 허용한다. 다시 말해서 신속한 죽음을 몰고 오는 극단적인 기생주의적 행태가 나타날 수도 있다는 말이다. 공동의 먹잇감을 공격할 때, 상당히 잔인한 사연이 지렁이처럼 생긴 선형동물들과 박테리아를 이어준다. 이 선형동물의 애벌레는 먹을거리도 없이 토양 속에 살아남아 적극적으로 곤충들을 찾아다니면서 이들을 침략한다. 곤충의 몸 안으로 들어간 선형벌레 애벌레들은 장내 소포에 저장해둔 공생 박테리아를 구강으로 끌어올린다. 그렇게 되면 박테리아가 창궐하면서 독소를 배출하여 패혈증을 일으킨다. 패혈증이 발생하면 곤충과 그 안에 서식하던 모든 박테리아들은 다 죽어버리고 만다. 하지만 선형동물은 효소를 분비하여 박테리아의 효소들과 더불어 죽은 곤충의 조직을 선형동물과 박테리아 모두의 입맛에 맞고 영양가 풍부한 즙으로 바꾼다. 선형동물은 또한 박테리아까지도 먹는다. 이렇게 되면 애벌레가 성체가 되고, 따라서 번식하기 시작한다. 몇 세대가 이어지면서 선형동물의 애벌레는 기운이 다했을 때 '고향'과도 같은 곳을 떠나 토양 속으로 들어가 다른 범죄를 획책한다. 그러기 전에 애벌레들은 장내 소포를 박테리아로 가득 채워둔다. 후에 그걸 가지고 다른 곤충을 감염시키는 것이다. 그러므로 이 과정에서 잡아먹히는 일부 박테리아의 희생이 동료들의 번식을 보장해주는 셈이다.

이 같은 포식성 공생은 두 부류의 선형동물 스타이나네마Steinernema와 곤충병원성 선충Heterorhabditis에서 독립적으로 나타난다. 이 둘은 장내 세균과에 속하는 제노랍두스속Xenorhabdus과 포토랍두스속Photorhabdus 박테리아와 각각 결합한다. 장내 세균과에 속하는 박테리아들은 흔히 소화관 내부에 서식하므로 이러한 공생은 틀림없이 장에 장내 세균과 박테리아를 거느리고 있었을 선형동물의 조상으로부터 유래했을 것으로 보인다. 이 두 부류 각각의 종은 고유의 박테리아에 따라 공격을 결정한다. 실험을 통해서 이 두 부류를 바꾸어보았을 때, 동물의 생명 주기가 위험해진다. 이들은 종류를 불문하고 모든 곤충을 공격 대상으로 삼는다. 이러한 공생은 곤충을 죽이기 위해 공생 관계를 활용하는 또 다른 종류의 결합을 낳았다! 옥수수 같은 식물의 뿌리는 곤충들의 공격을 받을 경우 베타 카리오필렌을 발산하는데, 이 물질은 곤충을 먹이로 삼는 선형동물들을 유인한다. 인간 또한 요즘에는 온실과 묘판에서의 생물학적 투쟁을 위해 이 선형동물을 키우고 이를 상품화하고 있다. 그러므로 인간과 식물은 선형동물의 확산을 부추기며, 상리공생적인 파트너로서 그것이 주는 보호자적 효과를 취한다고 볼 수 있다.

박테리아 또는 바이러스의 도움을 받는 이러한 범죄 행위는 공생의 진화가 여전히 수많은 수렴 현상으로 점철되어 있음을 보여준다. 이제 이러한 범죄 행위의 마지막 예를 들고자 하는데, 이 사례는 자주 거론되기는 하나 아직까지 명쾌한 논리로 뒷받침되지 못하고 있는 상태다. 용맹스러운 사냥꾼들로 썩은 고기도 마다하지 않는 북아프리카 혹은 코모도 왕도마뱀의 톱니모양 이빨 사이에는 고기 찌꺼기가 남아 있어서 박테리아들도 왕성하게 번식할 것으로 추정된다. 때문에 이 녀석들에게 물리면 상처가 감염되어 얼마 뒤 물린 생물들은 패혈증의 희생자가 되어 죽음에 이르게 된다. 그러면 왕도마뱀은 이 사체를 섭취하여 양분을 취한다. 그런데 실제로 녀석들의 이빨 사이에는 고기 찌꺼기도, 특별한 마이크로바이오타도 없다. 다만 녀석들이 독성을 지녔을 뿐이다. 똑같은 시나리오가 티라노사우르스의 톱니 모양 치아에 대해서도 언급되었는데, 이와 관련해서도 결정적인 증거라고는 전혀 없다. 반면, 그보다는 훨씬 모호한 방식으로 구강 내 미생물들이, 생태계의 오염과 더불어 물린 상처 부위의 감염을 심화시키고, 그로 인해서 사체를 먹는 모든 육식동물들에게까지 그 영향이 미치도록 하는데 일조할 가능성은 얼마든지 예상해볼 수 있다! 이 경우 여기서 소개한 다른 사례에서와 마찬가지로, 공생 미생물들은 기생 혹은 포식의 보조자가 되어 식량과 자손 확산을 동시에 해결할 수 있다.

결론적으로 말하자면…

생태학적 성공이 혼자 힘으로 이루어지는 경우란 매우 드물다. 이러한 성공은 대체로 미생물의 도움이 있어야 가능하다. 우리는 공생이 실전 차원에서 생태계 내에 존재하는 경쟁과 착취라는 부정적인 힘과 화해하는 과정을 추적했다. 우리는 앞선 장에서 공생이 어떻게 그와 같은 부정적 상호작용을 '넘어서서' 속임수를 구사하는 존재들을 피해가면서 구축될 수 있는지도 살펴보았다. 그리고 방금 공생이 때로는 어떻게 부정적 상호작용의 기반이 되는지도 보았다. 그러므로 생태계가 기능함에 있어서 부정적인 상호작용과 호의적인 상호작용은 이웃해 있다고 말할 수 있다. 그렇기 때문에 공생은 생태학적으로 더 많은 결과를 낳는다. 그 결과는 직접적인 상리주의에 따른 결과일 수도 있고, 아니면 경쟁이나 기생 혹은 포식의 보조자로서 간접적으로 공헌한 결과일 수도 있다. 공생은 섭생 관련 상호작용, 먹이사슬, 종의 풍성한 자손 번식, 군락의 개체 수, 공동체의 형성과 역학 등을 구축하는 데 일조한다.

우리는 잠시 우리의 논의를 '특혜favorisation'까지 확대해보았다. 미생물의 한 종이 자기에게는 아무런 이득이 없는 데도 어떤 식물 혹은 동물에 호의를 보이는 경우를 가리켜 특혜라고 부른다. 우리는 심지어 서로에게 호의적인 극단적인 경우까지도 예시했다. 실제로는 상호 호의적인 경우에서부터 한쪽에게는 호의적이나 다른 한쪽에는 중립적인 상호작용을 지나 한쪽 파트너에게 눈에 띄게 불리한 경우에 이르기까지, 칼로 무 썰 듯 딱 잘라서 분리할 수 없는, 진정한 의미에서 상호작용의 연속성이 존재한다고 할 수 있다. 이러한 사례들로부터 생태학적 과정에 있어서 미생물의 공헌이 드러나는데, 흔히 우리의 육안으로는 (미생물이 아닌) 거대 생물들의 참여만이 확인되기 일쑤다. 우리가 자연에서 바라보는 것의 이면에서는 미생물들(그리고 아주 작은 동물들)이 자기들은 거기에 속하지 않으면서 가시적인 것들을 조직하는 최소한의 결탁을 통해서 활약하고 있다.

그리고 마지막으로, 우리는 또 인간 자신도 의식적으로건 무의식적으로건 생물학적 투쟁을 위해서 혹은 인간들끼리의 군락 생활에서 미생물들을 활용할 수 있음을 확인했다. 이러한 상호작용의 결과는 때로 문명 전체에 영향을 주기도 한다. 이제 다음 장에서는 우리가 늘 하는 문화적 몸짓, 그중에서도 특히 식생활 관련 행위를 찬찬히 짚어봄으로써 문명적인 함축을 지닌 인간과 미생물의 공생을 다뤄볼까 한다.

12장

식탁 위 맛있는 미생물 이야기

_ 와인, 맥주 그리고 치즈

이번 장에서는 화이트와인, 레드와인, 핑크와인, 옐로우와인, 심지어 오렌지와인까지 제조해볼 작정이다! 술 저장 창고에서의 포도 재배자는 되새김질하는 소와 마찬가지다. 미생물들은 입술에 닿는 와인의 감촉과 향기를 구축한다. 일부 와인은 막을 형성하기도 한다. 이 장에서는 또한 맥주도 제조해볼 것이다. 뿐만 아니라 요거트와 치즈도 만들어보려 한다. 치즈에 푸른곰팡이 꽃을 피우고, 미생물을 활용해서 풍미와 질감을 높여볼 것이다. 그리고 마지막으로 몇몇 치즈 미생물들이 어떻게 해서 식품 발효에 적응하게 되었는지, 아니 그 정도가 아니라 때로는 번식 역량마저 상실해가면서 인간에 의해 아예 가축화되었는지도 살펴볼 것이다.

효모와 와인 제조

고대부터 전승되어 왔으며 현대 생화학에 의해 날로 새로워지고 있는 와인 제조는 잘 익은 포도에서 시작되어 미생물들에 의해 확실하게 마무리된다. 미생물이야말로 포도 재배자의 진정한 상리공생자다. 포도 재배자는 미생물에게 양분을 제공해가면서 그것들을 살뜰히 보살펴 와인 제조를 준비한다. 발효 과정에서 과실의 당분은 빵을 만들 때 사용하는 효모와 같아 흔히 '빵효모'라고 하는 효모(사카로미세스 세레비지에Saccharomyces cerevisiae)에 의해 알코올로 변한다. 이 효모들은 자생적일 수 있으며, 그럴 경우 과실 껍질보다는 주로 지하 양조 창고에서 유래한다. 과실 껍질의 효모는 지하 창고에서는 그다지 경쟁력이 없는 효모 계열 출신이기 때문이다. 현재 효모는 여러 가지 이유로 가장 자주 접종된다. 우선 우리가 앞 장에서 배웠듯이, 킬러 효모가 만들어내는 독소에 민감한 개체군에 개별 킬러 효모가 뒤늦게 등장하더라도 발효가 멈추지 않도록 하기 위해 매우 경쟁력 있는 킬러 효모를 가지고 있는 게 유리하다. 그래야만 개별적인 킬러가 뒤늦게 킬러 독소에 민감한 군락에 등장하더라도 발효가 멈추는 일 없이 확실하게 진행될 수 있다. 게다가 요즘 사용되는 포도 원액은 당도가 매우 높은데, 단위 면적당 생산성을 제한하는 규정에 따라 포도송이의 수가 제한되고, 따라서 각 포도송이의 당도는 높아지게 되어 자연히 포도주의 알코올 농도도 높아지게 된다. 그런데 자연 상태의 효모 상당수는 알코올 농도가 11~12를 넘어서면 살아남지 못한다. 실제로 자연 상태의 효모는 흔히 땅에 떨어진 과일, 즉 발효를 통해서 생산된 알코올 농도가 높지 않은 포도 속에 산다. 아울러 최근 들어서 관찰되기로, 일부 효모는 잠재적으로 대단히 흥미로운 향기 부산물, 가령 화이트와인에 이국적인 과일의 맛을 더해주는 싸이올thiol, 아이소아밀아세테이트를 함유하고 있다. 이 효모는 보졸레 누보에서 바나나 또는 산딸기 향이 나도록 하는 데 일조하는 저 유명한 71 B 등을 생산해내는 역량 때문에 선택되기도 한다.

화이트와인과 핑크와인의 발효는 과일즙의 발효다. 화이트와인은 청포도 혹은 붉은 포도(과실의 빛깔은 껍질에 남아 있다. 샴페인의 대다수는 검은 껍질을 가진 피노 누아르 포도로 만들어진다)를 신속하게 압착하여 만들어진다. 양조 통 또는 지하 창고 전체의 온도를 낮춰서 낮은 온도에서 발효가 진행되는데, 이는 효모의 활동을 제한하여 과실향이 훼손되는 것을 최대한 막는다. 핑크와인은 붉은 포도의 과육으로 만들되 껍질을 가볍게 과즙에 담가서(그레이와인의 경우는 껍질을 과즙에 담그는 기간이 아주 짧다) 색이 배어 나오도록 하는 과정을 거친 다음, 화이트와인처럼 제조한다. 레드와인의 경우는 이와 반대로 껍질을 까지 않은 포도알 전부를 압착해서 터뜨림으로써 과육이 껍질과 완전히 분리되지 않은 상태에서 발효에 들어간다. 껍질은 알코올과 효모 효소들의 작용으로 점차적으로 색소와 향(특히 타닌)을 뿜어내기 시작한다. 레드와인 제조 과정에서는 발효 온도를 약간 높게 유지한다. 온도가 높으면 껍질의 혼합물을 추출해내는 데 유리할 뿐 아니라 미생물의 활동도 증대된다. 그 결과 화이트와인이나 핑크와인에 비해서 과실로부터 뿜어져 나오는 향이 훨씬 강해진다. 한편 동유럽의 조지아에서 제조되며 세간에는 잘 알려지지 않았으나 프랑스 내에서 점점 더 확산되는 추세를 보이고 있는 오렌지와인은 레드와인을 제조할 때와 마찬가지로 청포도를 껍질과 함께 발효시켜 만든다. 덕분에 오렌지와인은 타닌의 맛과 향이 매우 짙다. 포도주 양조 유형에 따라 발효 온도가 다 다르지만, 어느 경우에도 항상 효모가 활동하기에 유리하도록 지하 창고를 선선하게 유지한다는 사실만은 변함이 없다. 그래야 발효로 인해서 창고 내의 온도가 너무 올라가는 것을 방지할 수 있기 때문이다. 또한 산도가 너무 높아지면 이 또한 조절해야 하는데, 레드와인의 경우 다양한 방식(막대기로 양조 통 내부를 꾹꾹 눌러가며 으깨기, 펌프를 사용해서 양조 통 바닥에 가라앉은 내용물을 표면으로 끌어올리기, 발효 중인 양조 통 안의 포도즙을 다른 통으로 옮겨 담기 등)으로 과육에 붙어 있다가 액체 속에서 부유하기 시작하는 껍질과 액체가 계속 접촉할 수 있게 유지시킨다.

다양한 미생물이 풍부한 양조 통에서 출발한 효모들은 신속하게 주변을 정리한다. 미생물들이 만들어내는 알코올의 독성이 강력한 경쟁자로 부상하기 때문이다. 실제로 빵효모가 아닌 다른 미생물들이 바람직하지 않은 향, 가령 브레타노미세스속Brettanomyces에 속하는 효모들이 방출해내는 마구간 냄새를 만들어내는 일은 피해야 한다. 알코올에 대한 저항력 외에도 다른 몇몇 특성이 발효 중인 와인 내부에서 빵효모의 경쟁력을 높여주는데, 이는 지하 창고에서 살거나 거기서 감염된 효모 균주들일 경우 특히 그러하다. 우선 이 효모들은 아황산염에 강하다. 아황산염은 항산화제, 항생제, 이렇게 두 가지 역할을 하기 때문에 와인 양조에서 사용되는 혼합물로 주로 불청객 미생물들의 증식을 막기 위해 사용된다. 이 효모들은 아황산염을 세포 밖으로 몰아내는 기제 덕분에 살아남을 수 있다. 뿐만 아니라, 발효 초기에 자주 효모에게 우호적인 몇몇 비타민이 첨가된 암모늄 형태로 보충을 한다고는 해도, 포도즙에는 질소 함유량이 제한적이다. 그렇기 때문에 역사적으로 볼 때, 양조장에서는 포도알을 발로 밟아 으깨면서 소변을 보는 일도 마다하지 않았다. 그런데 빵효모는 아미노산과 단백질 조각

수송단백질을 갖고 있어서 질소가 함유된 양분을 포획하는 데 경쟁력이 있다. 아황산염, 질소 결핍(아무리 보충해도 결핍은 쉽게 충족되지 않는다)에 대한 저항력이야말로 효모가 와인 속에서, 지하 창고 내부에서 살아남을 수 있는 적응력이다.

열두 번째 장이자 마지막에서 두 번째 장인 이번 장에서는 앞의 장에서 그들의 보조 전사로서의 역할을 통해 살펴본 미생물의 문화적, 문명적 차원을 계속 파고들 것이다. 이 장에서는 크게 두 가지 유형의 식품을 예로 들면서 그 안에서 미생물의 존재를 탐구할 예정인데, 발효 음료수인 와인과 맥주, 이어서 유제품의 일종인 요거트와 엄밀한 의미에서의 치즈가 그 두 가지 유형이 되겠다. 이러한 예들을 통해서 우리는 이 식료품들을 가꿔온 우리의 관습, 그리고 이러한 관습 안에 함축된 미생물의 진화 등에 대해서 광범위하게 논의해볼 수 있을 것이다. 그러다 보면 우리는 자연스럽게 다음 장에서 미생물에 의한 식품 발효의 역할과 그것의 장점이라는 중요한 주제에 이르게 될 것이다.

미생물과 산화 작용 사이를 오가는 와인의 진화

와인 제조는 대다수 화이트와인과 핑크와인, 혹은 보졸레 누보처럼 '누보nouveau'*라는 단어가 붙은 레드와인의 경우, 알코올 발효에서 마무리된다. 마지막으로 미생물을 제거하는 작업은 아황산염을 첨가하고 여과를 함으로써 완성된다. 여과 작업은 와인의 정화를 넘어서 미생물을 제거하는 효과도 있기 때문이다. 어떤 방식으로건 병 안에 발효 과정에서 생성된 이산

* '새로운'을 뜻하는 프랑스어.

화탄소를 보존하게 되면, 와인은 기포를 지니게 된다(짐작했겠지만, 샴페인의 기포는 미생물 때문이다). 당분이 알코올로 변하기 전에 미생물을 제거하면 와인이 달착지근하거나 목 넘김이 아주 부드러워진다. 사람에 따라서 두통을 안겨줄 수 있는 아황산염은 와인에 첨가 시 소량만 넣는 것이 아니므로, 과거에는 화이트와인, 그중에서도 특히 단맛을 유지하기 위해 일단 병에 담은 후에는 발효가 재개되는 것을 막아야 하는 강한 단맛 와인의 경우, 나쁜 평판이 따라다니기 일쑤였다.

와인은 발효에 앞서 양조에 돌입하기 전에 수분을 제거함으로써 당도를 증가시킬 수 있다. 수분을 제거하는 방법으로는 건조(늦은 수확의 경우 나무를 고사시키거나, 디저트용 와인의 경우 짚더미 위에서 포도송이를 말리거나)를 이용하거나 얼음이 얼면서 포도 밖으로 수분 결정체가 형성(북유럽의 아이스와인)될 때까지 기다리는 방법도 있다. 그런가 하면 아주 흥미로운 방식, 즉 미생물을 사용하는 방식으로 당도를 높이는 와인도 있다. 귀부貴腐와인 pourriture noble은 보트리티스 시네레아Botrytis cinerea라는 균류에 의해서 수분이 빠져나가면서 적당하게 건조된 포도로 만드는 와인으로, 이 균류는 노화해가는 씨앗, 가령 소테른의 씨앗을 공격한다. 이 방법으로는 또한 과다성숙(말린 과일이나 잼)에 따른 특유의 향도 얻을 수 있는데, 이는 부분적으로는 특히 귀부 와인에서 증식하는 미생물들 덕분이다.

지금까지는 와인 제조의 다양성만 수박 겉핥기식으로 훑어보았다. 사실 와인은 알코올 발효 후 병에 옮겨 담기 전까지 미생물이 작용하여 숙성할 수 있는 시간을 충분히 준다. 이렇게 되면 과실향이 줄어드는 대신, 미생물의 작용이 빚어내는 대단히 복합적인 오묘한 향을 얻을 수 있다. 그중에서도 레드와인, 그리고 몇몇 화이트와인과 밀접한 관계가 있는 숙성 과정으로 되돌아와 보자. 썩어가는 과일 속에서 당분이 완전히 알코올로 바뀌면, 과일 조직이 손상되면서 산소가 유입되고, 그러면 효모는 그 산소를 호흡하는 과정에서 만들어진 알코올을 소비한다. 그런데 와인 속에는 산소와 양분이 없으므로 효모는 결국 죽게 된다. 죽은 효모 세포들은 죽은 박테리아와 포도에서 나오는 유기물 잔해 등과 더불어 찌꺼기를 형성하는데, 병에 옮겨 담기 전에 이 찌꺼기는 걸러낸다. 얼마 동안 술지게미를 제거하지 않은 채 와인을 보존할 수도 있다. 그렇게 함으로써 미생물 사체들에서 방출되는 물질들을 얻을 수 있기 때문이다. 가령, 특별한 향(이 향이 지나치게 강할 수도 있기 때문에 일부 지역에서는 이와 같은 방법을 쓰지 않는다)과 입에 닿았을 때 크림처럼 부드러운 느낌(효모의 세포벽으로부터 나오는 복합당인 글루칸glucan, 만난mannan 등과 연관이 있다) 같은 것이 대표적이다. 그러므로 '기름기' 혹은 입안에 들어갔을 때 와인의 바디감은 흔히 미생물의 작용에 의해 결정된다. 기름기의 또 다른 요인인 글리세롤도 역시 발효 과정에서 나온다.

과거에는 겨울 추위가 지나고 와인을 병에 옮겨 담은 후에, 신기하게도 당분이 남아 있지 않은데도 병마개가 튀어나갈 정도로 발효가 활발하게 재개되는 경우가 있었다. 프랑스에서는 1950년대에 들어와서야 비로소 일단 효모가 잠잠해지고 났을 때, 온도 조건만 충족되면(그렇기 때문에 주로 겨울이 지나고 난 후) 다른 종류의 발효가 시작될 수 있다는 사실이 알려졌다. 이 두 번째 발효가 흔히 '말로'라고 줄여서 말하는 말로락틱 발효다. 이 발효는 과실에서 나온 말산과 효모를 양분 삼아 이산화탄소와 젖산을 발생시킨다. 이는 오에노코커스 오에니Oenococcus oeni라는 유산균이 당분 결핍으로 더 이상 증식할 수 없게 된 효모의 사체들에서 나온 질소, 인을 함유한 양분들을 그러모으는 작용에서 기인한다. 이 유산균들은 겨울 추위 동안에 억압되어 지내면서 아주 서서히 모습을 드러낸다. 많은 지하 창고들에서 접종

키트에도 불구하고 말로락틱 발효는 제대로 통제되지 못한다. 말로락틱 발효가 시작된 양조 통으로부터 와인을 다른 곳으로 이동하는 과정에서도 박테리아 감염이 일어날 수 있다. 대개 지하 창고가 온도를 지나치게 낮게 유지하는 경우란 없기 때문에 발효가 계속되는 것이다(여기서도 온도가 와인 내부 미생물의 삶을 제어한다). 그렇지만 결과만큼은 대체로 예측할 수 없으며, 효모들과는 달리 말로락틱 발효는 지금까지도 불완전하게 제어되는 실정이다.

오늘날, 여과와 아황산염 처리 과정이 핑크와인과 대다수 화이트와인의 과실 향을 유지시켜주면서 와인을 안정화하는데, 그 과정에서 말로락틱 발효가 일어나게 된다. 이 두 번째 발효는 다수의 레드와인과 일부 화이트와인에는 상당히 바람직하게 작용한다. 와인의 맛을 한층 더 공고하게 구축해주기 때문이다. 젖산은 와인에 신맛을 더하는 한 가지 기능을 수행할 뿐인 데 비해, 말산은 두 가지 기능을 한다. 말산이 젖산으로 전환되면서 와인의 산도를 낮춰주는 것이다. 더구나 말산은 글리세롤, 초콜릿 향미를 지닌 프로피온산, 코코넛 느낌을 내는 락톤, 버터와 개암 느낌을 내는 다이아세틸(샤르도네 와인의 발효 과정에서는 이 느낌을 강화시키기 위해 노력을 아끼지 않는다) 등, 적지 않은 새로운 대사물질로도 바뀐다. 말로락틱 발효 덕분에 와인의 향미는 단순한 포도 한 가지 맛에서 벗어나 한층 더 복합성을 띠게 된다.

일부 와인은 나무통 속에 넣기도 한다. 그 안에서 아주 느리고 조심성 있는 산화 과정을 밟는데, 이 과정은 화학작용에 가깝다고 할 수 있다. 나무통이 새 것일 경우 와인은 나무의 타닌을 덤으로 얻게 되는데, 사실 식물에서 추출한 타닌 혹은 톱밥을 첨가하면 그보다 훨씬 적은 경비로 같은 효과(그래서일까, 때로는 덜 섬세한 효과)를 얻을 수 있다. 타닌은 포도, 그중에서도 특히 껍질에 함유되어 있는 페놀류 물질로, 레드와인을 만드는 담금 과정에서 얻어진다. 포도에서 얻어졌든, 따로 첨가되었든, 타닌은 와인의 맛을 내는 데 공헌하며 아황산염과 마찬가지로 두 가지 기능을 수행한다. 항산화제이자 미생물의 단백질(여기에는 효소도 포함된다)과 상호작용을 함으로써 미생물의 증식을 제한하는 것이다. 현재 시판 중인 아황산염이 들어가지 않은 와인의 상당수는 그 대체물로서 타닌 추출액이 첨가되며, 아황산염과 타닌의 기능은 동일하다.

나무와 타닌의 활용은 고대부터 와인에 첨가하던 여러 가지 물질, 즉 안정제, 항생제 역할을 하는 다양한 첨가물들(특히 식물성 첨가물)의 현대적인 버전이다. 참고로 바닷물, 피스타치오나무나 소나무의 수지처럼 항산화 혼합물이 풍부한 각종 향신료 등이 고대부터 와인에 첨가되었다. 그리스의 송진 화이트와인인 레치나는 말하자면 고대의 추억을 간직한 포도주다. 과거에 박테리아를 제거할 수 있는 아황산염이나 여과 과정이 없던 시절, 와인은 아세트산균 때문에 서서히 산화되었다. 아세트산균은 산소가 있는 곳에서 알코올의 일부를 아세트산으로 바꾸며, 결국 와인을 식초로 만들어버린다. 이러한 산기는 궁극적으로 생산물을 오늘날의 와인과는 매우 다른 와인으로 안정화시켰다(미생물들은 산기를 좋아하지 않는다). 고대와 중세 시대에는 산기를 약화시키기 위해 때로 꿀을 첨가했으므로, 와인의 맛은 첨가하는 식물의 종류에 따라 달라졌다. 당시 와인은 미생물 증식을 훨씬 더 잘 제어하여 아세트산이 축적되기 전에 증식을 멈추는 오늘날의 와인과는 아주 다른 제품이었던 것이다.

마지막으로, '뱅 드 부알vin de voile'을 제조하는 과정을 보자. 이것은 와인을 미생물과 함께 나무통에서 숙성시키는 독특한 방식으로, 나무통 속에서 와인은 약간 증발한다. 보통은 이렇게 증발된 분량을 같은 질의 와인을 넣어 보충한다. 다시 말해서 와인을 더 부어서 나무통을 가득 채움으로써 공기와의 접촉을 통한 아세트산균의 증식을 미연에 차단하는 것이다. 그런데 뱅 드 부알의 경우는 증발한 분량을 채워 넣지 않는다. 공기가 점차 나무통 꼭대기에 채워지면 와인 표면에 미생물막이 형성된다. 이 막에는 사카로미세스 바야누스Saccharomyces bayanus 같은 효모와 박테리아들이 서식하며 그중 일부는 알코올을 아세트산으로 변하게 한다. 하지만 효모가 얼마 되지 않는 산소를 차지하기 위해 박테리아들과 경쟁함으로써, 그리고 표면의 막을 형성하여 와인과 공기의 접촉을 차단함으로써, 이들의 과도한 증식을 억제한다. 뱅 드 부알은 결과적으로 약간 더 산화되고, 산도가 높으며, 매우 특별한 향미를 지니는데, 이는 박테리아의 활동과 연관이 있다. 스페인의 셰리주, 쥐라의 옐로우와인은 이 같은 방식으로 제조한 대표적인 와인이다. 이 방식은 대단히 안정적이며, 높은 산도 덕분에 장기간 보존이 가능한 와인을 제조해낼 수 있기 때문에 과거에는 훨씬 더 광범위한 지역에서 애용되었다.

이렇듯 와인 제조는 미생물에 의한 숙성에 좌우된다. 숙성 과정에서 직접적인 방식(박테리아 번식)과 간접적인 방식(아황산염, 타닌, 공기 주입량, 온도, 산도 조절 등)이 미생물 증식을 돕는 동시에 억제한다. 요컨대 마이크로바이오타를 형성해가면서 원하는 변화를 이끌어내는 것이다. 알코올과 산도는 궁극적인 결과물을 안정화하며, 여기서 비롯되는 미생물 대사물질은 와인의 맛과 입안에서 느껴지는 바디감을 완성시킨다. 그런데 포도 재배자는 미생물에게 포도와 질소, 심지어 비타민까지 공급한다. 이야말로 포도주 제조 과정에서 결성되는 포도 재배자와 미생물의 거의 공생에 버금가는 아름다운 상리주의가 아니겠는가. 재료 혼합, 양분 공급 또는 산도와 산화 정도 조절, 온도 제어 등의 과정은, 4장에서 살펴보았듯이 소들이 되새김위를 관리하는 생물학적 장치를 연상시킨다!

맥주의 다양성

맥주 역시 효모의 발효가 빚은 결과물인데, 주원료가 곡물이라는 점만 다르다. 효모는 직접 전분(씨앗의 비축 형태인 포도당 중합체polymer)을 공격할 수 없으므로, 우선 곡물의 발아에서 시작한다. 이 과정에서 새싹은 고유한 효소들에 의해서 보다 간단한 당에 속하는 글루코스(포도당), 말토오스(엿당, 맥아당), 말토트리오스(말토오스와 말토트리오스는 각각 2개의 글루코스, 3개의 글루코스로 형성된다)를 방출한다. 그런 다음에 온도를 높여 식물 조직을 죽인다. 이를 가리켜서 맥아malt로 만든다고 하며, 위스키 증류에 앞선 발효 단계에서도 이와 똑같은 과정을 거친다. 맥아로 만드는 과정에서는 단당류 외에도 매우 다양한 물질이 생산된다. 그 물질들 가운데에는 비타민도 포함되는데, 이들 비타민은 이어지는 과정에서 효모들에게 유용하게 쓰인다. 맥아는 다양한 물질들을 풍부하게 함유하고 있기 때문에 자주 미생물 배양 환경에 첨가된다. 다양하기 이루 말할 데 없는 미생물들의 수요에 확실하게 부응할 수 있기 때문이다! 맥주의 양조는 맥아에 물을 더한 다음 이를 효모에 의해 발효시키는 것으로, 일정한 온도를 유지하면서 이를 지속적으로 섞는 것이 중요하다. 그래야만 되새김질에서와 마찬가지로, 물과 식물 조각, 미생물들이 골고루 잘 혼합되기 때문이다. 혼합 과정에서는 발효에서 발생하는 이산화탄소를 충분히 보존해서 맥주의 기포를 확보한다.

역사적으로 볼 때, 맥주는 원래 별다른 장치 없이 대기 중에서 미생물에 감염되는 방식으로 얻어졌다. 지금도 브뤼셀 지역의 괴즈gueuze나 람빅lambic은 그런 방식으로 제조된다. 이 경우 감염은 매우 서서히 진행되며, 여기에는 효모만 관여하는 것이 아니다. 실제로 산소의 개입이 있기 때문에, 아세트산(위에서도 이미 언급된 바 있는 식초의 산)을 비롯한 다양한 물질을 생산하는 박테리아들이 안정적으로 증식하게 된다. 그 결과로 얻어지는 시큼한 산기가 맥주를 미생물들의 다른 작용으로부터 보호하는 건 사실이나, 그 맛이 매우 뜻밖이라서 입이 놀란다. 그럴 경우 습관적으로 과일이나 과일즙을 첨가하는데, 이는 고대에 와인에 꿀을 첨가한 것과 같은 이치다. 과일의 맛과 당분으로 맥주의 신맛을 누그러뜨리는 것이다. 이렇게 해서 탄생한 것이 크릭kriek(네덜란드어로 체리를 뜻한다)이다. 그 후 발효 조건들을 보다 효율적으로 제어할 수 있게 되고, 의도적인 감염이 가능해지면서 효모의 작용을 최우선으로 고려하게 되었다. 그리하여 현대 맥주의 양대 산맥인 에일ale과 라거lager가 출현하기에 이르렀다.

처음에 맥주는 진짜 빵효모인 사카로미세스 세레비지에Saccharomyces cerevisiae를 가지고 상면上面 발효를 시켜 만들었다. 상면 발효는 효모가 발효 기간 동안 양조 통의 윗부분에 떠다니는 경향을 보이기 때문에 붙은 이름이다. 게다가 이 과정은 상당히 높은 온도(섭씨 18도 이상)를 필요로 하기 때문에 따뜻한 계절에만 가능하다. 이렇게 해서 만들어진 맥주 에일은 향미는 좋으나 제조 온도와 제조법 때문에 살균처리법과 여과 방법이 발명되기 전까지는 매우 불안정할 수밖에 없었다. 오늘날 이 과정에 투입되는 효모는 크게 두 부류에 속하는데, 이것들은 유럽에서 16세기 혹은 그보다 조금 늦게 길들여졌을 것으로 추정된다. 상면 발효가 더 오래되었긴 하나, 감염시키는 관습은 분명 더 나중에 나타난 것이 확실하다. 15세기 무렵 바이에른 지역에서는 다른 부류의 효모, 즉 사카로미세스 세레비지에와 사카로

미세스 유바야누스S. eubayanus의 잡종인(비록 오늘날에는 이 방식에 사카로미세스 세레비지에 효모의 균주가 사용되고 있지만) 사카로미세스 파스토리아누스Saccharomyces pastorianus를 가지고 하면下面 발효를 발명했다. 이 방식으로 발효하면 사용된 효모가 양조 통의 아래쪽에 침전하는 경향을 보이기 때문이다. 게다가 이 발효는 훨씬 낮은 온도(섭씨 10도 언저리)에서 가능하기 때문에 거의 사계절 내내 맥주를 만들 수 있다. 이 방법으로 제조된 맥주를 라거 또는 필스너pilsner라고 한다. 라거는 저온 덕분에 산화에 강하며, 효모가 알코올을 만드는 비율도 떨어지기 때문에 한결 가벼운 맛을 낸다. 모든 유형의 맥주들은 예전에는 히드, 습지 머틀Myrica gale, 오늘날에는 홉 등 다양한 식물을 첨가함으로써 안정적이 된다. 이러한 식물들은 와인과 마찬가지로 타닌을 보충해줘서 산화를 방지하고, 원치 않는 미생물의 증식을 제한하는 효과를 내는데, 그 대신 맥주에 씁쓸한 맛을 더한다. 오늘날에는 마지막 단계에 여과 과정이 추가된 덕분에 맥주가 투명해지고, 미생물이 제거되면서 뛰어난 안정성까지 확보되었다. 그래도 한 가지 예외는 있다. 여과 과정을 거치지 않은 화이트 맥주로 이 맥주는 신속하게 마셔야 한다. 이름에서도 알 수 있듯이, 이 맥주의 뿌연 유백산광은 그 안에 떠다니는 효모들 때문이다. 효모들은 정향의 향과 비슷한 독특한 향미(비닐과이아콜vinylguaiacol)를 만들어낸다.

맥주 제조자(혹은 소비자)는 맛이 좋으면서, 알코올과 식물의 특성 덕분에 해로운 미생물들에 의해 감염될 염려도 적은 제품을 얻게 되어 이득이다. 또한 미생물 입장에서는 양분을 얻고 서식처(양조장이라는 좋은 조건을 갖춘 서식처)를 제공받으며, 심지어 인간이 감염까지도 도와주니, 누이 좋고 매부 좋은 일이 아닐 수 없다. 와인 제조에서와 마찬가지로 맥주 제조 또한 상리주의의 좋은 사례로, 오늘날 활용되는 효모 종균이야말로 그 절정을 보여준다. 이 효모 종균은 자연 상태에서는 존재하지 않으며 전적으로 인간에게 의존하기 때문이다. 맥주 제조를 위해 길들여진 빵효모의 균주는 와인과 빵을 위해 길들여진 균주 집단(즉 진정한 의미에서의 빵효모. 비록 그 둘이 같은 종류인 건 분명하더라도 말이다)과는 다르다. 이 균주들은 맥주에는 도움이 되지 않는 비닐과이아콜(화이트 맥주를 만들어내는 줄기만 예외) 같은 일부 방향성 대사물질을 생산해내는 역량을 상실한 반면, 맥아에 대한 적응력을 상승시키는 다양한 역량, 가령 전분 공략으로부터 파생된 말토트리오스의 활용을 획득했다. 이것들은 또한 미래에 대비하며 버티기에 적합한 형태인 포자를 생산하는 역량, 유성생식으로 번식하는 역량도 상실했다. 이러한 사정은 이 균주들이 인간에 의해 관리되는 안정적인 환경 속에서 꺾꽂이를 통해 증식하는 데 적응했음을 의미한다. 이 같은 경향은 와인 제조 효모에서 한층 더 두드러지게 나타나는데, 맥주는 적어도 400년 전부터는 지난해의 생산품에서 얻은 효모를 사용해서 1년 내내 제조하는 반면, 와인 제조용 효모는 20세기 들어와 와인 제조용으로 관리된 균주들이 출현할 때까지, 홀로, 와인의 외부에서, 주로 지하 창고에서 다음 번 와인 제조 때까지 살아남아야 했기 때문인 것으로 풀이된다.

알코올 발효 : (문화적) 수렴 진화

알코올 발효는 인간에 의해서, 유럽의 경우 와인과 맥주라는 제한적인 범위를 훌쩍 뛰어넘어가면서 다양한 지역과 계층을 통해 여러 차례에 걸쳐 발전해왔다. 그리고 그 과정에서 좀 더 센 알코올을 만들겠다는 일념으로 증류 방식의 도움을 받은 것도 사실이다. 최초의 과일 발효 음료는 지금으로부터 9,800년 쯤 전에 중국에서 처음으로 출현한 것으로 알려져 있다. 그리고 5,000년 쯤 전에 최초의 '맥주'를 제조한 곳도 역시 중국일 것으로 추정된다. 한편, 유라시아에서 와인의 가장 오래된 자취는 조지아에서 발견되었는데, 8,000년 전쯤의 흔적인 것으로 전해진다. 서아프리카와 인도에서는 종려나무의 수액을 발효(야자 술을 제조하기 위해)시켰으며, 멕시코에서는 용설란 즙(이것이 바로 데킬라와 메스칼이다), 인도와 말레이시아에서는 마니옥, 동양의 거의 대부분 지역에서는 쌀(여기에 대해서는 뒤에서 좀 더 상세하게 언급할 기회가 있을 것이다), 슬라브 국가들에서는 감자를 발효시켰다. 꿀 또한 세계 각지에서 발효시켰으며, 몽골에서는 심지어 마유(크므즈)도 발효시켰다. 요컨대 풍부한 당분을 함유한 기저 식품들이 지구상 곳곳에서 알코올 생산을 위해 동원되었던 것이다.

여러 장소에서, 다양한 재료를 이용해서 동시다발적으로 이루어진 이러한 문화적 수렴 현상은 공통적으로 주로 주변 식물들의 표면에 서식하면서 때가 오기만을, 즉 식물이 부패하기만을 기다리는 효모들을 동원했다. 빵효모의 경우, 각기 다른 여러 계열이 인간에 의해 길들여졌다. 그중 한 계열에 와인 제조용 효모가 포함되어 있었으며, 이는 과일껍질을 콜로니화한 먼 조상들의 군락에서 유래했을 것으로 보인다. 또 다른 한 계열은 빵효모가 속한 집단이고, 또 다른 계열은 맥주 제조용 효모를, 마지막 한 계열은 아시아 태생으로 쌀술(예를 들어 사케. 우리는 이 술은 증류된 형태로만 알고 있다) 제조용 효모 균주를 포함하고 있었다. 다른 종류의 효모들도 활용되었는데, 가령 라거 제조용 사카로미세스 파스토리아누스라거나, 사과주 제조에 쓰이는 칸디다 풀체리마*Candida pulcherrima*, 사카로미세스 우바룸*Saccharomyces uvarum*, 사카로미세스 바야누스 등이 대표적이다. 반드시 지켜야 하는 낮은 온도(섭씨 10도 미만) 때문에 빵효모들은 모두 제거되므로 어쩔 수 없다. 이러한 다양성은 다시 한 번 감염과 온도라는 결정적인 조정자의 중요성을 강조하는 셈이다.

효모는 전분을 공략할 수 없는 까닭에 간단한 당류만 발효시킨다. 이 때문에 위에서 언급한 맥아 만들기의 필요성이 대두되는 것이다. 안데스 산맥 지역에서 만들어지는 옥수수 맥주 치차chicha는 전통적인 형태를 놓고 보자면, 인간의 타액을 활용함으로써 이 문제를 슬쩍 우회한 셈이다. 여인들이 씨앗을 입에 넣고 씹다가 뱉으면 타액 속의 효소들이 발효 개시에 앞서서 전분을 단당류로 바꾸어놓는 것이다. 아시아에서는 곰팡이絲狀菌, champignon filamenteux 가운데 하나인 누룩곰팡이Aspergillus oryzae가 해결책이 되어주었다. 누룩곰팡이는 일부 사케와 그 외 다른 많은 곡주들, 예를 들어 중국에서 수수로 만든 술(마오타이, 바이주 등)을 발효시키는 데 활용된다. 이 균류는 전분을 분해하는 효소를 지니고 있기 때문에 씨앗들을 물에 담근다거나 약간의 열을 가해서 수분을 공급해주기만 하면 따로 맥아 만들기까지 하지 않아도 이 효소들이 전분에 접근할 수 있다. 인간에 의해 활용되는 누룩곰팡이는 발효 시에는 자주 다른 효모들과 결합하며, 자연 상태의 균주에 비해서 훨씬 다양한 2차 대사물질을 생산하는 유전자들을 보유하고 있다. 이것들은 발효하면서 대단히 복합적이고 풍성한 향미를 만들어낸다. 비록 유럽인들의 입에는 완전히 낯선 향이라고 할지라도…….

요거트에서 치즈까지…

유제품의 발효 또한 여러 곳에서 여러 형태로 출현했다. 제일 간단한 요거트에서 시작해보자. 이 작업을 담당하는 박테리아, 이른바 젖산균은 우유에서 중심이 되는 당분인 락토오스를 젖산으로 바꾼다. 준비되어 있는 요거트에 젖산균을 접종한다. 작업을 하는 사람들은 이때 제일 중요한 건 최적화된 온도(요거트 제조기는 내용물의 온도를 섭씨 40도 정도까지 데운다. 정확하게 온도를 맞춘 오븐으로도 충분하다)임을 잘 알고 있다. 적당한 산기는 발효 후 원치 않는 미생물이 증식하게 될 위험으로부터 내용물을 보호하며, 제형도 바뀐다. 요거트는 단백질이 응고된 것으로 상태가 매우 불안정하다. 말하자면 우유가 두 가지 요인 때문에 엉기게 된 것이 요거트인데, 이 두 요인은 사실 우유의 단백질을 바꾸기(전문가들은 변질된다고 말한다) 위해 결합한 것이다. 한편으로는 박테리아가 배출하는 효소 프로테아제가 단백질을 작게 조각내서 그 조각들 사이에서 상호작용이 일어나도록 부추기며, 다른 한편으로는 산기가 단백질의 형태와 성질을 변형시킨다. 단백질 찌꺼기들은 엉긴 상태(이를 가리켜 응고라고 한다)의 자기들을 이어주는 불안정한 네트워크를 형성한다. 이제 요거트를 세게 휘저어보라. 휘젓는 바람에 불안정하게 응고되어 있던 덩어리가 부서져서 액화되면, 입안에 들어갔을 때 우유를 마실 때는 느낄 수 없는 크림 같은 미끈함이 전해진다. 이는 주로 다당류로 이루어져 있는 박테리아 대사물질들로, 물과 상호작용을 하면서 제형을 두텁게 만드는 역할을 한다. 크림 느낌이 나는 특성을 지닌 유제품의 대다수는 박테리아를 잘 선택한 덕분에 그와 같은 독특한 개성을 얻었다고 말할 수 있다.

요거트의 발효는 두 가지 박테리아의 공생이 빚어낸 결과다. 이 둘은 독립적으로 살아갈 수 있음에도 반드시 둘이 함께 힘을 합해서 소화 작용을 한다. 먼저 스트렙토코커스 써모필러스Streptococcus thermophilus가 피루브산, 젖산, 개미산 등을 방출함으로써 락토오스를 발효시키면, 불가리아젖산간균Lactobacillus bulgaricus은 이를 양분으로 취한다. 한편, 불가리아젖산간균은 효과적인 단백질 분해효소를 지니고 있으므로 이를 이용해서 단백질을 공략하여 스트렙토코커스 써모필러스에게는 결핍된 발린이나 히스티딘 같은 아미노산을 방출한다. 이 박테리아들의 발효 작용에서 유래하는 부산물들 가운데 아세트알데히드는 요거트의 냄새를 만드는 주역이다. 안정화, 맛, 변화된 질감 등은 인간이 발효를 통해 얻고자 하는 효과인데, 그렇다고 인간만 이득을 보는 건 아니고 양쪽 모두에게 혜택이 돌아간다. 발효 과정에서 박테리아들은 인간에 의해 양분을 제공받고 보호받기 때문이다. 요거트를 제조하는 사람들은 이미 만들어진 요거트를 가지고 감염을 개시한다. 오늘날에는 비피더스 같은 다른 종류의 박테리아도 활용된다. 비피더스를 활용할 경우 요거트라는 공식적인 이름을 쓰는 법적 권리는 보장되지 않지만, 감각적인 측면에서는 매우 근접한 결과물을 얻을 수 있다. 전 세계적으로 발효시킨 우유를 부르는 명칭이 대략 400가지나 될 정도로 이 전통은 지구 곳곳에서 여러 차례에 걸쳐서 출현했다. 브르타뉴 지방에서 버터를 제조하고 난 후 생기는 우유 찌꺼기인 우락유 또는 버터밀크lait ribot도 이러한 전통이 낳은 부산물로, 약간 발효기가 있는 묵직한 액체 상태의 우유다.

엄밀한 의미에서 치즈 제조는 산이나 미생물 개입 없이 단백질을 응고시켜 우유를 엉기게 만드는 단계부터 시작된다. 그러기 위해서는 식물이나(예를 들어 무화과나무나 꼬리솔나물 같은 식물의 즙) 동물에서 유래한(가령 송아지 위에서 뽑아낸 응유효소. 이 말은 곧 우유를 송아지의 몸 밖에서 소화시켜야 한다는 뜻이다!) 단백질 분해 효소를 첨가한다. 오늘날, 이러한 프로테아제는 대개 균류의 배양을 통해서 공업적으로 생산된다. 다음으로 이어지는 단계는 엉긴 우유의 유청petit-lait을 제거하는 것으로, 이는 만들고자 하는 치즈의 종류와 방식에 따라 달라진다. 카망베르나 로크포르처럼 부드러운 치즈는 체에 걸러 물기만 제거하는가 하면, 생넥테르나 르블로숑처럼 단단하게 압착해서 만드는 치즈는 압력을 가해서 제거하며, 캉탈처럼 껍질이 단단한 치즈는 응어리를 잘게 부수고 약하게 가열하는 식이다. 그런가 하면 콩테나 체다, 에멘탈 치즈처럼 익힌 치즈는 제법 고열로 가열하기도 한다. 응어리에서 유청과 액체 상태로 남아 있는 우유를 완벽하게 제거할수록 단백질과 지방의 밀도가 높아지며, 치즈의 영양학적 가치도 높아지는 동시에 운반도 용이해진다. 우유 응어리는 유청을 제거할 때 혹은 압착 때 일정한 형태를 갖게 되며, 이 단계를 '성형成形, formage'이라고 한다. 'formage'라는 이 용어가 프랑스어에서는 r자가 위치 이동을 하면서 fromage(치즈)가 되었다(하지만 r자가 그대로 자리를 지킨 이탈리아어에서는 formaggio이며, 프랑스 오베르뉴 지방에서 치즈를 가리키는 방언 'fourme'에서도 마찬가지다). 이어서 갓 만들어진 치즈에 소금으로 간을 한다. 주로 표면에 소금을 뿌리는데, 이는 제일 먼저 모여든 미생물들(이 녀석들은 농축된 소금은 견디지 못한다!)이 내부로 들어가지 못하도록 방지하는 효과를 낸다. 이런 연유로, 페니실린은 효모들보다 소금기를 잘 견디므로 짭짤한 치즈 껍질에 안착하는 비율이 높다.

치즈를 향해 돌진하는 미생물들

성형 단계가 지나면 본격적으로 미생물들의 개입이 시작된다. 여기서는 와인이나 맥주 때와는 달리 매우 다양한 구성원으로 이루어진 공동체가 행동에 나선다. 일반적으로 표준적인 치즈는 1그램당 1,000만 개의 미생물을 품고 있으며, 껍질의 경우 이 숫자는 10억 개까지 올라간다(프랑스에서는 평균적인 식사를 할 경우 하루에 100억에서 1,000억 개의 미생물을 삼킨다)! 산소가 들어 있지 않은 치즈 덩어리(껍질은 제외) 내부에서 박테리아들은 남아 있는 락토오스(락토오스의 대부분은 유청을 제거할 때 함께 빠져나갔다)의 발효를 계속한다. 발효에 의해 아세트산 또는 프로피오닉산 기체가 방출되면서 구멍이 생길 수 있다. 구멍 많은 에멘탈 치즈가 여기에 해당된다. 발효는 온도가 비교적 높은 창고에서라면 한층 더 가속화된다(그뤼예르 치즈의 경우 선선한 창고에 보관되는 관계로 발효가 서서히 진행되어 가스도 그 속도에 맞춰 빠져나가게 되므로 치즈에 구멍이 형성되지 않는다).

껍질에서는 호흡이 가능하므로, 박테리아와 균류가 치즈 제조자의 관리 방식에 따라 여기에 정착할 수도 있다. 예를 들어 로크포르처럼 치즈 표면을 규칙적으로 긁어주는 경우라면, 그저 미생물막이 생길 뿐 아무 것도 온전하게 정착하진 않는다. 표면 세척 또는 긁기가 절제된 방식으로 이루어질 경우, 미생물 군락이 단계별로 표면에 막을 형성하게 됨에 따라 진정한 의미에서 생태적 천이가 이루어진다. 최초의 콜로니 주민은 다양한 박테리아와 효모들로, 이들의 단세포 생물로서의 지위는 군락의 확산을 수월하게 해준다. 긁기가 최소한도로만 진행될 경우 페니실린, 털곰팡이, 또는 거미줄곰팡이속 같은 곰팡이들이 그 뒤를 잇는다. 마지막으로, 몇몇 건조한 치즈에는 왕성하게 번식한 미생물들을 잡아먹는 동물들이 등장한다. 굵은다리가루진드기는 균류를 잡아먹으며, 그들의 왕성한 활동과 배변으로 치즈 껍질을 가루 상태로 만들어버린다. 이보다 수분기가 많은 치즈의 경우, 지렁이들이 껍질에 서식하는 박테리아와 효모를 잡아먹음으로써 거기에 군락을 세우기도 한다. 이처럼 뒤늦게 나타나는 동물들의 콜로니화 활동은 누구에게나 환영받지는 못하며, 치즈의 향미를 향상시키는 데 직접적으로 기여하는 것도 아니다. 그저 이들의 서식지가 나이든 치즈임을 확인시켜줄 뿐이다.

치즈 껍질을 규칙적으로 긁을 경우 곰팡이는 절대 정착하지 않는다. 균사들이 쉽게 끊어지기 때문이다. 이렇게 되면 단세포 단계, 즉 박테리아와 효모 상태로의 천이가 막혀버린다. 표면을 매우 강하게 긁을 경우, 에멘탈 치즈에서 보듯이, 건조한 미생물막들(이것을 모르주morge라고 부른다)이 생성된다. 한편, 표면 긁기에 비하면 훨씬 덜 격하다고 할 수 있는 소금물 세척을 거치면 뮌스터 치즈나 비외릴, 에푸아스 치즈에서 보이는 점액성 미생물막이 생성된다. 이러한 치즈들의 껍질은 냄새가 매우 지독하면서 오렌지 빛깔을 띤다. 우선 빛깔로 말하자면, 카로티노이드를 다량으로 함유한 브레비박테리움속 미생물들의 서식처가 되기 때문이며, 냄새는 그 박테리아들이 아미노산에 과도하게 포함되어 있는 황을 휘발성 메테인싸이올(CH_3SH) 형태로 제거하는 과정에서 발생하기 때문이라고 설명할 수 있다. 독자들은 아마도 7장에서 발 냄새의 원인으로 브레비박테리움속 미생물들을 지목했던 사실을 기억할 것이다. 일부 치즈들, 그러니까 점성의 오렌지색 껍질을 가진 치즈들을 포함한 몇몇 치즈들의 냄새도 우연이 아니다. 피부나 치즈처럼 단백질이 풍부한 환경을 좋아하는 미생물들이 자기들이 섭취하는 음식에서 과도한 황을 메테인싸이올 형태로 제거하면서 생기는 부산물인 것이다!

이 모든 미생물들의 참여는 처음에는 우유 혹은 암소의 젖통에서 자연발생적으로 이루어지다가 차츰 인간의 조작이나 치즈 보관 환경(공기, 창고…) 등에 좌우되게 되었다. 그런데 씨앗 파종하듯 치즈에 균류를 심기도 한다. 예를 들어 많은 염소 치즈 제조업자들은 액체 상태의 젖에 담가 부드럽게 만든 오래된 치즈 껍질을 갓 응고시킨 젖에 섞는다. 19세기부터 몇몇 치즈들은 균류(또는 박테리아류)를 접종하는 과정을 거쳤다. 물론 이 균류와 박테리아들은 이 목적을 위해 선택되어 따로 관리한 것이다. 이러한 균류나 박테리아들 가운데에서 특별히 페니실리움에 대해서 언급하자면, 페니실리움은 치즈 껍질을 하얗게 만들거나 치즈 반죽을 푸르스름하게 만든다. 한 가지 재미있는 건, 프랑스 치즈를 보다 잘 흉내 내기 위해서 지난 세기 초에 미국 사람들이 로크포르 치즈의 균류는 페니실리움 로크포르티 *Penicillium roqueforti*로, 카망베르 치즈의 균류는 페니실리움 카망베르티*Penicillium camemberti*로 명명했다는 사실이다. 로크포르 치즈는 이중으로 감염을 겪는데, 발효 박테리아에 의해 한 번, 응고되기 전 상태의 암양의 젖에 첨가된 페니실리움 로크포르티의 포자에 의해 두 번 감염되는 것이다(균류를 씨앗처럼 치즈에 심는 방식은 오늘날 블루치즈를 제조하는 보편적인 방식이다). 박테리아들은 이산화탄소를 방출하면서 응고된 우유에 계속 구멍을 내는데, 이 구멍들은 응고된 우유 조각들(이것들은 압착을 거치지 않았다) 사이사이에 존재하는 빈 공간에 더해진다. 이렇듯 새로 만들어지는 과정에 있는 치즈에 기다란 바늘이 잔뜩 달린 판을 꾹 찍으면 이 빈 공간들은 자기들끼리, 그리고 외부와도 연결된다. 비어 있는 틈새 공간들이 숨을 쉬게 되므로 페니실리움의 증식이 활발해지면서 구멍 주위에 회청색의 포자가 생겨나는 것이다.

흔히 블루치즈를 만들기 위해 사용된 균주의 포자들은 균사로부터 제대로 떨어져 나오지 못하는데, 그렇기 때문에 푸른 색상이 구멍에 남아 있게 되어, 자른 치즈 단면이 보여주는 하얀 속살과 대조를 이룬다. 사정이 그렇다 보니 포자들은 자발적으로는 확산이 힘들다. 하지만 그런 문제쯤은 상관없다. 어차피 요즈음에는 인간이 분리 배양한 균류(페니실리움 로크포르티의 경우는 빵 속에서 배양한다)를 치즈 안에 파종하는 세상이니 말이다. 페니실리움 카망베르티 같은 다른 종류의 페니실리움은 껍질을 주로 공략하는데, 예전에는 이것들이 포자를 만들면서 껍질을 잿빛으로 물들이곤 했다. 현대의 균류들은 포자를 만들기까지 뜸을 많이 들이며, 그렇기 때문에 카망베르나 브리, 그 외에 쿨로미에 같은 치즈 껍질에서 제법 오랜 기간 흰 빛깔을 유지한다. 이것들이 선택된 것은 19세기 말에 이루어진 획기적인 발견으로, 자개빛깔의 껍질은 어느 모로 보나 잿빛 포자로 뒤덮인 껍질에 비해 파리지앵들의 식탁에 훨씬 잘 어울렸다. 게다가 접시를 더럽히지도 않으니까……. 우리는 여기서 인간과 결합한 페니실리움은 확산 역량이 감소하게 됨을 확인한다. 그럴 수밖에 없는 것이, 이제는 인간이 페니실리움을 여기 저기 분산시켜서 감염시키는 역할을 도맡아하기 때문이다. 우리는 이와 똑같은 기제를 6장에서 곤충들과 결합하는 균류의 사례를 통해서 살펴보았으며, 곤충들 역시 스스로 종을 확산시키는 역량을 상실하게 된다는 사실을 확인했다.

지금부터는 미생물들이 어느 정도 자발적이라고 할 수 있을 만큼 치즈를 콜로니화하는 과정에서 끼치는 영향에 대해 알아보자.

미생물의 활동으로 완성되는 치즈의 숙성

미생물들은 흘러가는 시간과 더불어 치즈를 변화시키는데, 그 변화는 제일 먼저 질감에서 나타난다. 앞에서도 이미 언급했듯이, 박테리아가 만들어내는 다당류는 치즈의 제형을 크림처럼 부드럽게 만든다. 체다 치즈를 생각해보라. 프로테아제들이 단백질 공략에 나서면 아미노산이 방출되고 미생물들은 이를 양분으로 삼는다. 단백질이 작게 분해되어감에 따라 응고된 우유의 덩어리는 한결 부드러워지며, 심지어 오래된 치즈는 아예 액화되기도 한다. 프로테아제를 만들어내는 페니실리움 또는 게오트리쿰속의 균주는 때로 퍽이나 환영받기도 하는데, 그것들이 치즈를 거의 액체로 만들어 버리기 때문이다(살살 녹아내리는 생 마르슬랭, 펠라르동, 몽도르 치즈를 생각해 보라). 냄새로 말하자면 정말이지 온갖 가스의 향연이다. 이는 곧 미생물의 신진대사로 생겨난 찌꺼기들이 휘발성 물질 형태로 제거되는 것이라고 할 수 있다. 발효 과정에서 발생하는 휘발성 지방산(여기서 우리는 소의 체취를 다시 만나게 된다!)에서부터 위에서도 잠깐 소개된 메테인싸이올과 암모니아 냄새(오래된 치즈 내부에서 활용할 다른 물질이라고는 없는 상태에서 아미노산이 호흡에 활용될 때 배출되는 질소 함유 찌꺼기의 냄새)에 이르기까지 그야말로 수많은 냄새들이 경합(!)을 벌인다.

일단 치즈가 입안으로 들어오면, 여러 가지 향이 이 물질들의 존재를 확인시켜주는데, 갓 빚은 어린 치즈는 거의 무미한 것과 매우 대조적이다. 이 물질들의 정체로 말하자면, 우선 응고된 우유로부터 방출되거나 변형된 물질들을 꼽을 수 있다. 아미노산과 프로테아제에 의해 잘게 분해된 단백질 조각들은 우리가 향을 지각하는 코의 뒷부분(후비)에서 날아가거나 혀의 미뢰 쪽으로 이동한다. 그것들은 너무 분자가 커서 대기 중으로 날아가거나 맛 수용체에 도달하기 어려운 애초의 단백질에 비해서 훨씬 향미가 풍부하다. 가끔 일부 미생물들은 너무도 많은 아미노산을 방출하기도 하는데, 아미노산이 과도하면 거의 액체 상태인 몇몇 치즈에서는 감칠맛이 아닌 쓴맛이 난다(이미 그런 경험을 한 독자들도 분명 있지 않을까?). 유지방을 활용하면, 방향성 케톤이나 프로피온산처럼 새콤한 맛을 내는 휘발성 지방산, 강한 냄새를 지닌 뷰티르산처럼, 풍부한 향을 지닌 다양한 찌꺼기들이 만들어진다. 질소를 재활용하는 과정에서 일부 아미노산은 질소를 함유하지 않고 매우 강한 향을 지닌 부산물들을 만들어낸다. 가령, 트립토판은 계피의 독특한 향을 만들어내는 물질인 계피산으로 바뀌며, 페닐알라닌은 쿠마린(마른 풀의 기분 좋은 냄새와 향모로 만든 폴란드산 보드카의 냄새가 바로 쿠마린 덕분이다!)으로 바뀐다. 그밖에 다른 향들은 미생물들의 합성으로 생성된 화합물들에서 기인하는데, 이것들의 역할은 때로 여전히 베일에 가려져 있다. 젖산균은 다이아세틸을 제조하는데, 이 물질에 관해서라면 우리가 와인 제조 과정에서 이미 언급했으며, 버터와 개암의 중간쯤 되는 향을 지녔다. 한편, 톰 치즈와 생넥테르 치즈 표면을 거뭇거뭇하게 덮으며, 생김새 때문에 '고양이 털'이라는 별명으로 불리는 털곰팡이는 몇몇 치즈가 지닌 흙과 개암을 섞은 듯한 맛을 내는 주역이다. 그러나 다른 치즈들 표면에서는 기피 대상으로 꼽히므로 세척을 통해 제거된다. 털곰팡이의 균사들은 세척에 매우 민감한 반응을 보이기 때문이다.

이처럼 미생물들은 다양한 화학적 반응과 질감 변화 등은 물론 소비자의 즐거움 배가에 이르기까지 치즈를 숙성시키기 위해 고군분투한다. 미생물들은 이러한 노력의 대가로 충분한 양분을 취하면서 성장하니, 이 또한 상리주의의 좋은 사례에 해당된다. 와인 제조에서 보았듯이, 여기서도 미생물에 대한 환대(양분을 제공받으며, 심지어 적극적으로 접종이 되기도 한다), 이들의 활동과 관련한 제한과 외부 침입 억제(소금 첨가, 수분 제거를 통해 건조한 주변 환경 조성, 지하 저장실의 낮은 온도 유지 등) 사이에서 균형을 찾아볼 수 있다. 그리고 마지막으로, 여기서도 고대 와인과 맥주 제조에서 그랬듯이 식물성 요소의 첨가가 일종의 항생제로 작용하면서 치즈를 안정화시킨다. 후추, 빅사나무 추출물, 커민, 마늘 등이 향미를 더할 뿐 아니라 치즈를 보호하는 역할도 훌륭하게 수행한다는 말이다.

치즈의 세계에서 통용되는 처세술

몇몇 미생물은 인간이 출현하기 전에는 존재하지 않았던 이 치즈라는 틈새에 완벽하게 적응했다. 대체로 인간에 의해서 접종된 미생물들은 혼자 힘으로 확산하는 역량을 상실하게 된다는 사실을 우리는 페니실리움을 통해서 새삼 알게 되었다. 접종되었건 자발적으로 참여했건 모두 치즈라는 특별한 환경에 적응한다. 치즈에 관계하는 박테리아 균주는 우유 단백질에서 아미노산을 합성하는 것과 같은 많은 유전자를 상실했는데, 이러한 환경에서는 그것이 쓸모가 없어졌기 때문이다. 그러나 잃는 것이 있으면 얻는 것도 있는 법. 잃어버린 유전자들 대신에 프로테아제 유전자와 프로테아제에 의해서 만들어진 단백질의 작은 찌꺼기들을 수송하는 유전자를 새롭게 얻었다. 에너지 원천 면에서 보자면, 제일 발 빠르게 콜로니화에 돌입한 균류와 박테리아는 락토오스를 흡수할 수 있다. 락토오스는 매우 사용하기 쉬운 에너지원이다. 게오트리쿰속에 속하는 효모들은 그들로 하여금 유지방을 공략하게 해주는 효소인 리파아제 유전자를 획득했다. 반면 치즈라는 것을 몰랐던 그들의 부모 세대와 비교해볼 때, 치즈의 미생물들은 보다 복잡한 당분을 활용하는 역량을 상실했다. 예를 들어 치즈에 관여하는 젖산균의 형태인 락토코커스 락티스Lactococcus lactis(이것은 식물에 서식하는 박테리아로부터 유래했다)는 그들의 부모 세대가 식물의 복잡한 당분을 공략할 수 있는 밑천이 되었던 유전자를 상실했다. 치즈 껍질의 미생물들은 특히 나트륨 이온을 과도하게 방출함으로써 소금기를 견디고, 물 부족으로부터 세포 구조를 보호할 수 있는 혼합물을 축적함으로써 건조함을 이겨낸다. 모든 치즈 미생물들은 철분이 부족한 환경에 적응한다. 우유에는 철분이 드문데다 락토페린이라는 단백질에 묶여 있는 상태라 거의 활용할 수 없기 때문이다. 때문에 많은 치즈 미생물들이 사이드로포어(2장에서 토양과 관련하여 언급한 바 있는 이 물질은 주변에서 철을 포획하며, 이렇게 포획된 물질은 세포에 의해서 다시금 활용된다)를 만들어내고 재포획한다.

이처럼 새로운 적응력은 주로 다른 종들에서 유래한 유전자들의 이동 덕분에 획득할 수 있다. 균류와 박테리아들은 자기들의 적응에 유용한 이러한 유전자들을 자기들보다 먼저 자리를 차지하고 있는 다른 종들, 그러니까 먼저 적응한 종들과 공존하는 동안 획득한다. 마지막으로 주목할 특성은 경쟁이 극심한 이 환경에서는 매우 중요한 특성으로, 특히 락토코커스와 페니실리움에게 있어서 항생제를 합성함으로써 경쟁력을 올려주는 유전자의 획득이다. 위에서 언급한 와인과 맥주의 발효종처럼, 퇴행과 죽기 아니면 살기 식으로 치즈에 적응하기 사이를 오락가락하는 가운데, 미생물들은 엄밀한 의미에서 인간과 상리공생 관계를 맺게 되었다. 이들 미생물들은 특화되었으며, 적어도 자기들이 사는 환경 안에서는 인간에게 좌우된다. 예를 들어 페니실리움 카망베르티는 현재 치즈에만 서식하는 형편이니 말이다!

결론적으로 말하자면…

우리가 방금 열거한 발효 식품들의 제조는 결코 인간 혼자만의 힘으로는 불가능하다. 이 일에는 어쩔 수 없이 떠안은 것이 아니라 준비하는 사람들에 의해서 선택된 다양한 마이크로바이오타의 보이지 않는 동행이 필수적이다. 이 분야에서 통용되는 대부분의 관습이 우리가 미생물의 개입에 대해서 아무런 인식이 없을 때부터, 그러니까 앞 장에서 언급한 파스퇴르의 선구자적 연구 업적이 알려지기도 전에 생겨났다는 사실은 매우 흥미롭다. 이 사실은 미생물 세계의 내재성을 입증해주며, 우리 조상들은 살아가는 과정에서 몸으로 먼저 이를 터득했음을 알 수 있다. 요컨대 우리는 미생물들에게 이름을 붙여주기도 전에 이미 그것들을 길들였다는 말이다! 길들이는 것domestication은 야생 상태의 종을 인간에게(라틴어에서 '집'을 뜻하는 domus에서 온 말이므로, 인간 중에서도 특히 그의 집 가까이로) 다가오게 만드는 것이다. 길들여진 생물의 지위를 얻기 위해 갖추어야 할 기준은 학자들마다 다르다. 그래도 대다수가 인정하는 기준 가운데 하나로 인간에 의한 증식의 제어 여부를 꼽을 수 있다. 하지만 인간에 의한 몇몇 미생물들의 접종은 사실상 그것들의 증식을 제어한다. 또 다른 기준은 인간의 관습과 관련하여 특정 생물을 선택하게 된 연유가 존재하는지의 여부다. 맥주 또는 치즈 발효에 활용되는 일부 미생물 균주에게 고유한 특성은 이와 같은 경우에 해당된다. 그러므로 미생물들은 의심할 여지없이 길들여졌다고 할 수 있다. 요거트용 박테리아, 치즈 접종용 페니실리움, 맥주 또는 와인 발효용 효모 등.

길들여진 미생물들 외에 다른 미생물들은 그저 발효 기간 동안만 잠시 초대를 받았다가 다시 떠나서 주변의 야생적인 환경에서 살게 되는데, 그 떠남은 일시적일 수도 있고 영구적일 수도 있다. 브뤼셀 인근 지역에서 생산되는 맥주인 괴즈나 람빅, 과거에 소비되던 일부 와인, 또는 생넥테르 같은 치즈에 서식하는 창고에서 유래한 균류 같은 미생물들이 여기에 해당된다. 이 경우, 증식의 제어와 선택이라는 측면은 훨씬 느슨하게 작용한다. 비록 상리주의가 어느 정도 작용한다고는 하나, 그럼에도 불안정성이 높은 관계임에 틀림없다. 우리는 벌써 일부 동물들 사이의 상호작용은 그 밀접함의 정도가 매우 다양하다는 사실을 관찰했다. 거의 밀접하지 않고 특화되어 있지도 않은 상호작용에서부터 대단히 밀접하게 얽히고설킨 상호작용이 반복적으로 일어나는 관계까지 총망라되어 있는 것이다. 그렇기 때문에 6장에서 다양한 나무껍질 딱정벌레들이 어떻게 자기들이 숙주를 공략할 때 도움을 주는 균류를 이 나무에서 저 나무로 이동시키는지 설명했다. 이는 곤충에 의해 운반된 특정한 한 종류의 균류가 이 곤충의 유일한 먹이가 되는 심화된 공생관계와는 뚜렷한 차이를 보인다. 앞장에서 살펴본 대다수의 포식 기생 곤충들은 포식 기생자들의 공격을 받은 애벌레의 방어력을 약화시키는 바이러스가 확산되도록 돕는가 하면, 일부 포식 기생 종들은 특정 바이러스의 유일한 매체가 되어 그 바이러스 없이는 기생을 할 수 없는 지경에 이르기도 한다. 인간과 식품 제조 관련 미생물들의 공생은 우연한 만남에서 밀접하고도 지속적인 결합으로 발전하는데, 이 경우의 결합이란 길들여진 관계라고 할 수 있다. 이렇게 되면 미생물은 인간에게 완전히 의존하게 된다. 6장에서 보았듯이, 다른 미생물들이 곤충에 의존하게 되는 것과 같은 이치다.

우리는 식품 발효 과정에서 마이크로바이오타를 유지함에 있어서, 이 책의 곳곳에서 언급된 다른 공생 관계에서 작용하는 기제들과 놀라울 정도로 유사한 기제들이 숨어 있음에 주목했다. 우리는 제공 가능한 식사거리, 영양분의 균형, 환경 조건 등을 관리함으로써 이러한 마이크로바이오타를 의지대로 이끌 뿐 아니라, 몇몇 경우에는 접종이라는 방식도 마다하지 않는다. 이는 프리바이오틱(우호적인 마이크로바이오타의 정착이 수월하도록 먹이를 제공)과 프로바이오틱(우호적인 박테리아 균주를 직접 주입) 사이를 오가는 우리의 장내 마이크로바이오타 관리의 이원성을 상기시킨다. 치즈 제조업자, 와인 제조업자들의 몸에 밴 몸짓, 첨가물, 물리적인 개입(맥주 재료의 혼합, 발효 중인 레드와인 저어주기, 치즈 껍질 솔로 긁기 등) 등은 다른 곳에서도 이미 보았던 기제들의 논리를 재현한다. 예를 들어, 되새김질과 타액을 섞어 만든 혼합물을 통해서 되새김위를 관리하는 소, 혹은 균류를 뜯어먹음으로써 항생제 효과를 내서 경쟁자들을 피하는 친균류적 곤충이 떠오르지 않는가 말이다. 접종 또한 생물학적 논리로 보자면 다음 세대의 서식처가 될 곳(식물, 사회적 보금자리, 기생동물 등)을 공생생물들로 감염시키는 곤충의 행태와 다르지 않다.

마지막 유사성은 인간에게 있어서 상호작용의 사회적 수준에서 찾을 수 있다. 미생물 곁에서 살아가는 치즈 제조업자나 와인 제조업자에게 미생물들이 공생생물이라면, 그들과는 다른 직업을 가진 독자들의 경우 미생물과의 접촉은 이들에 비해서 훨씬 뜸할 것이고, 그 접촉이라는 것이 가령 독자가 자신이 고른 치즈와 잘 어울리는 와인(푸른곰팡이가 핀 로크포르 치즈에 달착지근한 귀부 와인?) 한 잔을 손에 들고 있는 시간 정도로 제한될 것이다. 바꿔 말하면, 대다수 사람들에게 이것은 6장에서 보았던 흰개미나 가위개미처럼, 집단공생이 사회의 한 집단 차원에서 실현된 것이다! 결국 인간은 다른 동물들과도 그렇게 하는 것처럼 미생물들과도 상호작용할 수 있다. 우리는 다시 한 번 7장과 8장의 연장선상에서, 너무도 자주 잊어버리는 우리 자신의 동물성(따지고 보면 인간도 결국 동물에 지나지 않는다는 사실)을 되돌아보게 된다. 특히 발효의 전통은 우리에게 우리의 문화라는 것(전승 가능한 우리의 지식)이 결국 엄밀한 의미의 생물학적 세계가 걸어온 길을 답습하는 것임을 새삼 깨닫게 해준다. 우리는 바로 그러한 점들을 통해서 우리의 문화적 진화가 결국 넓은 의미에서 생물학적 진화의 한 형태임을 고백하게 된다.

발효 미생물과 문화 사이의 관계가 함축하는 양면성은 무척 흥미롭다. 발효 식품, 그리고 그 발효의 주역인 미생물들은 문화적 정체성을 형성하는 데 일조한다. 와인과 치즈가 프랑스 각 지방의 정체성 확립에 얼마나 중요한 역할을 하는지만 봐도 이는 자명하다. 역으로, 문화적 특성이 발효를 위해 사용되는 미생물에게 영향을 끼치는 점도 부인할 수 없다. 예를 들어 오베르뉴 지방에서 지리적으로나 우유의 품종으로나 기후로 볼 때 모두 가까운 두 지역 생넥테르와 캉탈이 있다. 그런데 한 곳은 우유를 두께가 얇아지도록 압착하고 껍질에는 다양한 균류들을 서식하게 하는 치즈(가령 생넥테르 치즈)를 만든다. 반면 다른 한 곳은 한 덩어리 무게가 40킬로그램이나 되며, 압착 후 잘게 조각낸 반죽을 건조한 모르주가 둘러싼 형태에, 발효 박테리아가 풍부하여 시큼한 맛을 내는 치즈(캉탈 치즈)로 변모시킨다. 또 샹파뉴Champagne 지방에서는 피노 누아르 품종을 선택해서 기포 있는 화이트와인, 즉 샴페인champagne*을 만들며 이 과정에서 일반적으로 별다른 말로락틱 발효는 개입하지 않는다. 반면 같은 품종의 포도도 말로락틱 발효 과정을 거치면 레드와인이 될 수 있다(실제로 베르튀나 부지 같은 샹파뉴 지방의 몇몇 마을에서는 부분적으로 이렇게 한다). 문화와 발효 미생물은 서로에게 영향을 주며, 이는 우리가 앞의 여러 장에서 살펴보았던 것처럼, 미생물과 식물이건 동물이건 그들의 숙주가 서로에게 영향을 주는 것과 똑같은 방식이다.

발효 미생물들과 우리의 상호작용은 상리적, 즉 서로에게 득이 된다. 우리들이 먹을 식품을 만들어주는 미생물들에게 우리가 먹을 것을 제공하고, 나아가서 그것들을 보호해주기 때문이다. 물론 그러는 과정에서 더러는 잡아먹힌다. 되새김위에서도 그런 일이 발생하는 것과 다르지 않다. 하지만 살아남은 존재들은 확실히 발효 식품에 따른 혜택을 챙긴다. 예를 들어 적

* 참고로 우리가 샴페인이라고 부르는 화이트와인은 똑같은 철자에서 보듯이 프랑스 샹파뉴 지방에서 만들어진 기포 와인만을 특정해서 부르는 명칭이다. 원칙적으로 다른 지역에서 제조되는 스파클링 화이트와인은 샴페인이라는 명칭을 쓸 수 없다.

절한 시기에, 그러니까 찌꺼기를 여과하는 과정 혹은 치즈의 껍질을 벗기는 과정에서 용케 빠져나온 녀석들, 또는 인간에 의해서 그 다음 번에 다시금 접종되는 녀석들의 경우가 그렇다. 곰곰이 생각해보면, 인간에게 돌아오는 혜택은 사실 그다지 뚜렷하지 않다. 우리가 4장에서 소에 대해 살펴보는 과정에서 제시한 먹이사슬 분석은 하나의 식품을 바이오매스로 전환시키는 비율이 절대 100퍼센트가 될 수 없음을 보여준다. 우리가 설사 미생물을 전부 먹는다고 해도(치즈의 껍질도 벗기지 않고, 와인의 지게미까지 다 먹는다고 할 때), 최초 바이오매스의 일부는 미생물의 성장 과정에서, 그러니까 그것들이 호흡할 때 상실될 수밖에 없기 때문이다.

그렇다면 우리는 왜 미생물들을 먹여 살리는 걸까? 왜 그것들에게 양식을 양보하는 걸까? 왜 우리 자신이 그것들의 양식까지 다 먹으면 안 되는 걸까? 다음 장에서는 이 질문들(겉보기에만 순진해 보이는 질문들!)에 답해보도록 하자.

13장

조상들은 왜 발효식품을 먹었을까?

— 현대적 식생활의 근원을 찾아서

이 장에서는 왜 발효 식품으로 미생물들을 먹여 살려야 하는지를 묻고, 미생물들이 어떻게 우리가 먹는 식품들을 보호해주는지 깨우치게 될 것이다. 또한 미생물들이 어떻게 먹을 수 없는 것을 먹을 수 있는 것으로 바꾸어놓는지도 발견하게 될 것이며, 미생물들이 어떻게 식품의 질을 향상시키는지도 알게 될 것이다(아울러 발효를 거친 양배추 절임과 오이 피클에 대한 찬사도 듣게 될 것이다). 그리고 발효된 생선 통조림을 따는 방법도 배우게 될 것이며, 미생물들이 우리의 섭생에 조미료가 되어주고 있는 현실도 새삼 발견하게 될 것이다. 문화적 상대주의니 문화적 수렴 진화니 하는 개념도 언급될 것이다. 그리고 마지막으로, 우리의 문명, 그중에서도 특히 농업이 어째서 절대 혼자서는 나아갈 수 없는지 확실하게 이해하게 될 것이다!

앞 장에서 우리는 발효식품 제조가 함축하고 있는 미생물 기제의 몇 가지 사례를 집중적으로 살펴보았다. 그러나 그건 극히 적은 예에 불과하므로, 우리는 발효식품계에는 상상하기 어려운 다양성이 존재하고 있으리라고 추정할 수밖에 없다. 아울러 우리는 하나의 역설에 직면하게 되는데, 다름 아니라 앞 장에서 제시한 사례만 놓고 보더라도 그냥 먹어도 되는 포도며 우유를 왜 굳이 발효시켜서 먹어야 하느냐는 것이다. 이 의문에 대해 즉각적으로 떠오르는 대답은 아마도 '혀의 즐거움을 위해서' 정도가 되지 않을까? 우리는 푸른곰팡이가 핀 로크포르 치즈와 달착지근한 귀부와인을 떠올렸다. 그런데 많은 발효가 우리가 미생물의 존재조차 모르던 시절, 식생활에 있어서 가장 시급한 문제는 음식의 맛이 아니라 양이었던 시절에 이미 출현했다는 사실을 잊어서는 안 된다. 그렇다면 적어도 그처럼 역사가 오래된 발효에 대해서만큼은 굳이 미생물을 먹여야 하는 까닭이 무엇인지, 그것이 어디에 도움이 되는지 물어볼 수 있지 않겠는가! 그러니 지금부터는 식품의 발효가 존재해야 하는 이유에 대해서 알아보자.

이 책의 마지막 장인 13장에서는 우리 문명에 깊숙하게 개입하는 미생물들의 존재에 대해 계속해서 탐구한다. 이번 장에서 발효의 이점을 하나씩 소개할 것이며, 앞장에서 제시한 사례들을 보충하는 다른 사례들도 적극적으로 제시할 것이다. 우리는 식품의 미생물학적 안정화, 식품의 보존 등에 있어서 발효의 역할은 물론, 원치 않는 물질의 해독解毒과 영양학적 역량의 향상 면에서 발효의 기여도 살펴볼 것이다. 그리고 최종적으로 발효식품에 으레 따라붙게 마련인 맛의 향상에 주목할 것이다. 왜 우리의 몸에 밴 식품 발효 관습이 동물들에 의한 미생물의 생물학적 활용을 상기시키는지 다시 한 번 깊이 깨닫고, 어떻게 해서 발효가 식생활이라는 문명의 주춧돌이 되었는지, 특히 수렵-채집에서 농업으로 넘어가는 과정에서 그렇게 된 곡절을 되짚어보려 한다.

불청객 미생물로부터 우리를 보호하려면 발효시켜라

우선 식품의 생산은 계절에 따라 제한적이므로 비축분을 효과적으로 관리해야 한다는 점을 머릿속에 새겨두자. 이 점은 특히 농업을 주로 삼는 문명에 적용된다. 계절에 따른 농사의 수확이 엄청난 규모이므로 이를 잘 비축해서 미생물의 공격으로 인한 피해를 최소한으로 줄여야 하기 때문이다. 물리적인 방식(건조시키기 또는 가까이에 숲이 있을 경우 훈제하기, 바닷가에서는 소금에 절이기, 북부 지역과 산간에서는 저온 저장 등)과 향신료 첨가 등이 이 비축 문제를 어느 정도 도와줄 수 있으나, 수분 또는 지방분을 많이 함유한 물질들에 관해서는 그 효용성이 제한적이다. 뿐만 아니라 그와 같은 방식 각각은 지역과 기후에 따라서 가능하기도 하고 그렇지 않기도 하다. 우리는 물론 냉장고가 아직 출현하기 전 시대에 대해서 이야기하고 있는 중이다. 이처럼 우리 조상들이 수렵-채집꾼으로서의 뿌리를 포기하고 농부와 목축업자의 길로 들어설 때마다 여분의 농산물 비축은 항상 풀어야 할 어려운 숙제였다. 더구나 농업에 종사하게 되면서 자연스럽게 따라온 정착생활은 배변으로 인한 감염 위험을 높였다. 이제 인간은 항상 자기들이 쏟아낸 찌꺼기들 곁에서 사는 처지가 되었기 때문이었다. 이질 같은 전염병이 이를 증명한다. 몇몇 나라에서 이질이 번져나간 이야기는 과거에도, 현재에도 차고 넘친다.

그러니 우리 조상들은 발효 미생물들이 제공하는 기회를 피할 수 없었다. 발효 미생물들은 신선한 식품이라면 어디에든 있었고, 포자나 박테리아의 형태로 공기에 의해서 혹은 사람의 손을 타고(한 예로 젖산간균은 우리의 마이크로바이오타 구성원이다) 얼마든지 퍼져나갈 수 있었다. 우리 조상들은 식품 보존과 관련해서 경험적으로 미생물들을 다루는 법을 익혔으며, 그 결과 적대적인 오염보다는 불완전하면서 전혀 공격적이지 않은 변질을 선호하게 되었다. 그러니 이제 발효 관습을 공고히 밀고 나가는 데 공헌한 보호 기능에 대해서 꼼꼼히 살펴보자.

먼저 액체. 수도꼭지만 돌리면 식수가 콸콸 쏟아져 나오는 시대가 아니었던 과거에 매일 깨끗한 물을 마신다는 건 도박이나 마찬가지였다. 위에서도 말했듯이, 마을 주변은 온통 인간들이 배설한 오물로 더럽혀져 있었으니 말이다. 알코올 음료가 주는 즐거움(그 효용은 오늘날에는 어렵지 않게 정당화될 테지만)이야 어찌되었든, 미생물학적으로 볼 때 맥주나 와인은 당시에 보다 안전한 음료로서, 뜨겁게 끓인 차에 버금가는 지위를 누렸다. 같은 논리가 고체 상태의 발효 식품에도 적용된다. 발효 미생물들이 한층 더 위험한 오염으로부터 인체를 보호해주었던 것이다. 소화관이나 뿌리권 내에서와 마찬가지로, 발효 미생물들은 먹을거리를 포획해서 잠정적인 병원체들로부터 경쟁적으로 그것들을 빼돌린다. 또한 발효 미생물들은 이보다 훨씬 직접적인 방식으로, 다시 말해서 항생제 성격의 혼합물들을 방출함으로써 경쟁자들과 기회주의자들에 대항하여 자신들을 방어한다. 우리는 치즈의 미생물들이 어떻게 항생제 합성을 통해 자기들의 경쟁력을 향상시켜 주는 유전자를 획득했는지 살펴보았다. 산업 현장에서 활용되는 다양한 치즈 균주들과 생넥테르 치즈(여기서는 창고에서 유래한 미생물들) 껍질에 자생적으로 생성되는 마이크로바이오타를 비교하자, 후자가 리스테리아Listeria

의 정착을 훨씬 더 효율적으로 막아내는 것으로 나타났다. 리스테리아는 치즈를 오염시킬 수 있는 병원균이다! 소금으로 간을 하거나 산소를 차단하기, 탈수 또는 타닌(혹은 향신료) 첨가 등의 기회주의자 미생물 격리 방식에 더하여, 발효는 식품을 처음 상태보다 한결 안정적이고 안전하게 만들어준다.

미생물들의 개입으로 인한 화학적 변화 또한 나름대로의 역할을 지니고 있는데, 그것이 일부 불청객 미생물들에게는 독소로 작용하기 때문이다. 이따금씩 발효 과정에서 만들어진 혼합물들이 축적되는 과정에서 그것들을 만들어낸 주역들에게까지 독소로 작용하는 경우가 발생하기도 한다. 그렇게 되면 미생물들은 자기들의 거처를 더 이상 살 수 없는 곳으로 만든 다음 서서히 치명적인 혼수상태에 빠져든다. 농축된 알코올이 그 좋은 예라고 할 수 있는데, 이것이 과도해지면 효모에게 독으로 작용한다. 하지만 대부분의 경우 발효 생산물이 지닌 산기가 개입한다. 식초의 아세트산(어느 정도의 공기가 있는 곳에서 와인의 알코올을 이용하는 박테리아에서 유래한다)은 고대 시대부터 항생제로 잘 알려졌다. 예를 들어 여기 소시지가 하나 있다고 하자. 소시지에 든 고기는 거의 부패하지 않으며, 독자들이 주목해보았는지 모르겠으나, 파리도 거의 꾀지 않는다. 소시지 포장에는 "육류, 발효종, 소금, 글루코스 시럽……."이라고 명시되어 있다. 그런데 이 무슨 조화속이람, 소시지 한 조각을 입 안에 넣어보니 혀끝에 단맛은커녕 신맛만 나지 않는가! 발효종들(류코노스톡속Leuconostoc, 마크로코쿠스속Micrococcus 같은 젖산간균)이 글루코스를 아세트산, 젖산으로 변화시킨 데다 소시지에는 요거트 만큼이나 많은 박테리아들이 있기(1그램당 1억 개) 때문이다! 거기에 소시지의 표면에서 자라나는 페니실리움 막(이 막은 게다가 향미에도 영향을 끼친다)으로 인한 효과까지 더해지면, 더는 미생물이 발붙일 틈이 없다.

발효로 인한 보호는 산기와 밀접한 관련이 있다. 우리는 미생물의 발효 대사에서 휘발성 지방산이 방출된다는 사실을 알고 있다. 물만 있으면 이 물질들(아세트산, 젖산, 뷰티르산, 프로피온산 등)은 이온화되면서(H_3O^+) 무방비 상태에 있던 세포의 기능에 피해를 준다. 이것을 견딜 수 있는 박테리아는 매우 드문 반면, 많은 균류는 살아남게 되나 그 대신 성장의 둔화라는 대가를 치러야 한다. 산패한 버터와 거기에 축적되어 고약한 냄새를 풍기는 뷰티르산을 먹어 버릇하는 티벳 사람들은 냉장고 없이도 우리에 비해서 훨씬 오랜 기간 버터를 보관할 수 있다. 7장에서 우리는 인간의 마이크로바이오타 내부에서, 가령 위나 질의 경우 산이 항생제 역할을 한다는 사실을 언급한 바 있다.

보호 역할을 하는 발효 산물들은 오늘날 일부 식품들을 정화하는 용도로 활용된다. 예를 들어 식초는 작은 오이를 비롯한 각종 채소 피클 보존제, 알코올은 각종 과일 보존제(심지어 박물학자들의 동물 표본 보관용으로도 쓰인다!)로 활용되는 식이다. 그러한 관습에서는 발효 단계와 보호 과정이 분리되어 있으므로 요즈음의 우리는 이따금씩 이러한 보호 역할이 발효에서 비롯되었다는 사실을 잊어버리곤 한다.

산을 이용한 오래된 보관 방식 가운데 하나가 요즘 들어 다시 유행하고 있는데, 바로 젖산발효를 통한 보존이다. 이 방식은 플라스틱 또는 항아리에 과일과 채소, 그리고 소금(내용물 전체 무게의 2퍼센트)을 넣고 밀봉하는 것으로, 이것만으로도 일부 미생물은 피할 수 있다. 소금기와 산소 차단으로 자생적인 젖산균이 활동하게 되면서 며칠 만에 주변 환경을 산성으로 바꿔놓는 것이다. 게다가 밀봉했던 용기를 열면 요거트 냄새와 유사한 냄새가 난다(아세트알데히드의 생성으로 인한 냄새). 여기에 개입한 젖산간균은 셀룰로오스는 물론 식물 세포벽을 구성하는 그 어떤 성분도 공격하지 않으므로, 과일과 채소는 본래의 아삭한 풍미를 고스란히 간직할 수 있다. 젖산발효는 말하자면 요거트의 보호 원리를 다른 분야로 확대 적용하는 셈이다.

독소로부터 보호하기 위해서도 발효하라

그런데 이게 다가 아니다. 농업 초기에는 식품이라고 하는 것이 대부분 식물성이었다. 최초의 농부들은 몇몇 재배 식물들만 다량 소비한 반면, 이들의 조상 격인 수렵-채집꾼들의 식사는 이에 비해 훨씬 다채로웠다. 길들여지던 초기, 즉 인간이 재배를 시작한 초기에만 해도 식물들은 자연 상태에서 초식 생물들로부터 그들을 보호해주던 물질들을 고스란히 함유하고 있었다. 최초로 재배된 형태 속에 그대로 들어 있으면서 다량으로 소비된 이 물질들은 장기적인 관점에서는 독소로 작용한다. 대번에 목숨을 앗아가지는 않으나, 점진적으로 간, 신장, 신경계를 손상시키며, 심지어 세월과 함께 암을 유발하기도 한다는 뜻이다. 오늘날 우리는 많은 농산물이 독성 때문에 발효 과정을 거친 후에야 먹을 수 있게 되었다는 사실을 쉽게 납득하지 못할 것이다. 초기 농부들은 틀림없이 수렵-채집꾼 시절에 비해서 규칙적으로 식사를 했을 테지만, 질적으로 보자면 오히려 수준이 떨어지는 식사로 만족해야 했다. 농업을 할 경우 수렵-채집을 할 때보다 특히 어린 나이에서 생존 확률이 높긴 했으나(수렵-채집 인구보다 농업 인구의 수가 더 많다는 사실을 설명해준다), 나이가 들면 건강 상태가 수렵-채집을 하는 경우보다 더 나빠졌다. 적어도 농업 초기에는 확실히 그랬다. 게다가 그러한 문제를 고려할 때, 오직 사냥 또는 채집 자원의 고갈이라는 이유 때문에 농업으로 넘어가게 되었을 개연성도 상당히 높다. 그런데 미생물의 발효 작용이 농부들을 도왔다.

우선 과거에 곡물들이 지니고 있었으나 잘 알려지지 않았던 독성부터 알아보자. 곡물들의 낱알에서는 무기질이 용해되지 않는 형태로 존재한다. 그래서 포식자들은 이 물질들을 활용할 수 없으며, 무엇보다도 낱알이 물기를 흡수해서 발아할 때도 이 물질들은 밖으로 빠져나가지 않는다. 예를 들어 인산염은 하나의 이노시톨inositol에 여섯 개씩 붙어서 피트산Phytic Acid을 형성하며 전하를 띠는데, 이 전하는 매우 강한 음의 전하다. 인산염 분자 각각은 음이온이라 철, 마그네슘, 칼슘 등의 양이온을 붙잡아둔다. 적절한 효소가 없으면 우리는 피트산에 연결된 이러한 무기질을 동화시키지 못한다. 아니, 그 정도가 아니라 식사 과정에서 끼어든 철, 마그네슘, 칼슘 등은 피트산에 연결되어서 대변으로 나올 때까지 함께 붙어 다닌다! 이 같은 무기질 섭취에 따른 문제는 한 주민 집단이 수렵-채집에서 농업으로 넘어가는 시기에 그들의 유골에서 관찰된 증세의 중요한 원인이었다. 고고학자들은 풍부한 조사를 통해 이와 관련한 내용을 알아냈다. 유럽인들은 농부가 되면서 수렵-채집에 종사하던 조상들에 비해서 키가 15센티미터나 작아졌는데, 이는 기원전 1만 1,000년부터 기원전 4,000년 사이의 기간 동안 서서히 이루어진 일이다. 일리노이주에서 발견된 한 아메리카 인디언 부족의 무덤을 조사한 결과, 그 안에 묻힌 자들에게서 수많은 무기질 결핍 사례가 관찰되었다. 이들은 900년 전에 농업으로 전환한 부족으로, 치아의 법랑질 문제 1.5배 증가, 골격 손상 3배 증가 등의 건강상의 문제를 겪었다. 이는 농업에 종사하기 시작하면서 나타난 것으로 보인다.

하지만 천연효모를 이용해서 빵을 굽기 시작한 것은 명백한 진보였는데, 역사적으로 볼 때 이를 통해서 곡물에 함유된 피트산의 문제를 우회적으로 해결했기 때문이다. 천연효모, 즉 빵 반죽에 첨가하는 미생물 전前 배양preculture 결과물은 일종의 매우 복잡한 발효 효모와 박테리아 공동체로서 이것이 젖산과 아세트산을 만들어낸다(그렇기 때문에 천연효모를 넣은 빵에서는 신맛이 난다). 천연효모는 규칙적인 재배양repiquage을 필요로 하며 매우 느리게 성장한다. 현대에는 성장 속도가 훨씬 빠르고 번거로운 전 배양 과정 없이 쉽게 접종시킬 수 있는 빵효모로 대체된 것도 이 때문이다. 하지만 천연효모균은 파이타제라는 효소를 보유하고 있어서, 이 효소가 피트산을 공격하여 곡물을 무기질 풍부한 먹을거리로 만들어준다!(이와 유사한 방식으로 되새김위의 박테리아도 되새김 동물에게 유용한 파이타제를 보유하고 있다.) 그 후 식물의 선택으로 파이타제 함유량이 줄어들었고, 오늘날에는 정화된 미생물 파이타제를 밀가루에 첨가하기에 이르렀다. 비록 그 효모가 파이타제를 함유하지 않았다고 하더라도, 효모만으로 빵을 만드는 것이 가능해졌다는 말이다. 그렇다고 해서 효모가 천연효모도 할 수 있는 또 다른 활동을 못한다는 건 아니다. 효모는 필수 아미노산을 합성하는데, 이것들은 곡물에는 함유되어 있지 않으며(밀의 리신처럼), 초기 농업 시대의 섭생에서는 결핍되었을 수도 있다. 아미노산 합성 활동은 우리가 뒤에서 보게 될 발효의 다른 기능들을 미리 예측하게 해준다.

이제 다시 처음에 언급한 재배 식물들의 독성 이야기로 돌아가자. 역사적으로, 사우어크라우트*는 신맛을 통해서 배추를 보호하는 발효 이상의 것이었다. 야생 배추와 최초로 재배된 변종 배추에는 글루코시놀레이트glucosinolate가 풍부하게 들어 있었다. 글루코시놀레이트는 글루코오스에서 파생된 황 함유 물질로 래디시, 유채, 무, 서양고추냉이, 겨자 등에 독특한 풍미를 부여한다. 세포들이 손상을 입게 되면, 세포 내부의 소포에 용해 가

* 양배추를 발효시켜 만든 시큼한 맛이 나는 독일식 양배추 절임.

능한 형태로 꼼짝 않고 축적되어 있던 글루코시놀레이트가 세포의 다른 곳에 외따로이 떨어져 있던 효소와 만나게 되며, 이렇게 되면 휘발성의 작은 황 함유 분자들이 방출된다. 독성과 독특한 맛은 바로 여기서 기인한다. 래디시를 한 입 깨물면 그 맛이 배어나온다. 이때까지는 전혀 공격적이지 않다. 그런데 이 물질이 과도하게 배출되면, 일부 글루코시놀레이트가 간과 갑상선 장애를 일으키게 된다. 심할 경우 장기적으로는 발암 물질로 작용하기도 한다. 사우어크라우트의 박테리아가 세포를 훼손시켜가면서 황 함유 물질을 방출하면 소비되기 전에 독성이 방출된다. 때문에 때로는 아예 먹을 수 없게 되어버리기도 한다. 농축 와사비를 상상해보라! 우리는 이러한 현상을 제대로 알지 못하는데, 그 까닭은 점진적으로 글루코시놀레이트가 덜 풍부하게 함유된 배추의 형태가 선택을 받게 되면서 요즈음에는 날것 그대로 먹을 수 있는 배추가 등장했기 때문이다. 반면, 마니옥이나 리마콩(프랑스에서 먹는 콩의 친척뻘 된다)의 경우, 콩을 으깼을 때 나오는 유독성 시안화물 혼합물은 여전히 물에 담가서 해독해야 한다. 물을 통한 발효는 시안화물을 대부분 제거해주는데, 완전히 제거되지 않고 남아 있는 소량의 찌꺼기가 마니옥이 지닌 쌉쌀한 아몬드 맛의 주인공이다. 여기서도 역시 결국 시안화물을 발생시키지 않는 달콤한 변종이 선택되었음은 물론이다.

마찬가지로, 독자들은 혹시 신선한 올리브를 맛본 적이 있는가? 타닌과 관련 있는 참을 수 없이 화끈한 맛(올러유러핀oleuropeine) 때문에 우리는 갓 딴 올리브는 도저히 먹지 못한다. 비록 소량이긴 하나 올리브유에도 이 성분이 들어 있기 때문에 입에 들어왔을 때 그처럼 화끈한 느낌이 든다. 못 믿겠거든 올리브유만 따로 맛보시라! 요사이 녹색 올리브는 탄산나트륨 용액에서 일단 헹군 다음 식품으로 만들어진다. 탄산나트륨 용액에 헹구면 올로유러핀 성분이 부분적으로 제거된다. 그 공정이 끝나면 흔히 바닷물에 담가서 박테리아 발효가 일어나도록 하며, 그 과정까지 마치면 처리가 끝난다. 전통적인 검정 올리브는 잘 익었을 때 수확을 하므로 곧장 발효에 들어간다. 검정 올리브의 발효에는 상당히 복잡한 박테리아와 효모 공동체가 참여하며, 이 한 번의 공정으로 올러유러핀이 조금 남게 되어, 검정 올리브는 결과적으로 약간 씁쓸한 맛을 내게 된다.

단백질이 풍부한 콩과식물들은 우리에게 아미노산이 풍부한 섭생을 가능하게 해주었다. 하지만 안타깝게도 이 이유 때문에 동물들도 콩과식물을 탐하다보니, 이것들은 인간에 의해 길들여지기 전에 이미 생화학적 보호 기능을 다양하게 해주는 방향으로 자연선택 과정을 겪었다. 잠두와 연리초류는 ODAP산Oxalyldiaminopropionic acid을 함유하고 있는데, 이것은 중추신경계의 중요 신경전달물질의 효과를 억제하는 글루타민산과 유사한 물질이다. 육류 섭취가 부족한 가운데 이 물질을 과도하게 소비할 경우 사지 마비가 올 수 있고, 전체적으로 심신이 약해지다가 사망에 이를 수 있다. 이것이 바로 잠두중독증favisme이다. 예를 들어 인도, 나폴레옹과 전쟁 중이던 (그리고 그 후 내전 중일 때도) 스페인 같은 곳에서는 이로 인하여 많은 희생자가 발생했다. 층층이부채꽃, 잠두 또는 콩은 또한 내분비계를 교란시키는 물질도 함유하고 있는데, 이런 물질은 극히 소량만 섭취했을 경우에도 장기적으로 생리 기능과 성적性的 발달에 영향을 줄 수 있다. 젖산 발효는 씨앗이 품고 있는 모든 독소들을 제거할 수 있다. 일본에서 많이 소비되는 낫토는 낫토균Bacillus subtilis natto을 이용해 콩을 발효시킨 것이다. 콩의 낟알들을 휘저으면, 점액질 다당류mucilaginous polysaccharides에 서식하는 박테리아가 즉각적으로, 마치 계란 흰자의 거품을 낼 때처럼 거품투성이의 겔을 형성하며, 이는 먹는 이에게 색다른 즐거움을 선사한다. 독성을 지닌 콩과식물의 발효는 여러 차례에 걸쳐서 다양한 미생물들을 통해 발명되었다. 가령 한국

(청국장)과 태국(토아나오)에서는 고초균Bacillus subtilis을 동원한다. 아프리카에서는 바실러스Bacillus로 메뚜기콩나무Parkia biglobosa 또는 프로소피스 아프리카나Prosopis africana를 발효시킨다. 때로 콩과식물의 발효에 균류까지 개입하기도 한다. 라이조프스 올리고스포루스Rhizopus oligosporus가 인도네시아의 템페(콩을 발효해서 만든 음식)에 들어가는가 하면, 누룩곰팡이가 일본의 미소 가루와 중국의 두장(다른 곡물들은 들어가지 않고 완전히 콩만으로 제조)에 들어간다. 콩과식물은 발효되면 맛이 더 좋아지는데, 미생물 단백질 분해 효소들이 치즈 제조 과정에서와 마찬가지로 단백질에서 작고 맛있는 아미노산을 빼내기 때문이다. 가끔 너무 많이 빼내는 바람에, 이 또한 치즈 제조 때와 다를 바 없이 약간 씁쓸한 맛이 날 때도 있다.

발효를 이용하면 동물성 식품들에서도 독성을 제거할 수 있다. 우유의 락토오스가 그 좋은 사례다. 한편으로는 유제품의 섭취가 초기 농부들의 식물성 위주의 식단을 보충해주고, 피트산 때문에 흡수가 더뎠던 칼슘을 더 많이 제공해주었다. 그런데 다른 한편으로, 일반적으로 우유는 성인들이 소화하기 쉽지 않은 식품이다. 어린아이들은 즉각적으로 동화 가능한 글루코오스와 갈락토오스를 방출하면서 우유의 락토오스를 소화한다지만, 어른들은 대체로 이유기가 지나고 나면 어린 시절에 획득한 효소를 더 이상 만들어내지 못하기 때문이다. 소화되지 않은 락토오스는 장내 박테리아들에 의해서 발효되어 곧 통증을 유발한다! 왜냐하면 발효 시에 발생하는 시큼한 물질들은 양이 지나치게 많아지면 장내 점액질에 손상을 가져오기 때문이다. 식품의 동화작용이 줄어들고 장내에 밀집해 있는 이러한 물질들이 끌어들이는 수분이 설사와 탈수 현상을 야기한다. 소를 가축화하기 시작한 초기에 우리 조상들은, 그들의 뼈에서 찾아낸 DNA 연구 결과가 보여주듯이, 대다수가 락토오스에 알레르기 반응을 보였다. 그런데 폴란드에서 발견된 당시 토기들(구멍이 나 있으며, 기름기가 닿았던 흔적을 지니고 있었다)에서 나타나듯이, 7,500년 전에 이들은 이미 치즈를 제조했다. 이 토기들은 엉긴 우유덩어리의 수분을 제거하는 데 사용되었을 것이 분명하다. 게다가 이 토기들은 치즈의 소비가 오히려 우유의 소비보다 앞섰음을 입증해준다. 유청에 이끌린 락토오스와 발효 때문에 파괴된 락토오스 사이의 어느 지점쯤에 위치한 결과물은 먹기에 만족스러웠다. 그 후, 소의 젖을 짜는 주민들 사이에서는 모든 나이에서 우유를 소화하는 역량이 서서히 선택받았다. 그 결과 이러한 역량을 가지고 있는 사람 중 프랑스 사람의 비율은 50퍼센트 이상, 스웨덴 사람의 경우는 98퍼센트인 반면, 우유를 제어하지 못하는 중국 사람은 이 비율이 불과 17퍼센트에 지나지 않고, 아메리카 인디언들은 아예 0퍼센트다. 성인이 락토오스를 소화하는 역량을 가늠하는 테스트에서는 그의 발효 생산물을 측정한다. 즉 50그램의 락토오스를 섭취한 후 호흡을 통해서 발생하는 수소의 양을 측정하는 것이다. 락토오스가 제대로 소화되었을 경우에는 수소가 나오지 않으나, 반대의 경우 미생물에 의한 발효는 수소를 발생시키며 그 수소는 혈관을 통해 폐로 전해진다. 성인이 되었을 때 우유를 소화하는 역량이 생겨난 나라들에서, 사람들은 치즈니 요거트니 하는 식품들이 처음에는 락토오스를 해독하는 수단이었다는 사실을 망각하곤 한다! 이란이나 인도처럼 극소수만이 락토오스를 소화하는 나라의 주민들에게는 오늘날에도 여전히 치즈는 우유가 가진 양분을 소화할 수 있게 해주는 고마운 식품이다.

이렇듯 식품의 다양화, 길들여지는 식물들, 곧 재배 경작되는 식물들의 선택, 심지어 인간의 진화에 이르기까지 모든 것이 우리로 하여금 오래 전 과거에 우리의 농업 문명의 토대를 마련해준 대표적인 산품들(곡물, 배추, 올리브, 우유 등)에 우리가 접근할 수 있었던 것은 미생물 덕분이었음을 잊어버리게 한다. 우리는 혼자 힘으로는 결코 그러한 산물들에 접근할 수 없었을 것이다!

식품의 품질 향상을 위해 발효시켜라

더구나 발효는 식품의 품질을 향상시킨다. 먼저 발효는 단백질처럼 큰 분자들을 잘게 쪼갬으로써 식품의 질감을 부드럽게 만든다. 사냥으로 잡은 사슴이나 멧돼지들의 고기를 숙성시키는 것이 좋은 예다. 사냥으로 잡은 고기를 발효시키면 단백질 분해효소들이 야생에서 살면서 발달한 동물의 근육과 질긴 힘줄을 해체시킨다. 예를 들어 꿩의 머리를 매단다고 하자. 그러면 목과 몸체가 분리(분자 구조의 상실을 알려주는 지표)되면서, 꿩의 내장을 비우고, 깃털을 뽑고 익힐 수 있다. 사냥고기가 풍기는 제법 강한 맛은, 치즈와 마찬가지로, 미생물이 대사 작용을 하고 효소들에 의해 맛있는 물질이 방출되기 때문이다. 여러분들이 일본에서 발효된 생선(희한하게도 거의 치즈와 비슷한 맛이 난다)이나 멸치(이 역시 소금물에서 발효시킨다)를 맛보았다면, 묘한 향이 나면서 혀에서 사르르 녹고, 전분을 함유하고 있는 듯한 식감, 생선살 특유의 결이 없어지고 미생물 효소에 의해서 한층 맛나진 그 느낌을 금세 떠올릴 수 있을 것이다. 이 사실로 미루어 농업 문명 이전에도 우리의 수렵-채집꾼 조상들에게 고기의 발효는 매우 유용했으리라고 짐작할 수 있다. 사냥으로 잡은 고기들은 우리가 농장에서 길러서 도축하는 고기들보다 훨씬 근육질이고 단단했을 테니 말이다.

하지만 발효를 통한 식품의 식감 향상은 어디까지나 농업과 목축업이라는 맥락 안에서 지속된다. 빵의 경우, 신맛을 내는 천연효모도 그와 같은 역할을 한다. 독자들도 주목했겠지만, 일반적인 빵(빵효모로 구운 빵)은 눅눅해졌을 때 토스터나 오븐에서 데우면 다시금 말랑말랑하고 촉촉해진다. 말하자면 수분을 그대로 간직하고 있다는 뜻이 되므로, 그저 단순히 물기가 없어져서 딱딱해졌다는 설명은 설득력이 없다는 말이다. 문제의 기제는 전분의 퇴행으로, 물의 분자들이 점진적으로 전분과 상호작용을 한 결과 결정의 형태가 되어 전체적으로 딱딱해졌는데, 열을 가하자 이 결정이 '녹으면서' 물이 다시금 빠져나오게 되는 것이다. 하지만 천연효모로 만든 빵은 이러한 퇴행의 속도가 더디며, 따라서 훨씬 더 천천히 눅눅해지는데 혹시 독자들은 이 점에 주목해본 적이 있는지? 발효 과정에서 발생하는 산으로부터 나오는 H_3O^+ 이온들은 전분과 상호작용을 하면서 어떤 의미에서 물 분자로의 접근을 차단한다. 따라서 그것들이 전분과의 상호작용을 더디게 만드는 것이다. 그 결과 퇴행 속도가 늦어진다. 식품의 보존성과 편리함이 천연효모로 인해 한결 증대되는 것이다!

이 뿐 아니라, 발효식품들은 우리 외부에 있는 미생물들에 의해서 이미 소화 작용이 시작되었다고 볼 수 있다. 이는 특히 단백질의 경우에 해당되는데, 위에서 살펴보았듯이 사냥에서 잡은 고기나 콩과식물의 발효에서 잘 드러난다. 이는 또한 마니옥이나 빵으로 만들 곡물들을 물에 담가 전분 알갱이를 미리 소화시키는 데에서도 알 수 있다. 효모도 빵의 단백질을 공격하는데, 그중에서도 글루텐을 형성하는 단백질을 집중 공격한다. 그렇지만 천연효모에 비해서 효율이 떨어지며, 이 때문에 빵에 함유된 글루텐의 소화도가 낮아져 다른 요소들보다도 특히 글루텐에 대한 알레르기 비율을 높이는 데 일조한다.

몇몇 소화하기 힘든 혼합물들(유독하지 않으나 불편함을 초래한다)도 미생물에 의해서 제거될 수 있다. 예를 들어 많은 콩과식물 낱알들은 복부팽

만증flatulence을 일으키는데, 이 때문에 프랑스어에서 강낭콩은 flageolet(라틴어에서 '바람의 입김'을 뜻하는 flabra에서 유래한 명칭. 어떤 입김인지 짐작이 가지 않는가!)라는 불명예스러운 이름을 얻었다! 이 낱알들은 알파-갈락토시드를 함유하고 있는데, 이것은 갈락토오스에서 파생된 물질로 특히 탈수 현상으로부터 식물의 조직을 보호하는 역할에 개입한다. 우리는 이 물질을 소화하지도 흡수하지도 못한다. 이 물질은 장에서 우리의 장내 미생물들, 즉 필요한 효소들에 의해 발효되며, 이때 원치 않는 가스들이 배출된다. 우리는 콩알들을 물에 담금으로써 익히기 전에 이미 이 물질들을 부분적으로 제거할 수 있는데, 위에서 언급한 낫토 발효 같은 방법을 사용하면 보다 효과적이다.

그런데 식감을 부드럽게 하고, 식품 관리를 편리하게 해주며, 미리 소화하게 해주는 정도는 이제부터 소개할 장점과 비교하면 사실 아주 사소한 것들에 지나지 않는다. 그럴 수밖에 없는 것이, 미생물들은 무엇보다도 그 자체로서 커다란 이득이기 때문이다. 실제로 비타민 A와 C, 그리고 B군에 속하는 다양한 비타민들은 매우 불안정하며 식품을 장기간 보관할 경우 쉽게 산화된다. 그리고 이는 농산물을 저장함에 있어서 아주 중요한 문제가 아닐 수 없다. 이 비타민들은 살아 있는 세포 속에서만 존재하는데, 미생물의 증식이라는 말 속에는 항상 미생물 비타민의 존재가 함축되어 있다! 오렌지색 치즈 껍질 속의 브레비박테리아의 경우가 여기에 해당된다. 카로틴이 풍부한 이 박테리아는 비타민 A의 전구체이며, 낫토와 치즈는 비타민 K의 보고이고, 요거트는 다양한 비타민 B의 원천이다. 유럽 동부와 북부 지방에서는 겨울이면 사우어크라우트 또는 폴란드의 오이피클ogorek kiszony(온갖 향신료와 함께 소금물에 절인 맛있는 피클) 등이 비타민 C 공급원으로 추천을 받는다(그리고 경험적으로 볼 때, 실제 그렇게들 한다). 다른 계절에야 물론 신선한 과일이며 채소류가 비타민 C를 제공한다. 신선한 과일, 채소류를 구하기 힘든 선원들은 비타민 C 결핍으로 괴혈병에 시달렸다. 때문에 이들은 이미 17세기부터 장거리 항해에 나설 때 사우어크라우트를 가져갔으며, 덕분에 유럽 선원들은 겨울에도 기운차게 임무를 수행할 수 있었다. 캐나다에 최초로 이주한 식민주의자들은 신대륙에서 어떤 신선한 과일들을 먹어야 할지 알지 못했으므로 맥주에 의지해서 괴혈병과 싸웠다. 맥주도 보통 맥주가 아니라 비타민 C가 풍부한 독일가문비나무의 눈에 절여둔 맥주였다.

때로는 미생물 자체가 비타민의 공급원으로써 직접 소비되기도 한다. 짙은 갈색의 스프레드인 베지마이트vegemite*가 대표적이다. 프랑스에서는 별로 인기가 없으나 오스트레일리아와 뉴질랜드에서는 널리 애용되고 있으며, 영국에서는 마마이트marmite라는 이름으로 알려져 있다. 빵효모에서 추출한 이 식품 보충제는 B군 비타민이 풍부하게 함유된 까닭에, 맛은 비록 이상하지만 앵글로색슨 계통 요리의 모든 위생적 덕목을 고루 갖추었으리라는 믿음까지 갈 정도다. 몇몇 발효 음료들도 풍부한 비타민 함유량 덕분에 인기를 끈다. 가령 곰부차(박테리아와 효모에 의해 만들어지는 발효차로 중국에서 생산된다)나 케피르(코카서스 지역에서 처음 먹기 시작한 음료로, 박테리아와 효모가 잔뜩 서식하는 작은 컬리플라워 같은 알갱이로 우유 또는 과일즙을 발효시킨다)가 대표적이다. 이러한 음료들을 통해서 우리는 곤충 또는 척추동물의 장내 박테리아와 내생공생 관계에 있는 박테리아들의 비타민 기능을 새삼 확인할 수 있다. 이는 이 책의 4장부터 8장까지 누누이, 반복적으로 묘사되었다.

이처럼 식품의 발효는 식감을 부드럽게 만들고, 미리 소화시켜주며, 영

---

* 이스트로 만든 검은색 잼 비슷한 것.

양분을 보완하는 역할을 한다. 우리는 또한 겨울철이면 사일로 저장 기술을 통해서 가축들에게도 발효식품의 혜택을 줄 수 있다. 사일로 저장 기술이란 약간 축축한 짚단(대개는 옥수수 짚단)을 잘게 으깨서 공처럼 둥그렇게 말거나 덮개를 덮어놓는 것을 말한다. 여기에 소금을 첨가할 수도 있고, 심지어 짚더미를 젖산균으로 감염시킬 수도 있다. 그러면 젖산과 아세트산 발효가 시작되어 강력한 냄새(발효 물질에서 뿜어져 나오는 냄새)가 나면서 독특한 향과 산기를 지닌 짚이 된다(이 시점에 맛을 보라. 비록 당장 도로 뱉을지언정 말이다)! 이 경우는 발효가 지니는 보호 작용과 식품 품질 향상을 보여준다고 할 수 있다. 이러한 기능 덕분에 짚을 사일로에 저장하는 방식은 각광을 받는다. 식물성 독소들이 제거되고, 신맛 때문에 미생물학적으로 식품이 안정 상태를 유지할 수 있다. 겨울철에 부족할 수밖에 없는 비타민이 보충되는 데다 친절하게 미리 소화까지 시켜준 셈이니까.

발효의 미덕은 문화적일까, 생물학적일까?

우리는 자주 발효식품들은 그냥 조금 더 좋고 조금 더 맛있을 뿐이라고 말한다. 우리가 치즈와 와인을 좋아하니 말이다. 그런데 그런 말을 할 때도 약간의 뉘앙스가 필요하다. 왜냐? 그건 그러한 식품을 즐겨 먹는 사람들이나 그것들이 자기들 입맛에 맞는다고 생각하고, 실제로도 그렇기 때문이다. 아무려나, 다 좋다. 그런데 어쩌면 이 인과 관계는 어쩌면 순서가 뒤바뀌었을 수도 있다. 예를 들어 미국 사람들은 프랑스인들이 좋아하는 숙성 치즈를 보면 역겨운 표정을 짓는다. 그런가하면 나는 태어나서 처음으로 일본에서 만난 발효 생선, 그것도 하필이면 아침 식사 테이블에서 만난 그 녀석

앞에서 입을 비쭉 내밀었는데, 공교롭게도 그곳 사람들은 아주 좋아하는 녀석이었다. 이런 사실은 소위 문화적 상대성이라고 하는 개념에 대해 많은 것을 시사한다. 대부분의 아이들은 치즈나 시큼한 음식, 알코올 음료 등에 자발적으로 관심을 보이지 않는다. 물론 예외가 있겠으나, 아이들은 어른들에게 그런 것을 좋아하는 법을 배우고 익힌다. 우리 안에 내재되어 있는 생물학적 반사작용은 어쩐지 미생물로 인한 부패의 냄새가 나는 식품은 피하라고 부추기지만, 우리의 문화가 적어도 몇 가지 음식 앞에서는 선을 넘어도 된다고 가르친다. 주로 문화적인 이유로 역겹다고 느끼게 되는 냄새의 관문을 일단 통과하고 나면, 발효로 인해서 만들어지는 특별한 향, 알코올, 시큼한 맛 등이 반복되는 습관과 더불어 한층 더 매력적으로 다가온다. 하지만 이것들은 어디까지나 2차적으로 획득된 맛이다. 아마도 그렇기 때문에 우리 조상들은 처음부터 발효의 도움을 받지는 않았을 것이다. 처음에 우리 조상들은 까다로운 입맛을 가진 척 하기에는 너무도 배가 고팠던 것이다!

내가 보기에 아주 중요한 한 가지 사실이 있는데, 바로 우리가 부패한 음식을 알아차리는 건 흔히 냄새 때문이라는 점이다. 냄새만으로도 우리는 상한 음식을 입으로 가져가지 않기에 충분하다는 말이다. 나는 미생물 혼합물을 후각만으로 탐지하고 거기에 근거해서 자발적으로 이를 거부하는 태도가 인간의 생물학적 진화 과정에서 선택된 것으로, 그 덕에 인간은 부패한 식품은 먹지 않도록 진화해오지 않았을까 추측한다. 결과적으로, 입 안에서 느껴지는 맛으로 인한 거부는 후각에 따른 거부에 비해 훨씬 미미했다. 그러므로 우리는 미생물 혼합물의 맛에 대해서는, 냄새와 비교해볼 때 훨씬 덜 민감하며, 따라서 덜 민감하게 반응한다. 학습 과정을 거치게 되면 발효 식품을 먹는 것도 그 때문이다. 예를 들어 보자. 뮌스터 치즈나 일본의 발효 생선에서 나는 냄새는 너무도 고약하지만, 일단 입에 넣었을 때 느껴지는 맛은 그에 비해 훨씬 덜 불쾌하다. 입안에서 이 두 가지는 비슷하게 풍성한 맛을 내는데, 미생물들이 단백질을 공격해서 감칠맛 나는 아미노산을 만들어내기 때문이다. 입안에 들어온 미생물 혼합물에 대해서는 적대감이 줄어드는 것으로 보아, 우리는 어쩌면 문화적으로 발효 식품을 좋아하는 기질을 타고 났을 수도 있다.

몇몇 특산물들은 어이가 없어서 웃음이 나올 정도로, 문화적 차원이 너무 강한 데다 우리의 습관과는 거리가 멀 때도 있다. 노르웨이 사람들이 먹는 발효 연어 그라블랙스gravlaks는 그나마 프랑스 사람들의 입맛으로도 받아들일 만하다. 그린란드의 이누이트족이 겨울철에 먹는 전통 음식 키비악kiviak은 내장을 비워낸 바다표범 가죽 속에서 새를 몇 달씩이나 발효시켜서 만든다. 아이슬란드의 하우카르틀hakarl은 상어를 발효시킨 것으로, 매우 강한 암모니아 냄새를 풍긴다. 스웨덴의 수르스트뢰밍surstromming은 청어를 통조림통에서 발효시킨 것으로 발효 과정에서 배출되는 가스의 압력으로 납작하던 통이 공처럼 동그랗게 부풀어 오른다. 비행기 안으로는 절대 반입할 수 없는 이 통들은 물속에서 열어야 하는데, 이때 내용물이 사방으로 튈 수 있다. 식당에서는 이 음식만큼은 특별한 방에서만 제공한다. 티벳 사람들은 부패한 버터로 만든 포차라는 차를 즐겨 마시는데, 여기에는 지방이 발효되면서 나오는 뷰티르산이 들어 있다. 우리는 이 물질을 좋아하지 않는데, 혹시 실험해보고 싶은 독자들이 있다면, 은행나무Ginkgo biloba 열매에서 나는 냄새와 맛과 비슷하니 참고하시라. 하긴, 상한 우유, 게다가 가능하다면 최대한 오래도록 그걸 묵혀 미생물이 잔뜩 증식한 상태에서 먹는(치즈!) 것을 국민적 자부심으로 삼아온 프랑스 사람들이 누굴 보고 어이없다고 웃겠는가. 더구나 발효 식품 특산품에 대한 호불호는 문화적 변동 추이에 따라 변화를 겪는다. 라틴족들은 소금물에 절여 발효시킨 생선에서 짭짤하면서 동시에 감칠맛 나는(발효 물질과 생선살로부터 방출된 아미노산 덕분에 가능하다) 액젓을 추출했다. 독특한 향미를 지닌 이 액상 소금은 요리할 때 애용되었으나, 로마 제국의 멸망과 더불어 그 용처를 잃게 되고 따라서 더 이상 보급도 되지 않았다. 이탈리아의 몇몇 오지 마을과 니스 인근 몇몇 지역에서만 철 지난 특산품으로 명맥을 유지하고 있는데, 피살라트(혹은 피살라)가 바로 그것이다. 동양으로부터 우리에게 그와 비슷한 액체, 이름 하여 누옥맘nuoc-mam이라는 베트남 생선소스가 전해지기 전까지 그랬다는 말이다. 로마의 액상 소금과는 전혀 무관하게 독자적으로 발명된 누옥맘은 이와 상당히 비슷한 제조 과정을 거치고, 냄새와 맛 또한 고약하다는 점까지 꼭 닮았다. 얼마간 의심스러운 눈초리를 보내다가 차츰 익숙해지자 우리는 마침내 그 생선소스를 유럽식 식사 테이블에서도 받아들이게 되었다.

어쨌거나 세계 도처에서 단백질의 부패에서 기인하는 발효 식품이 사랑받는(일부 아미노산의 함량이 지나치게 높아지면 약간 쓴맛이 날 때도 있지만, 아무튼) 데에는 그럴 만한 이유가 있다. 발효 과정에서 만들어진 아미노산들 가운데 하나인 글루타메이트는 미각 증진제, 그러니까 일부 혼합물의 향미에 대한 지각을 증진시키는 물질이다. 다른 것보다도 특히 뉴클레오티드(DNA와 그 파생물질들의 구성 성분)를 함유하고 있는 성분들과 결합할 경우 글루타메이트는 감칠맛(일본에서는 우마미umami라고 한다)이라고 하는 맛을 낸다. 글루타메이트는 치즈, 초콜릿(발효시킨 카카오 콩으로부터 얻어진다), 사냥 고기 등의 향을 활성화시키는 데 기여한다. 미각증진제로서의 역할은 수많은 나라에서 다양한 음식들에 소량의 발효식품을 첨가하는 이유를 설명해준다. 이 발효식품들에는 흔히 미각증진제 가운데 하나인 소금과

글루타메이트도 첨가된다. 라틴족들이 즐겨먹던 생선 액젓 가룸garum, 베트남 사람들의 누옥맘, 유럽 남부에서 애용되는 발효 멸치, 일본의 가쓰오부시(참치와 친척지간인 가다랑어를 말리고 발효시켜서 훈제한 다음 톱밥처럼 얇게 저민 것)가 다 미각증진제에 해당된다. 또한 이 발효식품은 식물에서 유래한 것일 수도 있다. 콩을 누룩곰팡이로 발효시키고, 거기에 젖산균과 효모까지 개입시켜서 빚어낸 간장(일본에서처럼 때로는 밀을 첨부하기도 한다)이 대표적이다. 그런가 하면 치즈도 미각증진제로 활용된다. 치즈에서도 미생물들을 통해 글루타메이트가 방출되기 때문이다. 프랑스에서 그뤼예르 치즈를 덮어 그라탱을 만들거나 이탈리아에서 파스타 위에 파마산 치즈 가루를 뿌리는 것도 다 같은 이치인 것이다!

소량의 발효 식품을 첨가하는 습관은 다른 많은 나라의 요리에서도 관찰되는데, 이는 적어도 부분적으로는 글루타메이트 때문인 것으로 설명할 수 있다. 필리핀에서는 초산균Acetobacter 미생물들에 의해서 발효된 코코넛이나 파인애플 주스, 나이지리아에서는 바실러스에 의해 발효된 면화씨와 멜론씨, 멕시코에서는 카카오 소스(카카오나무 열매는 우리가 앞에서도 말했듯이 발효 과정을 거친다) 등을 먹는 이유 중 하나는 거기에 글루타메이트가 들어 있기 때문이다. 이럴 경우, 발효로 인한 신맛은 식품을 보호해주는 역할도 하며, 이 맛을 좋아하도록 교육받은 사람들(어린아이들은 대체로 신맛을 그다지 좋아하지 않는다. 그러므로 신맛은 일종의 후천적으로 획득된 맛이다)이라면 마음에 들어 할 수 있다. 우리가 사용하는 식초, 또는 동유럽 사람들이 요리할 때 애용하는 약간 발효되어 시큼한 맛을 내는 밀가루 등도 이러한 역할을 한다.

결론적으로 말하자면…

따뜻한 햇살 아래서 먹는 아침식사……. 요거트와 빵이 나에게 발효에 대해 말을 건다. 내가 아침 식사를 하기 조금 전에 내 일본인 친구들은 발효 생선 몇 조각과 낫토를 곁들여서 벌써 조찬을 끝냈다. 나는 커피나 코코아를 한 잔 더 마신다. 두 가지 모두 발효 덕분에 독특한 맛을 내는 음료다. 실제로 커피나 코코아를 제조하는 과정에는 매우 복잡한 효모와 박테리아의 자발적인 공동체가 개입하여 부드러운 과육 부분을 제거하고 원두만을 추려낸다. 이 과정에서 유기산이 방출되어 그것이 커피에 신맛을 부여하고 원두의 향미를 숙성시킨다. 식탁에 앉은 나는 끼니때마다 혼자가 아니다. 발효 미생물들이 우리를 덜 외롭게 해주고, 우리의 미각을 즐겁게 해주며, 문명권에 따라 다양한 방식으로 우리와 동행한다.

역사적으로 볼 때, 미생물 발효는 식물성, 동물성 식품들을 소화하기 쉬운 상태로 만들어주면서, 독성을 줄여주고, 비타민을 한층 더 풍성하게 해주며, 맛까지 훨씬 좋게 만들어줌으로써 우리에게 도움을 주었다. 그러므로 발효는 놀라울 정도로 다채로운 기능을 수행한다고 보아야 한다. 그런 의미에서 발효는 단순히 식품의 독을 제거하는 다른 방법들을 뛰어넘는다. 가령 물에 담그기나 가열하기 등은 각각 무기질을 희석시킨다거나 일부 비타민을 파괴시키는 단점이 있기 때문이다. 그렇기 때문에 우리 조상들은 미생물들이 자신들의 양식을 조금 축내더라도 눈감아 주었던 것이다! 미생물들은 수렵-채집꾼들에게는 물론 유용한 도구였다. 그러나 그보다도 발효는 그들이 농업 사회로 넘어갈 때 수확물을 비축함에 있어서, 또 많은 식품들의 독성을 해독해줌으로써 우리 조상들을 도왔다. 오늘날, 발효는 그 긴박한 필요성을 상실했다. 다른 보존 방식(그 가운데 하나인 냉장고의 발명은 미생물의 삶 자체를 단시간에 진정 국면으로 몰아넣었다), 보다 신속한 식품 처리 방식들이 발명되었기 때문이다. 뿐만 아니라 가장 독성이 적은 식물들이 선택(곡물, 콩과식물, 배추 등은 오늘날 발효 과정 없이도 아무 탈 없이 소비된다)되었고, 거기에 더해서 인간 자신 또한 일부 식품들(예를 들어 락토오스 같은 것은 우유를 마시는 지역이라면 어디에서든 문제를 일으키지 않는다)은 알레르기 반응 없이 소화시킬 수 있도록 선택되었다. 그럼에도 몇몇 발효는 그대로 보존되고 있는데, 이는 문화적 관습으로 굳어진 데다 그 과정을 거쳐 얻어진 결과물이 매우 위생적이기 때문이라고 설명할 수 있다. 이처럼 살아남은 발효는 우리에게 현대 문명 구축의 숨겨진 여러 양상들 가운데 분명 미생물 관련 양상이 자리 잡고 있음을 상기시켜준다. 그렇지 않았다면 우리의 농업 문명에는 우유도, 곡물도, 콩과식물도 들어설 자리가 없었을지 모를 노릇이다. 우리가 11장에서 보았듯이, 이 역할은 인간 집단이 벌이는 경쟁 속에서 질병을 일으키는 미생물들의 역할에 더해져서, 미생물이 문명 관련 차원에 끼치는 영향력으로 승화된다.

식생활 수준에서 보자면, 이번 장은 7장과 8장에서 소개한 '깨끗한 더러움'이라는 개념을 다시금 반복한다고도 볼 수 있다. 그 개념에 따르면 일부 비공격적인 전염 생물들은 일종의 깨끗함에 해당된다. 분명 미생물이 아예 없는 상태(이런 환경에서는 미생물이 나타나는 즉시 손쉽게 오염되어 버린다)보다 오히려 한층 더 청결하고 한층 더 우리의 건강에 적합하다는 뜻이다. 모든 미생물을 다 피한다고 해서(멸균 소독) 해로운 미생물을 제대로 피할 수 있는 것이 아니다. 그보다는 복합적인 마이크로바이오타라는 울타리 안에서 해로운 미생물들의 영향력을 약화시켜야 비로소 그것들을 제대로 피할 수 있다. 그렇게 되면 이런 해로운 미생물이 남아 있다고 해도 거의 증식하지 못할 테니 말이다. 농식품 분야는 우리의 조상들이 이미 오래 전부터 주파해온 이 분야에 대해서 이제 막 탐구하기 시작한 것이나 다름없다. 미생물학자 입장에서 잠시나마 아주 소소한 염소 치즈의 기적에 찬사를 보내고 싶다. 이 염소 치즈는 자생적인, 그러나 예측 가능하며 예방적인 면도 지니고 있으면서 게다가 비공격적인, 요컨대 '건강하면서' 우리가 그 맛까지도 좋아하게 된 마이크로바이오타를 접종시켜 만들기 때문이다! '깨끗한 더러움'이란 바로 이런 것이다.

오늘날 미생물의 존재는, 예전에 비해 서구 사회의 식생활에서 훨씬 그 세력이 약화되었다고는 하나, 그래도 상당히 다양화되었으며, 차츰 다른 영역으로까지도 확산되어 나가고 있다. 그걸 다 나열하는 건 이 책의 목적을 넘어서는 일일 것이다. 다만 산업(알긴산, 셀룰로오스, 응유제와 파이타제를 비롯한 다양한 효소들이 미생물에서 유래한다)이나 건강(인슐린, 항생제)에 유익한 물질들의 대량 생산, 백신(죽거나 살아 있어도 그다지 독성이 강하지 않은 박테리아들이 우리를 병원체들로부터 미리 보호해준다), 그리고 연구 도구로서의 미생물들에 대해서만 언급해보련다. 여러 발효 기술들 또한 생물에서 유래한 소재들의 물렁하거나 살아 있는 부분들을 제거하는 과정에서 여전히 굳건하게 명맥을 이어가고 있다. 들판에서 베어낸 삼이나 마를 물에 담그면 섬유를 얻을 수 있고, 가죽을 제조하는 첫 단계인 짐승의 살점을 제거하는 작업에도 발효가 개입한다. 인간과 미생물 사이의 문화적인 연결도 느슨해지는 것이 아니라 오히려 그 반대다. 오늘을 사는 우리가 그 사실을 자주 잊을 뿐이다. 우리를 둘러싸고 있는 각종 자재와 식품을 제조하는 과정에 대한 우리의 무지가 깊어지다 보니 그렇게 될 수밖에 없다.

인간의 역사를 거슬러 올라가볼 때, 미생물과의 관계는 무수히 많은 시대와 장소에서 가까워지면 가까워졌지 멀어지지 않았다. 다만 당시 미생물의 세계를 알지 못하던 우리 인간들이 그 사실을 알아차리지 못했을 뿐이다. 이러한 문화적 수렴은 이 책의 여러 장에서 줄곧 묘사해온 생물학적 수렴 진화를 떠올리게 한다. 문화의 진화도 때로는 수렴적이라서, 그것이 넓은 의미에서 보자면 일종의 생물학적 진화의 한 형태라는 생각을 굳건하게 다져준다.

미생물들의 발효 활동은 장내 마이크로바이오타가 몸의 내부에서 부분적으로 수행하는 기능들을 우리 몸의 외부에서 수행하는 셈이다. 발효는 우리의 소화를 돕고, 병원체와 독소로부터 우리를 보호해주며, 비타민을 비롯하여 우리의 섭생에서 결여된 물질들을 획득할 수 있도록 도와준다. 이는 정확하게 척추동물(6장, 7장, 8장) 또는 곤충(6장)의 소화관에서 공생 미생물들이 하는 일이다. 그러므로 우리 인간의 문명은 대개 무의식적으로, 여러 차례에 걸쳐서, 우리 몸의 외부에서, 집단 논리에 따라, 우리 인간을 필두로 하는 동물의 세계에 미생물 공생이라는 체제를 구축한 생물학적 기제를 재현해냈다. 게다가 일부 식품 발효에 참여하는 박테리아들은 젖산간균처럼 우리에게 고유한 마이크로바이오타에서 유래했을 것이 틀림없다! 바꿔 말하면, 인간 또한 되새김위의 한 형태라는 뜻이다. 집단적이고 문화적인 되새김위. 그렇다면 우리의 문명 또한 절대 혼자일 수 없다.

나오는 말

미생물과의 상호작용 없이 세상이 존재할 수 있을까?

이 결론 부분에서는 앞으로 더 나아가기에 앞서 우선 이제까지의 요점을 정리해볼 것이다. 미생물들은 그 특성상 대형 생물체의 진화에 동원되도록 준비되고, 난초의 종자는 불가피하게 2차적 의존이라는 개념의 싹을 틔우며, 생명체들은 어쩌면 더는 존재하지 못할 수도 있다는 내용도 언급될 것이다. 또한 미생물과 그들의 실질적인 위대함에 바치는 찬가도 접하게 될 것이며, 흰말과 검은 말이 끄는 전차 군단도 화제에 오를 것이며, 다시 한 번 '깨끗한 더러움'이 화두로 등장할 것이다. 그리고 반복되는 경향이 있지만, 그럼에도 마지막으로 풀밭 위에서의 간단한 식사에서 우리가 어떻게 경이로움을 맛볼 수 있는지 느껴볼 것이다!

공생 미생물들이 우리에게 가르쳐준 것

저자인 나는 지금 이 결론에 이르기까지의 여정을 함께 따라와준 독자들에게 그저 고마움을 느낄 뿐이다. 기나긴 여정이었지만, 아마도 크게 두 가지 생각으로 간추려질 수 있을 듯하다. 첫째, 우리가 눈으로 볼 수 있는 모든 대형 생물체들뿐만 아니라 집단, 공동체, 심지어 문명이라는 큰 단위에도 무수히 많은 미생물들이 깃들어 살고 있으며, 이 작은 미물들은 큰 생명체들이 제대로 기능하는 데 기여한다는 것이다. 이 사실은 식물 혹은 동물(여기에는 물론 인간도 포함된다)이 자율적인 완전체라는 고정관념이 거짓이었음을 드러내 보여준다. 둘째, 이러한 미생물의 존재는 나쁜 소식이 아니라는 것이다. 이 책에서 소개한 예들은, 특히 미생물의 세계가 경쟁과 기생, 포식이 지배하는 부정적 상호작용이 판을 치는 세계라는 이미지를 누그러뜨린다. 미생물들과의 수많은 상부상조적 상호작용이 우리를 형성하며, 우리 주변을 둘러싸고 있다. 우리는 막무가내로 부정적인 상호작용의 존재를 부정하는 게 아니다. 오히려 그 반대로, 어떻게 해서 기생주의를 피하면서 상리주의적 상태가 구축되는지를 살펴보았다. 우리는 또한 일부 공생은 다른 생물에 기생하거나, 그것을 죽이거나, 그것과 경쟁하기 위한 도구로 사용될 수도 있음을 관찰했다. 바꿔 말하면, 공생은 부정적 상호작용의 이웃에서 세상을 구축하며, 그러자니 자주 그 부정적 상호작용과 연결될 수밖에 없다. 이렇듯 남과 공유해야 한다고 해도 공생에게 합당한 자리를 인정해줘야 마땅하다.

앞에서 살펴본 각 장에서 우리는 미생물 공생이 지니는 여러 얼굴을 열거했다. 독자들도 이미 눈치챘겠지만, 같은 양상이 자주 등장한다. 우리는 공생 파트너들이 상부상조적인 결합에서 각자의 특성을 보탠다는 사실을 발견했으나, 공생 상태는 궁극적으로 파트너들 역량의 산술적 합 이상이라는 사실도 알았다. 왜냐하면 공생 관계에서는 공조를 통한 상승작용과 상호 변화도 나타나기 때문이다. 공생 관계의 구축은 다양한 교류를 내포하며, 이 교류들은 궁극적으로 양분 섭취, 보호, 성장, 심지어 생물의 행태에 이르기까지 그야말로 모든 기능에 두루 관여한다. 문명이 진화하는 과정에서 인간은 자주 자신보다 작은 것들에게 보호와 양분을 제공해주는 생물학적 여정을 답습했다. 게다가 공생의 결과는 파트너 당사자들이라는 제한된 차원을 넘어선다. 생물의 공동체들과 거기에 따르는 생태계를 구축하거나 변화시키니 말이다. 진화에서는 공생의 결과로 밀접한 관계들이 직조되는데, 그 짜임새는 서서히 파트너 당사자들을 공진화의 논리에 따라 상호적으로 변화시킨다. 예를 들어 어떤 동물은 '식물형 동물'이 되는가 하면, 미생물들이 동물이나 식물에게 의존하면서 이들의 확장이 되기도 한다(우리는 이를 '추가 기능'이라는 비유적 표현으로 설명했다).

우리는 공생 관계가 대물림되어 전달되는 데에는 크게 보아 두 가지 유형이 있음을 관찰했다. 첫 번째는 세대교체 때마다 반복적으로 습득되는 형태로, 이는 파트너의 선택, 특히 각자에게 가장 우호적인(가장 효과적으로 적응했거나 가장 속임수를 덜 쓰는) 파트너를 골라잡을 수 있는 기회를 제공하지만, 여기에는 이상적인 파트너를 만나지 못할 수도 있다는 위험이 도사리고 있다. 두 번째 유형의 공생은 파트너들이 절대 갈라서지 못하는 유형으로, 이 경우 부모 세대로부터 공생 미생물을 상속받는다. 이 기제는 자동적으로 가장 상부상조적인 파트너를 선택하게끔 되어 있으므로 공생의 항구성을 보장받을 수 있으나, 여기에도 단점이 따르게 마련이다. 파트너 선택의 폭이 좁고, 따라서 공생의 적응력이 축소될 여지가 있다. 상속이라는 이 두 번째 유형은 파트너들 사이에 매우 밀접한 상호적응coadaptation, 기능적으로 확대된, 아니 더 나아가서 아예 총체적인 얽히고설킴 가능성을 열어준다. 그리고 궁극적으로 파트너들이 결국 단일체를 형성할 수도 있다. 우리가 미토콘드리아나 색소체를 더 이상 개별적이고 완전한 별개의 종으로 구분하지 않게 된 것도 그런 연유에서다. 더 나아가서 오늘날 우리는 색소체의 유전자들을 비교함으로써 식물의 계통수를 재구성하고, 미토콘드리아의 유전자들을 비교해서 동물의 계통수를 재조정한다. 아주 오래전부터 그것들이 깃들어 있는 생명체와 긴밀하게 관계를 맺고 있는 색소체와 미토콘드리아는 단일체가 되어버린 두 파트너가 함께 써내려간 역사를 드러내 보여준다. 공동의 조상이 사라진 후 수백만 년, 아니 수십억 년이 흐른 뒤에, 그 사이에 완전히 남남이 되어버린 상속 공생 파트너들이 2차적으로 재결합하여 다시금 하나가 되는 것은 대단히 매혹적인 일이다.

문화적인 예를 포함하여 수많은 사례를 통해서 살펴본 공생의 마지막 특성은 바로 수렴 현상이다. 독립적인 계열들이 각각 진화하는 과정에서 여러 차례에 걸쳐서 공생 관계가 나타나게 되며, 이것이 유사한 생리적 구조와 기제를 정착시키게 된다. 이 수준에 이르면 우리는 어째서 이처럼 도처에 공생이 편재해 있고, 반복적으로 일어나는지 의문을 제기해보아야 한다. 모든 동물과 식물은 무수히 많은 파트너십을 맺고 살며, 진화의 과정에서 같은 유형의 공생이 반복적으로 나타난다. 문화의 진화라고 예외는 아니다. 도대체 왜 그럴까?

자, 이제부터는 이 미생물들과의 수많은 만남에 대해 가능한 두 개의 답변을 차례대로 소개해볼까 한다. 하나는 미생물 세계와 관련이 있고, 다른 하나는 생명체 세계에서 의존성의 출현과 관계가 있다.

작고, 수가 많으며, 놀라울 정도로 다양하고 받아들이기 쉬운 존재

동물이나 식물, 또는 문화적 관습 내에 '쉽게 장착할 수 있는' 기능 보완물이라는 관점에서 보자면, 미생물은 그 크기며 수, 기능의 다양성 등 여러 가지 강점을 지니고 있다.

먼저 크기를 보자. 미생물은 식물이건 동물이건, 파트너에 비해서 월등히 작다. 박테리아는 대체로 1,000분의 1 밀리미터에 불과한 반면, 진핵생물의 세포는 그보다 10배에서 100배는 더 크다. 그런데 길이가 10분의 1에 지나지 않는다는 말은 부피로 보자면 1,000분의 1에 불과하다는 말이 된다. 균류의 균사는 지름으로 치자면 그래도 동물 세포의 크기만큼 되지만, 식물이나 동물의 조직 덩어리에 비하면 엄청나게 날씬하다. 뿐만 아니라, 우리가 집합적으로 '효모'라고 부르는 일부 종들에서는 작게 분리된 세포들로 끊어진다. 미생물의 작은 크기는 세포내 공생을 가능하게 만들어준다. 그도 그럴 것이 진핵세포는 여러 개의 박테리아, 작은 조류 또는 효모들을 다 포용할 수 있기 때문이다. 그뿐 아니라 다세포생물은 자기의 세포 내 공간, 가령 식물의 세포들 사이의 공간이나 내부의 각종 강, 가령 소화관을 다양한 미생물들에게 서식처로 제공할 수 있다. 미생물과 그것이 지닌 기능을 다세포 생물에게 첨가하기란 꽉 찬 짐 가방 속에 양말 한두 켤레 더 우겨넣는 정도로 쉬운 일이다!

다음으로 미생물의 수. 미생물은 그 수가 그야말로 어마어마하므로 동물이나 식물 각각은 어떤 생태계에서 살든, 진화하는 과정에서 무수히 많은 미생물들을 만날 수밖에 없다. 일반적으로 지구상에는 박테리아가 1만 × 10억 × 10억 × 10억 개쯤 있다고 추정하는데, 이 숫자는 우리의 밤하늘을 수놓는 별들보다 1,000만 배 많다! 토양 1그램 당 10억 개 이상의 박테리아가 서식하고 있으며, 이것들은 각기 다른 100만 가지 이상의 종에서 유래한 것들이다. 또한 그중에서 균류의 종만 해도 1,000에서 10만 가지 정도 된다. 대양의 해수면만 보더라도, 1밀리리터 당(티스푼의 5분의 1) 1만에서 100만 개의 박테리아가 살고 있으며, 단세포 조류들(숫자로는 적지만, 크기로는 훨씬 크다)도 1,000개는 훌쩍 넘는다. 이처럼 우리를 에워싸고 있는 물은 알고 보면 말간 미생물 죽이라고 하는 편이 더 어울릴 수도 있다. 미생물은 바다 전체 바이오매스의 90퍼센트를 차지하고 있으니 말이다! 그 미생물들은 도처에 산재해 있으며, 수적으로 다른 모든 것을 지배한다. 그러니 이렇게 복닥거리는 와중에 어떻게 어느 한 종의 생물이 진화하는 과정에서 미생물을 만나지 않을 수 있겠는가? 때로 우리는 미생물을 제외한 지구의 모든 구성 요소들을 다 제거해버려도 우주에서 구 모양의 지구의 실루엣을 언제든 알아볼 수 있을 거라고들 말한다. 그 정도가 아니다. 그렇게 되면 우리는 더 가까이에서 식물들을 볼 수 있을 것이다. 색소체들에 의해서 정해진 윤곽에서 균류들이 잔뜩 붙어 있는 뿌리에 이르기까지, 소상하게 볼 수 있을 것이다. 잘 살펴보면, 피부를 얇게 덮고 있는 박테리아와 효모들이 이어주는 인간의 윤곽선이며, 무수히 많은 미토콘드리아들이 서식하는 근육과 심장, 그리고 결정적으로 미생물들의 아성인 소화관들도 눈에 들어올 것이다. 미생물이 그토록 많고, 공생커플을 탄생시키는 만남이 진화의 과정에서 우연히 성사되었다고 해도, 두 개의 몸집 큰 생명체를 결합시키는 공생의 확률은 몸집 큰 생명체와 작은 미생물을 결합시키는 공생의 확률보다 훨씬 낮다. 따라서 우리는 공생의 대다수는 미생물과 관련되어 이루어질 것이라고 예측할 수 있다.

끝으로 미생물의 다양성. 미생물의 수가 아무리 많다한들, 그것들이 그토록 다양한 역량을 보유하지 않았다면 아무것도 아닐 것이다. 그리고 이러한 다양성은 이것들의 오랜 진화의 연륜에서 기인한다. 예를 들어 박테리아의 경우는 진핵생물들(각종 식물이나 동물)에 비해서 훨씬 오래 전에 출현했다. 그것이 진핵생물이 존재하려면 반드시 미토콘드리아(그러니까 박테리아)가 있어야 한다는 그 한 가지 이유 때문이라고 해도 말이다. 진핵생물 공통의 조상보다 두세 배 더 오래된 공통의 조상과 더불어 박테리아들은 더 오랜 시간에 걸쳐서 생물학적 가능태의 영역을 탐사했으며, 그런 만큼 훨씬 더 다양한 후손을 퍼뜨릴 시간도 많았다. 진핵 세포의 에너지원을 생산하기 위한 신진대사에 대해 잠시만 생각해보자. 호흡은 박테리아의 발명품이다. 광합성 또한 그렇다. 갯벌이나 심해의 밑바닥에서 이 화학 무기영양 박테리아들은 제일철, 메탄 또는 황화수소를 산화시켜 유기물질을 만든다. 진핵생물들이 다양화하기 시작하면서 이것들은 박테리아와의 공생만으로 순식간에 이 유형의 대사(박테리아들의 세계에서는 이미 전에 진화하기 시작한 신진대사 기제)를 자기들 것으로 만들었다! 이렇듯 호흡과 광합성, 그리고 화학 무기 영양이라는 행태는 박테리아와의 공생을 통해서 진핵생물들에도 출현했다. 아미노산을 제조하기 위한 대기 중의 질소고정은 또 어떠한가. 흰개미의 소화관에서 콩과식물들의 뿌리혹에 이르기까지, 진핵생물들의 질소고정은 언제나 박테리아의 몫이었지 진핵생물들이 이를 발명한 건 절대 아니다.

마찬가지로 진핵생물들에게 있어서 식물과 동물은(여기에는 다세포 조류들도 포함된다) 계보 상 상당히 늦게 출현한 생물들로, 이들은 진핵 미생물의 수많은 계보(단세포 조류, 아메바, 섬모충류 등)에 비해 거의 10억년가량 뒤늦게 출현했다. 그러므로 이들 진핵 미생물에게는 당연히 다양화된 많은 특성을 자기 것으로 만들 시간이 있었던 셈이다. 균류는 이에 비해 최근에 출현했으나 솜털 형태 덕분에 동식물과는 다른 진화 방식을 모색했으며, 따라서 매우 유용한 특성(예를 들어 얼마 안 되는 바이오매스로 토양을 탐사한다거나 소화를 돕는 효소를 만들어 내거나)을 갖추게 되었다.

공생생물을 획득한다는 것은 대번에 그 생물이 밟아온 진화 궤적을 주파해서 하나 또는 여러 가지 기능들을 자리 잡게 할 수 있다는 말과 다르지 않다. 게다가 미생물들은 수도 없이 많은 잠재적 기능도 제공한다! 미생물과의 만남은 전혀 드문 일이 아니며, 그 덕분에 다양한 기능들을 덤으로 얻는다. 하지만 하나의 종의 고유한 진화에서 복잡한 특성이 출현하기까지는 상당히 긴 과정이 요구되며, 성공할 확률 또한 매우 낮다. 하나의 특성이 유전자적으로 복잡할수록(다시 말해서 개입하는 유전자의 수가 많을수록) 종의 고유한 진화를 통해서 그 특성이 나타날 확률은 낮다. 반면 그럴수록 공생을 통해서 그 특성을 획득할 확률은 높다. 어떤 곤충이 섭생을 통해서는 얻을 수 없는 아미노산 또는 비타민을 자율적으로 만들기 위해서는 여러 과정을 거쳐야 한다. 그러자면 여러 개의 유전자를 필요로 하게 되므로, 이 모든 과정을 이미 다 밟아온 박테리아를 길들이는 것이 가장 흔히 사용되는 방법이다. 반면, 고작 두세 개의 유전자만 있으면 해결되는 빛 생산 역량을 획득하기 위해서는 두 가지 방법이 있을 수 있다. 많은 해양 생물들은 플랑크톤의 박테리아라는 우회를 통해서 이를 획득한 반면, 그 외의 생물들은 바다(밤이면 빛을 발하는 야광충, 와편모충류 등), 혹은 육지(반디와 몇몇 균류)에서의 자기들 고유의 진화를 약간 우회함으로써 이를 획득했다. 우리는 여기서 3장에서 소개한 생각을 다시 만난다. 비록 그것이 유일한 방법은 아닐지라도 공생은 새로운 특성을 획득하는 수단이며, 가장 복합적인 역량이 요구되는 특성을 확실하게 획득하도록 보장해준다는 생각 말이다.

그러므로 미생물 공생체를 받아들이는 것은 미생물의 작은 크기, 엄청난 수, 그리고 기능의 다양성으로 말미암아 가능해진 진화의 한 기제라고 말할 수 있다. 잠시 진화론의 관점에서 이러한 '입양'을 생각해보자. 미생물 공생체의 수용은 순수하고 고전적인 다윈의 견해가 내건 두 가지 원칙에 어긋난다. 첫째, 후천적으로 획득된 형질은 계승되지 않는다는 원칙이다. 공생에 의해서 획득된 특성은 특정 시기가 되었을 때, 계승 가능한 공생일 경우라면 계승 가능할 수도 있다. 조상에 의해서 획득된 특성의 계승은 진화에 대한 라마르크의 이론에 부응하는 것으로, 이는 최소한 계승 가능한 공생에 대해서는 적용될 수 있다. 다윈은 확실히 고립된 하나의 종에서 일어난 변화는 고려의 대상으로 삼지 않았다. 하지만 종이란 어차피 혼자가 아니며, 공생은 종을 진화하게 하는 하나의 방식인데, 그 진화가 때로는 계승이라는 형태로 실현되는 것이다!

둘째, 공생생물체를 받아들이는 것은 진화에 있어서 일종의 '월반', 다시 말해서 양적으로 중요한 만큼의 변화를 순식간에 진행시켜버리는 것이다. 가령, 어떤 식물이 뿌리혹박테리아와 공생 관계를 맺으면 어느 날 갑자기 질소를 고정시키게 되는 것이다. 물론 이러한 변화가 한 세대 만에 냉큼 이루어지지는 않는다. 하지만 전격적으로 새롭고 복합적인 어떤 특성이 진화론적 입장에서 볼 때 상당히 빠른 시일 내에 출현한다. 그런데 다윈은 진화에는 월반 같은 것이 없다는 고전적인 입장을 취했다. 다윈에 따르면 진화는 아주 작은 변화들이 쌓여서 이루어진다. 그의 주장은 고립되어서 독자적으로 사는 종의 진화에 관해서는 일리가 있을 것이다. 그러나 공생이 진화하여 정착하는 것은 분명 월반에 해당된다. 더구나 동물들의 많은 공생 관계(6장)를 발견한 부흐너는 논문 지도교수로 오스트리아 출신 유전학자 리하르트 골트슈미트Richard Goldschmidt(1878-1958)를 택했는데, 그는 도약진화설(또는 단속평형설saltationnism) 지지자로 알려진 인물이었다. 그가 말한 "전도양양한 괴물monstre prometteur", 즉 급작스러운 변화(가령 염색체 재배열)로 탄생한 생물체라는 개념에 대해서는 우리도 이름 정도는 알고 있다. 골트슈미트에 의하면 이 "전도양양한 괴물"은 새로운 종의 효시가 될 수 있다. 이 이론은 별반 지지를 받지 못했으나, 파울 부흐너는 진화의 개념에 관한 한 학파를 잘못 찾은 건 아니었다. 공생생물이 획득한 최초의 생명체는 말 그대로 전도양양한 괴물의 좋은 예라고 할 수 있기 때문이다.

독자들은 안심해도 좋다. 이 책에서는 내생공생의 역할에 대한 열렬한 홍보대사 린 마굴리스가 자신이 관찰한 바와 19세기식 엄격한 다윈주의 사이에서 불거지는 비상식적인 불일치(9장의 결론 부분 참조) 앞에서 보여준 것처럼, 다윈의 이론을 거부하는 일은 일어나지 않을 테니 말이다. 간단하게 말해서, 과학계는 요사이 진화에 관해 '신다윈주의' 입장을 지지한다. 다윈이 추론한 기제 외에 그 후 다른 과정들이 밝혀졌고, 그것이 정설로 인정받는 것이다. 세상은 미생물 천지이며, 이렇게 미생물들이 대량으로 제공되고 쉽게 접촉 가능한 데다 질적으로도 다채롭기 이를 데 없으니, 이와 같은 만남은 동물 혹은 식물에게 작디작은 파트너들 곁에서 그 미물들이 가진 역량을, 그중에서도 특히 매우 복잡한 특성에 대해서는 이를 취할 수 있도록 허락해준다. 공생 파트너의 특성을 자기 것으로 재활용하는 것은 현재 생물학적 진화의 기제로 인정받고 있으며, 이는 인간이 구축한 문화 영역의 진화에서도 그대로 나타난다.

의존성은 도저히 피할 수 없는 특성!

노엘 베르나르Noël Bernard(1874-1911)는 이제부터 우리가 언급하고자 하는 공생의 역사에서 아마도 마지막으로 소개되는 위대한 인물일 것이다. 파리고등사범학교 학생이었던 그가 다윈이 묘사한 역설을 해결했을 때 그는 겨우 스물다섯 살이었다. 난초과 식물들은 무수히 많은 작은 씨앗들을 생산한다. 예를 들어 바닐라 깍지에서 터져 나오는 것 같은 고운 갈색 가루들이 그 씨앗들이다! 다윈은 댁틸로라이자Dactylorhiza maculata 한 포기에서 18만 6,300개의 씨앗을 세고는, 씨앗 하나마다 새싹이 하나씩 난다고 치면, 3대를 거치는 동안 그 한 포기에서 태어난 난초 후손들이 지구의 대륙 전체 면적을 뒤덮게 될 것이라고 계산했다. 그러면서 그는 무엇이 난초가 이토록 무성해지는 것을 억제하는지 궁금해했다. 그런데 노엘 베르나르가 씨앗의 작은 크기와 그 씨앗이 거둔 제한적인 성공을 똑같은 이유로 설명할 수 있음을 밝혀냈다. 이 일화가 전해지던 무렵에 난초 씨앗의 발아는 그야말로 수수께끼였다. 때문에 온실에서 키울 수 없었다.

1899년 5월 3일, 믈룅Melun에서 군 복무 중이던 노엘 베르나르는 퐁텐블로 숲에서 전 해에 심었던 새둥지란을 발견했다. 그가 같은 해에 특별 외출 허가를 얻어 프랑스 과학 아카데미에서 소개한 발표 내용을 보자. "씨앗이 가득 들어찬 열매를 달고 있는 줄기 하나가 지상으로 솟아올라 있었는데, 작년 가을에 우연히 씨앗이 땅속에 묻혔고, 그 위를 나뭇잎들이 덮고 있었던 모양이었다. 봄이 되자 씨앗들은 여전히 열매 속에 갇힌 상태로 많은 싹을 틔웠다. 그래서 나는 발아의 첫 단계를 관찰할 수 있었다……." 이 발아 과정 관찰 결과, 토양 속의 균류가 씨앗 속으로 파고 들어가면, 그 씨앗들이 세포 덩어리로 성장하게 되고, 거기서 곧 뿌리가 나온다는 사실이 드러났다. "균사의 섬유가 사방으로 확장되어 나갔다. (…) 나는 그래서 균류의 개입이 식물에게는 발아 단계에서부터 필수적이라는 결론에 도달했다." 노엘 베르나르는 이어서 여러 가지 난초를 실험실에서 공생 발아시킴으로써 이 발견을 확인시켜주었다. 그는 또한 발아에 참여하는 균류가 후에 뿌리가 성장하게 되었을 때 균근을 형성하는 균류라는 사실도 밝혀냈다. 이처럼 그는 난초의 공생에 관한 연구의 장을 활짝 열었으며, 오늘날에도 내 팀을 포함하여 여러 개의 연구팀이 이 영역에 도전하고 있다. 이 균류는 새싹의 섭생에 '투자'하며, 이렇게 투자를 받은 새싹은 나중에 광합성 산물로 균류를 먹여 살린다. 난초의 각기 다른 종들은 저마다 균류의 한 종, 혹은 소수의 종과 반응한다. 이러한 공생 덕분에 난초 씨앗은 작은 크기를 고수할 수 있다. 씨앗 속에 양분을 저장할 필요도, 배아를 품을 필요도 없기 때문이다. 살아 있는 몇몇 세포들은 적절한 균류가 주변에 포진하고 있어서 양분을 공급해줄 수 있을 때에 비로소 새싹이 된다. 광범위하게, 그리고 대량으로 확산된 세포들은 우연히도 파트너를 만났을 때에만 싹을 틔워 빛을 본다. 이로써 다윈의 역설은 해결된 셈이다.

이처럼 독자적이지 못하고 의존적인 발아는 곰곰이 생각해보면 황당할 수 있다. 물론, 한편으로는 몸이 가벼운 씨앗들이 더 먼 곳까지 날아갈 수 있으니 진일보한 것처럼 보이기도 한다. 그렇지만 다른 한편으로는 씨앗이 균류에 의존하게 되면서 발아할 수 있는 공간이 제한되므로, 진일보라는 생각이 무색해지는 게 사실(결국 모든 것을 100퍼센트 충족시켜주는 기적의 묘책은 없다!)이다. 무엇보다 놀라운 것은 난초들이 이제는 절대적으로 공생 생물을 필요로 한다는 점이다. 이들의 조상들은 다른 모든 식물들처럼 혼자서도 발아를 할 수 있었을 텐데 말이다. 우리는 벌써 성장 과정에서, 혹은 동물이나 식물의 면역력 면에서, 그것도 아니면 동물의 행태 면에서조차 미생물에 의존하게 되는 수많은 사례를 살펴보았다. 이러한 양상은 우리가 언급한 바 있는 공생을 통한 새로운 기능 획득과는 다르다. 지금 말하는 의존성은 생물체가 혼자 힘으로도 획득할 수 있는 역량, 조상들은 분명 독자적으로 해결했을 어떤 기능을 남에게 의존하게 된 현실을 가리킨다! 어째서 이처럼 자율성을 상실하는 문제가 발생하는 걸까?

한 가지는 먼저 짚고 넘어가자. 이러한 현상은 미생물의 숙주에만 영향을 끼치는 것이 아니라는 사실이다. 이 과정은 대칭적이다. 그러니까 몸집 큰 숙주들이 작은 미생물들의 꼭두각시에 불과하다면, 그 역 또한 사실이라는 뜻이다. 앞서 세포 깊숙한 곳에 박혀 있는 박테리아들이 자율성을 상실하게 된 현상을 설명했다. 자유롭고 독자적인 삶과 연관된 기능들(벽, 편모, 이동성 등)은 뿌리혹 속에 서식하는 뿌리혹박테리아의 경우 잠정적으로 상실된 상태인 반면, 곤충 속에서 보충 양분을 합성하는 박테리아처럼 숙주의 몸 밖으로 전혀 나올 일이 없는 경우에는 아예 사라져버린다. 숙주로부터 양분을 제공받으며 세포내에 서식하는 박테리아들의 경우 신진대사 기능을 전면적으로 상실하기 일쑤다. 색소체와 미토콘드리아는 숙주 세포에 완전 종속되어 일부 단백질을 합성하며, 합당한 유전자 정보를 축적하기 위해서 숙주의 DNA에 전적으로 의존한다. 곤충들과 관계를 맺고 있거나 인간의 발효 관습에 개입하는 균류들도 사정이 다르지 않다. 이들은 홀로 사는 역량을 상실한다. 하지만 그까짓 의존 좀 한들 뭐 그리 대수겠는가, 숙주가 늘 함께 있어주는데!

같은 방식으로, 그러니까 대칭적으로, 미생물의 존재와 정기적으로 대면해야 하는 식물이나 동물의 종은 궁극적으로는 미생물이 수행해주던 기능마저 상실할 수도 있다. 어떤 의미에서는 지금 제시하는 사례들이 모두 위에서 언급한 대로 미생물과 항구적으로 이웃하는 데에서 비롯되는 결과라고 말할 수 있다. 우리가 계산기를 갖게 된 이후로 너무도 자주 개수를 세는 일을 잊어버리는 것과 같은 이치로, 미생물과 너무도 가깝게 지내다보니 숙주와 미생물이 공통으로 지니고 있는 기능이 제거되는 것까지도 우호적인 관계에서 비롯된 것으로 생각하게 된 것이다. 이러한 기제는 앞에서 언급한 새로운 기능의 획득이 긍정적인 동인이 된다는 내용과는 차이가 있다. 이 대목에서 우리가 접하는 것은 궁극적으로는 중립적인, 아니 어쩌면 약간 더 경제적인 어떤 과정이다. 즉 이미 존재하던 어떤 기능이 미생물 파트너에 의해서도 수행될 수 있기 때문에 그쪽으로 넘기는 것, 그러니까 일종의 대체 과정인 것이다. 공생이라는 정의에 입각해서 두 파트너가 오래도록 결합 상태를 유지하다가 둘 중 어느 하나가, 대개의 경우는 몸집이 큰 파트너 쪽이 단순히 유전적 부동遺傳的浮動* 기제에 따라 중복되는 기능을 상실하게 되는 것이다. 진화적 공존은 이렇듯 의존성의 출현을 부추기기도 하며 이 같은 양상은 6장과 9장에서 잠깐 살펴본 획득과 상호적응이라는 공진화의 큰 그림을 완성시킨다. 함께 살기가 자율성 상실이라는 문을 열어주면 공생생물들은 그들의 조상들은 요구하지 못했을 새로운 역할을 서로에게 제공한다. 이러한 관계는 이들의 상호작용을 한층 더 공고히 해주며, 점점 커지는 상호의존성은 공생생물들 사이의 공진화가 보여주는 또 다른 양상이기도 하다.

---

* 유한한 크기의 집단에서 세대를 되풀이하는 경우, 나타나는 세대마다 배우자가 유한하기 때문에 유전자의 빈도가 변하는 것을 말한다. 그 예로 병목 현상과 창시자 효과가 있다. 병목 현상은 질병, 재해, 서식지 파괴 등으로 개체 수가 급격하게 줄어들면서 무작위로 일부 유전자가 사라지고 특정 유전자만 살아남는 현상이다. 코끼리 표범이 무분별하게 사냥되면서 개체 수가 급격히 줄었는데, 이 과정에서 우연하게 동일한 유전자를 가진 코끼리 표범만이 살아남았고, 이후 이들의 유전자는 모두 동일해졌다. 창시자 효과는 어떤 개체가 새로운 지역으로 이주하여 오랜 세월에 걸쳐 독자적인 집단을 형성할 때 발생한다. 갈라파고스 군도의 새들은 대륙의 새와 같은 종임에도 다른 특징들을 지닌다. 아메리카 인디언들의 혈액형은 B형이나 AB형이 없고 대부분 O형인데, 오래 전 이주한 창시자 집단에 B형 유전자가 거의 없고 O형 유전자 빈도가 높았기 때문이다.

새로운 기능의 획득이라고는 없는 의존성이 얼마나 빠른 속도로 두 생명체의 결합을 확고하게 만들어줄 수 있는지를 보여주는 좋은 사례를 소개하겠다. 모든 것은 1966년 실험실에서 박테리아의 감염으로 말미암아 배양해둔 아메바 프로테우스Amoeba proteus들이 대거 죽어버린 사건에서 시작된다. 그래도 몇몇은 세포 속의 박테리아에도 불구하고 살아남았고, 이렇게 되어 공진화가 개시되면서 박테리아의 공격성이 다소 약화되었다. 무엇보다도 사건이 일어난 지 불과 18개월 만에 희한한 의존성이 관찰되기 시작했다. 이 아메바들은 새로운 세포내 동반자들이 난방이나 항생제 처방 등으로 박멸당하면 더 이상 생존하지 못했다! 아메바는 대단히 중요한 효소S-adenosyl-methionine synthetase를 더 이상 합성하지 못했고, 박테리아에 의해 합성되는 그것의 대체물이 바통을 이어받았다. 이렇게 해서 아메바는 공생생물 없이는 살 수 없는 몸이 되고 말았다. 한편, 이들의 공생생물이 아메바에게 제공하는 것이라고는, 초기의 번거로움 외에는 아무 것도 없었다. 그러더니 그 단계를 지나면서 차츰 공존에서 비롯된 의존성이 생겼을 뿐, 새로운 기능 따위는 전혀 더해지지 않았다.

그런가 하면 의존성이 새로운 기능과 더불어 출현하기도 한다. 실제로 공생이 정착하고 난 뒤, 새로운 기능은 두 파트너의 어느 쪽에건 나타날 수 있다. 누가 그 새로운 기능을 수행하느냐는 별로 중요하지 않다. 누가 하건 기능만 순조롭게 수행되면 그뿐인 것이다. 우리는 뿌리권 내 생물들(그러니까 뿌리혹박테리아도 포함된다)이 동물들의 마이크로바이오타와 공동으로, 자신들의 존재만으로, 성체 생물들이 갖는 많은 특징적 기능, 특히 발아와 출생 시점에 있어서 면역성이 작동하는 것을 멈추게 할 수 있음을 관찰했다. 나는 그것들의 어떤 조상이 이렇게 되도록 자율적으로 시그널을 발동시킬 수 있었을 거라고는 생각하지 않는다! 몸집이 큰 생물들은 어느 정도 복잡해지면서, 발아와 출생 시점에 항상 미생물 감염 상태에 있게 되자 적절한 어느 시기엔가 감염을 생장의 그 단계에서의 면역 성숙성과 관련하여 변별력 있는 시그널로 활용하기 시작했을 것이다.

이처럼 공생은 기능의 덧셈과 뺄셈 사이에서 발전해나간다. 그러므로 미생물을 그것들의 숙주와 이어주는 밀접한 결합은 두 가지로 설명된다. 즉 진화 과정에서 미생물의 기능 획득, 그리고 그와 동시에 점진적으로 의존성을 높여가는 퇴행적 공진화, 이렇게 이중적인 의미를 갖는다고 볼 수 있다.

생물은 여전히 존재하는가?
또는 두 대양이 우리에게 전해주는 계시

위에서 언급한 기제들이 작동함에 따라, 생물은 진화 과정에서 얻게 된 공생미생물을 떼어놓을 경우 결국 자율성도, 생존도 잃는다. 식물과 동물, 그리고 미생물도 공생생물에 의해 벌써 여러 번씩 열거한 양분 섭취, 보호, 후손 번식, 성장, 행동 양태 등의 여러 기능을 수행함에 있어서 활력을 얻는다. 이러한 현상을 이해하기 위해 다양한 이론적 접근이 시도되었다. 3장에서 우리는 확장된 표현형(주어진 종의 고유한 유전자에서 유래하는 종의 특성뿐만 아니라 그 유전자들이 주변 생태계, 특히 자기들의 공생생물에서 차용하는 요소들까지 포함)이라는 개념에 대해 언급했다. 이와 비슷한 개념이 홀로바이온트로, 이는 숙주와 거기에 서식하는 미생물 전체로 이루어진 생물학적 단위를 지칭하며, 이보다 오래 전에 확립된 고립된 생물의 개념을 대체한다. 확장된 표현형과 홀로바이온트는 요즘 시대에 힘을 얻고 있는 개념들이다. 이 개념들은 무척 다행스럽게도 생물 안에 서식하는 공생 미생물까지도 모두 포함한다. 그러나 내가 보기에 그 정도로는 여전히 충분하지 않다.

무슨 뜻인지 설명해보자. 그러한 개념들(생물체, 확장된 표현형의 생물체, 홀로바이온트)은 말하자면 이 세계에 대한 표상이다. 과학에서 우리는 사물의 본질에 대해서는 논의할 수 없으나, 세계에 대한 표상을 제안할 수는 있다. 그리고 그 표상을 통해서 우리는 세계를 조작해볼 수 있고, 세계에 대한 설명을 제시할 수 있으며, 앞일을 예측하거나 이러저러한 행동을 권해볼 수도 있다. 이렇게 볼 때, 빛은 파장도 입자도 아니다. 하지만 이 두 가지 표상은 각기 다른 여러 경우에 관찰된 특성을 분석하고 이를 활용할 수 있도록 해준다. 우리가 제안하는 표상은 참도 거짓도 아니다. 그것들은 그저 다소 실용적이고, 세상에 대한 새롭다 싶은 이해 방식, 그러니까 한 마디로 발견에 다소 도움이 되는 생각을 창출해낸다. 나 자신은 그렇게 하는 것이 실재의 어떤 양상을 지칭하는 데 도움이 될 경우 '생물체'라는 단어를 사용하곤 했다. 그렇지만 지금부터는 생물체 너머도 역시 바라보아야 한다고 생각한다. 그런데 확장된 표현형과 홀로바이온트라는 개념은 사실상 그것들이 토대로 삼는 '생물체'라는 개념을 다시금 매만짐으로써 살아남으려는 시도로 이해할 수 있다. 동물이나 식물이 그 자체로 하나의 전체라고 보는 생물체의 개념은 과학의 역사에서 매우 유용했다. 그 개념은 우리가 생리학을 보는 관점의 토대가 되었으며, 많은 의학과 농학 분야의 풍부한 응용 지식들도 모두 그 개념에서 유래했다. 그러나 오늘날, 이 생물체의 개념을 약간만 확장한 채 그대로 고수하기에 급급해하는 것은 구태의연한 태도라고 할 수 있다. 그런 면에서, 이제부터 이어지는 문단에서 두 개의 다른 세계관, 두 개의 가능한 세계관Weltanschauung을 소개해볼까 한다.

첫 번째 세계관은 세계가 미생물들로 이루어진 대양이라는 미생물학자의 비전이다. 미생물학자는 우리가 앞에서 내내 묘사하고 수량화했던 내용을 전폭적으로 확신하며, 무엇보다도 어디든 미생물들로 가득 찬 세계를 그린다. 그 세계에서 미생물들은 모든 생화학적 기능을 수행하며 물질의 대순환 주기를 책임지는 주요 변화를 실현한다. 이 미생물들의 대양에서는 보다 몸집이 크고 다세포적인 구조물들이 표류한다. 이 구조물들은 미생물들의 참여로 구축된 것이니만큼 이들은 때로는 그것들에게 해를 입히거나 혹은 그것들이 병을 일으키는 원인이 될 때에는 그것들을 비교적 신속하게 파괴해가면서, 또 반대로 상리적이라면 상당히 지속적으로 그것들을 활용해가면서 자기들에게 유리하도록 조작한다. 이 몸집 큰 구조물들은 식물이나 동물들로, 역사적으로 오랜 기간 동안 독자적인 존재로 여겨져왔다. 그러나 그건 육안으로 보이는 세계의 가공물일 뿐이다. 이 구조물들은 미생물 세계의 거품, 즉 미생물의 활동이 관찰 가능하도록 드러난 결과들 가운데 하나에 불과하다는 말이다. 우리 인간의 몸집이 조금만 더 작았더라면 미생물 세계의 현실, 즉 미생물보다 더 큰 것은 미생물을 옮기는 매체이며, 궁극적으로는 미생물의 손에 운명을 맡긴 꼭두각시로서 살아가고 진화하게 될 것이라는 현실을 자각할 수 있었을 것이다. 꼭두각시라고 했는데, 균근(3장)에서 배출되어 세포들의 기능과 유전자들의 발현 여부를 조종하는 작은 단백질의 분비가 연속으로 이어지는 장면을 상상해보면, 꼭두각시만큼 적절한 표현이 또 있을까……. 우리의 면역체계의 기능과 성장을 조절하는 수많은 미생물 산물들을 생각해봐도 역시 꼭두각시가 맞는 말이다. 또한 미생물들이 토양에서의 식생 역학과 종의 풍부한 개체수를 결정할 정도로 생태계에 막강한 영향력을 행사하고 있으니, 아무리 생각해도 꼭두각시가 틀림없다! 콩과식물의 뿌리혹 형성, 오징어의 발광기관 발달, 나무의 아래쪽 가지 전지(2장에서 소개되었다) 등이 미생물 가위를 통해서 이루어진다고 생각해볼 때, 미생물들은 자기들보다 훨씬 덩치 큰 생물체들을 창조해내는 조각가의 면모도 지녔다. 하나의 생명체가 오직 그것 하나만으로 이루어졌다고 믿는 것은 운전자 또는 승객에 대한 고려라고는 없이 자동차의 차체가 차의 전부라고 생각하는 것만큼이나 무의미하다. 세상이 본질적으로 미생물로 이루어졌다고 보는 이 첫 번째 세계관은 생물체(동물 또는 식물)의 개념이 우리가 살고 있는 거(가)시적 세계를 도저히 뛰어넘지 못한 채 머뭇거리고 있음을 재확인시켜준다.

두 번째 세계관은 세계가 상호작용이 넘실거리는 대양이라는 생태학자적 입장을 반영한다. '생물체'(여기서 생물체라고 하는 것에는 물론 미생물도 포함된다) 각각은 거대한 상호작용 네트워크의 매듭에 해당된다. 생태학자는 생물체를 네트워크로 본다. 우리가 생물체라고 하는 것은 사실 이 상호작용들이 연결해주는 점들에 불과하다. 이 세계가 생물체들로 구성되었다고 믿는 것은 거미의 그물망이 점들로 이루어졌으며 그 점들을 줄이 이어준다고 믿는 것과 같다. 그런데 이는 줄의 존재 자체는 경시하는 태도다! 반드시 고려해야 할 중요한 현실은 상호작용의 총체다. 그러므로 생물체에 방점을 찍게 되면 상호작용의 중요성이 희석되고 세계관을 혁신할 수 있는 역량마저 스스로 제한하게 된다. 확실히, 몇몇 상호작용은 선구자들을 융합의 길로 밀어 넣는다(나와 나의 미토콘드리아 사이에서는 이 두 종을, 두 생물체를 구분한다는 것이 그다지 중요하지 않다). 이럴 경우, 우리는 총합으로서의 '생물체'라는 선구자들의 개념을 여전히 붙들고 있을 수 있다고 생각할 수도 있다. 그러나 이와는 다른 종류의 상호작용이 반대로 생물체들 사이에 매우 느슨한 관계를 만들어낼 수도 있다. 여기서 잠깐 1장에서 살펴본 균근 네트워크를 상기해보자. 이 네트워크 상에서 균류는 여러 식물(이 식물들은 각기 다른 종에 속할 수도 있다)을 콜로니화할 수 있다. 반면, 식물 각각은 각기 다른 균류에 의해 콜로니화되었을 수도 있다. 그렇다면 식물이 이따금씩 이웃과 균근 네트워크를 통해서 양분과 신호들을 교류할 수 있다고 할 때, 주어진 어떤 한 식물의 확장된 표현형은 어디까지 용납될 수 있는가? 또 마찬가지로 그 식물의 이웃들이 자기들의 이웃들과도 교류한다고 하면 도대체 확장된 표현형은 어디에서 멈춘단 말인가? 이런 식이라면 확장된 표현형은 곧 숲 전체, 아니 들판 전체가 되어야 하지 않겠는가 말이다! 꽃가루 수분에서도 이와 유사한 '느슨한 네트워크' 논리를 찾아볼 수 있다. 어떤 곤충이 여러 식물들(각기 다른 종일 수도 있다)의 가루받이를 하는데, 식물 각각에게 제각기 다른 곤충들이 가루받이를 해줄 수도 있기 때문이다. 요컨대 식물들이 다른 식물들의 파트너를 통해서도 양분을 제공받을 수 있다는 말이다. 게다가 가루받이를 하는 곤충들과 균근류들이 자기들이 공유한 식물들에 의해서 구축된 단일한 네트워크로 연결될 수도 있다! 꽃가루 네트워크나 균근 네트워크처럼 이러한 네트워크에서는 주어진 어떤 식물의 확장된 표현형이 어디에서 멈추는 걸까? 이러한 생태학적 비전은 우리에게, 생물학이 생물체들을 조금이라도 더 잘 연구해보겠다는 일념 하에 무균상태의 환경 속에 이들을 고립시켜온 이 시점에서, 상호작용의 첫째가는 중요성을 일깨워준다.

이 관점들 가운데 그 어느 것도 참이거나 거짓이 아니다. 세계가 오로지 생물체들로만 이루어져 있다는 시각도 마찬가지다. 다시 한 번 말하지만, 각각의 관점은 실재의 가능한 한 조각이며, 우리는 이 조각들을 한데 모아서 실재에 접근해야 한다. 나는 제일 마지막에 소개한 두 개의 관점, 즉 홀로바이온트적 입장과 확장된 표현형 입장, 이 두 가지는 우리의 생물학적 세계관의 불완전한 쇄신안이라고 확신한다. 이 두 가지는 새로운 발견에 제한적인 도움 밖에 줄 수 없다는 말이다. 더구나 이는 사회에서 개인의 중요성을 강조하는, 심각하게 서구적인 비전을 생물학에 적용시키고 있다고도 말할 수 있다. 서양의 토대를 이루는 것은 데카르트 철학의 원칙 "나는 생각한다. 고로 나는 존재한다Cogito, ergo sum"이다. 그러니까 내가 실재에서 선험적으로 확신하는 유일한 사실은 '나는 생각한다'는 사실인데, 왜냐하면 나의 생각이 나에게 내가 존재함을 증명해주기 때문이라는 것이다. 그런데 이러한 접근은 자기 자신에서 출발하여 세계를 바라봄으로써, 철학에 있어서 어쩔 수 없이 개인을 중심에 놓게 된다. 그 결과 생물학에서는 데카르트 이후 모두가 생물체 중심으로 접근하게 되었다. 이처럼 극단적인 생물체 중심 현상의 좋은 사례라고 할 만한 것이 바로 19세기에 제시된 코흐의 전제(9장 참조)다. 하나의 미생물이 어떤 증세를 야기하다는 것을 증명하기 위해서는 그 미생물을 분리해서 이를 건강한 숙주에 다시 주입하여 같은 증세가 나타나도록 해야 한다는 것이 코흐의 주장이었다. 달리 표현하면, 미생물과 숙주의 개체화를 통해야 한다는 말이다. 그런데 미토콘드리아와 색소체의 경우, 숙주의 세포와 너무도 상호의존적이 되다 보니 박테리아를 분리할 수도, 무균 숙주 세포도 채취할 수 없는 지경에 이르렀다. 엄밀한 의미의 상호의존성에 대해서는 그 비중을 아주 작게만 간주하면서 언제든 생물체를 분리할 수 있다고 믿은 코흐의 전제는 미토콘드리아와 색소체가 원래 내생공생에서 유래하여 출현하게 된 것임을 밝혀내는 데 장애가 되었다.

다른 문화권, 예를 들어 불교 문화권이나 일부 정령 숭배 문화권은 보다 상호작용에 집중하는 경향을 보이며, 우리 인간 자신을 우리를 둘러싸는 것들과 더불어 하나의 전체 속으로 편입시킨다. 물론 이건 또 다른 이야기이지만, 아무튼 서구의 개인주의가 생물학적인 일상 세계에 대한 우리의 비전에 투사하는 분신들을 걷어내야 할 때가 되었다. 서구 과학은 개인에 토대를 둔 철학을 생물체에 토대를 둔 생물학으로 옮겨 심었다. 지금까지 거둔 성공을 넘어서 이제는 상호작용에 합당한 비중을 인정함으로써 과거와 진정한 결별을 고해야 할 때가 되었다. 우리 안에 서식하는 미생물들과의 상호의존성, 상호관계는 생태계와 자원, 건강과 섭생처럼 중차대한 것들의 관리를 위해 탐구해야 할 새로운 지평을 열어준다!

우리는 이 세상에 살고 있는 생물체들을 살펴보았다기보다 활발하게 상호작용중인 미생물의 세계를 일견했다는 표현이 더 어울린다. 그 세계에서 우리의 삶은 아주 작은 것들과 함께 벌이는 공모이며, 그 세계에서 육안으로 볼 수 있는 것은 물밑에서 벌어지는 미생물과의 상호작용 위에 끼는 거품에 해당된다. 나는 8장을 마무리 지으면서 정리했던 결론을 지금 이 대목에서 다시 한 번 강조하고 싶다. 왜냐하면 두고두고 열심히 생각해보아야 할 교훈이기 때문이다. 매우 오랜 기간 동안, 사람들은 생리학을 충분히 공부하고, 생물체들을 완전히 이해하고 이들 각각에 대해 상세하게 묘사할 수 있기 전에는 생태학에 입문하기 힘들다고 믿었다. 이런 고정관념이 교육계에 너무도 깊게 뿌리내린 탓에 프랑스에서 생태학은 교과 과정이 거의 끝나갈 무렵, 그것도 아주 인색하게 조금씩만 다루어졌다. 그 나머지 시간은 대부분 생물체 각각의 생물학(생리학을 포함하여) 교육에 할애되었다. 그런데 최근 몇 해 사이에, 미생물 세계에 관한 생태학은 피부, 입, 소화관, 잎사귀, 꽃, 뿌리 등의 기능을 다양하게 요리할 수 있어야 하며, 상호작용을 구조화하는 기제를 제대로 이해하지 못하고서는 현대 생물체 생물학은 존재할 수 없음을 드러내보였다. 그러니 나이 어린 사람들을 생태학에 입문시켜야 할 때가 되었다!

미생물 만세!

1929년에 태어난 미국 출신 생물학자로 딱정벌레의 다양성 전문가인 에드워드 윌슨Edward Wilson은 '생물다양성biodiversity'이라는 용어를 처음으로 사용해서 유명해졌다. 어쨌거나 생물체들과 그것들의 다양성을 수도 없이 관찰한 그는 자서전의 마지막 장에서 다음과 같이 고백했다. "만일 21세기에 나의 경력을 새로 시작할 수 있다면 나는 미생물 생태학자가 되었을 것이다." 아닌 게 아니라 21세기는 미생물의 세기가 될 것이며, 지금도 이미 그렇다.

19세기에 질병의 원흉으로, 또 부패의 주체로 미생물을 발견한 것과 대조적으로, 건강하면서 생물학적 기능이 순조로운 가운데 미생물들을 보여주는 것이 이 책을 쓴 목적 가운데 하나였다. 확실히 세상에는 안타깝게도 많은 질병이 위세를 떨치고 있으나, 우리 생물체들이 언젠가 처할 수도 있는 가능태로서의 이 상태가 우리의 상시적인 상태, 특히 건강한 상태 역시 미생물들 덕분임을 가려버리는 일은 없어야 한다. 세상은 우리가 보는 것이 전부가 아니며, 보이지 않는 것이 사방에서, 심지어 우리 안의 아주 깊숙한 곳에서도 활동하고 있다는 사실이 새삼 놀라울 수도 있다. 머뭇거릴 것 없이 말해버리자. 이러한 깨달음은 위대한 과학 혁명들과 궤를 같이 한다. 코페르니쿠스는 지구가 우주의 중심이 아니라는 사실을 가르쳐주었으며, 다윈과 진화론은 우리가 생물계의 중심이 아님을 일깨워주었고, 프로이트 역시 우리가 우리 자신의 주인이 아님을 발견함으로써 이러한 혁명의 대열에 동참했다. 세상에서 우리가 누리는 특혜받은 자의 자리를 점점 갉아먹어가는 이러한 기나긴 학계 동향은 오늘날 우리가 지닌 미생물적 맥락이 표면화되면서 그 맥을 이어가고 있다. 때문에 우리 인간은 세상을 구조화하며 도처에 산재한 미생물 세계의 겉으로 드러난 거품으로 전락하고 있다.

이제는 우리가 미생물들과 화해해야 할 때다. 아무도 미생물이 지닌 암울한 유해성을 부정하지 않는다. 이 책의 조금 앞으로 거슬러 올라가서 노엘 베르나르의 출생과 사망 연도가 가리고 있는 사실을, 그 행간을 읽어보자. 그는 불과 서른일곱 살의 나이에 결핵으로 사망했다. 하지만 미생물의 역할은 긍정적일 수도 있다. 파울 부흐너는 1953년에 발표한 그의 저서 『동물과 미생물의 내생공생』을 마무리 지으면서 이렇게 암시했다. "방어반응이라는 이론(미생물들을 생물체가 내쳐야 하는 병원체로 보는 이론)은 조화로운 적응 사례 앞에서 재고되어야 한다." 미생물과의 공생관계 내에서의 조화로운 적응이란 엄연한 현실로, 다만 파스퇴르식 미생물학, 좀 더 일반적으로는 19세기 미생물학 때문에 현실로 지각되는 속도가 더뎠을 뿐이다.

파이드라 신화에서 플라톤은 인간의 영혼을 성질이 확연히 다른 두 마리 말이 끄는 날개 달린 수레에 비교한다. 천성적으로 조심성 많고 누가 시키지 않아도 절제력 있는 흰말과 예측이 불가능하고 본능적인 정념에 이끌리며 통제하기 위해서 항상 노력해야 하는 검은 말. 이는 미생물의 세계가 우리를 이끄는 방식에 대한 적절한 은유이기도 하다! 최악과 최선, 그러나 최악만 있는 건 아니다. 이 비유에서 수레는 생리학, 생태학 혹은 식물이나 동물의 진화라고 할 수 있다. 물론 현실은 연속적이다. 가장 부정적인 것에서부터 가장 긍정적인 것까지, 상호작용은 분할할 수 없는 연속체를 형성한다. 예를 들어 식물 A에게 유용한 어떤 균류가 식물 B에게는 파렴치하게 속임수를 쓸 수도 있으니……. 우리는 미생물에 대해서 오로지 부정적이기만 한 이미지들을 전복시켜야 할 필요가 있다. 우리가 식생활에서 일상적으로 미생물을 활용하는 관습이야말로 미생물이라는 개념이 정립되기도 전에 이들의 긍정적인 면모를 공식적으로 인정해준 명백한 증거라 할 수 있다.

미생물은 그저 유해하기만 한 존재들이 아니다. 이 책의 앞머리에서 나는 '미생물'이라는 용어를 부정적인 함의와 맞대결시켜 보겠다, 그래야만 이 용어에 천편일률적으로 따라다니는 음울하고 어둡기만 한 뉘앙스를 완화시키고, 미생물이라는 문장을 다시금 찬란하게 빛나게 할 수 있다며 이 용어의 사용을 정당화했다. 나는 이렇게 말했다. "나는 결론 부분에 이르러서는 독자들이 같은 이름으로 제시되더라도 다른 눈으로 그것들을 보게 되리라는 희망을 안고 이 책에서 '미생물'이라는 용어를 사용할 것이다." 나의 이 장담은 과연 실현되었을까? 그건 오직 독자들이 판단할 문제다. 어찌 되었든, 나는 '미생물'이라는 단어를 중립적인 의미, 그러니까 미생물이 어떤 존재인지, 실제로 무슨 일을 하는지에 대한 우리의 기막힌 무지 때문에 어처구니없이 상실하게 된 그 의미로 사용했다. 적어도 우리는 과거에는 몰랐을 수 있지만, 이제 더는 그럴 수 없다. 7장과 8장에서 우리 스스로가 그렇게 말하지 않았던가. 우리의 건강 자체와 현대 의학의 전망이 거기에 달렸다고 말이다. 또 12장과 13장에서도 거듭 반복해서 말했다. 잘 먹고 잘 사는 길도 역시 미생물들을 통해야 한다고. 이 책에 적힌 모든 구절들이 우리에게 외친다. 생태계와 천연자원, 그 중에서도 특히 식생활과 관련된 자원의 관리 또한 미생물을 고려하지 않고는 가능하지 않다고.

그러므로 우리는 언제부턴가 우리가 잊고 있던, 우리가 상실한 미생물과의 관계를 복원하고 미생물과의 공존을 모색해야 한다. 미생물들은 우리 동물성의 한 부분이며, 우리는 역사적으로 동물로서의 우리 문명과 문화를 구축했다. 여기서 잠시 탄자니아의 수렵-채집 부족인 핫자족에게 주목해 보자. 핫자족이 방금 얼룩말 또는 임팔라 사냥에 성공했다. 그러면 아주 놀라운 의식이 시작된다. 사냥감의 배를 가른 사냥꾼들은 두 손을 녀석의 되새김위에 넣고 문질러댄다! 그런 다음 밥상에 둘러앉아 즉시 내장을 먹는다. 제일 보존이 어려운 부위이기 때문이다. 되새김위의 근육질 벽은 날로 먹고, 끄집어낸 내장은 그 안의 내용물만 비워낸 후 따로 씻지 않고 바로 구워먹는다. 서양인들이라면 자기들을 둘러싸고 있는 미생물 세계와 이렇듯 직접적으로 접촉할 수 있을까? 그러지 못할 것이다. 게다가 만일 그렇게 한다면 당장 병이 나고 말 것이다. 그 거부감이란 생각보다 엄청 강하며, 내가 지도하는 학생들은 심지어 내가 아무리 괜찮다고 강조해도 샘물이나 식물 잎사귀 한 장 먹기도 주저한다. 왜냐하면 주변 환경에서 얻은 것은 선험적으로 미생물에 의해 '더럽게' 오염되었다고 생각하기 때문이다. 물론 무균 상태가 현대 의학의 모태가 된 건 확실하다. 물론 병원체들을 제거함으로써 우리가 승자가 된 것도 확실하다. 거기에 의심의 여지는 없다! 하지만 혹시 우리가 좀 지나쳤던 건 아닐까? 그 때문에 알레르기나 비만 같은 부차적인 질병들을 키우지 않았는가 말이다. 우리가 알고 있던 식물 생리학과 작물학은 미생물을 부인하고, 식물들에게 직접적으로 비료를 주어 양분을 공급했으며, 이 과정에서 간간이 살충제도 함께 사용했다. 그리고 그 때문에 현재 우리는 많은 문제에 봉착했다. 오늘날 진보를 향한 우리의 희망은 적절한 균형 찾기, 즉 적절한 비율의 미생물을 재주입하여 그것들이 우리의 몸에서, 우리의 섭생 과정에서, 우리의 환경에서, 미생물 세계를 보다 안전한 것으로 만들어주는 데 있다.

현재의 우리는 말하자면 플라톤이 말한 수레를 끄는 두 마리 말을 모두 죽여버린 난감한 상황에 처해 있다. 검은 말은 당연히 해치웠는데, 녀석과 함께 흰말마저 놓쳤다. 그리고 그 흰말이 사라지면서 우리를 검은 말로부터 보호해주던 생명의 도약마저 우리에게서 멀어져갔다. 자, 이렇게 해서 우리는 결국 깨끗한 더러움이라는 모순어법으로 돌아오게 된다. 흰말이 깨끗한 더러움이니까! 우리는 섭생(12장과 13장에서 소개한 발효 식품들을 통해서)에, 혹은 생물체의 위생 상태(7장과 8장에서 언급한 지나친 위생으로 인한 부작용을 통해서)에 깨끗한 더러움이라는 개념을 끌어들였다. 내일이면 우리는 어떤 미생물들을 원해야(더러움) 하는지 알게 될 것이다. 있는 것이 없는 것보다 나은 미생물들로 우리를 더 잘 도와줄 수(깨끗함) 있을 테니까. 오늘날, 프로바이오틱스와 프리바이오틱스가 그 방향으로 이끄는 첫 발을 내밀었다. 그 방향이란 사실 어제(혹은 그제) 수많은 발효식품들이 이미 주파한 길이다. 하지만 이 첫 걸음은 여전히 불안하다. 우리가 우리 몸 각 기관에서 수행하는 미생물의 생태학적 기능을 아직 완전히 제어하지 못하고 있는 데다, 그것들을 공급함으로써 어떤 효과를 얻게 될지도 아직 정확하게 알지 못하기 때문이다. 흔히 그렇듯이, 상업적 논리는 과학적 확실함보다 앞서간다. 여러분들은 분명 그것들의 실제적인 효과를 제대로 알기도 전에 미생물을 사들일 수도 있다! 하지만 내일이면, 그러니까 더 많은 연구가 이루어지면(지금도 적지 않은 연구 성과가 나와 있다), 미생물들은 우리가 복용하는 약품에도, 우리가 먹는 식품에도 더 많이 들어가게 될 것이다. 우리는 깨끗한 더러움 속에서 살게 될 것이다. 지금보다 더 많은 미생물들과 동행하게 될 테니, 지금보다 훨씬 덜 외로울 것이다.

풀밭 위의 식사

마지막으로 아주 단순한 경이로움에 대해 이야기해보자. 내 친구들 중 하나가 자주 말하듯이, "삶은 아름답다"고 말이다. 삶은 복잡해서 아름답고,

모든 종들이 최소한의 동맹을 지니고 있어서 아름답고, 이러한 미생물 공생으로 우리가 세상을 풍부하게 향유할 수 있기 때문에 아름답다. 그러니 지금부터 우리가 누리는 기쁨과 미생물들을 세어보자.

나는 내 삶을 함께 하는 여인과 오전 내내 산책을 한 후 욘강변 석회질 많은 풀밭에서 피크닉을 하면서 산책의 마지막을 장식한다. 우리는 소수아 암벽에 올라 굽이굽이 흐르는 욘강의 아름다운 경관을 내려다본다. 빵, 소시지, 치즈, 그리고 근처에서 구입한 과일향 나는 이랑시 와인을 곁들인 식사가 끝나간다. 발효 식품이 아닌 것은 샐러드용 상추 몇 장과 약간의 과일뿐이다. 보온병에 담아온 커피까지 마시자 정말로 식사가 마무리된다. 우리말고도 풀밭에서 식사하는 사람들이 더 있다.

우리는 푸릇푸릇한 지의로 뒤덮인 절벽 위에서 메리-쉬르-욘 마을을 굽어본다. 눈 아래 펼쳐지는 녹색의 풍광을 보면서 나는 색소체를 떠올린다. 쭉 편 우리의 두 다리를 간질이는 풀들은 자기들의 뿌리권에 대해, 균근에 대해, 수없이 얽히고설킨 자기들의 내생균에 대해 내게 말을 건다. 풀이 돋아난 평평한 곳 아래는 높이가 50미터쯤 되는 석회암 절벽이다. 암벽타기 애호가들이 즐겨 찾는 이 절벽은 석회를 잔뜩 품은 산호초 덩어리가 강의 침식작용으로 융기한 것이다. 쥐라기 후기에 이곳은 열대 지대였고, 맑은 물에는 산호들이 풍성했다. 산텔라의 도움을 받은 산호들은 자기들의 석회질 풍부하고 밀도 높은 잔해를 축적했다. 우리는 1억 6,000만 년 전에도 혼자가 아니었던 것이다.

산책도 했겠다, 식사도 했겠다, 이제 잠깐 낮잠을 즐길 시간이다. 암소 두 마리가 저 멀리서 평화롭게 되새김질을 하고 있다. 이른 오후의 대기 속에서 모든 것이 우리를 휴식으로 초대한다. 나는 조금 떨어진 한적한 곳, 우호적인 진드기들이 잔뜩 들러붙은 잎사귀들을 달고 있는 키 작은 나무 그늘 아래에 자리를 잡는다. 하지만 거기서도 나는 혼자가 아니다. 아니, 혼자일래야 혼자일 수가 없다. 나는 잠 속으로 빠져든다.

이미 태어날 때부터 미토콘드리아를 잔뜩 품고 있던 나의 몸 전체는 신속하게 콜로니화되었다. 나는 아마도 어떤 박테리아 때문에 죽게 될 것이고, 틀림없이 미생물들 때문에 부패하게 될 것이다. 만일 내 시신을 불에 태우게 된다면, 다른 미생물들이 나의 재를 자기들을 위해서 혹은 식물들을 위해서 활용할 것이다. 아무튼 누구에게나 딱 한 번 일어나는 그 일을 넘어서, 이 책에 기록된 몸짓, 단어, 아이디어, 문장 하나하나가, 그리고 매일 돌아오는 아침이 미생물과의 동행으로 말미암아 가능하다. 나의 피부와 장에서는 이미 나의 세포만큼이나 많은 미생물들이 벅적거린다. 거기서 그것들은 나의 건강과 나의 기분을 챙겨주는 일에 기여한다. 내 세포 하나하나마다 구석구석에서 그것들을 서식하게 해주는 내 세포보다 10배에서 1,000배쯤 더 많은 박테리아들이 미토콘드리아라는 형태로 깃들어 있다. 결국 나 자신은 하나의 미생물 생태계, 풍부한 다양성을 갖추고, 수적으로는 박테리아가 우세를 보이는 생태계다.

질병과 부패는 물론 미생물의 일이다. 하지만 그건 어디까지나 예외적인 상태일 뿐이다. 동물과 식물의 삶에 있어서 일상이 빚어내는 걸작품은 매 순간, 각 기관마다, 각 기능마다 공생 미생물들에 의해 탄생한다. 이렇듯 나 자신과 나를 둘러싸고 있는 모든 존재들은 언제 어디서든 우리 안에 있는 보이지 않는 것이 뿜어내는 무엇인가로 구축되었다. 그리고 그 보이지 않는 무엇인가 덕분에 우리는 절대 혼자가 아니다.

벨-일-앵-메르, 2016년 8월 20일,

그단스크, 2017년 1월 2일.

식물학자 프랑시스 알레의 후기

마르크-앙드레 슬로스Marc-André Selosse(나는 그를 MAS라고 부르려 하는데, 이는 절대 모욕이 아니다. 'mas'는 스페인어에서 '더 많은'을 뜻하며, 말레이시아어에서는 '황금'을 뜻한다!)는 깊이를 겸비하고 독창성이 번득이는 생물학 관련 저서를 내놓았다. 너무도 혁신적이라 우리가 지구상의 생명에 대해, 우리의 활동이며 우리가 생산하는 것들과 더불어 인간으로서 우리 자신에 대해 갖고 있는 인식을 송두리째 뒤엎어버릴 만하다.

MAS는 아주 명징하고, 밀도 있으며, 군더더기라고는 없이, 전문용어 남발도 거부하며, 우아하고 유머러스한 문체로 글을 쓴다. 그의 글에서 비행류를 다시 만나게 되어 얼마나 기뻤던지! 펠라르동 치즈 예찬에도 감사를 표한다! 이 책은 더구나 다른 책들에서는 만나기 어려운 굉장한 장점을 가지고 있어서 꼭 언급하고 싶은데, 바로 전혀 지루하지 않다는 점이다.

저자는 현장에서나 실험실에서나, 심지어 열대 지역 현장에서조차 제 집처럼 편안하게 느낀다. 때로는 상당히 괴로울 텐데도 말이다. 그의 역량은 생물학에서 유전학, 그리고 생화학에서 사상사에 이르기까지 광범위하다. 그는 철학도 시도 두려워하지 않으며, 와인 양조학이나 식도락에 이르기까지 그야말로 종횡무진이다.

연구라는 관점에서 보자면, MAS가 가장 선호하는 연구 영역은 토양 균류와 식물 뿌리 사이의 공생, 이른바 균근이라고 부르는 것이다. 가령 그가 나무들을 하나로 이어주는 균근 공생 네트워크에 대해 묘사한 대목을 읽으면서 나는 책장을 한 장씩 넘길 때마다 새로운 정보들을 접하는 호사를 누렸다. 그중에서 몇 가지를 간략하게나마 여기서 요약해볼까 한다.

— 공생으로 엮인 두 파트너의 만남은 전혀 우연이 아니다. 파트너 각자는 신호를 보내 상대를 유인하며, 이로써 빠르고 결정적인 결합이 성사된다.

— 하나의 식물은 토양이 충분히 비옥하기만 하다면 균근 없이도 살 수 있다. 하지만 이처럼 예외적인 경우를 제외하면, 뿌리 공생생물의 존재는 말하자면 엽록소만큼이나 식물의 상수다.

— 그런데 식물은 공생 균류가 이웃 식물(이 식물은 엽록소를 지니고 있어야 한다)의 뿌리에서 채취한 양분이 되는 물질들을 제공해주기만 한다면 엽록소 없이도 살 수 있다. 이런 연유에서 깊은 숲의 그늘에서 '하얀' 식물들(홍산무엽란속Neottia, 구상란풀Hypopity, 보이리아Voyria, 유령란속Epipogium 등)이 살아갈 수 있는 것이다.

— 식물에게 뿌리가 없을 수도 있다. 스코틀랜드 라이니 처트Rhynie Chert 화석이 그러한 경우로, 현재 존재하는 식물들 중에도 적지 않은 수가 뿌리가 없다. 그럼에도 기죽지 않고, 라이니에서 공생 균류는 뿌리가 아닌 줄기에 착상했다.

— 균근은 식물에게 양분을 공급해주는 것만으로 만족하지 않고, 토양의 독성으로부터, 식물의 잎에서 먹이를 취하려는 다양한 초식 동물

들의 공격으로부터 보호해주기도 한다.

— 농지 토양의 질 저하는 비료를 통한 비옥화가 균근을 억제하거나 아예 박멸해버린다는 사실에서 기인하며, 이는 우리의 농업이 살충제에 의존하는 악순환의 톱니바퀴에 맞물려 돌아가고 있는 상황을 설명해준다.

— 병원체들로부터 피해를 입지 않는 것만으로는 침략적인 식물의 성공을 보장하기에 충분하지 않다. 자기들의 필요에 적합한 뿌리 공생 생물을 지역 안에서 찾아내는 데 성공한 식물들이야말로 가장 위협적으로 군락을 키워나갈 수 있다.

— 콩과식물들의 뿌리를 통한 질소고정이라는 유명한 사례에서 보듯이, 공생은 박테리아들까지 참여시킨다. 이러한 질소고정이 공생을 통해서 새로이 출현하게 되는 특성이라는 사실은 매우 놀랍다. 따로 떨어져 있을 때면 이 파트너들은 공기 중에서 질소를 고정할 수 없으니 말이다.

— 일부 공생 관계에서는 새로이 출현하는 특성이 양쪽 파트너 모두에게서 나타나기도 한다. 실용주의의 아주 좋은 사례가 아니겠는가.

MAS는 스스로를 미생물 연구라는 틀에만 가두지 않는다. 그는 동물이나 식물들에 대해서 이야기할 때도 거침없고 편안하다. 이 분야에서도 그는 새로운 사실들을 풍부하게 소개하며, 그래서 때로는 아주 맛깔스럽기까지 하다. 우선 미생물과 식물의 관계에 관해서 먼저 시작해보겠다.

— 숲속에서 사는 나무들은 각각 특화된 균류를 거느리고 있는데,

이들은 주로 죽은 가지들을 전지하는 역할을 도맡는다. 덕분에 우리는 삼림 관리인들이 그토록 자랑스럽게 여기는, 곁가지 없이 쭉 뻗은 아름다운 나무줄기를 감상할 수 있다.

—MAS 덕분에 나는 무수정생식의 유래를 이해하게 되었다. 미토콘드리아는 암컷의 생식세포에서만 한 세대에서 다음 세대로 전달된다. 그러므로 미토콘드리아는 수컷의 기능을 제거하고 꽃을 여성화하면서 전진하는 것이다.

— 왜 건초더미를 플라스틱 원통 속에 넣어 일종의 시큼하고 냄새 지독한 잼으로 변형시키는 걸까? 이는 박테리아들에 의해 동물의 몸 밖에서 진행되는 '전前 소화predigestion' 과정으로, 이렇게 해서 만들어진 '잼'은 동물의 먹이가 된다.

— 해저산맥에서 고온의 물은 에너지를 공급하여 햇빛의 결핍으로 인한 장애에 대처한다. 덕분에 박테리아들은 이산화탄소를 유기물질로 변화시킨다. 요컨대 완전한 어둠 속에서 진행되는 일종의 광합성 작용인 것이다!

— 식물 게놈의 10퍼센트는 공생 박테리아에서 유래한다. 이 공생 박테리아들은 게놈의 유전자 정보를 자기들에게 서식처를 제공하는 공생식물의 DNA 속에 저장해둔다.

동물과 미생물의 관계에 있어서도 MAS는 우리에게 방대한 양의 중요한 사례를 보여주는데, 대부분이 소수의 전문가들을 제외한 비전문가들에게는 알려지지 않은 신기한 내용들이다.

— 비록 동물에 속하지만, 산호는 오줌을 누지 않는다. 산호는 남아도는 질소를 공생관계에 있는 조류에게 넘겨준다. 찌꺼기를 재활용해서 새로운 자원으로 만드는 아주 좋은 예다.

— 해저산맥에서 라멜리브라키아는 바위의 틈을 파고드는 긴 '뿌리들'에 의해 고정된다. 식물의 뿌리와 마찬가지로 이 '동물 뿌리'는 액체와 거기 녹아 있는 무기질을 빨아들인다.

— 공생 박테리아는 곤충을 기생충으로부터 보호해준다. 심지어 뜨거운 열로부터도 보호한다.

— 바구미들은 나무속에 굴을 판다. 나무를 먹이 삼으려는 것이 아니라 굴속에서 자기들의 먹이가 되는 버섯을 재배하기 위해서다.

— 아메리카 대륙의 열대 지역에는 지표면에서 6미터 내려간 곳에 지름 40미터나 되는 엄청난 지하 보금자리가 있는데, 성인 남자가 서 있을 만한 공간에서 아타족 개미들은 식용 버섯을 재배한다. 우리 인간이 지하 창고에서 버섯을 기르는 것과 같은 이치다.

— 맛좋은 치즈가 고약한 발 코린내를 풍긴다고 놀라지 마시라. 두 가지 경우 모두 동일한 박테리아가 동일한 휘발성 황 화합물, 즉 메테인싸이올을 방출하기 때문이니까.

— 우리의 고정관념과는 달리, 소들은 풀을 먹는 게 아니다. 소들은 자기들의 되새김위에 들어 있으면서 그들이 뜯어서 삼킨 풀을 발효시키는 박테리아들을 먹는 것이다.

— 소의 오줌에는 요소가 들어 있지 않다. 산호와 마찬가지로, 소는 질소 찌꺼기로 자기를 위해 일하며, 원생동물인 섬모충류, 균류, 그리고 박테리아들로 구성되어 있는 장내 마이크로바이오타를 먹여 살린다. 한 번 더 말하지만, 찌꺼기가 자원이 되는 것이다.

— 모든 동물들처럼, 인간의 소화관에서도 효모와 박테리아들이 장내 마이크로바이오타를 형성하여 서식한다. 이 장내 마이크로바이오타가 없다면 우리는 음식을 소화할 수 없을 것이다.

— 신생아는 무균 상태다. 그러므로 유아기 초반에 안정적이고 보호 역할을 하는 장내 마이크로바이오타를 형성하는 일은 매우 중요하다. 장내 마이크로이오타란 우리의 정체성 형성에 부분적으로 책임이 있는 각종 미생물들의 집합체를 의미한다.

— 그렇기 때문에 '깨끗한 더러움'이 과한 위생보다 훨씬 낫다. 지나치게 위생을 강조하다보면 오히려 병원체들에게 문을 활짝 열어주는 꼴이 된다.

— 우리의 마이크로바이오타가 어떻게 구성되느냐에 따라 우리는 불안감에 시달릴 수도 있고, 심지어는 관계 행동 장애의 일종인 자폐증으로 고생할 수도 있다. 원생동물인 톡소포자충은 우리의 주의력을 약화시키는데, 이 톡소포자충은 교통사고를 당한 자들의 마이크로바이오타에서 많이 발견된다.

마무리 짓기 전에, 나는 MAS가 범접하기 어려운 뛰어난 통찰력으로 잘 묘사한 두 가지 아주 중요한 생물학적 포인트에 대해 언급할까 한다.

첫째 '내생공생'.

인간의 세포는 동물의 세포와 마찬가지로 공생 박테리아들을 품고 있다. 역사가 증명했듯이 생물학자들은 세포 안에 세포가 있다는 사실을 받아들이는 데 어려움이 많았다!

1890년 : 독일의 리하르트 알트만은 미토콘드리아를 발견했는데, 그는 이를 가리켜 세포의 "항구적인 거주자"라고 불렀다.

1915년 : 프랑스 출신 폴 포르티에에게 미토콘드리아는 우리의 세포 안에 기거하는 공생 박테리아였다. 실제로 미토콘드리아는 박테리아와 무척 닮았다.

1925년 : 미국의 에드먼드 윌슨은 미토콘드리아의 박테리아적 특성을 인정하지 않았다. 그는 "그런 생각들은" "존경할만한 생물학자들의 사회에서 진지하게 논의되기에는 너무 환상적"이라고 평가했다. 프랑스에서는 병원체 연구에 익숙한 파스퇴르 연구소를 중심으로 박테리아들이 건강한 동물 세포와 조화롭게 살 수 있다는 생각 자체를 거부했다.

20세기 중반까지도 미토콘드리아가 원래 박테리아였다는 주장은 사실상 거의 잊힌 상태였다. 당시 내가 다니던 소르본대학의 생물학 강의에서는 그런 내용은 전혀 언급되지 않았다. 하지만 오래지 않아 상황은 극적으로 바뀐다.

1970년 : 미국의 린 마굴리스에게 미토콘드리아는 우리의 세포 안에 사는 박테리아가 틀림없었다. 이 여성 학자에게는 결정적인 논거도 있었으니, 바로 미토콘드리아에게 DNA가 있다는 사실이었다. 미토콘드리아의 DNA는 반지 형태의 분자로, 다시 말해서 막힌 원 모양의 물질로 존재한다. 게다가 미토콘드리아는 따로 떨어져 있는 요소들이 결합해서 이루어진 것이 아니라, 이미 존재하는 하나의 미토콘드리아가 둘로 분열해서 생겨난 것이다. 그러므로 그 어떤 생물학자도 더 이상 미토콘드리아의 박테리아적 특성을 부인할 수 없게 되었다. 식물 세포에서도 사정은 다르지 않다. 오늘날 모든 생물학자들은 엽록체가 광합성 작용을 하는 박테리아임을 인정한다.

수백만 년 전부터 세포 안에 살면서 미토콘드리아와 엽록체는 독자적으로 사는 역량을 상실했으며, 이름마저도 잃어버렸다! 이들의 거처가 되어주는 세포는 이들에게 양분을 공급해주며, 이들이 지닌 유전자의 상당 부분을 자기의 DNA 속으로 흡수한다. MAS의 표현대로라면 이는 공생 박테리아 입장에서는 "유전학적 조난"에 해당된다. 하지만 미토콘드리아 덕분에 우리는 숨을 쉴 수 있고, 엽록체 덕분에 식물들은 거의 기적이라 할 수 있는 광합성 역량을 획득했다.

MAS의 책이 지닌 두 번째로 중요한 성과는 식물의 뿌리권이 동물의 마이크로바이오타에 해당된다는 생각이다. 나는 이것이 굉장히 발전 가능성이 많은, 탄복할 만한 아이디어라고 생각한다.

어떤 식물의 뿌리권은 그 식물의 모든 뿌리를 포함하고 있는 토양의 체적을 가리키며, 이 뿌리들은 한편으로 죽은 세포들, 활발한 분비작용 등으로 뿌리권의 특성을 변화시킨다. 또 뿌리와 거기에 딸린 균근들이 양분을 취함으로써 다른 한편으로는 뿌리권을 척박하게 만들기도 한다. 뿌리권 내부에서는 박테리아와 균류, 다양한 단세포생물이 사는데, 이들은 이웃 토양에 사는 미생물들과는 다른 동시에 수도 현저하게 많다. MAS는 이 "지하 마이크로바이오타"에 "진정한 군대"가 진을 치고 있다고 말한다.

확실히 뿌리권은 병원체들도 품고 있다. 하지만 식물에게 있어서 뿌리권의 역할은 대체로 긍정적이다. 뿌리권은 무기질 흡수를 용이하게 해주며, 토양의 독성을 제거해주고, 대기 중의 질소를 단백질로 바꿔주며, 균근의 정착을 도와주고, 항생제를 방출해서 식물을 질병으로부터 보호해주고, 병을 일으키는 균류를 단념시키며, 성장을 촉진하고, 꽃이 피도록 부추긴다. 반면 식물의 땅 위로 나와 있는 부분은 '튜바처럼' 기능하며, 이 모든 지하 활동에 산소를 공급해준다.

동물의 마이크로바이오타와 식물의 뿌리권은 무궁무진한 비교가 가능하다. 생태계의 자원을 채취하는데 결정적인 이 두 공간은 식물과 동물이 최대한의 접촉면을 펼쳐 보이는 공간이기도 하다. 오래 전부터 이 두 유형의 다세포 생물들을 비교하는 작업을 해오고 있는 나에게 MAS의 이 책은 현기증이 날 정도로 새로운 지평을 열어준다.

마지막으로 몇 가지 비판도 해야겠다.

이러는 나를 이해해주기 바라네, MAS. 자네도 나처럼 잘 알겠지만, 새로운 사상이란 늘 배려하는 마음을 담아, 그러면서도 단호하게, 대립점을 지적하는 가운데 앞으로 나아가기 마련이지. 자네는 또한 함께 갈등을 해소할 수 있는 길을 찾아나가다 보면 그 해결책이 언제나 앞 쪽, 진보를 향해 가는 방향에 있음을 기쁜 마음으로 받아들이게 된다는 사실도 알고 있지 않나.

자네는 인간에 대해서 인간은 "따지고 보면 자신의 장 속에 들어 있는 마이크로바이오타의 보호막"에 불과하다고 말하는 역설도 즐기더군. 하긴, 미생물학에 그토록 열정을 가진 자네이니 만큼, 난 미생물을 영광스러운 자리에 올려놓고 싶어 하는 자네의 심정을 얼마든지 이해할 수 있네. 자네가 공생을 묘사하면서 광범위하게 적용한 "새로 출현하는 특성"이라는 뛰어난 개념은 다세포 생물들에게도 유효하지, 아니 어쩌면 그것들에게 더 유용할 수도 있을 것 같군. 만일 자네가 나를 내 마이크로바이오타를 보호하는 주머니나 봉투 정도로 간주한다면 말일세, 이 독후감의 전체적인 어조는 완전히 바뀔 수도 있을 테니 각오하게.

자네는 또 상리주의자들, 공생생물들과 항상 동반하기 때문에 우리는 절대 혼자가 아니라고 말하는 또 다른 역설도 공공연히 구사하더군. 그런데 난 말일세, 미생물과의 동행만으로는 성에 차지 않는다네. 죄수는 감방에서 혼자일세, 아무리 몸에 때가 많이 꼈다 해도 말이야. 혼자가 되지 않으려면 자신과 동물학상으로 같은 종에 속하는 동반자가 있어야 할 테지. 이건 동물들에게나 인간에게나 다 들어맞는 진리일세.

우리가 만일 미생물이었다면 틀림없이 우리는 미생물적 세계를 벗어날 수 없을 테지. 그게 우리가 속한 세계일 테니까. 어쩌면 우리는 MAS 자네 같은 미생물이 나타나서 주의력을 온통 식물과 동물에게, 우리보다 너무도 거대해서 미생물인 우리에게는 거의 보이지도 않는 생물들에게 기울이라고 일깨워주기를 기다릴지도 모르겠군.

비판은 이쯤 해두겠네. 사실 비판이라기에는 아주 지엽적인 지적일 뿐이니까. MAS 자네의 저술은 너무도 감탄스러워서 난 내 눈앞에서 시연되는 듯한 이 '공생의 마법'을 절대 잊지 못할 걸세.

새로운 생물학 저서를 읽고 내 입에서 줄곧 감탄사가 쏟아져 나온다면, 생물학자들에게 그 책을 읽어보라고 권하는 건 나로선 너무 당연한 일이라네. 왜냐하면 내가 새로 알게 된 흥미로운 사실을 다른 이들과도 공유하고 싶어지는 건 인지상정이니 말일세.

그런데 난 MAS 자네가 쓴 이 책이 학계라는 울타리를 벗어나 좀 더 폭넓게 읽혔으면 좋겠다는 마음이 들더군. 그래서 조금이라도 자연과 관계되는 일을 하는 사람들, 그러니까 식물학자나 동물학자, 농부나 목축업자, 삼림 관리인이나 미생물학자, 박물학자나 생태학자, 요리사나 양봉업자, 정원사나 원예가 같은 사람들 모두에게 꼭 읽어보라고 권하고 싶다네.

나는 또 의사와 약사, 인류학자, 민속학자, 인구학자, 사회학자, 교사, 판사, 치안 관계자 등, 인간과 관련 있는 일을 하는 사람들에게도 자네 책을 꼭 추천하고 싶네. 적어놓고 보니 꽤 많은 사람들이 포함되는데, 여하튼 약간의 생물학 기초 지식이 있는 사람들이라면 큰 어려움 없이 이 책을 최대한 활용할 수 있을 거라고 확신하네. 고맙네, MAS. 이렇듯 전염력 강하고 폭발적인 열정에 흠뻑 젖을 기회를 주어서 말일세.

프랑시스 알레,

2017년 2월, 몽펠리에에서

감사의 말

베르나르 불라르, 프랑시스 알레, 장-마리 펠트에게 감사를 전한다. 그들과의 토론, 그들이 들려준 사례와 격려는 더할 나위 없이 유익했다.

카트린 알레, 안 앤더슨, 르네 발라, 아리엘 보니, 세실 브르통, 크리스틴 다본빌, 오렐리 드니, 제라르 뒤발레, 바냐 에멜리아노프, 제랄딘 플뢰랑스, 프랑수아 랄리에, 게티 막들렌, 크리스토프 모네, 사뮈엘 르뷜라르에게 감사를 전한다. 그리고 특히 아이테 브레송, 아니 슬로스, 클로드 슬로스에게도 감사한다. 그들 덕분에 이 책을 쓰면서 나는 덜 외로웠다.

나의 자연사 박물관 동료들(특히 콘라도, 펠릭스, 조지, 로르, 필리프, 그리고 우리 팀 행정실 인원 모두!), 그단스크대학 동료들(특히 알리시아, 알츠베타, 줄리타, 미샬)에게도 감사한다. 그들이 물심양면으로 지원해준 덕분에 내가 이 책을 집필할 시간을 낼 수 있었다.

마지막으로 이 책의 내용이 한층 더 풍성해지도록 평소 연구에 매진하는 학문적 동지들 모두와 성실하게 세금을 내서 연구 지원이 끊어지지 않도록 해주는 모든 이들에게도 큰 감사를 드린다.

용어 설명

*표가 붙은 단어는 이 용어 설명에서 정의되고 있는 단어들이다.

DNA 데옥시리보핵산deoxyribonucleic acid의 약자. 핵산들이 선으로 배열된 구조로 이루어진 물질로, 이것들이 연결되어 유전자*를 형성한다. 그러므로 이 물질은 게놈과 유전자의 매체라고 할 수 있다. 각각의 유전자를 놓고 볼 때, 핵산들이 이어져서 아미노산이 되고, 아미노산들이 모여서 하나의 단백질을 형성한다. 그리고 이 단백질들이 세포를 구축하는 데 이바지하며, 그 단백질들이 효소라는 형태를 가질 경우라면, 세포의 신진대사*에 기여한다.

ㄱ

경쟁COMPETITION 같은 종 또는 다른 종에 속하는 생명체들 사이에 존재하는 관계의 한 유형으로, 모두가 공통적으로 필요로 하는 요소들(서식 공간, 영양소* 등)로 인하여 당사자들에게 부정적인 상호작용이 야기되는 관계를 가리킨다. 경쟁은 때로 항생물질을 비롯한 독소 배출 등을 통해 심화되기도 한다.

게놈GENOME 하나의 생물체가 지닌 유전자들의 총체. 모든 생물의 세포에는 핵이 있고, 핵 속에는 일정한 수의 염색체가 들어 있으며, 염색체 안에는 유전 정보를 간직한 DNA*가 들어 있어서, DNA*를 포함한 유전자 또는 염색체군을 게놈이라고 한다.

공진화共進化, COEVOLUTION 상호작용(기생적 또는 상리공생적*)으로 연결된 서로 다른 두 개 혹은 그 이상의 종이 서로가 서로에게 영향을 주면서, 그러니까 각각의 종이 상대의 진화에 선택의 압력을 가해가면서 함께 진화해나가는 현상.

광합성PHOTOSYNTHESIS 빛 에너지를 이용해서 대기 중의 이산화탄소와 물로부터 당류를 합성하는 (따라서 양분을 섭취하는) 역량. 빛 에너지는 엽록소 같은 물질에 의해서 흡수된다. 광합성은 남세균* 같은 박테리아 또는 조류나 식물의 색소체* 에서 일어나며, 찌꺼기인 산소를 발생시킨다.

광합성 산물PHOTOSYNTHATE 광합성*을 통해서 식물의 녹색 부분에 생성된 물질들(특히 수크로스, 즉 자당 혹은 설탕 같은 당류)을 말하며, 이것들은 생물체 전체로 분배된다.

공생SYMBIOSIS 각기 다른 종들 사이에 맺어지는 관계의 한 형태로, 각각의 파트너가, 이 책에서 사용된 엄밀한 의미에서, 공존하면서 서로에게 득이 되는 유형(상리공생*).

공생생물SYMBION, SYMBIONT 공생*의 파트너가 되는 생물.

균근MYCORRHIZAE 토양에 서식하는 균류와 식물의 뿌리에 의해서 형성된 혼합 공생기관으로 두 파트너의 보호와 섭생에 중요한 역할을 한다. 외생균근* 과 내생균근* 이 있다.

균사(또는 팡이실)HYPHE 균류가 만들어내는 아주 가는(지름이 1밀리미터의 100분의 1에서 10 정도) 섬유를 가리키는 말로, 균류의 식물적이면서 항구적으로 살아가는 부분이다. 균류를 우리가 가을이면 자주 보게 되는 두툼한 근육질 구조(버섯)만으로 한정지어서 생각하면 안 된다. 촘촘하게 연결되어 결집한 균사들로 형성된 그 근육질 구조들은 일부 종이 포자*를 만들기 위해 임시로 구축한 구조에 불과하다. 균사들의 결합체는 균사체라고 부른다.

기공氣孔, STOMA 잎사귀의 표면에 난 작은 구멍들로, 대기와 식물 사이에서 기체의 교류가 이루어진다. 가령, 광합성*을 위해서 식물 안으로 이산화탄소가 들어오는 반면, 수증기는 내보내 상승 수액을 빨아올린다. 식물은 토양과 주변 대기의 수분 함량에 따라 기공의 개폐를 적절하게 맞춤으로써 수분 증발 정도를 조절한다.

기생PARASITISME 각기 다른 종들이 맺는 관계의 한 유형으로, 한쪽 파트너가 다른 쪽으로부터 이익을 취하기는 하나 그렇다고 상대를 일찌감치 죽이지는 않는다(그럴 경우는 포식*이라고 한다).

ㄴ

남세균(시아노박테리아)CYANOBACTERIA 광합성 역량을 갖춘 박테리아의 무리로 독립적으로 살거나, 일부 지의 속에서 공생하기도 한다. 몇몇은 식물 세포 내에서 내생 공생하면서 아예 색소체*라고 불리는 세포의 일부가 되어 광합성을 담당한다.

내생공생ENDOSYMBIOSIS 파트너들 가운데 한 쪽(내생공생생물)이 다른 쪽에 갇혀 있는 경우의 공생을 가리키며, 이 책에서 우리는 이 용어를 한 쪽 파트너가 식세포작용*에 의해 상대 파트너의 세포 속에 갇혀 있는 경우로 제한해서 사용했다.

내생균ENDOPHYTE 식물의 조직 내부에서 살면서 어떠한 피해도, 외부적인 증상도 보이지 않는 박테리아 또는 균류.

내생균근ENDOMYCORRHIZAE 균류에서 나온 가는 섬유들이 뿌리의 표면에서는 거의 눈에 띄지 않는 상태에서, 일부 세포 속으로 파고 들어가 그 안에서 가지를 뻗어가면서 세포내 교류망을 형성해나가는 유형의 균근*을 일컫는 말. 이런 유형의 공생을 하는 균류로는 취균류*를 꼽을 수 있다. 전 세계 식물의 80퍼센트가량에서 관찰된다.

니트로게나아제NITROGENASE 질소고정*의 촉매 작용을 하는 혐기성 박테리아 효소*.

ㄷ

다당류POLYSACCHARIDE 10개 이상의 단당류(예를 들어 과당이나 포도당)가 연결되어 형성되는 상당히 크기가 큰 분자로서, 대체로 물에 용해되는 물질이다. 따라서 다당류는 소당류*보다 훨씬 크기가 크다.

도마티아DOMATIA 식물이 진드기 또는 개미 같은 공생 절지동물문이 살 수 있도록 제공하는 보금자리를 가리키는 용어. 식물 진화 역사에서 여러 차례에 걸쳐서 출현하는 이 도마티아는 이파리, 줄기, 턱잎 등 어디에나 형성될 수 있다.

되새김위RUMEN 소의 소화관에 딸린 일종의 커다란 주머니로, 식도와 위에서 소화 작용을 하는 부분 사이에 위치하며, 소가 삼킨 식물로 미생물을 증식시킨다. 되새김위라는 용어는 때로 미생물, 각종 액체, 발효 중인 식물 등이 혼합되어 있는 그 위의 내용물을 뜻하기도 한다.

ㄹ

리그닌LIGNINE　식물의 세포벽* 안에 들어 있는 큰 분자로, 타닌이 자기들끼리 또는 세포벽의 다른 구성요소들과 결합하여 만들어진다. 리그닌은 세포벽을 목재만큼이나 단단하게 만들어 많은 식물들이 꼿꼿한 자태를 유지할 수 있도록 한다. 리그닌을 소화하려면 특별한 효소*가 필요하며, 그렇기 때문에 산소가 있는 환경에서 일부 균류에 의해서면 가능하다.

림프구LYMPHOCYTE　동물의 몸에서 체세포와 림프 사이의 혈액 속을 돌아다니는 세포로 면역체계*에서 중요한 역할을 담당한다. 림프구는 여러 종류가 있는데, 그중에서 더러는 항체를 만들며, 이러한 림프구들은 병원체를 발견했을 때 증식이 가속화된다.

ㅁ

마이크로바이오타(또는 마이크로바이옴)　기생 중이거나 상리공생 중인 미생물, 다세포생물의 일부(혹은 전체) 또는 토양이나 물방울 등 어디가 되었든 상관없이 생태계에서 중성적으로 사는 미생물들이 이루는 공동체. 전에는 마이크로플로라 microflora라는 용어를 사용했다.

막MEMBRANE　액체의 성질을 지닌 얇은 막으로 각각의 세포를 감싸서 이를 외부와 격리시킨다. 세포 내부에는 내부막이 있어서 액포, 소포(예를 들어 식세포작용*을 통해서 만들어진 주머니) 등, 세포의 각 칸뿐만 아니라 색소체*와 미토콘드리아* 등과도 경계를 설정한다.

맹장CAECUM　소화관의 게실로 주로 소장과 대장이 갈라지는 곳에 위치하며 생물에 따라 다소 발달한 양태를 보인다(인간은 거의 발달하지 않으며, 이를 충수라고 부른다). 후장 발효 동물들*에게 있어서 맹장은 소화를 돕는 마이크로바이오타의 서식 공간 역할을 한다.

면역성, 면역체계IMMUNITY, IMMUNE SYSTEM 병을 일으키는 미생물들로부터 생물체를 방어하기 위해 동원되는 기제의 총체. 방어물질 합성, 공격이 있을 경우 반응하는 경보 신호 등으로 이루어진 면역체계는 동물의 경우, 특화된 세포인 림프구*까지도 포함한다.

무균無菌 하나의 생물체가 미생물을 전혀 동반하지 않고 혼자 사는 상태를 가리킨다. 무균 상태는 당연히 실험실에서만 가능하다.

미생물막BIOFILM 돌이나 치아, 점액, 피부, 또는 무엇이 되었건 그것의 표면에 들러붙은 층을 가리키며, 대부분의 경우 육안으로는 식별할 수 없다.

물에 담그기RUISSAGE 식품(마니옥) 또는 섬유(삼베, 모시 등)를 준비하는 과정에서 미생물 발효가 용이하도록 흐르는 물에 담그는 과정. 이렇게 하면 불필요한 다른 물질들이 분리된다.

미토콘드리아MITOCHONDRIA 세포를 구성하는 성분의 하나로, 진핵생물들*의 경우 두 개의 막membrane*으로 둘러싸인 미토콘드리아에서 호흡 작용이 일어나면서 발생하는 에너지를 세포 활동에 사용한다. 미토콘드리아는 또한 세포의 신진대사*에 필수적인 혼합물을 합성하기도 한다. 미토콘드리아는 사실상 세포내 공생* 중인 박테리아*다.

ㅂ

바이러스VIRUS　자력으로는 움직일 수 없는 비활성 상태(예를 들어 단백질 캡슐 속에 든 DNA*)로 확산되는 생물체로 세포에 기생해야만 살아갈 수 있다. 바이러스들은 세포 안에서 세포를 죽이지 않고 증식하거나, 단시간에 증식함으로써 결국 세포를 죽이고 증식한다. 일반적으로 미생물로 분류되지 않지만, 일부는 식물 또는 동물의 (거의) 보이지 않는 공생생물*로 살아가므로, 이 책에서도 바이러스에 대해 언급했다.

바이오매스BIOMASS　(하나의 생물, 하나의 생태계, 혹은 하나의 부분 등이 함유하는) 유기물질의 총체.

박테리아BACTERIA　진핵생물*, 고균과 더불어 생물의 세계를 이루는 세 개의 커다란 집단 가운데 하나. 이것들의 세포는 진핵생물들의 세포에 비해 훨씬 그 크기가 작은 반면, 이것들의 대사는 훨씬 다양한 양상을 보인다. 박테리아의 세포는 단독으로 생존하거나, 세포 분열을 통해서 소집단을 형성한다(작은 사슬 또는 다발 형태 등). 박테리아의 DNA*는 다른 구성 요소들(진핵생물들과는 달리 핵은 없다)과 더불어 세포의 중앙부에 위치한다.

발효FERMENTATION　산소가 없는 가운데 미생물 세포가 주변 생태계의 물질을 변화시킴으로써 에너지를 만들어내는 생물학적 기제를 일컫는 용어. 당분을 알코올 또는 젖산으로 변화시키는 것이 대표적이다. 이때 흔히 가스, 특히 이산화탄소가 방출되거나 휘발성 지방산이 만들어진다.

방선균ACTINOMYCES　일반적으로 세포 분열 후에도 서로 연결되어 있는 관계로 털뭉치 같은 모습을 하고 있는 박테리아 집단을 가리킨다. 이들 중 일부(스트렙토미세스속, 악티노미세스속, 슈도노카르디아 등)는 항생물질을 생성하며, 다른 일부

(프랑키아속)는 대기 중의 질소를 고정한다.

뿌리혹GALL 기생생물(곤충, 진드기, 균류, 박테리아 등)의 정착과 관련하여 발생하는 병적인 변형으로, 숙주의 조직을 죽이지 않으면서 기생생물의 증식이 이루어짐으로써 야기된다. 기생생물은 새로 생겨난 구조 속에서 보호를 받으며 양분을 취한다.

병원체PATHOGEN 질병을 일으키는 기생생물.

부생腐生 영양생물SAPROPHYTE 생태계에서 얻어진 죽은 유기물에서 양분을 얻는 생물.

뿌리권RHIZOSPHERE 하나의 식물의 뿌리를 둘러싼 토양(토양의 마이크로바이오타*를 포함하여)의 영역으로, 이 뿌리의 존재와 그것이 국지적으로 초래하는 변화에 영향을 받는 범위를 의미한다.

ㅅ

사이드로포어SIDEROPHORE 박테리아들에 의해 분비되는 물질로, 박테리아들은 생태계 내에 존재하는 철을 효율적으로 포획하여 데리고 다니며, 이 과정에서 철은 세포들에 의해 재포획되어 다시금 철로 만들어진다. 사이드로포어들은 철이 결핍된 생태계(일부 토양, 치즈 등)에서도 잘 적응한다.

산텔리XANTHELLE 진핵생물*의 세포에서 세포내 공생 관계를 맺고 살아가는 와편모충류 무리의 오렌지색 단세포 조류(플랑크톤의 구성 성분)를 지칭하는 용어.

상리공생MUTUALISM 서로 다른 종들 사이에 맺어지는 관계의 한 유형으로 파트너 모두에게 혜택이 돌아가는 관계를 가리키며, 이러한 관계에 참여하는 파트너들을 상리공생 생물이라고 한다.

색소체PLASTID 두 개의 막*으로 둘러싸인 세포 구성 성분으로, 엽록소를 함유하고 있으며, 식물의 광합성을 담당한다. 색소체는 사실 남세균* 또는 세포내 공생 중인 조류의 일종이다. 색소체는 세포 신진대사*에 필수적인 혼합물을 합성하며, 전분을 비축한다. 이 두 기능은 빛이 있는 쪽에 위치한 식물 세포 속에서 이루어지나, 그늘 쪽에 있는 세포에서 이루어질 수도 있다.

생태적 지위ECOLOGICAL NICHE 어떤 한 종에 속하는 생물체들의 생존을 위해서 요구되는 조건들과 그 조건들의 용인되는 변이의 총체. 이 변수들은 같은 생태계에 산다 하더라도 종에 따라 다르다.

선형동물NEMATODES 탈피동물(절지동물과 가까우나 지렁이를 비롯한 다른 환형동물과는 다르다)에 속하는 벌레로, 육안으로는 볼 수 없으나 토양 속에 많이 있다.

세포CELL 생물체의 구성단위로, 신진대사* 반응이 일어나는 곳. 세포는 막에 의해서 분리되며, 게놈을 품고 있다. 대부분의 박테리아, 효모, 또는 일부 조류 같은 많은 미생물들은 오직 하나의 세포만으로 이루어진 단세포생물이다. 반면 대다수 균류, 식물, 동물들과 같은 다른 생물들은 여러 개의 세포로 구성되어 있으며, 이 세포들은 자기들끼리 연결되고 조직되어 있다. 즉 이들은 다세포 생물들이다.

세포벽CELL WALL 세포를 보호하는 껍질로 두께는 다양하며 세포막*을 둘러싸는 형태를 취한다. 균류, 조류, 식물의 세포는 세포벽으로 둘러싸여 있는데, 식물의 경우 이 세포벽은 셀룰로오스를(심지어 리그닌*까지도), 많은 균류는 키틴*을 함유하고 있다.

셀룰로오스CELLULOSE 작은 글루코오스 분자들이 줄줄이 이어지는 결합으로 형성되는 큰 분자로, 식물들과 많은 조류들의 세포벽 속에 존재한다. 동물들은 박테리아들과의 공생* 덕분에 셀룰로오스를 소화시킬 수 있다.

소당류(올리고당)OLIGOSACCHARIDE 중간 크기의 물질로서 대체로 물에 용해되며, 여러 개(2에서 10)의 단당류가 연결되어 형성된다. 단당류란 예를 들어 프룩토오스(또는 과당)이나 글루코오스(또는 포도당) 등을 말한다. 그러므로 소당류는 다당류*에 비해 그 크기가 작다.

스테로이드STEROID 화학적으로 콜레스테롤에 매우 가까운 물질들의 총체를 지칭하는 말로, 이 물질들은 가령 호르몬* 역할을 하거나, 콜레스테롤처럼 세포막*의 구성 성분이 된다.

시냅스SYNAPSE 신경계에서 뉴런과 다른 세포와의 접촉이 이루어지는 곳으로, 시냅스에서 신경전달물질*에 의해 신경신호가 전달된다. 그러므로 신경전달물질은 화학적 메시지 역할을 하는 셈이다.

식물형 동물PLANTANIMAUX 이따금씩 (그리고 이 책에서도) 광합성 역량을 지닌 조류에게 자기들 세포 안 혹은 세포들 사이 공간을 서식지로 제공하는 동물들을 지칭하기 위해 사용되는 용어. 그러므로 식물형 동물은 적어도 부분적으로는 광합성*을 통해 양분을 섭취한다.

식세포작용PHAGOCYTOSIS 세포 안으로 이물질 조각(가령 찌꺼기나 다른 세포)이 유입되는 기제로 진핵생물* 내에서만 존재한다. 세포를 둘러싼 막*에 틈이 생기면서 그 틈으로 이물질 조각이 들어가면 벌어졌던 틈이 닫힌다. 이렇게 이물질은 "식균 작용을 하는" (또는 "감금 작용을 하는") 막으로 둘러싸인 채 세포 안으로 들어가서 세포막 사이에서 표류한다. 이 과정은 대체로 먹이 섭취 과정과 유사하다. 즉, 소화 과정이 시작되면서 내부로 유입되어 감금된 이물질은 파괴되고, 이때 방출된 영양소*들이 세포 내부로 확산된다. 소화 작용이 이루어지지 않을 경우, 하나의 세포에 대한 다른 하나의 세포의 식작용은 세포내 공생*으로 발전하기도 한다.

신경전달물질NEUROTRANSMITTER 뉴런이 시냅스*에서 내보내는 물질로 신경 신호를 근육세포나 선腺세포 또는 다른 뉴런으로 전달한다.

신진대사METABOLISM 하나의 생물체 또는 하나의 세포의 생화학적 기능에 따른 반응 전체를 일컫는 말로, 생물체 또는 세포는 신진대사를 통해서 제대로 구조를 구축하며 생명활동을 수행한다. 여기에 관여하는 다양한 물질들은 대사물질이라고 한다. 신진대사 가운데 특별히 세포의 원활한 기능을 위해 직접 활용할 수 있는 화학적 에너지 생산 부분을 가리켜 에너지 대사(현실적으로, 이는 ATP라고 부르는 에너지 공급 물질 합성 작용을 가리킨다)라고 한다.

ㅇ

아미노산AMINO ACID 질소를 포함하는 작은 유기 분자로 모든 생명체에 들어 있다. 아미노산은 일정한 형태로 결합하여 단백질을 형성하며, 각종 효소*도 그렇게 해서 형성된 단백질들 가운데 한 부류에 해당된다. 살아 있는 세포 속에는 약 20종의 단백질이 존재하며, 이것들 가운데 10여 종(우리 인간의 경우는 정확하게 8종)은 동물에 의해서 합성되지 않으므로 반드시 식품을 통해서 섭취해야 한다. 이것들을 가리켜 "필수 아미노산"(트립토판, 리신, 메티오닌, 페닐알라닌. 트레오닌, 발린, 류신, 이소류신, 아르기닌, 히스티딘)이라고 한다.

엔테로타입ENTEROTYPE 장내 마이크로바이오타 유형을 뜻한다. 국적과 성별, 나이와 상관없이 모든 사람은 개인마다 특정 유형의 엔테로타입을 지니고 있으며, 이는 장내 지배적인 미생물군에 의해 차별화된다. 인간의 엔테로타입은 크게 세 가지로 구분하는데, 프레보텔라속, 박테로이데스속, 루미노코쿠스속 박테리아가 지배적이다.

염기쌍BASE PAIR DNA* 분자의 길이를 재는 단위. 핵산(다른 말로는 염기)의 배열이 DNA* 분자를 결정한다. DNA* 분자가 나란히 놓인 두 개의 가닥으로 이루어져 있으므로, 나란히 놓인 염기쌍이 그 길이를 재는 단위가 된다.

영양소NUTRIENTS 생물체가 자신의 세포 안으로 끌어들이는 양분으로, 세포의 외부 또는 식세포 작용* 후 세포 내부의 특정 부분에서 진행된 소화과정에서 방출된다.

외생균근ECTOMYCORRHIZAE 균근*의 한 유형으로, 균류에서 나온 가는 섬유들이 뿌리 주위를 마치 토시처럼 감싸고서 뿌리의 바깥쪽 세포들 사이(그러나 절대 세포 내부로는 들어가지 않는다)를 파고들어 세포와 세포 사이를 이어주는 네트워크(하르티히 망)를 형성하는 양태를 가리킨다. 이와 같은 유형의 공생을 하는 균류로는 송로버섯 같은 자낭균문, 라멜라구조 버섯 혹은 튜브 구조 버섯 같은 담자균류 등이 대표적이다. 주로 온대 지역에 서식하는 목질 식물에서 발견되나 가끔 열대 식물에서도 발견된다.

원생동물PROTOZOA 단세포 진핵생물*로, 포획한 먹이나 생태계의 유기물질에서 양분을 취한다. 섬모충류(예 : 짚신벌레), 다양한 아메바, 말라리아나 톡소플라스마 감염의 매개가 되는 기생충 등, 매우 다른 여러 개의 무리가 원생동물이라는 부류에 속해 있다.

유전자GENE 유전 정보, 즉 생물로 하여금 자기의 구조와 기능, 즉 특정한 종으로서 지니고 있는 특성을 자리 잡도록 해주는 역량을 보관하고 있는 매체. 유전자는 세대를 이어가면서 전달(생식세포를 통해서)되며, 이 유전자의 직접적인 매체는 세포의 DNA*이다.

인슐린INSULIN 인간을 비롯한 많은 동물들의 몸에서 혈액 속의 당분(글루코오스), 즉 혈당을 조절하는 호르몬*. 인슐린은 세포를 통해서 당분을 포획하여 혈액 내 당분 농도를 낮추는데, 이 과정에서 세포 내에 과도한 당분 축적을 야기하기도 한다.

ㅈ

잔젠-코넬(효과)JANZEN-CONNELL(EFFET) 하나의 종이 고유한 병원체의 증식을 도와 결국 자기 종의 성장을 억제하게 되고, 급기야 경쟁 종에게 자리를 넘겨주게 되는 기제를 가리킨다. 때로, 하나의 종이 자기 고유의 상리공생* 파트너의 증식을 도움으로써 결과적으로 자기 종의 성장에도 유리하게 작용할 경우, 잔젠-코넬 효과는 역전되기도 한다.

조류ALGAE 광합성 역량을 갖춘 단세포 생물체(예를 들어 플랑크톤, 지의 또는 몇몇 내생공생의 경우 산텔라*) 혹은 다세포 생물체(갈파래속, 모자반목에 속하는 갈조류 등)를 가리킴. 독립적인 몇 개의 집단이 조류를 형성하는데, 관습적으로 지상 식물은 여기서 배제된다. 학자들에 따라서는 남세균(시아노박테리아)* 무리의 광합성 박테리아들을 조류에 포함시키기도 하고 배제하기도 한다.

전장 발효 생물　소 같은 동물의 사례에서 보듯이, 소화관 중 위의 앞쪽에 위치한 곳에 있는 특수한 주머니에서 양분을 얻는 미생물들이 효소를 분비하고(하거나) 발효 산물을 제공함으로써 동물의 소화를 돕는 형태. 이 경우, 후장 발효 생물들*과는 달리, 미생물은 대부분 동물의 소화 과정에서 소화가 된다.

진드기ACARI　거미강arachnida(거미와 비슷한 절지동물)에 속하는 작은 크기의 생물로 대체로 네 쌍의 발을 가졌다. 미생물은 아니나, 이들 중 더러는 육안으로 전혀 또는 거의 볼 수 없는 식물의 공생생물* 부류를 형성하며, 식물의 생장에 도움을 준다. 진드기가 이 책에서 언급되는 것도 바로 그런 이유 때문이다.

진핵생물EUCARYOTES　박테리아*, 고균과 더불어 생물계의 가장 큰 세 개 집단 가운데 하나. 진핵생물은 단세포 생물(효모, 짚신벌레, 단세포조류 등)일 수도 있고, 다세포 생물(동물, 균류, 식물, 다세포균류 등)일 수도 있다. 유전자를 품은 DNA가 위치한 세포의 특별한 부위, 즉 핵의 존재에 의해 특화되며 모두 미토콘드리아*를 지니고 있다(혹은 지니고 있었다). 한편, 광합성을 하는 식물과 조류는 색소체*를 지니고 있다.

질소고정NITROGEN FIXATION　오직 박테리아들만이 가진 생화학적 역량으로, 니트로게나아제* 덕분에 대기 중의 질소(N_2)를 암모니움으로 바꾼 다음 이를 가지고 아미노산*을 만든다. 질소고정 덕분에 식물은 토양 속의 암모니아성 질소 혹은 질산염의 존재와 상관없이 독자생존이 가능해진다.

ㅊ

천이遷移, SUCCESSION　일부 생태계(식물 또는 미생물)에서 자발적으로 새로운 군락이 생성되고 발전해나가는 과정으로, 시간이 지남에 따라 새로운 종들이 유입되는 반면 기존에 서식하던 종들은 소멸하게 된다.

초식동물HERBIVORE 식물을 먹이로 삼는 동물.

취균류GLOMEROMYCOTA 80퍼센트가 넘는 식물들에서 특별한 형태의 균근*(내생균근*)을 형성하는 토양 균류 무리.

ㅋ

카로티노이드CAROTENOID 화학적으로 카로틴(당근의 색이 이 색소에서 유래하므로 그런 이름을 갖게 되었다)과 매우 유사한 노랑-주황색의 물질. 엽록소와 더불어 식물에 주로 함유되어 있으며, 광합성 작용 시 빛 에너지를 포획한다. 이 물질은 그 외에도 많은 역할을 수행하는데, 동물의 몸에서 비타민 A의 전구체 역할을 하는 것도 여기에 해당된다.

키틴CHITIN 균류의 세포벽, 곤충이나 거미, 갑각류의 피막(외피)을 형성하는 중요한 물질. 키틴은 셀룰로오스* 의 당분이 질소 분자 무리에 의해 변형된 형태를 취하고 있다. 갑각소甲殼素라고 하기도 한다.

ㅌ

타닌TANIN 페놀류 물질, 다시 말해서 벤젠고리를 함유하고 있으며 적어도 이 벤젠고리와 관련된 알코올 기능을 하는 물질로서 식물에 널리 분포되어 있다. 타닌은 일부 파장을 포획함으로써 지나친 빛으로부터 식물을 방어하며, 단백질을 변형시키는 역량 덕분에 병원체나 초식동물로부터 식물을 보호하기도 한다. 가죽의 내구성을 높이기 위한 무두질 과정에서 활용되는 이 기제는 항생제 역할을 하는데, 효소(동물 효소 또는 미생물 효소)*와 결합하게 되면 타닌이 이들 병원체나 초식동물의 기능을 방해하기 때문이다.

ㅍ

포자SPORE 특화된 생식세포로 사방으로 퍼져나가며(나가거나), 매우 느린 속도로 살면서 번식 기회를 기다릴 수도 있다. 보다 우호적인 환경에 놓이면 발아하여 새로운 생물체를 만들어낸다.

포식PREDATION 각기 다른 종들 사이에서 맺어지는 관계의 한 유형으로, 한쪽 파트너가 상대 파트너를 죽여서 양분을 취하는 관계(기생*의 극단적인 형태).

퍼실리테이션FACILITATION 각기 다른 종들 사이에서 한쪽 파트너의 존재가 상대 파트너의 정착과 생활, 또는 생존을 향상시키는 관계의 유형을 일컫는 용어. 이때 이 둘 사이에는 반드시 관계가 맺어져야 할 필요도 없고, 호의를 베푸는 파트너가 호의에 대한 대가를 반드시 요구하는 것도 아니다(그러니 항구적인 상리공생* 관계도 아니다).

프로테아제PROTEASE 단백질을 잘게 쪼갬으로써 그것을 구성하고 있는 아미노산*을 방출하는 단백질 가수분해 효소.

플랑크톤PLANCTON 담수나 염수의 표면에서 부유하면서 물결 따라 이동하는 생물들의 총체. 이 생물들은 때로 독립적인 이동성을 보이기도 하나, 그래봐야 수심이 어느 정도 되는 곳으로 이들을 밀어 넣는 것이 고작일 뿐 그 이상은 불가능하다. 플랑크톤 속에는 몇몇 대형 생물체(일부 모자반 같은 조류)도 포함되지만, 조류, 박테리아, 아메바 등의 무수히 많은 미생물들이 대부분이다.

ㅎ

하이드로미네랄HYDROMINERAL 식물들이 토양에서 얻는 양분들을 총체적으로 가리키는 말로, 수분과 각종 무기질(질소, 인, 나트륨, 미량원소 등)을 뜻한다.

화학 무기 영양 생물CHEMOLITHOTROPH 화학 무기 영양으로 사는 박테리아, 다시 말해서 산소 또는 그 외의 산화제를 통해 무기물질(경우에 따라 제일철, 메탄 또는 황화수소)을 산화시킴으로써 에너지를 얻는 박테리아를 지칭하는 용어. 이렇게 얻은 에너지는 특별히 이산화탄소를 당분으로 변화시키는 데 사용되며, 이는 광합성*을 떠올리게 하는데, 에너지의 원천으로서의 빛 에너지가 무기질 반응으로 대체된다는 점이 다르다.

호르몬HORMONE 다세포 생물(식물 또는 동물) 내부에서 배출되는 물질로 생리학적 메시지를 운반하며, 수용체가 있어서 여기에 민감하게 반응하는 기관 세포들의 기능에 변화를 초래하기도 한다.

혼합영양(혼합영양생물)MIXTROPH 광합성 작용과 자기들이 생성하지 않은 생태계 유기물질로부터 동시에 영양을 취하는 단독 생물체 또는 공생생물체의 특성을 가리키는 용어.

홀로바이온트HOLOBIONTE 숙주(식물 또는 동물)와 거기에 서식하는 미생물들로 이루어진 생물학적 단위로, 이보다 훨씬 오래 전부터 통용되던 고립적 존재로서의 생물의 개념을 대체한다. 이 용어의 적절성에 관해서는 이 책의 결론 부분을 읽어보라.

효소ENZYME 각기 다른 물질의 반응 속도를 가속화함으로써 화학 반응의 실현에 도움을 주는 단백질. 세포들의 삶은 신진대사* 작용에 동원되는 그 같은 단백질들에 좌우된다. 아미노산 합성, 복합 물질의 합성 또는 분해, 세포가 필요로 하는 에너지 생산 등에 예외 없이 효소들이 동원된다는 말이다.

후장 발효 생물　말 같은 동물의 사례에서 보듯이 소화 작용의 일부가 미생물들에 의해서 이루어지는 방식을 묘사하는 용어. 후장 발효를 하는 동물들은 미생물이 위의 뒷부분에 위치한 소화관의 한 부분에서 양분을 취하면서 동물의 소화를 돕는다. 가령 효소*를 분비하여 동물이 미처 소화시키지 못한 물질을 소화시킨다거나, 발효 산물을 동물에게 제공하는 식으로 소화 작용에 참여하는 것이다. 미생물들은 소화관의 소낭, 즉 맹장*과 (또는) 장에 서식한다.

더 공부하고 싶은 사람들을 위한 추천도서

Bapteste, Éric, *Conflits intérieurs. Fable scientifique*, Éditions Matériologiques, 2015.

Boullard, Bernard, *Guerre et paix dans le règne végétal*, Ellipses, 1990.

Coustau, Christine, et Hertel, Olivier, *La Malédiction du cloporte et autres histoires de parasites*, Points Seuil, 2010.

Debré, Patrice, *L'Homme microbiotique*, Odile Jacob, 2015.

Diamond, Jared, *De l'inégalité parmi les sociétés*, trad. Pierre-Emmanuel Dauzat, Gallimard NRF, 2000.

Duhoux, Émile, et Nicole, Michel, *Associations et interactions chez les plantes*, Dunod, 2004.

Garbaye, Jean, *La Symbiose mycorhizienne : une association entre les plantes et les champignons*, Quae, 2013.

Karasov, William H., et del Rio, Carlos M., *Physiological Ecology : How Animals Process Energy, Nutrients, and Toxins*, Princeton University Press, 2007.

Margulis, Lynn, *Origin of Eukaryotic Cells*, Yale University Press, 1970.

Maynard-Smith, John, et Szathmáry, Eörs, *Les Origins de la vie. De la naissance de la vie à l'origine du langage*, trad. et adapt. Nicolas Chevassus-au-Louis, Dunod, 2000.

Montel, Marie-Christine, Bonnemaire, Joseph, et Béranger, Claude, *Les Fermentations au service des produits de terroir*, INRA Éditions, 2005.

Perru, Olivier, *De la société à la symbiose. Une histoire des découvertes sur les associations chez les êtres vivants*. Vol. 1 : *1860-1930*, Vrin, 2003.

Sapp, Jan, *Evolution by Association : A History of Symbiosis*, Oxford University Press, 1994.

Selosse, Marc-André, *La Symbiose : structures et foncions, rôle écologique et évolutif*, Vuibert, 2000.

Suty, Lydie, *Les Végétaux : des symbioses pour mieux vivre*, Quae, 2015.

Tamang, Jyoti P., et Kailasapathy, Kasipathy, *Fermented Foods and Beverages of the World*, CRC Press, Taylor&Francis, 2010.

옮긴이의 말

나는 예전엔 미처 몰랐다.

— 내가 박테리아 덕분에 1분에도 여러 번씩 호흡을 한다는 것을, 다시 말해서 미토콘드리아의 원래 정체가 박테리아였다는 것을,

— 제왕절개로 태어난 아기와 자연분만으로 태어난 아기의 마이크로바이오타가 완전히 다르다는 것을,

— 내가 하루에도 여러 잔씩 마시는 커피가 미생물 발효 덕분에 산미를 풍긴다는 것을,

— 햇빛 잘 드는 베란다를 차지하고서 나에게 산소를 공급해주는 화초들이 미생물 덕분에 광합성 작용을 한다는 것을, 그러니까 알고 보니 엽록소가 박테리아였다는 것을,

— 열심히 다이어트를 해도 이내 요요 현상이 찾아오는 데에는 장내 미생물의 역할도 크다는 것을,

— 낯선 땅에 소나무 묘목만 옮겨 심으면 잘 자라지 못하지만, 원래 살던 곳의 토양을 조금 같이 넣어주면, 그러니까 토양 박테리아까지 함께 이사시켜주면 무럭무럭 잘 자란다는 것을,

— 하루 종일 입을 우물거리는 소는 사실 풀을 먹는 것이 아니라 소 혼자만의 힘으로는 소화시킬 수 없는 풀을 소화 가능하도록 요리해주는 미생물들을 먹는다는 것을,

— 사람의 발길이 잘 닿지 않는 열대 우림이나 캐나다 삼림 지대의 훤칠한 나무들이, 위에만 가지들을 달고 있을 뿐, 아래쪽은 보기에도 시원하게 잔가지라고는 없는 매끈한 "롱 다리"를 자랑할 수 있는 건 시키지 않아도 다 알아서 척척 전지를 하는 미생물들 덕분이라는 것을…….

프랑스 미생물학자 마르크-앙드레 슬로스가 쓴 이 책에는 일일이 다 열거할 수 없을 정도로 신기한 이야기들이 끊임없이 등장한다. 공생이라는 주제로 묶인 이 사례들은 식물이, 동물이, 인간이 맨 눈으로는 볼 수도 없는 미생물들과 아주 오래 전부터 얼마나 다양한 방식으로, 얼마나 끈끈하게, 또 얼마나 광범위하게 연결되어 있는지를 확연하게 드러내 보여준다.

이따금씩 등장하는 현학적이고 어려운 전문 용어들에 위축되어 책장을 덮기엔 그 내용들이 너무도 신기하고 경이롭기 때문에, 열심히 읽어서 주위 사람들에게도 들려주고 싶은 마음이 절로 난다. 보이지 않는 세계, 그러나 보이는 세계보다 그 수와 다양성에 있어서 훨씬 압도적이며 무궁무진한 변주를 창조해내는 미생물 세계 속으로 기꺼이 들어가 보자. 실망하지 않을 테니까.

어차피 함께 사는 세상, 얼마나 좋은가, 혼자가 아니라는데!

2019년 8월

양영란

혼자가 아니야
식물, 동물을 넘어 문명까지 만들어내는 미생물의 모든 것

1판 1쇄 발행 2019년 8월 14일
1판 2쇄 발행 2019년 11월 18일

지은이 마르크 앙드레 슬로스 | 옮긴이 양영란 | 감수 석영재
편집 백진희 김지하 | 표지 디자인 가필드

펴낸이 임병삼 | 펴낸곳 갈라파고스
등록 2002년 10월 29일 제2003-000147호
주소 03938 서울시 마포구 월드컵로 196 대명비첸시티오피스텔 801호
전화 02-3142-3797 | 전송 02-3142-2408
전자우편 galapagos@chol.com
ISBN 979-11-87038-48-1 (03470)

이 도서의 국립중앙도서관 출판예정도서목록(CIP)은 서지정보유통지원시스템 홈페이지(http://seoji.nl.go.kr)와 국가자료종합목록시스템(http://www.nl.go.kr/kolisnet)에서 이용하실 수 있습니다. (CIP 제어번호 : CIP2019029883)

갈라파고스 자연과 인간, 인간과 인간의 공존을 희망하며, 함께 읽으면 좋은 책들을 만듭니다.